U0184975

非线性动力学现象与分数阶动力学效应及其应用

罗懋康　张路　赖莉　蔚涛　邓科　著

科学出版社

北京

内 容 简 介

本书是一本介绍非线性动力学现象与分数阶动力学效应及其应用的专著,总结了近年来作者在相关领域的研究成果. 全书内容包括:非线性动力学与分数阶动力学基础知识;整数阶与分数阶的随机共振与振动共振行为;单一 Brown 马达与耦合 Brown 马达的定向输运;一类分数阶非线性 Langevin 方程的初值问题解的存在、唯一性条件;分数阶混沌系统的控制;分数阶 Rayleigh-Duffing 类系统的同步;一类含噪混沌信号的降噪新方法;基于推广 Duffing 振子的弱信号测频方法;基于分数阶双稳系统随机共振的弱信号检测方法.

本书可供为物理、生物、工程、应用数学等专业本科生和研究生使用,也可供非线性动力学、分数阶动力学研究领域相关的科技工作者使用.

图书在版编目(CIP)数据

非线性动力学现象与分数阶动力学效应及其应用/罗懋康等著. —北京:科学出版社, 2021.2
 ISBN 978-7-03-067964-2

Ⅰ. ①非⋯ Ⅱ. ①罗⋯ Ⅲ. ①非线性力学-动力学 ②动力系统(数学)
Ⅳ. ①O322 ②O19

中国版本图书馆 CIP 数据核字(2021) 第 017456 号

责任编辑:李 欣 李香叶/责任校对:彭珍珍
责任印制:吴兆东/封面设计:无极书装

科 学 出 版 社 出版
北京东黄城根北街 16 号
邮政编码: 100717
http://www.sciencep.com
北京九州迅驰传媒文化有限公司 印刷
科学出版社发行 各地新华书店经销

2021 年 2 月第 一 版 开本: 720 × 1000 B5
2021 年 2 月第一次印刷 印张: 25 1/4
字数: 509 000
定价: 168.00 元
(如有印装质量问题, 我社负责调换)

前　　言

　　非线性科学于 20 世纪 60 年代兴起, 由于自然、社会和工程技术领域中非线性问题普遍存在, 而对各种系统进行深入分析、把握乃至控制的需求日益强烈, 对非线性系统的研究, 在科学和工程技术领域已日渐成为各个学科领域关注的焦点. 同时, 随着计算机的广泛应用, 计算能力的显著提高, 非线性科学已成为 21 世纪主流学科之一. 在对非线性问题进行深入研究, 将有关成果应用到其他学科的同时, 非线性科学中也出现了新的研究方向.

　　20 世纪 70 年代以来, 统计物理和非线性科学的最新发展表明, 无规随机力并不总对宏观秩序的建立起消极破坏作用, 在一定条件下, 随机力能产生相干运动, 并在建立 "序" 上起到积极性作用. 因而, 揭示随机力在非线性条件下的各种重要效应, 进而研究其产生条件、机制及应用, 已成为统计物理和非线性科学的一个发展主题. 近年来备受物理学、化学、分子生物学乃至工程技术领域高度关注的随机共振和 Brown 马达, 便是这样一类随机动力系统研究领域的热点课题.

　　随机共振现象是由 Bnezi 等在 80 年代研究古气象冰川问题时提出的, 主要用于刻画信号、噪声和系统的非线性条件间的协作效应. 与传统的噪声有害思想相悖, 随机共振现象表明, 在一定的前提条件下, 噪声能量有可能实现向信号能量的转移, 进而增强系统的有序性. 近年来, 针对随机共振将噪声 "化弊为利" 的优良特性, 信号检测领域提出了一种新型微弱信号检测法 —— 随机共振检测法. 有别于传统检测法的 "噪声抑制" 思想, 随机共振检测法通过一个非线性系统, 设法将噪声能量部分转化为信号能量, 从而增强系统的输出信噪比, 实现微弱信号检测.

　　Brown 马达课题的相关研究表明, 在不对称周期势场中, 即便宏观力做功效果为零, 仍可实现粒子的定向运动. 生物体内的运动, 如肌肉收缩、细胞内部的物质输运, 都是通过一种被称为 "马达蛋白" 的酶粒子催化 ATP, 将释放的化学能转化成机械能, 产生协调的定向运动做功而实现的. 随着分子操纵技术的长足发展, Brown 马达的定向输运问题不仅受到生物学家、物理学家的关注, 而且成为分子生物学、物理学、化学等诸多学科共同关注的课题之一, 同时也是非线性科学的前沿领域之一.

　　混沌在非线性科学中指的是确定性系统中一种确定的但不可预测的运动状态. 混沌的最大特点是系统的演化对初始条件的高度敏感性, 因此从长期意义上讲, 混沌系统的未来行为是不可预测的. 此外, 混沌的基本属性还包括内在随机性、不稳定性、非周期性、普适性、奇怪吸引子、非整数维数、标度性、无穷嵌套的自相似几何结构等. 研究表明, 混沌是非线性动力系统的固有特性, 是非线性系统普遍存在的现象. 混沌理论的建立为科学研究提供了全新的视角和哲学思考启示, 它不仅推动了非线性理论的深入研究, 还有极其广泛的应用前景.

历史上对混沌理论的研究大体经历了三个阶段. 首先是关于混沌本质及产生机理的研究, 其次是关于混沌基本属性的研究, 最后是 20 世纪 90 年代以来关于混沌控制、同步及其应用研究. 由于混沌系统的极端复杂性, 长期以来, 人们认为混沌系统是不可控的. 然而, 随着研究的不断深入, 人们发现控制混沌不仅能够在混沌有害时消除混沌, 更为重要的是还可以利用混沌有益的一面. 因此, 控制混沌就成为混沌应用的关键环节. 1990 年美国马里兰大学的 Ott, Grebogi 和 Yorke 提出了著名的混沌控制方法 ——OGY 方法, 该方法的提出开启了混沌控制的先河, 也将混沌研究推向了应用领域.

混沌同步, 作为混沌控制的一种特殊情况, 可被看作是对混沌系统所具有伪随机性和局部不稳定性进行处理的一种方式. 混沌同步的理论基础是发送系统和接收系统状态之间误差的渐近稳定性. 借助于混沌控制的方法, 人们已经提出了多种混沌同步方法, 包括驱动–响应混沌同步法、耦合系统混沌同步法、主动控制同步法、反推同步法、自适应同步法以及脉冲同步法等, 这些同步方法各有优势, 但又相互补充, 成为混沌同步理论最重要的组成部分.

另一方面, 从 20 世纪 90 年代起, 混沌理论作为一种新的微弱信号检测方法, 成为工程应用领域的主要研究方向之一, 展示出极其广阔的应用前景. 近年来, 在利用混沌振子检测微弱周期信号的研究中, 国内外学者取得了一些进展. 最初是对混沌系统的外加激励项进行微扰来实现检测, 在此基础上, 相继出现了一些改进的检测系统, 信噪比检测门限可以达到常规方法的下限. 然而, 在强噪声背景下, 尤其是当信号的幅值很小的情况下, 单纯的混沌检测方法仍然存在局限性, 甚至无能为力. 因此, 如何进一步降低信噪比检测门限成为目前混沌检测的研究热点.

目前关于非线性问题的研究取得了相当的成果, 但大多数研究关注的仍是整数阶系统. 随着研究的深入, 研究者发现许多物理、生物过程以及黏弹性材料状态变化过程具有 "记忆性" 的特点, 整数阶动力系统在刻画这些过程时, 其局限性越来越突出. 特别地, 之所以考虑整数阶系统, 是因为系统本身的复杂性和有效数学工具的缺乏, 这实际上相当程度上地忽略了系统的真实性, 尤其是对于非均匀介质情形及具记忆效应过程.

早在整数阶微积分创立初期, L'Hospital, Leibniz 等就开始考虑分数阶微积分的含义, 但研究进展比较缓慢. 20 世纪 70 年代以后, 由于在应用数学、材料力学、生物物理学等方面提出分数阶微积分的应用背景问题, 分数阶微积分才逐渐被重视, 特别是美籍法国数学家 Mandelbrot(芒德布罗) 首次指出自然界和许多技术科学中存在大量分数维的事实, 并在整体与部分之间存在自相似现象以后, 分数阶微积分作为分形几何和分数维动力学的基础和有力工具才获得了飞跃的发展. 近年来, 正是由于分数阶微积分运算先天具有内禀时间记忆性和长程空间相关性, 可将轨道所包含的作用历史转化融入当前作用和状态, 因此, 其更适用于精确模拟现实问题, 因而广泛应用于非线性动力学、生物工程、自动控制、信号与图像处理等许多科学和工程领域.

　　本书关注非线性动力学现象与分数阶动力学效应及其应用, 总结了近年来作者在相关领域的研究成果, 全书分为 7 章. 第 1 章介绍一些基础知识, 包括: 分数阶微积分定义与性质; 分数阶微分方程, 噪声以及非线性系统的混沌现象. 第 2 章与第 3 章详细介绍随机动力系统的随机共振与振动共振行为, 深入分析了系统的共振形式、共振机制以及系统结构对共振行为的影响. 第 2 章主要介绍整数阶随机动力系统. 第 3 章主要关注分数阶随机动力系统. 分数阶微积分的引入, 不仅增强了系统对复杂问题的刻画能力, 同时也极大地丰富了系统的共振行为. 第 4 章与第 5 章介绍 Brown 马达定向输运相关研究成果. 其中第 4 章主要关注单一 Brown 马达的定向输运, 包括定向输运相关基础理论; 几类典型的分数阶单一 Brown 马达定向输运; 单一 Brown 马达在二维通道中的定向输运. 第 5 章主要关注耦合 Brown 马达的定向输运, 包括整数阶非对称耦合粒子的定向输运和几类典型的分数阶耦合 Brown 马达定向输运. 第 6 章首先介绍了双参数分数阶非线性 Langevin 方程的初值问题解的存在唯一性条件, 随后介绍了基于分数阶控制器、Lyapunov 稳定理论和 LaSalle 不变集原理的分数阶混沌系统的控制方法, 以及采用主动控制技术、状态观测器和非线性状态反馈法三种方法来同步分数阶 Rayleigh-Duffing 类系统的同步方法. 第 7 章介绍了一种基于推广的 Duffing 振子的弱信号测频方法, 随后介绍了一种利用分数阶双稳系统和耦合分数阶双稳系统的随机共振现象检测弱周期信号及其频率的方法.

作　者

2020 年 7 月

目　　录

第1章　基 础 知 识

1.1　分数阶微积分定义与性质

1.1.1　三种经典的分数阶微积分定义与性质

目前, 在理论研究和工程实际中常用的分数阶微积分定义主要有三种: Grün-wald-Letnikov 定义、Riemann-Liouville 定义和 Caputo 定义. 其中, Grünwald-Letnikov 定义是整数阶微积分的差分极限定义的直接推广, 在数值求解中使用较多; Riemann-Liouville 定义采用 "微分–积分" 形式, 回避了复杂的极限运算, 更利于数学理论分析; Caputo 定义采用 "积分–微分" 形式, 其 Laplace 变换简洁, 在工程实际中应用广泛. 本节将对分数阶微积分的这三种定义进行简要介绍, 更多相关知识可参考文献 [1], [2].

1. Grünwald-Letnikov 定义

Grünwald-Letnikov 定义可以看成是整数阶微积分、差分定义极限形式的推广. 考虑一个 k 阶可导的函数 $f(t)$, 它的 1 阶导数定义为

$$f^{(1)}(t) = \lim_{h \to 0} \frac{f(t) - f(t-h)}{h}, \tag{1.1.1}$$

2 阶导数的表达式为

$$\begin{aligned} f^{(2)}(t) &= \lim_{h \to 0} \frac{f^{(1)}(t) - f^{(1)}(t-h)}{h} \\ &= \lim_{h \to 0} \frac{f(t) - 2f(t-h) + f(t-2h)}{h^2}, \end{aligned} \tag{1.1.2}$$

以此类推, 可以得到它的 k 阶导数定义为

$$f^{(k)}(t) = \lim_{h \to 0} \frac{1}{h^k} \sum_{r=0}^{k} (-1)^r \binom{k}{r} f(t - rh), \quad 1 \leqslant k \leqslant n, \ m > k, \tag{1.1.3}$$

其中

$$\binom{k}{r} = \frac{k(k-1)(k-2) \cdots (k-r+1)}{r!}. \tag{1.1.4}$$

将 (1.1.3) 式中被求极限部分的整数 k 推广为实数 p, 可以得到如下函数表达式

$$f_h^{(p)}(t) = \frac{1}{h^p} \sum_{r=0}^{k} (-1)^r \binom{p}{r} f(t - rh), \tag{1.1.5}$$

可以证明, 假如函数 $f(t)$ 在区间 $[a,t]$ 上存在 n 阶连续导数, 那么

$$
\begin{aligned}
{}_aD_t^{-p}f(t) &= \lim_{\substack{h\to 0 \\ kh=t-a}} f_h^{(-p)}(t) \\
&= \sum_{i=0}^{n-1} \frac{f^{(i)}(a)(t-a)^{p+i}}{\Gamma(p+i+1)} + \frac{1}{\Gamma(p+n)} \int_a^t (t-\tau)^{-p+n-1} f^n(\tau)\mathrm{d}\tau, \quad p>0,
\end{aligned}
\tag{1.1.6}
$$

$$
\begin{aligned}
{}_aD_t^{p}f(t) &= \lim_{\substack{h\to 0 \\ kh=t-a}} f_h^{(p)}(t) \\
&= \sum_{i=0}^{n-1} \frac{f^{(i)}(a)(t-a)^{-p+i}}{\Gamma(-p+i+1)} \\
&\quad + \frac{1}{\Gamma(-p+n)} \int_a^t (t-\tau)^{n-p-1} f^n(\tau)\mathrm{d}\tau, \quad m<p<m+1.
\end{aligned}
\tag{1.1.7}
$$

其中, $f^{(i)}(a)(i=0,1,2,\cdots,n-1)$ 为已知的初始条件.

定义 1.1.1(Grünwald-Letnikov 分数阶导数) 对有限区域 $[a,b]$ 内的函数 $f(t)$, 它的 $p\ (p\in\mathbb{R}^+)$ 阶 Grünwald-Letnikov(G-L) 左、右分数阶导数的定义分别为

$$
{}_a^G D_t^p f(t) = \lim_{h\to 0+} \frac{1}{h^p} \sum_{r=0}^{[\frac{t-a}{h}]} (-1)^r \binom{p}{r} f(t-rh),
\tag{1.1.8}
$$

$$
{}_t^G D_b^p f(t) = \lim_{h\to 0+} \frac{1}{h^p} \sum_{r=0}^{[\frac{b-t}{h}]} (-1)^r \binom{p}{r} f(t+rh).
\tag{1.1.9}
$$

类似地, 也可以得以下结论.

定义 1.1.2(Grünwald-Letnikov 分数阶积分) 对有限区域 $[a,b]$ 内的函数 $f(t)$, 它的 $p\ (p\in\mathbb{R}^+)$ 阶 G-L 分数阶积分的定义为

$$
{}_a^G I_t^p f(t) = \lim_{h\to 0+} \frac{1}{h^p} \sum_{r=0}^{[\frac{t-a}{h}]} (-1)^r \binom{-p}{r} f(t-rh).
\tag{1.1.10}
$$

值得注意的是, 其实将上述这种非整数阶的微积分称为 "分数阶微积分" 是一种错误的命名, 其中的 "分数" 是一个错误的归类. 因为阶数可以被推广到有理分数、无理数甚至复数, 所以从严格数学意义上来讲, 它应该被称为 "非整数阶微积分". 但是由于历史的原因, "分数阶微积分" 的命名已经成为习惯用法.

命题 1.1.1 若 $f(t)$ 满足条件 $f^{(k)}(a)=0, k=0,1,2,\cdots,n-1, n\in\mathbb{Z}$. 则有 G-L 分数阶导数满足交换律, 即

$$
\frac{\mathrm{d}^n}{\mathrm{d}t^n} \left[{}_a^G D_t^p f(t)\right] = {}_a^G D_t^p \left[\frac{\mathrm{d}^n f(t)}{\mathrm{d}t^n}\right] = {}_a^G D_t^{p+n} f(t), \quad n<p<n+1.
\tag{1.1.11}
$$

命题 1.1.2 $\forall p, q \in \mathbb{R}$, 有 ${}_a^G D_t^q \left[{}_a^G D_t^p f(t) \right] = {}_a^G D_t^{q+p} f(t)$.

命题 1.1.3 当 $0 \leqslant p < 1$ 时, G-L 分数阶导数的 Laplace 变换为

$$\mathcal{L}\left[{}_0^G D_t^p f(t) \right] = s^p F(s). \tag{1.1.12}$$

当 $p > 1$ 时, 经典意义下的 G-L 分数阶导数的 Laplace 变换不存在.

2. Riemann-Liouville 定义

为了使分数阶微积分的计算简化, Riemann-Liouville(R-L) 定义对 G-L 定义进行了改进. 这种方式定义的分数阶微积分是目前最常用的分数阶微积分定义.

定义 1.1.3(Riemann-Liouville 分数阶积分) 设 $f(u)$ 在 $[a,b]$ 上逐段连续, 且在 $[a,b]$ 的任何有限子区间 $[a,t]$ 上可积, 则函数 $f(u)$ 的 p 阶 Riemann-Liouville(R-L) 型左、右积分分别定义为

$$_a^R I_t^p f(t) = \frac{1}{\Gamma(p)} \int_a^t (t-\tau)^{p-1} f(\tau) \mathrm{d}\tau, \tag{1.1.13}$$

$$_t^R I_b^p f(t) = \frac{1}{\Gamma(p)} \int_t^b (t-\tau)^{p-1} f(\tau) \mathrm{d}\tau. \tag{1.1.14}$$

定义 1.1.4(Riemann-Liouville 分数阶导数) 设 $f(u)$ 在 $[a,b]$ 上逐段连续, 且在 $[a,b]$ 的任何有限子区间 $[a,t]$ 上可积, 则函数 $f(u)$ 的 p 阶 R-L 型左、右导数分别定义为

$$_a^R D_t^p f(t) = \frac{1}{\Gamma(n-p)} \left(\frac{\mathrm{d}}{\mathrm{d}t} \right)^n \int_a^t (t-\tau)^{n-p-1} f(\tau) \mathrm{d}\tau, \quad n-1 \leqslant p < n, \ t > a. \tag{1.1.15}$$

$$_a^R D_b^p f(t) = \frac{1}{\Gamma(n-p)} \left(\frac{\mathrm{d}}{\mathrm{d}t} \right)^n \int_t^b (t-\tau)^{n-p-1} f(\tau) \mathrm{d}\tau, \quad n-1 \leqslant p < n, \ t < b. \tag{1.1.16}$$

从 (1.1.14) 和 (1.1.15) 式可以看到, R-L 定义的分数阶微分实际上是先进行 $n-p$ 阶 R-L 分数阶积分, 后进行 n 阶微分.

命题 1.1.4 如果当 $t > a$ 时 $f(t)$ 连续, R-L 分数阶积分算子可以互换, 即

$$_a^R D_t^{-p} \left[{}_a^R D_t^{-q} f(t) \right] = {}_a^R D_t^{-q} \left[{}_a^R D_t^{-p} f(t) \right] = {}_a^R D_t^{-p-q} f(t).$$

命题 1.1.5 当 $p > 0, t > a$ 时, 有 ${}_a^R D_t^p \left[{}_a^R D_t^{-p} f(t) \right] = f(t)$.

命题 1.1.6 令 $n-1 \leqslant p < n$, 有

$$_a^R D_t^{-p} \left[{}_a^R D_t^p f(t) \right] = f(t) - \sum_{j=1}^n \left[{}_a^R D_t^{p-j} f(t) \right]_{t=a} \frac{(t-a)^{p-j}}{\Gamma(p-j+1)}. \tag{1.1.17}$$

命题 1.1.7 设 $f(t)$ 定义在区间 $(0, \infty)$ 上, R-L 分数阶积分的 Laplace 变换为

$$\mathcal{L}\left[{}_0^R D_t^p f(t) \right] = s^p F(s), \quad \forall p > 0, \tag{1.1.18}$$

其中, $F(s) = \mathcal{L}[f(t)]$.

命题 1.1.8 设 $f(t)$ 定义在区间 $(0, \infty)$ 上, R-L 分数阶导数的 Laplace 变换为

$$\mathcal{L}\left[{}_0^R D_t^p f(t)\right] = s^p F(s) - \sum_{j=0}^{n-1} s^j \left[{}_0^R D_t^{p-j-1} f(t)\right]_{t=0}, \quad n-1 \leqslant p < n, \tag{1.1.19}$$

其中, $F(s) = \mathcal{L}[f(t)]$.

R-L 分数阶微积分存在一些局限. 例如, 常数的 R-L 分数阶导数不为 0; R-L 微积分的 Laplace 变换比较复杂; R-L 分数阶导数不利于处理含初值问题的微分方程的求解. 因此, 提出了 Caputo 分数阶导数.

3. Caputo 定义

R-L 分数阶导数具有超奇异性, 不便于工程与物理建模. 后来 Caputo 对 R-L 分数阶微积分定义进行改进得到了 Caputo 型分数阶微积分定义. Caputo 分数阶积分的定义和 R-L 定义是一样的, 但是分数阶导数有所不同. 对于阶数 $p > 0$, Caputo 分数阶导数是先求 n 阶导数, 再求 $p - n$ 阶积分.

定义 1.1.5 (Caputo 型分数阶导数) n 阶可导的函数 $f(t)$ 的 Caputo 分数阶导数定义为

$$_a^C D_t^p [f(t)] = \frac{1}{\Gamma(n-p)} \int_a^t (t-\tau)^{n-p-1} f^{(n)}(\tau) \mathrm{d}\tau, \quad n-1 < p < n. \tag{1.1.20}$$

命题 1.1.9 设 $f(t)$ 定义在区间 $(0, \infty)$ 上, 则 Caputo 分数阶积分的 Laplace 变换为

$$\mathcal{L}[{}_0^C D_t^{-\alpha} f(t)] = \mathcal{L}\{t^{\alpha-1} * f(t)\} = \mathcal{L}\{t^{\alpha-1}\} F(s) = s^{-\alpha} F(s). \tag{1.1.21}$$

Caputo 分数阶导数的 Laplace 变换为

$$\mathcal{L}[{}_0^C D_t^\alpha f(t)] = s^\alpha F(s) - \sum_{k=0}^{n-1} s^{\alpha-k-1} f^{(k)}(0), \quad n-1 < \alpha \leqslant n, \tag{1.1.22}$$

其中, $F(s) = \mathcal{L}[f(t)]$.

命题 1.1.10 对任意常数 c 有 ${}_a^C D_t^p [c] = 0$.

上述三种定义之间存在着一定的区别和联系, 在某些条件下它们之间可以相互转换.

(1) 对于整数阶微积分运算, R-L 定义和 G-L 定义结果一致. 对于阶次为分数阶 $p(0 \leqslant m-1 \leqslant p < m \leqslant n)$ 时, 在假设函数 $f(t)$ 满足 "在区间 $[a, T]$ 上 $n-1$ 次

连续可导, 且 $f^{(n)}(t)$ 在区间 $[a, T]$ 上可积" 的条件下, G-L 定义和 R-L 定义是完全等价的. 若无该条件, R-L 定义是 G-L 定义的推广, 其应用范围更为广泛.

(2) R-L 定义和 Caputo 定义都是对 G-L 定义的改进, 在阶次为负实数或者正整数时, 它们都是等价的. 在函数 $f(t)$ 满足 "具有 $n-1$ 阶连续导数, 且对积分下界 a 满足, $f^{(k)}(a) = 0$" 的条件下, 两者定义是等价的. Caputo 定义让分数阶微积分的 Laplace 变换式更为简洁, 因此它更适合用于分数阶微分方程初值问题的描述.

下面从理论依据、定义域、表达式等几个方面, 对这三种主要的分数阶微积分形式在效能、适用、优劣等特性方面给出分析比较.

从图 1-1-1 可以看到, 在分数阶微积分的发展过程中, 人们根据不同的需求, 从不同角度给出了分数阶微积分的定义, 但这些定义无论从对象上还是从表达式上都无法实现统一. 对于不同的分数阶微积分定义方式有着不同的定义域, 即便是在公共区域内, 不的定义方式之间也无法实现完全的统一, 这给分数阶微积分的应用和研究造成了一定的困难, 因此人们迫切期望着分数阶微积分的一种哪怕是形式上的统一定义方式.

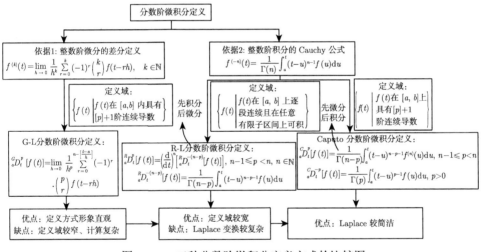

图 1-1-1 三种分数阶微积分定义方式的比较图

1.1.2 分数阶导数的性质

命题 1.1.11 (线性性质) 设 D^p 表示任意的 p 阶分数阶导数, 则

$$D^p(\lambda f(t) + \mu g(t)) = \lambda D^p f(t) + \mu D^p g(t). \tag{1.1.23}$$

命题 1.1.12 (Leibniz 公式) 如果 $f(\tau)$ 在区间 $[a, t]$ 上连续, $\varphi(\tau)$ 在区间 $[a, t]$

上有 $n+1$ 阶连续导数, 则 $\varphi(t)f(t)$ 的分数阶导数为

$$_aD_t^p(\varphi(t)f(t)) = \sum_{k=0}^{\infty} \binom{p}{k} \varphi^{(k)}(t) {}_aD_t^{p-k} f(t). \tag{1.1.24}$$

命题 1.1.13 (复合函数求导)　$\forall p > 0$ 复合函数 $f(\varphi(t))$ 的 p 阶分数阶导数为

$$_aD_t^p(f(\varphi(t))) = \frac{(t-a)^{-p}}{\Gamma(1-p)} f(\varphi(t)) + \sum_{k=1}^{\infty} \binom{p}{k} \frac{k!(t-a)^{k-p}}{\Gamma(k-p+1)} \sum_{m=1}^{k} f^{(m)}(\varphi(t))$$

$$\cdot \sum_{a_r \in \Omega_r} \prod_{r=1}^{k} \frac{1}{a_r!} \left(\frac{\varphi^{(r)}(t)}{r!} \right)^{a_r}, \tag{1.1.25}$$

其中, $\Omega_r = \left\{ a_r \left| \sum_{r=1}^{k} r a_r = k, \ \sum_{r=1}^{k} a_r = m, a_r \in \mathbb{Z}^+ \right. \right\}$.

1.1.3　分数阶微积分的时频特性

整数阶微积分作为描述经典物理及相关学科理论的解析数学工具已被人们普遍接受, 很多问题的数学模型最终都可以归结为整数阶微分方程的定解问题, 其理论研究与数值求解都已发展完善. 然而, 对于复杂物理、工程问题的研究, 传统整数阶微积分模型将遇到以下困难:

(1) 需构造非线性方程, 引入经验参数和与实际不符的假设条件;

(2) 因材料或外界条件的微小改变就需要构造新的模型;

(3) 这些非线性模型无论是理论求解还是数值求解都非常烦琐.

基于以上原因, 人们迫切期待一种可用的数学工具和可依据的基本原理来对这些复杂问题进行建模. 分数阶微积分方程非常适合于刻画具有记忆和遗传性质的材料和过程, 其对复杂系统的描述具有建模简单、参数物理意义清楚、描述准确等优势, 因而成为复杂物理、工程问题数学建模的重要工具之一.

在时域上, 传统的整数阶微分由局部极限方式定义; 从物理工程建模上看, 不适合描述具有时间记忆性或历史依赖性的物理过程. 分数阶微分算子本质上是微分–积分算子, 其定义中的积分部分可充分表述系统发展的时间记忆性和历史依赖性, 是对具有记忆性的复杂物理过程进行建模的有力数学工具. 因而, 分数阶微积分常常被用于精确刻画分形空间结构中 "反常" 扩散过程的路径依赖性与长程相关性.

在频域上, 传统的整数阶微积分算子只能刻画整数阶频率依赖的情况, 因而在复杂物理工程问题的建模中有很大的局限性. 基于分数阶阶数的灵活多变性, 分数阶微积分算子可用于刻画任意阶频率依赖的情况, 很大程度上克服了传统整数阶微积分模型在描述复杂物理工程问题时, 理论与实际吻合不好的严重缺陷.

1. 时域记忆特性

由上述 Caputo 分数阶微积分的定义可以看到, 分数阶微积分是具有选择性记忆的算子, 相应的记忆核函数分别为

$$h_{\mathcal{J}}(t) = \frac{t^{\alpha-1}}{\Gamma(\alpha)}, \tag{1.1.26}$$

$$h_{\mathcal{D}}(t) = \frac{t^{n-\alpha-1}}{\Gamma(n-\alpha)}. \tag{1.1.27}$$

从信号与系统的角度而言, 上述记忆核函数可看作分数阶微积分系统的冲击响应函数, 即时域特性函数, 故可由该记忆核函数完整地刻画分数阶微积分的时域特性. 针对不同的微积分阶数, 该记忆核函数的取值随时间间隔 t 的变化曲线如图 1-1-2 所示.

由图 1-1-2 可以看出

(1) 图 1-1-2(a): 当 $0 < \alpha < 1$ 时, 分数阶积分具有选择记忆性, 对近处的记忆性较强, 对远处的记忆性较弱, 这与大多数实际情况相符. 其记忆强度随着时间间隔 t 的逐渐增大呈指数衰减, 阶数 α 越小, 衰减速度越快. 当 $\alpha = 1$ 时, 相应的积分算子退化为传统的一阶积分, 其记忆核函数为常数, 不具有选择性.

(2) 图 1-1-2(b): 当 $0 < \alpha < 1$ 时, 分数阶微分具有明显的记忆性, 且对近处的记忆性较强, 对远处的记忆性较弱, 这与大多数实际情况相符. 其记忆强度随着时间间隔 t 的逐渐增大呈指数衰减, 阶数 α 越大, 衰减速度越快. 当 $\alpha = 1$ 时, 相应的微分算子退化为传统的一阶微分, 其记忆核函数为 δ 函数, 具有无记忆性.

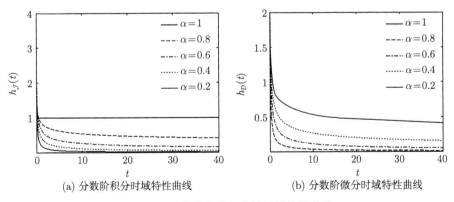

(a) 分数阶积分时域特性曲线   (b) 分数阶微分时域特性曲线

图 1-1-2 分数阶微积分的时域特性曲线

2. 频率选择特性

为分析分数阶微积分的频域特性, 对 (1.1.26) 式和 (1.1.27) 式两端分别作

Laplace 变换可得

$$\mathcal{L}\{\mathcal{J}^{\alpha}x(t)\} = s^{-\alpha}X(s), \tag{1.1.28}$$

$$\mathcal{L}\{D^{\alpha}x(t)\} = s^{\alpha}X(s) - \sum_{k=0}^{n-1} s^{\alpha-k-1}x^{k}(0). \tag{1.1.29}$$

于是, 在不考虑初始条件的情况下, 分数阶微积分的频域特性函数分别为

$$H_{\mathcal{J}}(j\omega) = (j\omega)^{-\alpha}, \quad H_{\mathcal{D}}(j\omega) = (j\omega)^{\alpha}. \tag{1.1.30}$$

相应的幅频特性函数和相频特性函数分别为

$$|H_{\mathcal{J}}(j\omega)| = |j\omega^{-\alpha}| = \omega^{-\alpha}, \quad \angle H_{\mathcal{J}}(j\omega) = -\alpha\pi/2, \tag{1.1.31}$$

$$|H_{\mathcal{D}}(j\omega)| = |j\omega^{\alpha}| = \omega^{\alpha}, \quad \angle H_{\mathcal{D}}(j\omega) = \alpha\pi/2. \tag{1.1.32}$$

对于信号与系统的角度而言, 上述频域特性函数可看作分数阶微积分系统的传递函数, 故该函数可完整地刻画分数阶微积分的频域特性. 针对不同的微积分阶数, 该幅频特性函数的变化曲线如图 1-1-3 所示.

由图 1-1-3 可以看出

(1) 图 1-1-3 (a): 积分算子的幅频增益具有选择性, 对低频信号的增益较大, 对高频信号的增益较小, 其增益大小随频率 ω 的增大呈指数衰减. 对于不同的积分阶数 α 而言, α 越大, 相应的积分算子对低频信号的增益越大, 对高频信号的增益越小.

(2) 图 1-1-3 (b): 微分算子的幅频增益具有选择性, 对低频信号的增益较小, 对高频信号的增益较大, 其增益大小随频率 ω 的增大呈指数增长. 对于不同的微分阶数 α 而言, α 越大, 相应的微分算子对低频信号的增益越小, 对高频信号的增益越大.

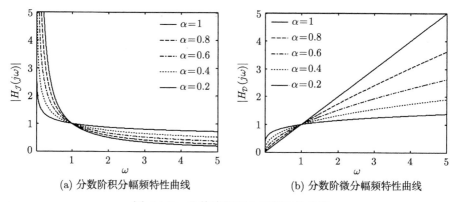

(a) 分数阶积分幅频特性曲线   (b) 分数阶微分幅频特性曲线

图 1-1-3 分数阶微积分幅频特性曲线

1.2 分数阶动力系统与热力学噪声

1.2.1 分数阶 Langevin 方程

1. Brown 运动

1785 年丹麦物理学家 Jan Ingenhousz 观察到了酒精表面碳粉的闪烁现象; 1827 年英国植物学家 Robert Brown 观察到悬浮在水中的花粉粒子不断做连续不规则运动, 这些直径为 10^{-4} cm 的细小颗粒悬浮于热力学平衡的溶液中, 在无外力作用下做无规则运动[3], 称之为 Brown 运动. Brown 运动具有以下特性: ① 永不停止; ② 受环境温度影响较大; ③ 没有固定轨迹, 运动轨迹呈锯齿状; ④ 粒子质量会影响粒子运动速度; ⑤ 粒子密度不会影响粒子运动. 1931 年 Erroneous, Kappler 等对此类观察进行了扩展和改进, 对无规则运动颗粒的位移进行了高精度测量, 得到其位移自相关函数正比于 $k_B T$, 其中 k_B 是 Boltzmann 常数, T 是液体温度.

1905 年 Einstein[4] 对此类无规则运动进行了深入研究, 称其为 Brown 粒子的扩散行为, 发表了一系列论文, 对 Brown 运动进行了描述: 巨大的 Brown 粒子受到液体中大量小分子的随机碰撞. 以 $p(x,t)$ 记 Brown 粒子在时间 t、位置 x 处的概率, 可得以下结论:

(1) 溶液的空间各向同性导致了随机碰撞作用长时间平均为零, 则粒子平均位移为零, 即 $\langle x(t) \rangle = 0$;

(2) 随机碰撞存在空间局域的涨落, 破坏了 Brown 粒子所受作用的空间各向同性, 产生了瞬间的定向运动, 而粒子的均方位移与时间 t 成正比, 即 $\langle x^2(t) \rangle = 2Dt$.

2. 分数阶 Brown 运动

分数阶 Brown 运动的概念首次于 1940 年由 Kolmogorov 引入 [5]; 在 1968 年, Mandelbrot 等讨论了分数阶 Brown 运动的一些性质及其在水文、金融等领域中的应用 [6]. 随后, 众多学者对分数阶 Brown 运动进行了广泛和深入的研究, 取得了丰富的研究成果.

定义 1.2.1 (分数阶 Brown 运动 [5,7])   对于任意的 $0 < H < 1$(称为 Hurst 指数), 实值 Gauss 过程 $B_H = \{B_H(t), t \geqslant 0\}$ 称为标准分数阶 Brown 运动, 若满足如下性质:

(1) $B_H(0) = 0$;   (1.2.1)

(2) $\langle B_H(t) \rangle = 0$;   (1.2.2)

(3) $\langle B_H(t) B_H(s) \rangle = \dfrac{1}{2} \left(|t|^{2H} + |s|^{2H} - |t-s|^{2H} \right)$, $t, s > 0$.   (1.2.3)

特别地, 当 Hurst 指数 $H = 1/2$ 时, 分数阶 Brown 运动退化为标准 Brown 运

动, 记为 $B = \{B(t), t \geqslant 0\}$, 它是一个 Gauss 过程, 具有性质:

$$\langle B(t) \rangle = 0, \quad \langle B(t)B(s) \rangle = \min(t, s), \quad t, s > 0.$$

在 Kolmogorov 之后, Mandelbrot 和 Van Ness 对分数阶 Brown 运动进行了深入研究, 并对该过程给出了基于标准 Brown 运动 $B = \{B(t), t \in \mathbb{R}\}$ 的随机积分表示.

定义 1.2.2 (分数阶 Brown 运动的积分表示 [6])　　对于 Hurst 指数 $0 < H < 1$, $B_H = \{B_H(t), t \in \mathbb{R}\}$ 有如下积分表示:

$$
\begin{aligned}
B_H(t) &= \frac{1}{\Gamma(H+1/2)} \left\{ \int_{-\infty}^{0} \left[(t-s)^{H-1/2} - (-s)^{H-1/2} \right] \mathrm{d}B(s) \right. \\
&\quad \left. + \int_{0}^{t} (t-s)^{H-1/2} \mathrm{d}B(s) \right\} \\
&= \frac{1}{\Gamma(H+1/2)} \int_{-\infty}^{+\infty} \left[(t-s)_+^{H-1/2} - (-s)_+^{H-1/2} \right] \mathrm{d}B(s), \quad (1.2.4)
\end{aligned}
$$

其中, $B = \{B(t), t \in \mathbb{R}\}$ 为标准 Brown 运动, $(x)_+ = \max(x, 0)$.

也就是说, Mandelbrot 和 Van Ness 是通过 (1.2.4) 式来定义分数阶 Brown 运动的. 随后, Barnes 和 Allan 给出了另一个相似却更简捷的分数阶 Brown 运动的积分表示, 也就是 R-L 分数阶积分表示 [7].

定义 1.2.3 (分数阶 Brown 运动的 Riemann-Liouville 积分表示 [7])　　当 $H > 0$ 时, $B_H^0 = \{B_H^0(t), t \geqslant 0\}$ 有如下积分表示:

$$B_H^0(t) = \frac{1}{\Gamma(H+1/2)} \int_{0}^{t} (t-s)^{H-1/2} \mathrm{d}B(s), \quad (1.2.5)$$

其中, $B = \{B(t), t \in \mathbb{R}\}$ 为标准 Brown 运动.

分数阶 Brown 运动 $B_H = \{B_H(t), t \geqslant 0\}$ 是标准 Brown 运动 $B = \{B(t), t \in \mathbb{R}\}$ 的推广, 在继承了 Brown 运动的一些性质 (如平稳增量性、轨道连续性等) 的同时也具有自身的特性 [8].

命题 1.2.1　　分数阶 Brown 运动 $B_H = \{B_H(t), t \geqslant 0\}$ 是自相似的, 即

$$a^H B_H(t) \cong B_H(at), \quad (1.2.6)$$

其中, "$\cong$" 表示具有相同的统计分布.

命题 1.2.2　　分数阶 Brown 运动 $B_H = \{B_H(t), t \geqslant 0\}$, 其自协方差为

$$r(n) = \mathrm{Cov}\left[B_H(1), B_H(n+1) - B_H(n) \right]$$

$$= E\left[B_H(1)\left(B_H(n+1) - B_H(n)\right)\right], \quad n \geqslant 1. \tag{1.2.7}$$

(1) 当 $0 < H < 1/2$ 时, $r(n) < 0, \forall n \geqslant 1$, 且 $\sum\limits_{n=1}^{\infty} |r(n)| < \infty$, 称 $B_H = \{B_H(t), t \geqslant 0\}$ 为负相关的, 具有短相依性;

(2) 当 $1/2 < H < 1$ 时, $r(n) > 0, \forall n \geqslant 1$, 且 $\sum\limits_{n=1}^{\infty} r(n) = \infty$, 称 $B_H = \{B_H(t), t \geqslant 0\}$ 为正相关的, 具有长相依性.

图 1-2-1 给出了三种不同 Hurst 指数下的分数阶 Brown 运动的轨迹曲线.

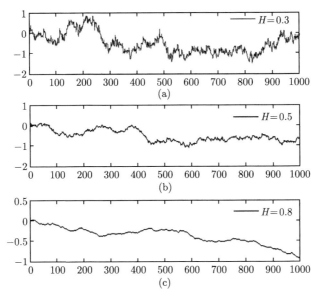

图 1-2-1 不同 Hurst 指数下的分数阶 Brown 运动 $B_H(t)$ 轨迹.
(a) $H = 0.3$; (b) $H = 0.5$; (c) $H = 0.8$

3. 分数阶 Gauss 噪声

类似于 Gauss 白噪声 $W(t)$ 是标准 Brown 运动 $B = \{B(t), t \geqslant 0\}$ 的广义导数:

$$W(t) = \frac{\mathrm{d}B(t)}{\mathrm{d}t}, \tag{1.2.8}$$

利用广义导数的概念, 分数阶 Brown 运动 $B_H = \{B_H(t), t \geqslant 0\}$ 的广义导数则可定义分数阶 Gauss 噪声 [6]:

$$W_H(t) = \frac{\mathrm{d}B_H(t)}{\mathrm{d}t}. \tag{1.2.9}$$

命题 1.2.3 (分数阶 Gauss 噪声的自相关函数)[8]   分数阶 Gauss 噪声 $W_H(t) =$

$\dfrac{\mathrm{d}B_H(t)}{\mathrm{d}t}$ 的自相关函数为

$$\langle W_H(0)W_H(t)\rangle = H(2H-1)t^{2H-2}, \quad t>0. \tag{1.2.10}$$

证明   由 (1.2.3) 式和 (1.2.9) 式, 结合洛必达法则, 对 $t>0$, 有

$$\begin{aligned}
\langle W_H(0)W_H(t)\rangle &= \lim_{s\to 0}\left\langle \frac{[B_H(0+s)-B_H(0)]}{s}\frac{[B_H(t+s)-B_H(t)]}{s}\right\rangle \\
&= \lim_{s\to 0}\frac{|t+s|^{2H}+|t-s|^{2H}-2\,|t|^{2H}}{2s^2} \\
&= \lim_{s\to 0}\frac{2H\,|t+s|^{2H-1}-2H\,|t-s|^{2H-1}}{4s} \\
&= \lim_{s\to 0}\frac{2H(2H-1)\,|t+s|^{2H-2}+2H(2H-1)\,|t-s|^{2H-2}}{4} \\
&= \frac{2H(2H-1)\,|t+0|^{2H-2}+2H(2H-1)\,|t-0|^{2H-2}}{4} \\
&= H(2H-1)t^{2H-2}.
\end{aligned}$$

根据 (1.2.10) 式, 当 $H=1$ 时, $W_H(t)$ 的自相关函数为常数 1, 即单位阶跃函数, 这时分数阶 Gauss 噪声 $W_H(t)$ 对不同时刻的历史信息具有同等 "记忆". 而随着 H 从 1 逐渐减小至 $H=1/2$, 分数阶 Gauss 噪声 $W_H(t)$ 逐渐退化为 Gauss 白噪声 $W(t)$, 相应地, 其自相关函数退化为 $\delta(t)$, 这时噪声 $W(t)$ 无记忆能力.

关于分数阶 Brown 运动及分数阶 Gauss 噪声的其他性质和特点可参见文献 [5]—[8]. 分数阶 Gauss 噪声如图 1-2-2 所示.

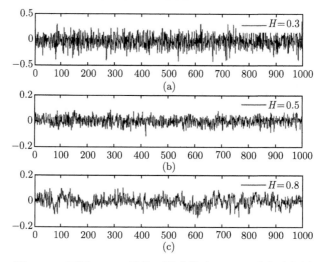

图 1-2-2   不同 Hurst 指数下的分数阶 Gauss 噪声时序图.
(a) $H=0.3$; (b) $H=0.5$; (c) $H=0.8$

4. 分数阶 Langevin 方程

虽然 Einstein 是以定量理论描述 Brown 运动与扩散的第一人, 但其研究方式是以概率平衡观念来描述众多 Brown 粒子的平均行为, 而非单一 Brown 粒子的个体行为. 1908 年, Langevin 提出著名的可用于描述单一 Brown 粒子运动轨迹的 Langevin 方程. 虽然 Langevin 与 Einstein 的研究方式完全不同, 但由 Langevin 方程给出的运动轨迹的平均与 Einstein 直接通过概率得到的结果完全吻合.

Langevin 方程主要依据 Newton 第二定律 ($md^2x/dt^2 = \sum F$), 考察单个 Brown 粒子在液体中的运动, 其一般形式如下:

$$m\ddot{x} = -\gamma\dot{x} - \frac{\partial U(x)}{\partial x} + F(x,t) + \xi(t), \qquad (1.2.11)$$

其中, γ 为系统阻尼系数, $U(x)$ 为系统势函数, $F(x,t)$ 为 Brown 粒子受到的外部驱动力. $\xi(t)$ 为环境分子涨落碰撞力, 也称 Langevin 力. 为了保证系统达到平衡态时, Brown 粒子具有在温度为 T 的热库中必须具有的能量, 通常假设 $\xi(t)$ 满足如下统计性质:

$$\langle\xi(t)\rangle = 0, \quad \langle\xi(t)\xi(\tau)\rangle = 2D\delta(t-\tau). \qquad (1.2.12)$$

噪声强度 D 满足如下涨落耗散定理:

$$D = \gamma kT/m, \qquad (1.2.13)$$

其中, k 为 Boltzmann 常数, T 为环境介质的绝对温度.

需要指出的是, 对具有反常扩散等行为的复杂系统而言, 系统阻尼系数不再是常数, 而是一个与时间有关的函数 $\gamma(t)$, 因而涨落力的相关函数也不再是 δ 函数. 这类系统满足的第二涨落定理如下:

$$\langle\xi(t)\xi(\tau)\rangle = mkT\gamma(|t-\tau|). \qquad (1.2.14)$$

Langevin 方程的基本思想在于: 将环境分子对 Brown 粒子的随机碰撞及非平衡 (相对运动) 作用力分别表述为随机涨落和流体力学作用力, 从而具有简单明了的表现形式. Langevin 方程的基础是 Newton 第二定律, 因而容易在方程中推广性地引入其他外场作用力. 基于以上特性, Langevin 方程已逐渐成为 Brown 运动的主要描述方式. 然而, Langevin 方程给出的是单一 Brown 粒子的运动轨迹, 为考察众多粒子的平均行为, 需对大量轨迹进行系综平均. 在过去, 由于计算量的限制, 相较于直接描述集体平均行为的概率平衡方程, Langevin 方程尚未显示出明显优势. 如今, 计算机技术已得到高速发展, 基于 Langevin 方程的 Brown 动力学正逐渐展现出巨大的研究潜力.

综上所述, 对 Brown 粒子在外加驱动力下的运动可通过两类截然不同的方法来进行描述: ①以概率平衡方程 (Fokker-Planck 方程) 描述 Brown 粒子在时间 t、位置 x 处的概率 $p(x,t)$; ②以 Langevin 方程描述单个 Brown 粒子的运动轨迹. 这些研究方法不仅便于增进人们对 Brown 运动的了解, 同时也被广泛用于其他统计物理研究领域.

一直以来, Langevin 方程被广泛用于刻画涨落环境中的动力学过程 [9]. 然而, 随着研究的深入, 人们发现无序或分形介质中的很多问题 (如反常扩散等) 难以通过传统的 Langevin 方程进行描述. 为此, Kubo[10] 在 1966 年提出了广义 Langevin 方程:

$$m\ddot{x}(t) + \int_0^t \gamma(t-t')\dot{x}(t')\mathrm{d}t' = -\frac{\partial U(x)}{\partial x} + F(x,t) + \xi(t). \tag{1.2.15}$$

该方程引入阻尼记忆核函数 $\gamma(t)$ 以刻画环境介质的分形和记忆特性. 从此以后, 对 Langevin 方程的推广逐渐成为人们的研究热点.

近年来, 随着分数阶微积分的发展, 将分数阶微分引入 Langevin 方程成为 Langevin 方程的一种自然推广方式 [11,12]. 首先, 将方程 (1.2.11) 中的速度项 $v(t)$ 替换为位移 $x(t)$ 的分数阶导数 $^CD^\alpha x(t)$ 可得

$$m\ddot{x}(t) + \gamma {}^CD^\alpha x(t) = -\frac{\partial U(x)}{\partial x} + F(x,t) + \xi(t). \tag{1.2.16}$$

方程 (1.2.16) 也可通过将广义 Langevin 方程 (1.2.15) 中的记忆核函数取为

$$\gamma(t) = \frac{1}{\Gamma(1-\alpha)}|t|^{-\alpha}, \quad 0 < \alpha < 1 \tag{1.2.17}$$

得到, 因而, 分数阶 Langevin 方程 (1.2.16) 可看作广义 Langevin 方程的一种特殊形式.

进一步, 通过将粒子加速度定义为粒子速度的分数阶导数, 可得到一类双参数分数阶 Langevin 方程 [13,14]:

$$^CD^\beta(^CD^\alpha + \gamma)x(t) = -kx + F(t). \tag{1.2.18}$$

在该方程中, 速度 $v(t)$ 被定义为位移 $x(t)$ 的 β 阶导数, 也即

$$v(t) = {}^CD^\beta x(t). \tag{1.2.19}$$

加速度 $a(t)$ 被定义为速度 $v(t)$ 的 α 阶导数, 也即

$$a(t) = {}^CD^\alpha v(t). \tag{1.2.20}$$

容易看到, 当 $\alpha + \beta = 2$ 时, 该双参数分数阶 Langevin 方程 (1.2.18) 将退化为传统的单参数分数阶 Langevin 方程 (1.2.16). 因而, 双参数分数阶 Langevin 方程较传统的分数阶 Langevin 方程而言形式更灵活、适用范围更广.

1.2.2 分数阶系统的稳定性

对于一个系统,无论是线性系统还是非线性系统,分数阶系统还是整数阶系统,稳定性都是人们首要关注的问题. 稳定性的研究不仅包含平衡点的稳定性,而且还包括各种轨道的稳定性,例如周期轨道、同异宿轨道等. 但在大多数情况下,轨道的稳定性可以通过变量变换转换成平衡点的稳定性.

另一方面,由于实际物理过程系统环境的变化、元件老化、通信误差等不确定因素的出现,系统的相关参数不可避免地会发生一些扰动,系统能不能在一定范围的扰动下仍保持稳定是一个系统优良的关键. 稳定性的研究是实现控制的关键,但是如何判定分数阶非线性系统的稳定性并利用其来实现对系统的有效控制一直是一个未解决的问题. 分数阶非线性系统稳定性的理论研究是分数阶微积分在非线性系统控制领域取得突破的关键,稳定理论在工程控制中的应用为控制论的发展提供了源动力. 因此提出一系列分数阶非线性系统稳定的理论、判别方法以及把该理论应用到分数阶非线性系统的控制方面是分数阶微积分在非线性控制领域发展的首要任务. 只有完成了这一任务,分数阶微积分才能在非线性系统方面进一步发展,才能凸显出分数阶微积分较整数阶微积分在非线性系统方面的优势. 这样的研究不仅推动了分数阶稳定理论和控制理论方法的广泛应用,更丰富了非线性系统稳定和控制理论,推动了控制理论和控制工程的发展.

随着越来越多的分数阶系统模型的出现,其动力学行为,尤其是稳定性分析就变得非常重要,越来越多学者们关注和研究这一领域,以及非局部等特点,整数阶微积分动力系统的稳定性理论不能简单地平行推广到分数阶动力系统中. 因此,分数阶微分系统的稳定性分析也变得非常困难,同时这也给分数阶微分系统的实际应用制造了一定的困难.

尽管如此,经过学者们的不懈努力,在分数阶系统的稳定性研究方面取得了大量的研究成果 [15-30]. 1996 年, Matignon 研究了 Caputo 型分数阶线性系统的稳定性,给出了类似于整数阶微分系统的分数阶线性微分系统的稳定性和渐近稳定的充要条件 [15]. S. Momani 和 S. Hadid 研究了分数阶积分微分方程的 Lyapunov 稳定性 [16]. Lakshmikantham 等在 2009 年给出了分数阶非线性系统的 Lyapunov 第二方法,并做了稳定性方面的分析 [17]. Chen 等研究了分数阶非线性系统的 Lyapunov 稳定性,并把其应用到复杂网络的同步中 [18]. Jiao 等分析了结构不确定的分数阶非线性系统的鲁棒稳定性 [19]. 李岩等根据分数阶微分算子的特点提出了分数阶微分系统的广义 Mittag-Leffler 稳定性理论 [20,21],并得到分数阶系统的 Lyapunov 第二方法,不足之处是对 Lyapunov 函数的假设条件太强. 赵灵冬等给出了无时滞的分数阶非线性系统 Lyapunov 稳定性理论 [22]. Zhang 等提出了时滞的模糊系统的稳定性准则 [23]. 2012 年 H. Delavari 等利用 Bihari's 和 Bellman-Gronwall 不等式,给出了一个类似整数阶 Lyapunov 稳定性的结论 [24], 在理论分析上具有一定的意义, 但缺乏工程应用性.

研究经典的整数阶非线性动力学方程稳定性的一般方法是, 找到系统的平衡点并在平衡点附近研究系统的演化情况 [31]. 动力系统在平衡点附近的局域特性则可以由非线性方程在平衡点附近的 Jacobian 矩阵的特征值所确定 [32].

与整数阶微分动力系统类似, 稳定性分析也是分数阶动力系统及其控制问题的主要研究内容. 分数阶动力系统的稳定性分析也可以通过分数阶非线性微分方程在平衡点附近的 Jacobian 矩阵的特征值确定 [15,33].

下面我们给出分数阶线性系统和分数阶非线性系统的定义, 以及有关的稳定性理论.

定义 1.2.4[33]   分数阶线性时不变 (LTI) 系统的状态空间模型具有下面形式:

$$
\begin{aligned}
{}_0D_t^\alpha x(t) &= Ax(t) + Bu(t), \\
y(t) &= Cx(t),
\end{aligned}
\tag{1.2.21}
$$

其中 $x \in \mathbb{R}^n$, $u \in \mathbb{R}^r$ 和 $y \in \mathbb{R}^p$ 分别为系统的状态变量、输入变量和输出变量, 且 $A \in \mathbb{R}^{n \times n}$, $B \in \mathbb{R}^{n \times r}$, $C \in \mathbb{R}^{p \times n}$, $\alpha = (\alpha_1, \alpha_2, \cdots, \alpha_n)^{\mathrm{T}}$ 为系统的分数阶. 如果 $\alpha_1 = \alpha_2 = \cdots = \alpha_n = \alpha$, 系统 (1.2.21) 称为等阶 (commensurate-order) 系统, 否则称为非等阶 (incommensurate-order) 系统.

定义 1.2.5   分数阶非线性系统具有下面形式:

$$
\begin{aligned}
{}_0D_t^{\alpha_i} x_i(t) &= f_i(x_1(t), x_2(t), \cdots, x_n(t)), \\
x_i(0) &= c_i, \quad i = 1, 2, \cdots, n,
\end{aligned}
\tag{1.2.22}
$$

其中 c_i 为初值条件. 上述系统的矩阵表示如下:

$$
{}_0D_t^\alpha x(t) = f(x(t)),
\tag{1.2.23}
$$

其中 $\alpha = (\alpha_1, \alpha_2, \cdots, \alpha_n)^{\mathrm{T}}$ 为系统的分数阶, 且 $0 < \alpha_i < 2$ $(i = 1, 2, \cdots, n)$, $f = (f_1, f_2, \cdots, f_n)^{\mathrm{T}}$ 和状态变量 $x = (x_1, x_2, \cdots, x_n)^{\mathrm{T}}$.

上述系统 (1.2.23) 的平衡点通过下面的方程计算可得

$$
f(x) = 0
\tag{1.2.24}
$$

且假设得到的平衡点为 $E^* = (x_1^*, x_2^*, \cdots, x_n^*)$. 平衡点在系统稳定性的研究中具有很重要的作用.

定理 1.2.1[33]   对于等阶的分数阶线性系统 (1.2.21), 称其为稳定的, 如果它满足下面条件:

$$
|\arg(\mathrm{eig}(A))| > \alpha \frac{\pi}{2},
\tag{1.2.25}
$$

其中 $0 < \alpha < 2$, eig(A) 表示矩阵 A 的特征值.

定理 1.2.2[33] 对于下面的分数阶自治线性系统, 有

$$_0D_t^\alpha x(t) = Ax(t), \quad x(0) = x_0, \tag{1.2.26}$$

其中 $\alpha = [\alpha_1, \alpha_2, \cdots, \alpha_n]$, 且 $0 < \alpha_i < 2$ 为有理数 $(i = 1, 2, \cdots, n)$. 设 m 为所有 α_i 的分母 μ_i 的最小公倍数, 其中 $\alpha_i = \nu_i/\mu_i$, $\nu_i, \mu_i \in \mathbb{Z}^+$, $i = 1, 2, \cdots, n$. 另外记 $\gamma = 1/m$, 定义下面方程:

$$\det \begin{pmatrix} \lambda^{m\alpha_1} - a_{11} & -a_{12} & \cdots & -a_{1n} \\ -a_{21} & \lambda^{m\alpha_2} - a_{22} & \cdots & -a_{2n} \\ \vdots & \vdots & & \vdots \\ -a_{n1} & -a_{n2} & \cdots & \lambda^{m\alpha_n} - a_{nn} \end{pmatrix} = 0. \tag{1.2.27}$$

如果所有 α_i 为有理数, 则上面的特征方程可以化成整数阶多项式方程. 那么系统 (1.2.26) 是全局渐近稳定的, 如果特征方程 (1.2.27) 的所有特征根 λ_i 满足

$$|\arg(\lambda_i)| > \gamma \frac{\pi}{2}, \quad \forall\, i = 1, 2, \cdots, n. \tag{1.2.28}$$

上面介绍了分数阶线性系统稳定性的判定方法, 接下来给出分数阶非线性系统稳定性的判定方法.

定理 1.2.3[33] 对于等阶分数阶非线性系统 (1.2.22), 称系统在平衡点 E^* 对于阶 $\alpha_1 = \alpha_2 = \cdots = \alpha_n = \alpha$ 为渐近稳定的, 如果系统的 Jacobian 矩阵 $J = \partial f/\partial x$. 这里 $f = [f_1, f_2, \cdots, f_n]^T$, 取值在平衡点 E^*, 满足下面条件

$$|\arg(\text{eig}(J))| = |\arg(\lambda_i)| > \alpha \frac{\pi}{2}, \quad i = 1, 2, \cdots, n. \tag{1.2.29}$$

定理 1.2.4[33] 对于非等阶的分数阶非线性系统 $\alpha_1 \neq \alpha_2 \neq \cdots \neq \alpha_n$, 设 m 为所有 α_i 的分母 μ_i 的最小公倍数, 其中 $\alpha_i = \nu_i/\mu_i, \nu_i, \mu_i \in \mathbb{Z}^+, i = 1, 2, \cdots, n$. 另外记 $\gamma = 1/m$, 则系统为渐近稳定的, 如果系统满足

$$|\arg(\lambda)| > \gamma \frac{\pi}{2}, \tag{1.2.30}$$

这里的 λ 代表下面特征方程的所有根

$$\det(\text{diag}([\lambda^{m\alpha_1}, \lambda^{m\alpha_2}, \cdots, \lambda^{m\alpha_n}]) - J) = 0. \tag{1.2.31}$$

对于分数阶非线性系统 (1.2.22), 它能够产生混沌的必要条件为至少有一个特征值 λ 不在系统的稳定域中.

1.2.3 分数阶微分方程的数值解法

分数阶微分方程的求解分为解析方法和数值方法. 解析方法主要有积分变换法、Green 函数法、Adomian 分解法及同伦函数法等 [1,34], 但解析法适用范围较窄, 难以推广到一般问题. 因此, 分数阶微分方程的数值求解方法一直是学者们的主要关注对象和主要运用的方法 [35-37]. 本节介绍两种分数阶微分方程的数值解法: 有限差分法和积分方程法.

1. 有限差分法

从 G-L 分数阶微分的定义可以看到: 它是整数阶导数极限定义的推广, 定义本身就是一个差分表达式, 故 G-L 定义在数值计算中使用最多.

考虑 G-L 定义下的分数阶微分方程:

$$
{}^{G}_{a}D^{p}_{t}x(t) = f(x(t), t), \tag{1.2.32}
$$

将其离散化得

$$
{}^{G}_{t_1}D^{p}_{t_k}x(t_k) = f(x(t_k), t_k), \tag{1.2.33}
$$

根据 G-L 分数阶微积分定义的差分表达式:

$$
{}^{G}_{a}D^{p}_{t}f(t) = \lim_{h \to 0^+} \frac{1}{h^p} \sum_{r=0}^{n=\left[\frac{t-a}{h}\right]} (-1)^r \begin{pmatrix} p \\ r \end{pmatrix} f(t - rh), \tag{1.2.34}
$$

(1.2.33) 式记为

$$
\frac{1}{h^p} \sum_{r=0}^{k-1} (-1)^r \begin{pmatrix} p \\ r \end{pmatrix} x(t_{k-r}) = f(x(t_k), t_k), \tag{1.2.35}
$$

则

$$
x(t_k) = h^p f(x(t_k), t_k) - \sum_{r=1}^{k-1} (-1)^r \begin{pmatrix} p \\ r \end{pmatrix} x(t_{k-r}). \tag{1.2.36}
$$

用 $f(x(t_{k-1}), t_{k-1})$ 代替 $f(x(t_k), t_k)$, 于是得到 $x(t_k)(k = 2, 3, \cdots)$ 的递推式:

$$
x(t_k) = h^p f(x(t_{k-1}), t_{k-1}) - \sum_{r=1}^{k-1} (-1)^r \begin{pmatrix} p \\ r \end{pmatrix} x(t_{k-r}). \tag{1.2.37}
$$

在三种分数阶微分的定义等价的情况下, R-L 分数阶微分与 Caputo 分数阶微分意义下建立的分数阶微分方程仍可利用上式进行数值求解.

2. 积分方程法

对于整数阶微分方程, 可将其转化为积分方程, 通过求解积分方程得到微分方程的解, 这为求解时间分数阶微分方程提供了另一思路. 在利用积分方程数值求解时间分数阶微分方程的过程中, Abel 积分方程 [38] 和 Volterra 第二类积分方程 [39] 起到了至关重要的作用. 这里我们介绍积分方程法中应用最为广泛的预估-矫正法, 该方法首先利用 Volterra 积分方程求出原分数阶微分方程的预估值, 再进行校正从而提高精度. 考虑 Caputo 定义下的分数阶微分方程:

$$\,_a^C D_t^p x(t) = f(x(t), t), \tag{1.2.38}$$

将方程转化为 Volterra 积分方程:

$$x(t) = \sum_{i=0}^{n-1} \frac{t^i}{i!} x^{(i)}(0) + \frac{1}{\Gamma(p)} \int_0^t (t-\tau)^{p-1} f(x(\tau), \tau) \mathrm{d}\tau, \tag{1.2.39}$$

利用矩形求积公式得

$$\int_0^{t_k} (t_k - \tau)^{p-1} f(x(\tau), \tau) \mathrm{d}\tau \approx \sum_{j=0}^{k-1} b_{j,k} f(x(t_j), t_j), \tag{1.2.40}$$

其中 $b_{j,k} = \frac{h^p}{p}[(k-j)^p - (k-j-1)^p]$, 预估值 $x^{pr}(t_k)$ 为

$$x^{pr}(t_k) = \sum_{i=0}^{n-1} \frac{t_k^i}{i!} x^{(i)}(0) + \frac{1}{\Gamma(p)} \sum_{j=0}^{k-1} b_{j,k} f(x(t_j), t_j). \tag{1.2.41}$$

再利用梯形求积公式进行校正:

$$\int_0^{t_k} (t_k - \tau)^{p-1} f(x(\tau), \tau) \mathrm{d}\tau \approx \sum_{j=0}^{k-1} a_{j,k} f(x(t_j), t_j), \tag{1.2.42}$$

其中

$$a_{j,k} = \frac{h^p}{p(p+1)} \cdot \begin{cases} (k-1)^{p+1} - (k-p-1)k^p, & j=0, \\ (k-j+1)^{p+1} - 2(k-j)^{p+1} + (k-j-1)^{p+1}, & 1 \leqslant j < k, \\ 1, & j=k, \end{cases} \tag{1.2.43}$$

由此得到校正公式:

$$x(t_k) = \sum_{i=0}^{n-1} \frac{t_k^i}{i!} x^{(i)}(0) + \frac{1}{\Gamma(p)} \left(\sum_{j=0}^{k-1} a_{j,k} f(x(t_j), t_j) + a_{k,k} f(x^{pr}(t_k), t_k) \right). \tag{1.2.44}$$

1.2.4 热力学噪声

1. 加性噪声与乘性噪声

噪声按其起源不同可分为内噪声和外噪声 [40,41]: 内噪声来源于系统内部环境分子对的无规律碰撞, 在系统中通常以加性噪声形式出现, 以线性谐振子系统为例, 相应系统模型如下:

$$m\frac{\mathrm{d}^2 x}{\mathrm{d}t^2} + \gamma\frac{\mathrm{d}x}{\mathrm{d}t} = -m\omega^2 x + A_0\cos(\Omega t) + \eta(t). \tag{1.2.45}$$

外噪声来源于外部输入或外部控制参数的无规律涨落, 在系统中通常以乘性噪声形式出现. 对线性谐振子而言, 外噪声对其动力学行为的影响很大, 相关问题的研究近年来在统计物理中引起了学者们的强烈兴趣 [43,44]. 按照受扰动参数来区分, 其乘性噪声的引入可分为以下三种方式.

1) 频率涨落噪声 [42,43]

系统固有频率 ω 受扰动而引入的外噪声称为频率涨落噪声, 在系统 (1.2.45) 中引入频率涨落噪声 $\xi(t)$, 得到具有频率涨落的线性谐振子如下:

$$m\frac{\mathrm{d}^2 x}{\mathrm{d}t^2} + \gamma\frac{\mathrm{d}x}{\mathrm{d}t} = -m(\omega^2 + \xi(t))x + A_0\cos(\Omega t) + \eta(t); \tag{1.2.46}$$

2) 阻尼涨落噪声 [44,45]

系统阻尼系数 γ 受扰动而引入的外噪声称为阻尼涨落噪声, 在系统 (1.2.45) 中引入阻尼涨落噪声 $\xi(t)$, 得到具有阻尼涨落的线性谐振子如下:

$$m\frac{\mathrm{d}^2 x}{\mathrm{d}t^2} + (\gamma + \xi(t))\frac{\mathrm{d}x}{\mathrm{d}t} = -m\omega^2 x + A_0\cos(\Omega t) + \eta(t); \tag{1.2.47}$$

3) 质量涨落噪声 [46-48]

系统粒子质量 m 受扰动而引入的外噪声称为质量涨落噪声, 在系统 (1.2.45) 中引入质量涨落噪声 $\xi(t)$, 得到具有质量涨落的线性谐振子如下:

$$(m + \xi(t))\frac{\mathrm{d}^2 x}{\mathrm{d}t^2} + \gamma\frac{\mathrm{d}x}{\mathrm{d}t} = -m\omega^2 x + A_0\cos(\Omega t) + \eta(t). \tag{1.2.48}$$

2. 白噪声与色噪声

Langevin 将微粒在介质中所受的力分为两部分 [41]: ①一个大小和方向都不断变化, 平均值为零的随机力; ②方向总是与微粒运动方向相反的黏滞阻力. 由 Langevin 方程可知, 决定 Brown 粒子运动规律的核心因素正是随机力 $\xi(t)$, 由于 $\xi(t)$ 的不确定性, 我们称其为热力学噪声. 为了研究 Brown 粒子的运动规律, 我们有必要研究清楚 $\xi(t)$ 的性质.

热力学中, 无论是内噪声还是外噪声, 首先是无偏的, 即均值为零, 则其由如下因素确定:

(1) 强度. 对内噪声而言, 强度正比于温度; 对外噪声而言, 强度通常由自由粒子的扩散系数度量.

(2) 分布. 通常假设噪声满足 Gauss 分布, 称其为 Gauss 噪声, 近年来人们也广泛关注非 Gauss 分布噪声, 如 Lévy 噪声.

(3) 谱. 其决定了噪声的 "颜色", 谱的逆 Fourier 变换的实部定义为噪声关联函数.

这里不同类型的谱对应不同类型的过程, 例如

(1) 白噪声 $\xi(t)$: 包含了各种色噪声的白噪声谱为一常量

$$S(\omega) = 2D, \tag{1.2.49}$$

其均值和关联函数分别为

$$\langle \xi(t) \rangle = 0, \quad \langle \xi(t)\xi(t') \rangle = 2D\delta(t - t'), \tag{1.2.50}$$

式中, D 是扩散系数. 这对应于一个弱平稳过程, 即在不同时间的关联仅是两时刻差绝对值的函数, 亦即具有时间平移不变性.

(2) 色噪声: 认为不同时刻的噪声完全不相关只是一种近似, 事实上, 真正的白噪声是不存在的, 噪声的变化总有一定的相关时间, 具有非零相关时间的噪声叫做色噪声. 一种常用的色噪声是 OU(Ornstein-Uhlenbeck) 噪声 [49]. 它可用一白噪声驱动一阶线性微分方程来产生 [50]:

$$\dot{y}(t) = -\frac{1}{\tau}y(t) + \frac{1}{\tau}\xi(t), \tag{1.2.51}$$

它的关联函数为指数型:

$$\langle y(t)y(t') \rangle = \frac{Q}{\tau} \exp\left(-\frac{|t - t'|}{\tau}\right), \tag{1.2.52}$$

其中 τ 是噪声关联时间. OU 噪声的功率谱为

$$S(\omega) = \int_{-\infty}^{+\infty} \frac{Q}{\tau} \exp\left(-\frac{|t - t'|}{\tau}\right) \exp\left(-i\omega t\right)\mathrm{d}t = \frac{2Q}{1 + \tau^2\omega^2}, \tag{1.2.53}$$

其呈现出洛伦兹 (Lorentz) 函数关系. 由图 1-2-3 可以看出, OU 噪声的谱是低频丰富、高频衰减, 所以人们通常称它为红噪声. 当 $\tau \to 0$ 时, OU 噪声逐渐接近于白噪声.

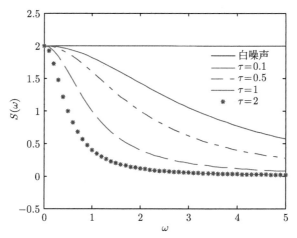

图 1-2-3　OU 白噪声的功率谱, $Q = 1$ (彩插扫书后二维码)

1.3　非线性系统的混沌现象

1.3.1　混沌的定义

从 Newton 力学创立之初, 人们就坚信 Laplace 确定论思想, 即对确定性动力系统施加确定性输入, 将得到确定性的输出. 这一结论对于线性系统是正确的, 但对于非线性系统, 则可能出现一种不可预测的、类随机的运动, 即混沌 (chaos). 由于混沌的奇异性、复杂性尚未被彻底揭示, 其定义至今尚不统一. 目前, 几种影响较广的, 从不同角度反映混沌运动性质的定义如下.

1. Li-Yorke 混沌定义

Li-Yorke 定义从区间映射角度出发, 是影响较广的混沌的数学定义之一, 描述如下.

定理 1.3.1 (Li-Yorke 定理)　若 $f(x)$ 为 $[a, b]$ 上的连续自映射, 且 $f(x)$ 有 3 周期点, 则 $\forall n \in \mathbb{Z}^+$, $f(x)$ 存在 n 周期点.

定义 1.3.1 (Li-Yorke 定义)　区间 I 上的连续自映射 $f(x)$ 具有混沌现象, 若其满足:

(1) f 的周期点的周期无上界.

(2) I 上存在不可数子集 S, 有

(i) 对任意 $x, y \in S$, $x \neq y$ 时, $\lim\limits_{n \to \infty} \sup |f^n(x) - f^n(y)| > 0$;

(ii) 对任意 $x, y \in S$, $\lim\limits_{n \to \infty} \inf |f^n(x) - f^n(y)| = 0$;

(iii) 对任意 $x \in S$ 和 f 的任意周期点 y, 有 $\lim\limits_{n \to \infty} \sup |f^n(x) - f^n(y)| > 0$.

由定理 1.3.1、定义 1.3.1 可知: 闭区间 I 上的连续函数 $f(x)$, 若存在 3 周期点, 则必存在任意正整数周期点, 即存在混沌现象. 定义中, 条件 (i) 和 (ii) 表明子集中的点 x 与 y 相当分散又相当集中, 条件 (iii) 意味着子集不会趋近于任意周期点. Li-Yorke 定义准确刻画了混沌运动的三个重要特征:

(1) 存在不可数无穷多稳定非周期轨道;

(2) 至少存在一个不稳定的非周期轨道;

(3) 存在可数无穷多稳定周期轨道.

2. Devaney 混沌定义

Devaney 混沌定义是从拓扑学角度出发, 另一种影响较广的混沌的数学定义.

定义 1.3.2 (Devaney 定义)   设 V 是一度量空间, 称映射 $f : V \to V$ 为混沌的, 若其满足:

(1) 初值敏感性 $\exists \delta > 0$, $\forall \varepsilon > 0$ 与 $\forall x \in V$, $\exists y \in O_x(\varepsilon)$ 与 $n \in \mathbb{N}$, s.t. $d(f^n(x), f^n(y)) > \delta$;

(2) 拓扑传递性, 对 V 上任意开集 X, Y, $\exists k > 0$, $f^k(X) \cap Y \neq \varnothing$(如映射有稠轨道, 则其显然是拓扑传递的);

(3) f 的周期点集在 V 中稠密.

Devaney 定义从另外的角度刻画了混沌的重要特征, 包括:

(1) 初值敏感性, 任意两点 x, y 即使非常靠拢, 它们之间的距离在 f 作用多次后都将扩大到一定的程度, 任意微小的初始误差, 经多次迭代后都将导致计算 f 轨道的失败;

(2) 拓扑传递性, 在 f 的作用下, 任意点的邻域将遍及整个度量空间 V, 表明 f 无法分解为在 f 下互不相影响的两个子系统;

(3) 周期点集稠密性, 意味系统具有很强规律性与确定性, 形似混乱实则有序.

混沌的复杂运动状态为非线性动力系统所特有, 但非共有, 只有在适当的系统参数下才可能出现混沌运动, 此外系统仍表现为通常的确定性运动. 系统进入混沌运动主要有以下三种途径: 倍周期分岔、Hopf 分岔以及 Hamilton 系统的 KAM 环面破裂.

1.3.2 混沌的特征

1. 倍周期分岔

1976 年, Myrberg 发表的《具有极复杂的动力学的简单数学模型》对混沌理论研究起到了重要作用, 文中指出了一些具有分岔、混沌等极为复杂的动力学行为的简单数学模型. 随后 Feigenbaum 发现了倍周期分岔中的标度性和普适常数, 即通过周期不断地加倍而产生混沌, 途径为: 不动点 $\to$ 2 周期点 $\to$ 4 周期点 $\to \cdots \to$ 极限点 $\to$ 奇异吸引子.

以一维 Logistic 映射为例, 展现上述过程. Logistic 映射为

$$x_{n+1} = \mu x_n (1 - x_n), \quad x_i \in [0,1], \ \mu \in [0,4]. \tag{1.3.1}$$

首先求 1 周期解, 即经过一次迭代后的不动点, $x_{n+1} = x_n$.

由 $x_n = \mu x_n (1 - x_n)$, 解得 $x_1^* = 0$, $x_2^* = 1 - 1/\mu$. 因 $x_i \in [0,1]$(由模型代表的客观实际所决定, 如某物种在自然界所占百分比), 而当 $0 \leqslant \mu < 1$ 时, $x_2^* < 0$ 不符合. 另外稳定性要求 $|\partial x_{n+1}/\partial x_n| < 1$, 令 $A = |\partial x_{n+1}/\partial x_n| = \mu(1 - 2x_n)$, 则有:

(1) 当 $0 \leqslant \mu < 1$ 时, 映射有一个 1 周期不动点 $x_1^* = 0$, 且因 $A = |\partial x_{n+1}/\partial x_n|_{x^* = 0} = \mu(1 - 2x_n)_{x^* = 0} = \mu$, 故其是映射在 $[0,1]$ 内稳定的 1 周期不动点.

(2) 当 $1 < \mu < 3$ 时, 映射有两个 1 周期不动点 $x_1^* = 0$, $x_2^* = 1 - 1/\mu$. 又因 $A = |\partial x_{n+1}/\partial x_n|_{x^* = 0} = \mu > 1$, 故 $x_1^* = 0$ 为不稳定不动点; 因 $A = |\partial x_{n+1}/\partial x_n|_{x^* = 1 - 1/\mu} = 2 - \mu$, 则 $|A| = |2 - \mu| < 1$, 故 $x_2^* = 1 - 1/\mu$ 是映射的稳定不动点.

(3) 当 $3 < \mu < 1 + \sqrt{6}$ 时, 两个不动点所对应的 $|A|$ 均大于 1, 故不动点 x_1^*, x_2^* 均失稳, 此时系统无 1 周期解, 只能考虑 2 周期解 (迭代两次后的不动点). 2 次迭代后的映射为

$$x_{n+2} = \mu x_{n+1}(1 - x_{n+1}) = \mu^2 x_n (1 - x_n)[1 - \mu x_n(1 - x_n)], \tag{1.3.2}$$

该映射有四个不动点, 其中 $x_1^* = 0$, $x_2^* = 1 - 1/\mu$ 不稳定 (由上), 而不动点 $x_3^* = [1 + \mu + \sqrt{(\mu+1)(\mu+3)}]/2$, $x_4^* = [1 + \mu - \sqrt{(\mu+1)(\mu+3)}]/2$ 稳定 (证明同上), 故此时系统有两个周期 2 解.

(4) 如此继续, 出现 4 周期、8 周期情形.

最终当 $\mu = 3.5699 \cdots$ 时, 迭代数列不再具有稳定的周期性, 系统进入混沌状态.

为观测 μ 对迭代格式 $x_{n+1} = \mu x_n(1 - x_n)$ 的影响, 将区间 $(0,4]$ 以步长 $\Delta\mu$ 离散化. 对每个离散的 μ 值进行迭代, 忽略前 50 个迭代值, 把点 $(\mu, x_{51}), (\mu, x_{52}), \cdots$, (μ, x_{100}) 显示在坐标平面上, 构成 Feigenbaum 图 (图 1-3-1), 它反映了分岔与混沌的基本特性.

从 Feigenbaum 图可以看出, 当 $\mu \in (0,1)$ 时, 0 是稳定的不动点; 当 $\mu \in (1,3)$ 时, 0 是排斥点, $\mu_4 = (\mu - 1)/\mu$ 是稳定的不动点; 当 $\mu \in (3, 3.4494897)$ 时, 迭代变为 2 周期轨道, $\mu_1 = 3$ 是第一个分岔点; 当 $\mu \in (3.4494897, 3.544090)$ 时, 迭代变为 4 周期轨道, $\mu_2 = 3.4494897$ 是第二个分岔点; 当 $\mu \in (3.544090, 3.564407)$ 时, 迭代变为 8 周期轨道, $\mu_3 = 3.544090$ 是第三个分岔点. 下面迭代将依次分叉为 16 周

期、32 周期、64 周期······ 这种分岔形式称为倍周期分岔, 相应的分岔点为

$$\mu_4 = 3.564407, \quad \mu_5 = 3.568759, \quad \mu_6 = 3.569692, \quad \mu_7 = 3.569891, \quad \mu_8 = 3.569934.$$

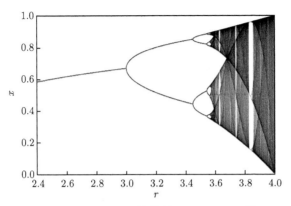

图 1-3-1　Logistic 迭代的 Feigenbaum 图

参数 μ 收敛到 μ_∞, 次收敛序列可表示为

$$\mu_n = \mu_\infty - c/\delta^n, \quad n \gg 1, \tag{1.3.3}$$

式中 δ 称为 Feigenbaum 常数, 有

$$\delta = 4.6692016091, \quad c = 2.6327, \quad \mu_\infty = 3.5699456, \tag{1.3.4}$$

当 $\mu \in (r_\infty, 4)$ 时, 迭代进入混沌区域.

2. Hopf 分岔

20 世纪 40 年代, Landau 与 Hopf 先后独立提出了一种湍流发生的机制, 其基本思想是: 在雷诺数 Re 由极小逐渐增大的过程中, 流体依次经历与时间无关的层流状态, 此时对应相空间的稳定不动点. 一次 Hopf 分岔, 流体因频率为 ω_1 的振荡出现失稳; 二次 Hopf 分岔, 出现新的频率为 ω_2 的振荡, 这种准周期运动使流体运动更加复杂. 随着 Re 继续增大, 将出现更多频率的准周期运动, 最后出现极复杂的准周期运动, 为湍流. 然而, 实验证明该湍流理论并不符合实际.

为此, Ruelle 与 Takens 对上述湍流发生机制作出了修正, 将湍流看作具有无数个频率耦合而成的振荡现象, 且只需经过 4 次分岔, 而非 Landau 和 Hopf 所认为的需经过无数次. 4 维环面上具有 4 个不可公约的频率的准周期运动通常并不稳定, 经扰动后转变为奇异吸引子, 即著名的 $T^4 \to$ 混沌道路. 随后, 代之以 $T^2 \to$ 混沌道路, 其典型途径为: 不动点 (平衡态)$\to$ 极限环 (周期运动)$\to$ 二维环面 (准周期运动)$\to$ 奇异吸引子 (混沌运动).

3. Hamilton 系统的 KAM 环面破裂

KAM 定理指出: 近 Hamilton 系统的轨线分布在一些层层相套的环面 (KAM 环面), 而混沌区充满了两个环面之间. 若为可积 Hamilton 系统, 双曲平衡点与椭圆平衡点交替出现, 相平面被鞍点连续分割, 各部分运动互不相混; 若为不可积 Hamilton 系统, 鞍点连线破断, 剧烈振荡出现在鞍点附近, 这种振荡与 Smale 马蹄结构等价, 从而导致混沌运动.

1.3.3 研究混沌常用方法

考虑几个基本问题: 能否判定一个系统将出现混沌; 可否对混沌作定量刻画; 可否在某些非线性系统因混沌而无法长期预报的同时, 得到混沌信号中的有用信息. 分析系统混沌运动常用的方法有: 观测法、相空间重构法、分频采样法、Poincaré 截面法等, 以下主要介绍自功率谱密度分析与 Lyapunov 指数法.

1. 自功率谱密度分析

设周期信号 $x(t)$ 的周期为 T, 其 Fourier 级数展开形式为

$$x(t) = \sum_{n=-\infty}^{\infty} c_n \mathrm{e}^{jn\omega_0 t}, \tag{1.3.5}$$

式中

$$c_n = \frac{1}{T} \int_{-T/2}^{T/2} x(t) \mathrm{e}^{-jn\omega_0 t} \mathrm{d}t. \tag{1.3.6}$$

其物理意义表明: 任意周期运动可由基频 $\omega_0 = 2\pi/T$ 与谐振 $n\omega_0$ 叠加而成. 而准周期运动也可分解为一系列频率不可约的正弦谐波的叠加, 两者的频率谱均为离散谱.

设 $x(t)$ 为非周期信号, 若满足绝对可积条件:

$$\int_{-\infty}^{\infty} |x(t)| \, \mathrm{d}t < \infty, \tag{1.3.7}$$

则其 Fourier 积分的展开式为

$$x(t) = \frac{1}{2\pi} \int_{-\infty}^{\infty} X(\omega) \mathrm{e}^{j\omega t} \mathrm{d}\omega, \tag{1.3.8}$$

$$X(\omega) = \int_{-\infty}^{\infty} x(t) \mathrm{e}^{-j\omega t} \mathrm{d}t, \tag{1.3.9}$$

表明非周期信号具有连续谱.

可通过混沌信号自相关函数 $R_{xx}(\tau)$ 的 Fourier 变换反映其频域特性, 并根据所得的自功率谱密度函数 $S_{xx}(f)$ 对混沌的频域特征进行分析.

$$R_{xx}(\tau) = \int_{-\infty}^{\infty} S_{xx}(f) \mathrm{e}^{-j2\pi f\tau} \mathrm{d}f, \tag{1.3.10}$$

$$S_{xx}(f) = \int_{-\infty}^{\infty} R_{xx}(\tau) \mathrm{e}^{-j2\pi f\tau} \mathrm{d}\tau, \tag{1.3.11}$$

混沌运动的功率谱为噪声背景宽峰的连续谱, 其中的尖峰与周期运动相对应, 反映出混沌轨道访问各混沌带的平均周期. 而周期运动的功率谱中, 尖峰只出现在基频及其倍频处; 对于准周期的功率谱, 尖峰在几个不可公约的基频及其频率叠加处出现; 发生倍周期分岔时, 功率谱图中的尖峰将在分频及其倍频频点上出现. 由此, 可判别运动的混沌、随机、周期、准周期特征[51].

2. Lyapunov 指数法

Liouville 定理描述了自治 Hamilton 系统的最基本性质之一, 表明了 Hamilton 相流为不可压流, 即在 Hamilton 相流下, 相空间的体积保持不变. 而对于耗散系统, n 维相空间的轨线将收缩到 $k(k < n)$ 维环面, 即相体积往往会逐渐收缩.

对于耗散系统的混沌运动, 其轨道既要相互分离, 又要在耗散作用下收缩. 由方程本身耗散项的存在, 收缩作用使得相空间远处的轨道趋向有限范围内 (吸引子); 而发散作用又使得相空间中已靠近的轨道相互排斥. 这样, 所有的轨道集中在有限范围内, 既相互靠拢又相互排斥, 经过无数次来回折叠, 最终形成复杂的运动形态, 即混沌态.

为度量在相空间初始条件不同的两轨道随时间按指数率吸引或分离的程度, 人们引入了 Lyapunov 指数. 它从统计特性上反映了系统的动力学特性, 其定义如下[52].

对某一平面非自治系统, 其相应的 Poincaré 映射为

$$\begin{aligned} x_{n+1} &= X(x_n, y_n), \\ y_{n+1} &= Y(x_n, y_n), \end{aligned} \tag{1.3.12}$$

它的 Jacobian 矩阵为

$$J(x_n, y_n) = \begin{pmatrix} \dfrac{\partial X}{\partial x_n} & \dfrac{\partial X}{\partial y_n} \\ \dfrac{\partial Y}{\partial x_n} & \dfrac{\partial Y}{\partial y_n} \end{pmatrix}. \tag{1.3.13}$$

假设由初始点 $P_0(x_0, y_0)$ 出发经逐次映射所得的点列为 $P_1(x_1, y_1), P_2(x_2, y_2), \cdots,$ $P_n(x_n, y_n)$, 则前 $n-1$ 个点处的 Jacobian 矩阵为

$$J_0 = J(x_0, y_0), J_1(x_1, y_1), \cdots, J_{n-1}(x_{n-1}, y_{n-1}), \tag{1.3.14}$$

令 $J^{(n)} = J_{n-1}J_{n-2}\cdots J_1 J_0$, 并设 $J^{(n)}$ 特征值的模为 $j_1^{(n)}, j_2^{(n)}$ 且 $j_1^{(n)} > j_2^{(n)}$, 则 Lyapunov 指数由下式定义

$$L_1 = \lim_{n\to\infty} \sqrt[n]{j_1^{(n)}}, \quad L_2 = \lim_{n\to\infty} \sqrt[n]{j_2^{(n)}}. \tag{1.3.15}$$

为说明 L_1, L_2 意义, 可设 $J_0, J_1, \cdots, J_{n-1}$ 均为对角矩阵, 即

$$J_0 = \begin{pmatrix} \lambda_1^{(0)} & 0 \\ 0 & \lambda_2^{(0)} \end{pmatrix}, J_1 = \begin{pmatrix} \lambda_1^{(1)} & 0 \\ 0 & \lambda_2^{(1)} \end{pmatrix}, \cdots, J_{n-1} = \begin{pmatrix} \lambda_1^{(n-1)} & 0 \\ 0 & \lambda_2^{(n-1)} \end{pmatrix},$$

则

$$J^{(n)} = \begin{pmatrix} \lambda_1^{(n-1)} \lambda_1^{(n-2)} \cdots \lambda_1^{(1)} \lambda_1^{(0)} & 0 \\ 0 & \lambda_2^{(n-1)} \lambda_2^{(n-2)} \cdots \lambda_2^{(1)} \lambda_2^{(0)} \end{pmatrix}.$$

从而有

$$j_1^{(n)} = \lambda_1^{(n-1)} \lambda_1^{(n-2)} \cdots \lambda_1^{(1)} \lambda_1^{(0)}, \quad j_2^{(n)} = \lambda_2^{(n-1)} \lambda_2^{(n-2)} \cdots \lambda_2^{(1)} \lambda_2^{(0)},$$

由此得

$$L_1 = \lim_{n\to\infty} \sqrt[n]{\lambda_1^{(n-1)} \lambda_1^{(n-2)} \cdots \lambda_1^{(1)} \lambda_1^{(0)}}, \quad L_2 = \lim_{n\to\infty} \sqrt[n]{\lambda_2^{(n-1)} \lambda_2^{(n-2)} \cdots \lambda_2^{(1)} \lambda_2^{(0)}}.$$

L_1, L_2 分别表示点变换沿 x 与 y 方向距离伸长或缩短倍数的平均值, 其值大于 1 时伸长, 小于 1 时缩短.

对一维映射 $x_{n+1} = f(x_n)$, 设初始点为 x_0, 相邻点为 $x_0 + \delta x_0$, 经过 n 次迭代后, 它们之间的距离 [51] 为

$$\delta x_n = \left| f^{(n)}(x_0 + \delta x_0) - f^{(n)}(x_0) \right| = \frac{\mathrm{d}f^{(n)}(x_0)}{\mathrm{d}x} \delta x_0. \tag{1.3.16}$$

当 $|\mathrm{d}f/\mathrm{d}x| > 1$ 时, 经 n 次迭代后初始点与相邻点相互分离; 当 $|\mathrm{d}f/\mathrm{d}x| < 1$ 时, n 次迭代后这两点将相互靠拢. 由于混沌系统的轨道既排斥又靠拢, 因此, $|\mathrm{d}f/\mathrm{d}x|$ 的值在迭代过程中不断变化. 下面, 对迭代过程平均化, 整体观察相邻轨道分离或靠近的趋势. 由于混沌系统的轨道将随迭代以指数分离, 设平均每次分离中的指数为 δ, 则原相距为 ε 的两点经 n 次迭代后的距离表示为

$$\left| f^{(n)}(x_0 + \varepsilon) - f^{(n)}(x_0) \right| = \varepsilon \mathrm{e}^{n\delta(x_0)}. \tag{1.3.17}$$

当 $\varepsilon \to 0, n \to \infty$ 时,

$$\delta(x_0) = \lim_{n\to\infty} \lim_{\varepsilon\to 0} \frac{1}{n} \ln \left| \frac{f^{(n)}(x_0 + \varepsilon) - f^{(n)}(x_0)}{\varepsilon} \right| = \lim_{n\to\infty} \frac{1}{n} \ln \left| \frac{\mathrm{d}f^{(n)}(x)}{\mathrm{d}x} \right|_{x=x_0}.$$
$$\tag{1.3.18}$$

上式与初始值 x_0 无关, 故可改写为

$$\delta = \lim_{n \to \infty} \frac{1}{n} \sum_{i=1}^{n} \ln \left| \frac{\mathrm{d}f^{(n)}(x)}{\mathrm{d}x} \right|_{x=x_i}, \tag{1.3.19}$$

式中 δ 称为 Lyapunov 指数, 表征了相邻离散点间, 平均每次迭代所引起的以指数分离或靠拢的趋势.

一维情形下, $\delta < 0$, 吸引子为不动点.

二维情形下, 吸引子为极限环或不动点.

(1) 当吸引子为极限环时, 如 δx_i 的方向始终与环线方向垂直, 则 δx_i 收缩, 此时 $\delta < 0$; 如沿环线切线方向, 则 δx_i 不变, 此时 $\delta = 0$. 故极限环的 Lyapunov 指数 $\delta = (\delta_1, \delta_2) = (-, 0)$.

(2) 当吸引子为不动点时, 由于任意方向上轨道都将收缩, 故两个 Lyapunov 指数此时都应为负, 即 $\delta = (\delta_1, \delta_2) = (-, -)$.

三维情形下, 相仿讨论可知如表 1-3-1 所示.

表 1-3-1　Lyapunov 指数与相轨迹状态对应图

	不动点	稳定极限环	稳定二维环面	不稳定极限环	不稳定二维环面	奇异吸引子 (混沌)
$\delta = (\delta_1, \delta_2, \delta_3)$	$(-,-,-)$	$(-,-,0)$	$(-,0,0)$	$(+,+,0)$	$(+,0,0)$	$(+,-,0)$

1.3.4　混沌判据

混沌检测的理论基础是混沌判据与混沌控制. 判断某系统是否会出现混沌, 混沌的特性如何是微弱信号混沌检测的前提; 系统进入混沌后, 合理对其进行控制, 使系统的状态跳出混沌态是混沌弱信号检测的关键.

如何判定系统是否处于混沌态或具有混沌特性对深入研究混沌现象以及混沌应用具有非常重要的意义, 是混沌系统应用于信号处理领域的前提. Melnikov 方法 [53] 是一种重要的混沌判定解析方法, 能够得到系统的 Poincaré 映射具有 Smale 马蹄变换意义下混沌的阈值.

设 Hamilton 系统含双曲鞍点与联合鞍点的同宿或异宿轨道, 在弱确定性或随机扰动下, 同宿或异宿轨道分裂成通过鞍点的稳定流形与不稳定流形, 在一定条件下, 稳定流形与不稳定流形在 Poincaré 截面上横截相交, 从而系统具有 Smale 变换意义下的混沌. 1963 年, Melnikov 提出一种判断受弱周期扰动下二维 Hamilton 系统出现横截同 (异) 宿点的解析方法; 1979 年, Holmes 将其应用于混沌振动研究. Melnikov 方法已被推广于受概周期扰动的有限维可积保守系统与受周期扰动的无限维可积保守系统.

在 Melnikov 方法中用到 Melnikov 函数, 它正比于稳定流形与不稳定流形之间的距离. Melnikov 函数有简单零点, 这就意味着稳定流形与不稳定流形在 Poincaré 截面上横截相交, 从而出现 Smale 变换意义下的混沌. 于是, Melnikov 函数具有简单零点为判断系统出现混沌的准则. 在弱随机扰动下, Melnikov 函数变成随机 Melnikov 过程. 因此, 需从概率统计意义上表述随机 Melnikov 过程是否具有简单零点.

Melnikov 函数是具有简单零点知识系统出现混沌的必要条件. 这是由于 Melnikov 方法以混沌的拓扑描述为基础, 而拓扑意义上的混沌与可观测的混沌运动之间并非完全一致. 在许多问题中, 从 Melnikov 方法得到的混沌出现条件与实验结果之间有一定差距, 因此使用该方法得到解析结果后往往需用数值方法验证. 在确定系统中数值方法主要有 Lyapunov 指数、分形维数、功率谱和熵等, 而在随机系统中, 则主要用 Lyapunov 指数与概率密度作判断.

作为例子, 考虑策动力为周期信号时, 简谐激励下具有负线性刚度的 Duffing 方程

$$\ddot{x} + \varepsilon \cdot k\dot{x} - x + x^3 = \varepsilon \gamma s(t), \tag{1.3.20}$$

其等价系统为

$$\begin{cases} \dot{x} = y, \\ \dot{y} = x - x^3 - \varepsilon ky + \varepsilon \gamma s(t), \end{cases} \tag{1.3.21}$$

当 $\varepsilon = 0$ 时, 上述方程为 Hamilton 系统, 其 Hamilton 量为

$$H(x,y) = \frac{1}{2}y^2 - \frac{1}{2}x^2 + \frac{1}{4}x^3 = h. \tag{1.3.22}$$

同宿轨道满足

$$\dot{x} = y = \pm\sqrt{x^2 - 0.5x^4}, \tag{1.3.23}$$

对上式进行分离变量积分得

$$\ln\left(\frac{\sqrt{2} - \sqrt{2 - x^2}}{x}\right) = \mp t. \tag{1.3.24}$$

当 $h = 0$ 时, 存在两条连接双曲鞍点的同宿轨道, 其表达式为

$$\begin{cases} x_0(t) = \pm\sqrt{2}\mathrm{sech}t, \\ y_0(t) = \mp\sqrt{2}\mathrm{sech}t \cdot \tanh t. \end{cases} \tag{1.3.25}$$

定理 1.3.2[54] 设 Melnikov 函数

$$M(\tau) = \int_{-\infty}^{+\infty} f(q^0(t)) \wedge g(q^0(t), t + \tau)\mathrm{d}t,$$

如果 ①存在与 ε 无关的 τ, 使得 $M(\tau) = 0$; ② $\mathrm{d}M(\tau)/\mathrm{d}\tau \neq 0$, 则对充分小的 ε, 此系统相应的 Poincaré 映射中, 鞍点型不动点的稳定不变流形与不稳定不变流形二者必横截相交, 亦即此时必出现横截同宿点 (如果相交二不变流形分别属于同一鞍点型不动点) 或横截异宿点 (如果相交二不变流形分别属于两个不同的鞍点型不动点), 从而系统有可能出现混沌解.

根据上述定理, 固定阻尼比 k 后, 系统状态将随 $s(t)$ 的幅值 a 变化而变化, 即可证明系统固有的混沌区域, 并找出混沌临界阈值 $R(\omega)$. 以下针对 Duffing 方程, 找出其存在横截同宿点的条件, 即混沌出现的临界阈值.

根据定理, 考虑 Duffing 方程, 有

$$f(x) = \begin{pmatrix} y \\ x - x^3 \end{pmatrix}, \quad g(x) = \begin{pmatrix} 0 \\ -ky + \gamma s(t) \end{pmatrix},$$

$$M(\tau) = \int_{-\infty}^{+\infty} f(x)g(x, t+\tau)\mathrm{d}t$$

$$= -\frac{4}{3}k \pm \int_{-\infty}^{\infty} \left[(\pm\sqrt{2}\,\mathrm{sech}\,t \cdot \tanh t) \cdot \gamma \cdot s(t+\tau) \right] \mathrm{d}t.$$

因 $\gamma s(t)$ 为周期信号, 将其展开为 Fourier 级数形式如下

$$\gamma s(t) = \gamma \cdot \sum_{-\infty}^{+\infty} F_n \mathrm{e}^{jn\omega t}, \quad n = 0, \pm 1, \pm 2, \cdots,$$

式中, F_n 为周期信号各分量的复数幅度值. 故

$$M(\tau) = -\frac{4}{3}k + \int_{-\infty}^{\infty} \mp\sqrt{2}\,\mathrm{sech}\,t \cdot \tanh t \cdot \gamma \sum_{-\infty}^{+\infty} F_n \mathrm{e}^{jn\omega(t+\tau)}\mathrm{d}t,$$

$$\gamma/k = \frac{2\sqrt{2}}{3} \Big/ \int_{-\infty}^{\infty} \mp\mathrm{sech}\,t \cdot \tanh t \cdot \sum_{-\infty}^{+\infty} F_n \mathrm{e}^{jn\omega(t+\tau)}\mathrm{d}t,$$

根据上述定理, 当参数 a, k 满足

$$\gamma/k \geqslant \frac{2\sqrt{2}}{3} \Big/ \int_{-\infty}^{\infty} \mp\mathrm{sech}\,t \cdot \tanh t \cdot \sum_{-\infty}^{+\infty} F_n \mathrm{e}^{jn\omega(t+\tau)}\mathrm{d}t = R(\omega)$$

时, 系统则出现 Smale 马蹄变换意义下的混沌, $R(\omega)$ 即为混沌的阈值.

根据 Melnikov 定理, 此时 $M(\tau)$ 一定存在与 ε 无关的 τ, 使得 $M(\tau) = 0$, $\mathrm{d}M(\tau)/\mathrm{d}\tau \neq 0$. 因此对于充分小的 ε, 系统相应 Poincaré 映射中, 稳定不变流形与不稳定不变流形必然相交出现横截同宿点, 此时系统出现混沌解. 如 k 取定, 当

$\gamma < \gamma_c(\gamma_c = R(\omega)$, 即系统由分岔状态进入混沌态的临界值) 时, 系统处于分岔状态; 当 $\gamma > \gamma_c$ 时, 系统进入混沌状态, 随 γ 的变化这一过程非常迅速; 而后 γ 在较大范围内, 系统均处于混沌状态, 直至 γ 增大到系统从混沌状态跃变到周期状态的阈值 γ_d 时, 系统进入大尺度周期运动状态.

1.3.5　典型整数阶动力系统中的混沌

1. Logistic 映射

上面提到的 Logistic 映射用于研究某个物种的总量长时间的变化情况. 离散系统的 Logistic 定义 [54] 如下:

$$x_{n+1} = 1 - \mu x_n^2, \tag{1.3.26}$$

其中 x_n 是状态, 随着参数 μ 变化, Logistic 映射呈现出周期性或混沌状态. 当 $0 < \mu \leqslant \mu_0 = 3.5699$ 时, 系统处于周期状态; 当 $\mu_0 < \mu \leqslant 4$ 时, 处于混沌状态.

若初始值 $x_0 = 0.4$, 参数 $\mu = 2$, 计算 Lyapunov 指数

$$\delta = \lim_{n \to \infty} \frac{1}{n} \sum_{i=1}^{n} \ln |f'(\mu, x_i)| = \lim_{n \to \infty} \frac{1}{n} \sum_{i=1}^{n} \ln |-2\mu x_i| = 0.6935, \tag{1.3.27}$$

Lyapunov 指数大于 0, 故此时系统为混沌状态.

系统所产生的混沌序列的概率分布密度函数为

$$\rho(x) = \frac{1}{\pi \sqrt{1 - x^2}}, \quad x \in (-1, 1). \tag{1.3.28}$$

由此, 计算混沌序列的统计特性. 平均值

$$\bar{x} = \lim_{n \to \infty} \frac{1}{n} \sum_{i=1}^{n} x_i = \int_{-1}^{1} x\rho(x)\mathrm{d}x = 0, \tag{1.3.29}$$

而自相关函数 $R_{ac}(m)$, 当自相关间隔 $m = 0$ 时, 有

$$R_{ac}(0) = \lim_{n \to \infty} \frac{1}{n} \sum_{i=1}^{n} x_i^2 - \bar{x}^2 = \int_{-1}^{1} x^2 \rho(x)\mathrm{d}x - 0 = \int_{-1}^{1} \frac{x^2}{\pi\sqrt{1-x^2}}\mathrm{d}x = 0.5,$$

当自相关间隔 $m \neq 0$ 时, 有

$$R_{ac}(m) = \lim_{n \to \infty} \frac{1}{n} \sum_{i=1}^{n} x_i x_{i+m} - \bar{x}^2 = \int_{-1}^{1} x f^{(m)}(x)\rho(x)\mathrm{d}x - 0 = 0,$$

其中 $f^{(m)}(x)$ 为 m 次迭代后的结果. 对于不同的初始值 x_{01} 与 x_{02}, 它们分别产生的混沌序列的互相关函数为

$$R_{cc}(m) = \lim_{n \to \infty} \frac{1}{n} \sum_{i=1}^{n} x_{i1} x_{(i+m)2} - \bar{x}^2 = \int_{-1}^{1} \int_{-1}^{1} x_1 f^{(m)}(x_1)\rho(x_2)\mathrm{d}x_1\mathrm{d}x_2 - 0 = 0.$$

从以上分析可知, Logistic 映射在 $\mu = 2$ 时的混沌序列均值为零; 其自相关函数为 δ 函数 (图 1-3-2); 其功率谱表明 Logistic 系统具有宽频谱特性 (图 1-3-3).

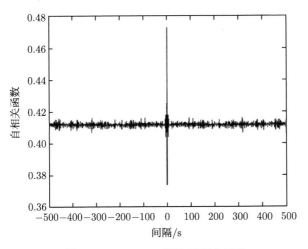

图 1-3-2 Logistic 混沌序列自相关

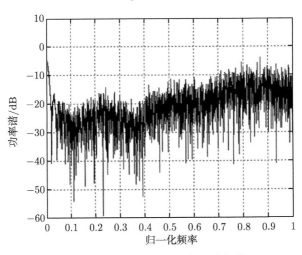

图 1-3-3 Logistic 混沌序列功率谱

2. Lorenz 方程

20 世纪 60 年代初, 气象学家 Lorenz 在对小型气候模型进行计算机模拟中, 提出了如下著名方程[32]:

$$\begin{cases} \dot{x} = \delta(y - x), \\ \dot{y} = \gamma x - y - xz, \\ \dot{z} = -bz + xy, \end{cases} \tag{1.3.30}$$

其中 δ 为普朗特数, γ 为瑞利数, b 为几何因子.

上式的 Jacobian 行列式的迹为

$$\frac{\partial}{\partial x}(\delta(y-x)) + \frac{\partial}{\partial y}(\gamma x - y - xz) + \frac{\partial}{\partial z}(-bz + xy) = -(\delta + 1 + b), \quad (1.3.31)$$

此迹为相体积的收缩率 $\mathrm{d}V/\mathrm{d}t$. 若初始相体积为 V_0, 则 t 时刻的相体积 $V_t = V_0 \exp[-(\delta + 1 + b)]$. 可见, 当 $\delta > 0, b > 0$ 时, 迹为负数, 相体积不断收缩, 因此 Lorenz 系统为耗散系统, 且随相体积逐渐收缩, 最后吸引子具有零体积.

Lorenz 系统有 $(0,0,0)$, $(\pm\sqrt{b(\gamma-1)}, \pm\sqrt{b(\gamma-1)}, \gamma-1)$ 三个不动点. 对于不动点 $(0,0,0)$, 由

$$\begin{pmatrix} -\delta-\lambda & \delta & 0 \\ \gamma & -1-\lambda & 0 \\ 0 & 0 & -b-\lambda \end{pmatrix} = 0 \quad (1.3.32)$$

可得 $\lambda_1 = -b$, $\lambda_{2,3} = [-(1+\delta) \pm \sqrt{(1+\delta)^2 + 4\delta(1-\gamma)}]/2$. 对于不动点 $(\pm\sqrt{b(\gamma-1)}$, $\pm\sqrt{b(\gamma-1)}, \gamma-1)$, 由

$$\begin{pmatrix} -\delta-\lambda & \delta & 0 \\ 1 & -1-\lambda & \mp\sqrt{b(\gamma-1)} \\ \pm\sqrt{b(\gamma-1)} & \pm\sqrt{b(\gamma-1)} & -b-\lambda \end{pmatrix} = 0 \quad (1.3.33)$$

可得 $\lambda^3 + (1+\delta+b)\lambda^2 + b(\delta+\gamma)\lambda + 2\delta b(\gamma-1) = 0$, 令

$$\lambda = y - (1+\delta+b)/3, \quad (1.3.34)$$

可化为 $y^3 + py + q = 0$ 形式. 由 $\lambda_{1,2,3}$ 及判别式 $\Delta = (q/2)^2 + (p/3)^3$ 可知, 当 $\gamma < 1$ 时, 原点为唯一吸引子; 当 $\gamma = 1$ 时发生分岔; $\gamma > 1$ 时原点失稳变成具有一维不稳定流形的鞍点. 当 $\gamma \in (1, \delta(\delta+b+3)/(\delta-b-1))$ 时, 另外两不动点 (非平凡不动点) 为吸引子. 在 $\gamma = \gamma_h = \delta(\delta+b+3)/(\delta-b-1)$ 处发生 Hopf 分岔, 其特征值为 $\lambda = -(\delta+b+1)$ 及 $\lambda = \pm i\sqrt{2\delta(\delta+1)/(\delta-b-1)}$. 当 $\gamma > \gamma_h$ 时, 非平凡不动点变为具有二维不稳定流形的鞍点. 因此, 三个不动点均失稳, 系统进入混沌状态. 取 $\delta = 10$, $b = 8/3$ 时, $\gamma_h \approx 24.74$, 其混沌吸引子在 xy, xz 平面投影如图 1-3-4 和图 1-3-5 所示.

3. Duffing 方程

Duffing 于 1918 年引入一个具有立方项的非线性振子来描述许多机械问题中的硬弹簧效应. 1979 年 Moon 和 Holmes 将其修改为描述处在两个永久磁铁的非均匀场中的支架梁的强迫振动. 这种非线性振动问题可看成一个两端固定的铁片在外

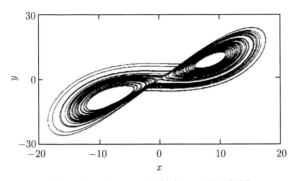

图 1-3-4 Lorenz 映射在 xy 平面相图

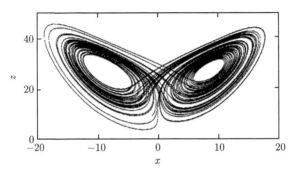

图 1-3-5 Lorenz 映射在 xz 平面相图

力驱动下的振动; 或考虑一端固定, 另一端自由的铁片处于两块磁铁之间及在外力驱动下的运动等. 可得如下的 Duffing 方程:

$$\ddot{x} + k\dot{x} + f(x) = e(t), \tag{1.3.35}$$

其中 k 是阻尼系数, $f(x)$ 是一个非线性函数, $e(t)$ 是周期为 T 的驱动项. 当 $f(x)$ 与 $e(t)$ 取不同的形式时, 便可得到不同形式的 Duffing 方程. 当取 $f(x) = -x + x^3$, $e(t) = a\cos\omega t$ 时, Duffing 方程为

$$\ddot{x} + k\dot{x} - x + x^3 = a\cos\omega t, \tag{1.3.36}$$

其中, a 为周期驱动力幅值, ω 为策动力角频率.

上述系统中固定阻尼系数 $k = 0.5$, 系统状态随驱动力幅值 a 的变化而有规律变化: 历经同宿轨道、分岔、混沌、临界周期态、大尺度周期状态. 分析其时域波形及相图轨迹变化可知:

(1) 当 $a = 0$ 时, 系统相平面的鞍点为 $(0,0)$, 焦点为 $(\pm 1, 0)$(图 1-3-6);

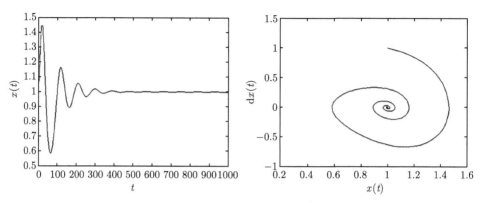

图 1-3-6 $a = 0$ 时, 系统的初始状态

(2) 当 $a = 0.35$ 时, 系统进入同宿轨道 (图 1-3-7);

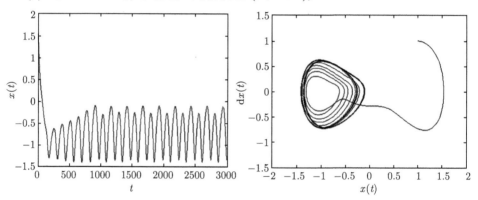

图 1-3-7 同宿轨道的时域图与相图

(3) 当 $a = 0.39$ 时, 系统进入分岔状态 (图 1-3-8);

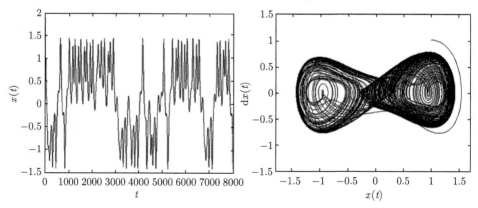

图 1-3-8 分岔状态下的时域图与相图

(4) 当 $a = 0.7$ 时, 系统进入混沌状态 (图 1-3-9);

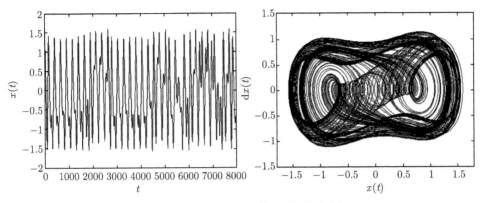

图 1-3-9 混沌状态下的时域图与相图

(5) 随着幅度 a 的不断增大, 当 $a = 0.837$ 时, 系统脱离混沌, 进入大尺度周期状态 (图 1-3-10).

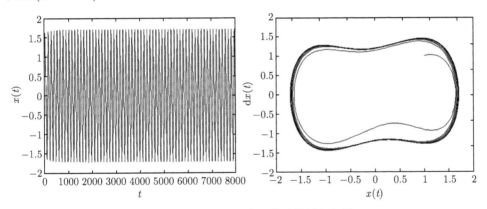

图 1-3-10 大周期状态下的时域图与相图

1.3.6 常见分数阶动力系统的混沌

近年来, 混沌及其应用是非线性科学领域的重要研究方向之一. 另一方面, 由于发现在机械、物理、工程、信息科学、材料学等科学领域存在分数阶现象, 最近分数阶微分方程激起了大家的研究热情. 很多学者正致力于研究物理、工程等领域 (诸如黏滞现象、电极反应、电磁波) 的分数阶系统. 那么讨论分数阶系统是否有混沌现象是一项有意义的工作, 研究也发现很多整数阶混沌系统的分数阶形式也具有混沌吸引子. 比如分数阶 Chen 系统、分数阶 Lü 系统、分数阶金融系统、分数阶统一系统、分数阶 Rossler 系统、分数阶 Liu 系统、分数阶 Van der Pol 系统等, 它们都具有混沌吸引子.

1. 分数阶 Chen 系统及其混沌现象

传统的整数阶 Chen 系统是由 Chen 等利用反控制方法发现的一类混沌系统, 其微分方程表达式为 [55]

$$\frac{\mathrm{d}x_1}{\mathrm{d}t} = a(x_2 - x_1),$$
$$\frac{\mathrm{d}x_2}{\mathrm{d}t} = (c - a)x_1 - x_1 x_3 + c x_2, \qquad (1.3.37)$$
$$\frac{\mathrm{d}x_3}{\mathrm{d}t} = x_1 x_2 - b x_3,$$

当 $a = 35, b = 3, c = 28$ 时, 系统有 3 个平衡点 $E_0 = (0,0,0), E_- = (-3\sqrt{7}, -3\sqrt{7}, 21)$ 和 $E_+ = (3\sqrt{7}, 3\sqrt{7}, 21)$.

整数阶 Chen 系统在平衡点 $E^* = (x_1^*, x_2^*, x_3^*)^{\mathrm{T}}$ 处的 Jacobian 矩阵为

$$\begin{pmatrix} -a & a & 0 \\ c - a - x_3^* & c & -x_1^* \\ x_2^* & x_1^* & -b \end{pmatrix}. \qquad (1.3.38)$$

因此, 对平衡点 $E_0, E_\pm$ 经计算可得它们所对应的特征值分别如表 1.3.2 所示. 从表 1.3.2 中的特征值可以判断, 系统第一个平衡点是一个鞍点, 后两个平衡点是鞍–焦点且被混沌双涡卷吸引子围绕.

表 1.3.2　整数阶 Chen 系统的平衡点及特征值

平衡点	特征值
$E_0 = (0,0,0)$	$\lambda_1 = -3, \lambda_2 \approx 23.8359, \lambda_3 \approx -30.8359$
$E_- = (-3\sqrt{7}, -3\sqrt{7}, 21)$	$\lambda_1 \approx -18.4280, \lambda_{2,3} \approx 4.2140 \pm 14.8846j$
$E_+ = (3\sqrt{7}, 3\sqrt{7}, 21)$	$\lambda_1 \approx -18.4280, \lambda_{2,3} \approx 4.2140 \pm 14.8846j$

所以, 当 $a = 35, b = 3, c = 28$ 时, 这个系统有一个典型的混沌吸引子, 其相图如图 1-3-11 和图 1-3-12 所示.

将整数阶 Chen 系统的阶数分数阶化可以得到 $p(p \in (0,1])$ 阶分数阶 Chen 系统的表达式如下 [56]:

$$D^p x_1 = a(x_2 - x_1),$$
$$D^p x_2 = (c - a)x_1 - x_1 x_3 + c x_2, \qquad (1.3.39)$$
$$D^p x_3 = x_1 x_2 - b x_3,$$

文献 [56] 指出这类分数阶系统产生混沌的最小阶数是 0.8244. 在以下的仿真实验中我们选定初值为 $(-2, -1, 20)$, 仿真总时长为 10 s, 步长为 0.001 s 以及阶数为 $p = 0.9$. 从图 1-3-13 可以看到系统相图出现了混沌现象.

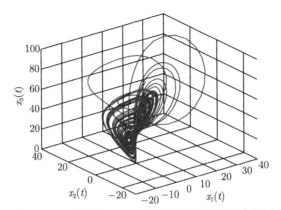

图 1-3-11 整数阶 Chen 系统混沌吸引子三维相图

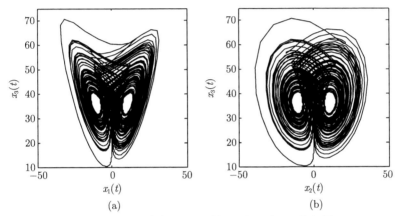

图 1-3-12 整数阶 Chen 系统混沌吸引子二维相图

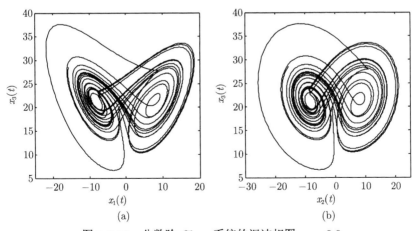

图 1-3-13 分数阶 Chen 系统的混沌相图, $p = 0.9$

2. 分数阶 Lü 系统及其混沌振动现象

整数阶 Lü 系统可以看作整数阶 Chen 系统到整数阶 Lorenz 系统的过渡. 它的 $p(p \in (0,1])$ 阶分数阶系统的微分方程如下所示 [57]:

$$
\begin{aligned}
D^p x_1 &= -ax_1 + ax_2, \\
D^p x_2 &= cx_2 - x_1 x_3, \\
D^p x_3 &= x_1 x_2 - bx_3,
\end{aligned}
\tag{1.3.40}
$$

当 $a = 36, b = 3, c = 20$ 时, 这个系统有三个平衡点 $(0,0,0), (2\sqrt{15}, 2\sqrt{15}, 20)$ 和 $(-2\sqrt{15}, -2\sqrt{15}, 20)$, 它们的特征值如表 1.3.3 所示. 因此系统的后两个平衡点是鞍–焦点.

表 1.3.3　Lü 系统的平衡点及特征值

平衡点	特征值
$E_0 = (0,0,0)$	$\lambda_1 = -3, \quad \lambda_2 = 20, \quad \lambda_3 = -36$
$E_- = (-2\sqrt{15}, -2\sqrt{15}, 20)$	$\lambda_1 \approx -22.6516, \quad \lambda_{2,3} \approx 1.8258 \pm 13.6887j$
$E_+ = (2\sqrt{15}, 2\sqrt{15}, 20)$	$\lambda_1 \approx -22.6516, \quad \lambda_{2,3} \approx 1.8258 \pm 13.6887j$

这类分数阶系统产生混沌的最小阶数是 $0.9156^{[33]}$. 我们选定初值为 $(0.1, 0.2, 0.5)$, 设定系统的阶数 p 分别为 $p = 0.91, 0.92, 0.95$, 并绘制了相应的相图如图 1-3-14 (a), (b), (c) 所示. 可以看到, 当 $p = 0.91$ 时, 系统并未出现混沌现象, 而当 $p = 0.92, 0.95$ 时, 系统则出现了混沌现象.

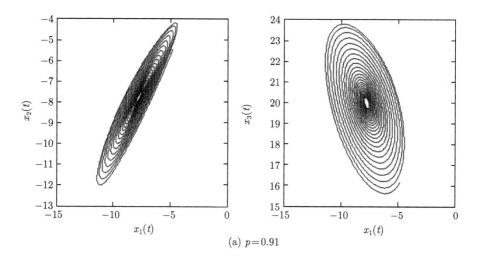

(a) $p = 0.91$

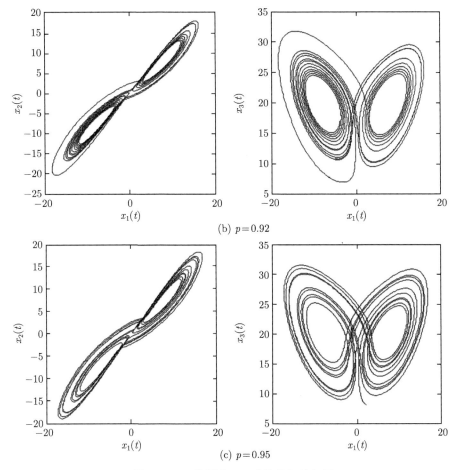

(b) $p=0.92$

(c) $p=0.95$

图 1-3-14 分数阶 Lü 系统的混沌相图

3. 分数阶金融系统及其混沌振动现象

近年来的一些研究表明, 金融和经济都是包含许多主观因素的极其复杂的非线性系统, 存在很多整数阶微分方程所不能描述的特性. 因此, 分数阶微分方程也逐渐被应用到人文社会科学等领域, 例如用于宏观经济运行规律分析的分数阶金融系统模型. 阶数为 $p(p \in (0,1])$ 的分数阶金融系统可以由下列方程组描述 [58]:

$$
\begin{aligned}
D^p x_1 &= x_3 + (x_2 - a)x_1, \\
D^p x_2 &= 1 - bx_2 - x_1^2, \\
D^p x_3 &= -x_1 - cx_3,
\end{aligned} \tag{1.3.41}
$$

当 $a=1, b=0.1, c=1$ 时, 系统有三个平衡点 $(0,10,0), (0.894427, 2, -0.894427)$ 和 $(-0.894427, 2, 0.894427)$, 通过计算可以得到这三个平衡点所对应的特征值分别如

表 1.3.4 所示.

表 1.3.4   金融系统的平衡点及特征值

平衡点	特征值
$E_0 = (0, 10, 0)$	$\lambda_1 \approx 8.898979, \quad \lambda_2 \approx -0.8989794, \quad \lambda_3 \approx -0.1$
$E_- = (0.894427, 2, -0.894427)$	$\lambda_1 \approx -0.7608747, \quad \lambda_{2,3} \approx 0.3304373 \pm 1.411968j$
$E_+ = (-0.894427, 2, 0.894427)$	$\lambda_1 \approx -0.7608747, \quad \lambda_{2,3} \approx 0.3304373 \pm 1.411968j$

从表 1.3.4 中的特征值可以判断, 后两个平衡点是鞍-焦点. 这类分数阶系统产生混沌的最小阶数是 0.8536[33]. 我们选定初值为 $(2, -1, -1)$, 阶数为 $p = 0.9$. 在这种情况下, 系统出现的混沌现象如图 1-3-15 所示.

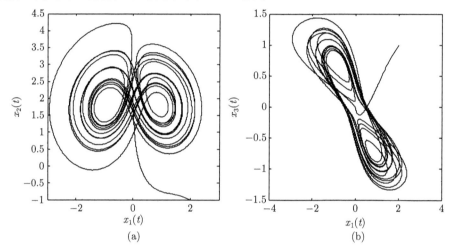

图 1-3-15   分数阶金融系统的混沌相图, $p = 0.9$

4. 分数阶统一系统

2002 年, Lü 等给出了统一系统 [55], 该系统统一了 Lorenz 系统、Chen 系统和 Lü 系统. 分数阶统一系统具有下面形式 [59]

$$\begin{aligned} D^{\alpha_1} x_1 &= (25a + 10)(x_2 - x_1), \\ D^{\alpha_2} x_2 &= (28 - 35a)x_1 + (29a - 1)x_2 - x_1 x_3, \\ D^{\alpha_3} x_3 &= x_1 x_2 - (a + 8)/3 x_3, \end{aligned} \tag{1.3.42}$$

其中 $a \in \mathbb{R}$ 和 $\alpha = (\alpha_1, \alpha_2, \alpha_3)^{\mathrm{T}}$ 为分数阶阶数. 当 $a \in [0, 0.8]$ 时, 系统 (1.3.42) 为广义的分数阶 Lorenz 系统; 当 $a = 0.8$ 时, 它为广义的分数阶 Lü系统; 当 $a \in (0.8, 1]$ 时, 它为广义的分数阶 Chen 系统. 如果取 $a = 1$, 则系统有三个稳定点 $(0, 0, 0)$, $(3\sqrt{7}, 3\sqrt{7}, 21)$ 和 $(-3\sqrt{7}, -3\sqrt{7}, 21)$. 当分数阶算子的阶数取为 $(\alpha_1, \alpha_2, \alpha_3) = (0.86, 0.9, 0.94)$, 非等阶分数阶的统一混沌系统能够产生混沌, 如图

1-3-16 所示.

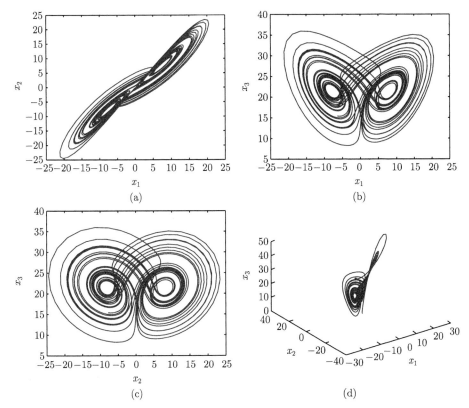

图 1-3-16   当 $(\alpha_1, \alpha_2, \alpha_3) = (0.86, 0.9, 0.94)$ 时, 分数阶统一系统的混沌吸引子, 图 (a)—(d)
分别表示 x_2-x_1, x_3-x_1, x_3-x_2 和三维情形

5. 分数阶 Liu 系统

2009 年, Liu 等提出了被称为 Liu 系统的三维混沌系统[60]. Gejji 和 Bharekar
给出了该系统的分数阶形式[61]:

$$D^{\alpha_1} x_1(t) = -ax_1 - ex_2^2,$$
$$D^{\alpha_2} x_2(t) = bx_2 - kx_1x_3, \qquad\qquad (1.3.43)$$
$$D^{\alpha_3} x_3(t) = -cx_3 + mx_1x_2,$$

其中 $a, b, c, e, k, m \in \mathbb{R}$. 当 $a = e = 1$, $b = 2.5$, $k = m = 4$, $c = 5$ 时, 系统 (1.3.43)
有五个稳定点, 其中两个为复数, 另外三个为实数分别为 $(0,\ 0,\ 0)$, $(-0.883883,$
$0.940151, -0.664787)$ 和 $(-0.883883, -0.940151, -0.664787)$. 如果考虑等阶的系统,
则系统能产生混沌吸引子的最小阶数为 0.916. 当取阶数为 $\alpha_1 = \alpha_2 = \alpha_3 = 0.94$
时, 系统产生的混沌吸引子如图 1-3-17 所示.

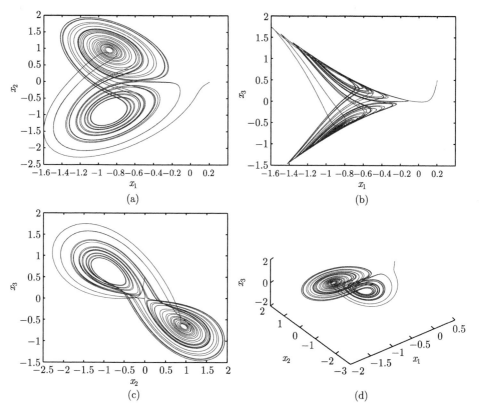

图 1-3-17 当 $(\alpha_1, \alpha_2, \alpha_3) = (0.94, 0.94, 0.94)$ 时, 分数阶 Liu 系统的混沌吸引子, 其中
(a)—(d) 分别表示 x_2-x_1, x_3-x_1, x_3-x_2 和三维情形

6. 等阶的分数阶超混沌 Chen 系统

在 2005 年, Li 等 [62] 利用经典的整数阶 Chen 系统提出了一个新的整数阶超混沌 Chen 系统, 形式如下:

$$
\begin{aligned}
\dot{x}_1 &= a(x_2 - x_1) + x_4, \\
\dot{x}_2 &= dx_1 - x_1 x_3 + cx_2, \\
\dot{x}_3 &= x_1 x_2 - bx_3, \\
\dot{x}_4 &= x_2 x_3 + rx_4,
\end{aligned}
\tag{1.3.44}
$$

其中 $a, b, c, d, r \in \mathbb{R}$. 当参数取为 $a = 35$, $b = 3$, $c = 12$, $d = 7$ 和 $0.085 < r \leqslant 0.798$, 系统 (1.3.44) 具有超混沌行为 [64]. 因此, 考虑此系统的分数阶形式:

$$
\begin{aligned}
D^{\alpha_1} x_1 &= a(x_2 - x_1) + x_4, \\
D^{\alpha_2} x_2 &= dx_1 - x_1 x_3 + cx_2, \\
D^{\alpha_3} x_3 &= x_1 x_2 - bx_3, \\
D^{\alpha_4} x_4 &= x_2 x_3 + rx_4,
\end{aligned}
\tag{1.3.45}
$$

其中 $\alpha_i(0 < \alpha_i \leqslant 1, i = 1, 2, 3, 4)$ 为分数阶微分的阶数. 当系统参数取为 $a = 35$, $b = 3$, $c = 12$, $d = 7$ 和 $r = 0.5$, 这个系统只有一个稳定点 $(0, 0, 0, 0)$. 如果考虑等阶的系统, 通过数值仿真, 该系统能够产生超混沌的最低阶数为 0.946. 如果选择阶数为 $\alpha = 0.96$ 和初值 $(2, 2, 1, -1)$, 系统 (1.3.45) 存在超混沌行为, 其超混沌吸引子如图 1-3-18 所示.

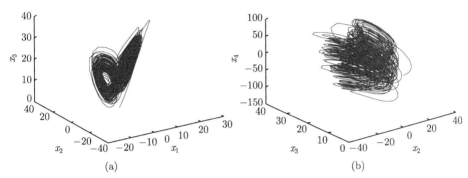

图 1-3-18　当 $\alpha = 0.96$ 时, 分数阶超混沌 Chen 系统的超混沌吸引子,
(a) 和 (b) 分别表示 x_3-x_2-x_1 和 x_4-x_3-x_2 情形

7. 非等阶的分数阶超混沌 Lorenz 系统

Wang[64] 等通过对 Lorenz 系统添加非线性控制 x_4, 且令 $\dot{x}_4 = -x_2x_3 + rx_4$, 则得到一个新的系统

$$
\begin{aligned}
\dot{x}_1 &= a(x_2 - x_1) + x_4, \\
\dot{x}_2 &= cx_1 - x_1x_3 - x_2, \\
\dot{x}_3 &= x_1x_2 - bx_3, \\
\dot{x}_4 &= -x_2x_3 + rx_4.
\end{aligned}
\tag{1.3.46}
$$

当 $a = 10$, $b = 8/3$, $c = 28$ 和 $r = -1$ 时, 系统 (1.3.46) 具有超混沌行为. 赵灵冬等 [65] 研究了四维分数阶 Lorenz 系统, 具有下面形式

$$
\begin{aligned}
D^{\alpha_1}x_1 &= a(x_2 - x_1) + x_4, \\
D^{\alpha_2}x_2 &= cx_1 - x_1x_3 - x_2, \\
D^{\alpha_3}x_3 &= x_1x_2 - bx_3, \\
D^{\alpha_4}x_4 &= x_2x_3 + rx_4.
\end{aligned}
\tag{1.3.47}
$$

当选取的参数为 $a = 10$, $b = 8/3$, $c = 28$, $r = -1$ 和 $\alpha_i = 0.98(i = 1, 2, 3, 4)$ 时, 分数阶系统 (1.3.47) 能够产生超混沌吸引子. 我们考虑该系统非等阶的情形. 通过计算

可知, 系统 (1.3.47) 具有五个稳定点, 其中两个为复数, 另外三个稳定点为 $(0, 0, 0, 0)$, $(-1.166531, -21.626769, 9.460608, 204.602380)$ 和 $(1.166531, 21.626769, 9.460608, -204.602380)$. 如果选取的分数阶次分别为 $\alpha_1 = 0.94$, $\alpha_2 = 0.96$, $\alpha_3 = 0.97$ 和 $\alpha_4 = 0.99$, 初值选为 $(2, -2, 1, -1)$, 系统能够产生超混沌吸引子, 如图 1-3-19 所示.

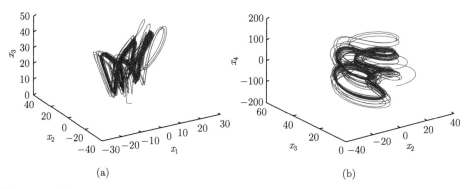

(a)   (b)

图 1-3-19   当 $\alpha_1 = 0.94$, $\alpha_2 = 0.96$, $\alpha_3 = 0.97$ 和 $\alpha_4 = 0.99$ 时, 分数阶超混沌 Lorenz 系统的超混沌吸引子, 图 (a) 和 (b) 分别表示 x_3-x_2-x_1 和 x_4-x_3-x_2 情形

参 考 文 献

[1] Podlubny I. Fractional Differential Equations: An Introduction to Fractional Deriva- tives, Fractional Differential Equations, to Methods of their Solution and some of their Applications[M]. San Diegop, CA: Academic Press, 1998.

[2] Samko S G, Kilbas A A, Marichev O O I. Fractional Integrals and Derivatives[M]. Yverdon: Gordon and Breach Science Publishers, 1993.

[3] 黄祖洽, 丁鄂江. 输运理论 [M]. 北京: 科学出版社, 1987.

[4] Einstein A. Does the inertia of a body depend upon its energy-content?[J]. Annalen der Physik, 1905, 18: 639-641.

[5] Kolmogorov A N. Curves in a Hilbert space which are invariant with respect to a one- parameter group of motions[J]. Doklady Akademii Nauk SSSR. 1940, 26: 115.

[6] Mandelbrot B B, Van Ness J W. Fractional Brownian motions, fractional noises and applications[J]. SIAM Review, 1968, 10: 422-437.

[7] Hong Q. Fractional Brownian Motion and Fractional Gaussian Noise. Processes with Long-Rang Correlations: Theory and Applications[M]. New York: Springer, 2003.

[8] Kou S C. Stochastic modeling in nanoscale biophysics: Subdiffusion within proteins[J].

Annals of Applied Statistics, 2008(2): 501-535.

[9] Coffey W T, Kalmykov Y P, Waldron J T. The Langevin Equation: With Applications to Stochastic Problems in Physics, Chemistry, and Electrical Engineering [M]. Singapore: World Scientific, 2004.

[10] Kubo R. The fluctuation-dissipation theorem [J]. Rep. Prog. Phys., 1966, 29: 255.

[11] Mainardi F, Pironi P, Tampieri F. On a generalization of the basset problem via fractional calculus [J]. Proceedings CANCAM, 1995, 95: 836.

[12] Mainardi F, Pironi P. The fractional langevin equation: Brownian motion revisited [J]. Extracta Mathematicae, 1996, 11: 140.

[13] Ahmad B, Nieto J J. Solvability of nonlinear Langevin equation involving two fractional orders with Dirichlet boundary conditions [J]. International Journal of Differential Equations, 2010: Article ID 649486.

[14] Ahmad B, Nieto J J, Alsaedi A, et al. A study of nonlinear Langevin equation involving two fractional orders in different intervals [J]. Nonlinear Analysis: Real World Applications, 2012, 13: 599.

[15] Matignon D. Stability results for fractional differential equations with applications to control processing [J]. Computational Engineering in Systems Applications, 1996, 2: 963-968.

[16] Momani S, Hadid S. Lyapunov stability solution of fractional integrodifferential equations[J]. International Journal of Mathematics and Mathematical Sciences, 2004, 47: 2503-2507.

[17] Lakshmikantham V, Leela S, Devi J V. Theory of Fractional Dynamic Systems [M]. Cambridge: Cambridge Scientific Publishers, 2009.

[18] Chen D Y, Zhang R F, Liu X Z, et al. Fractional order Lyapunov stability theorem and its applications in synchronization of complex dynamical networks [J]. Communications in Nonlinear Science and Numerical Simulation, 2014, 19: 4105-4121.

[19] Jiao Z, Zhong Y S. Robust stability for fractional-order systems with structured and unstructured uncertainties [J]. Computers & Mathematics with Applications, 2012, 64: 3258-3266.

[20] Li Y, Chen Y Q, Podlubny I. Stability of fractional-order nonlinear dynamic systems: Lyapunov direct method and generalized Mittag-Leffler stability [J]. Computers & Mathematics with Applications, 2010, 59: 1810-1821.

[21] Li Y, Chen Y Q, Podlubny I. Mittag-Leffler stability of fractional order nonlinear dynamic systems [J]. Automatica, 2009, 45: 1965-1969.

[22] Zhao L D, Hu J B, Fang J A, Zhang W B. Studying on the stability of fractional-order nonlinear system [J]. Nonlinear Dynamics, 2012, 70: 475-479.

[23] Zhang Z Y, Lin C, Chen B. New stability and stabilization conditions for T-S fuzzy systems with time delay [J].Fuzzy Sets and Systems, 2015, 263: 82-91.

[24] Delavari H, Baleanu D, Sadati J. Stability analysis of Caputo fractional-order nonlinear systems revisited [J]. Nonlinear Dynamics, 2012, 67: 2433-2439.

[25] Kaslik E, Sivasundaram S. Analytical and numerical methods for the stability analysis of linear fractional delay differential equations [J]. Journal of Computational and Applied Mathematics, 2012, 236: 4027-4041.

[26] Li C P, Zhang F R. A survey on the stability of fractional differential equations [J]. European Physical Journal Special Topics, 2011, 193: 27-47.

[27] Chen Y Q, Moore K L. Analytical stability bound for a class of delayed fractional order dynamic systems [J]. Nonlinear Dynamics, 2002, 29: 191-200.

[28] Sabatier J, Agrawal O P, Machado J A T. Advances in Fractional Calculus: Theoretical Developments and Applications in Physics and Engineering [M]. Dordrecht: Springer, 2007.

[29] De la Sen M. About robust stability of Caputo linear fractional dynamic systems with time delays through fixed point theory[J]. Fixed Point Theory Appl., 2011(1): 867932.

[30] Shi M, Wang Z H. An effective analytical criterion for stability testing of fractional-delay systems[J]. Automatica, 2011, 47: 2001-2005.

[31] Guckenheimer J H. Nonlinear Oscillators, Dynamic Systems and Bifurcations of Vector Fields [M]. New York: Springer-Verlag, 1983.

[32] 刘宗华. 混沌动力学基础及其应用 [M]. 北京: 高等教育出版社, 2006.

[33] Petras I. Fractional-Order Nonlinear System: Modeling, Analysis and Simulation [M]. Beijing: Higher Education Press, 2010.

[34] Diethelm K. The analysis of Fractional Differential Equations: An Application-Oriented Exposition Using Differential Operators of Caputo Type [M]. New York: Springer, 2010.

[35] Diethelm K, Ford N J. Analysis of fractional differential equations [J]. Journal of Mathematical Analysis and Applications, 2002, 265(2): 229-248.

[36] Lin R, Liu F. Fractional high order methods for the nonlinear fractional ordinary differential equation [J]. Nonlinear Analysis: Theory, Methods & Applications, 2007, 66(4): 856-869.

[37] Ray S S, Bera R K. Analytical solution of the Bagley Torvik equation by Adomian decomposition method [J]. Applied Mathematics and Computation, 2005. 168(1): 398-410.

[38] Gorenflo R, Vessella S. Abel Integral Equations [M]. New York: Springer, 1991.

[39] Baker C T. A perspective on the numerical treatment of Volterra equations [J]. Journal of Computational and Applied Mathematics, 2000, 125(1): 217-249.

[40] 胡岗. 随机力与非线性系统 [M]. 上海: 上海科技教育出版社, 1994, 5: 32.

[41] 包景东. 经典和量子耗散系统的随机模拟方法 [M]. 北京: 科学出版社, 2009.

[42] 郭立敏, 徐伟, 阮春蕾, 等. 二值噪声驱动下二阶线性系统的随机共振[J]. 物理学报, 2008, 57(12): 7482-7486.

[43] 靳艳飞, 胡海岩. 一类线性阻尼振子的随机共振研究[J]. 物理学报, 2009, 58(5): 2895-2901.

[44] Gitterman M. Harmonic oscillator with fluctuating damping parameter[J]. Physical Review E., 2004, 69: 041101.

[45] Méndez V, Horsthemke W, Mestres G, et al. Instabilities of the harmonic oscillator with fluctuating damping[J]. Physical Review E., 2011, 84: 041137.

[46] Gitterman M, Klyatskin V I. Brownian motion with adhesion: Harmonic oscillator with fluctuating mass[J]. Physical Review E., 2010, 81: 051139.

[47] Gitterman M. Mean-square displacement of a stochastic oscillator: Linear vs quadratic noise[J]. Physica A: Statistical Mechanics and Its Applications, 2012, 391: 3033-3042.

[48] Gitterman M. Oscillator with random trichotomous mass[J]. Physica A: Statistical Mechanics and Its Applications, 2012, 391: 5343-5348.

[49] 张太荣. 统计动力学及其应用 [M]. 北京: 冶金工业出版社, 2007.

[50] Fox R F, Gatland I R, Roy R, et al. Fast, accurate algorithm for numerical simulation of exponentially correlated colored noise [J]. Physical Review A, 1988, 38(11): 5938-5940.

[51] 关新平, 范正平, 陈彩莲, 等. 混沌控制及其在保密通信中的应用[M]. 北京: 国防工业出版社, 2002.

[52] Wolf A, Swift J B, Swinney H L, et al. Determining Lyapunov exponents from a time series[J]. Physica, 1985, 16(3): 285-317.

[53] 刘曾荣. 混沌的微扰判据[M]. 上海: 上海科技教育出版社, 1994.

[54] 聂春燕. 混沌系统与弱信号检测[M]. 北京: 清华大学出版社, 2009.

[55] Lü J H, Chen G R. A new chaotic attractor coined[J]. International Journal of Bifurcation and Chaos, 2002, 12: 659-661.

[56] Lü J H, Chen G R. A note on the fractional-order Chen system[J]. Chaos, Solitons and Fractals, 2006, 27: 685-688.

[57] Deng W H, Li C P. Chaos synchronization of the fractional Lü system[J]. Physica A: Statistical Mechanics and its Applications, 2005, 353: 61-72.

[58] Chen W C. Nonlinear dynamics and chaos in a fractional-order financial system[J]. Chaos, Solitons and Fractals, 2008, 36: 1305-1314.

[59] Wu X J, Li J, Chen G R. Chaos in the fractional order unified system and its synchronization[J]. Journal of the Franklin Institute, 2008, 345: 392-401.

[60] Liu C X, Liu L, Liu T. A novel three-dimensional autonomous chaos system[J]. Chaos, Solitons and Fractals, 2009, 39: 1950-1958.

[61] Gejji V D, Bhalekar S. Chaos in fractional ordered Liu system[J]. Computers & Mathematics with Applications, 2010, 59: 1117-1127.

[62] Li Y X, Tang W K S, Chen G R. Generating hyperchaos via state feedback control[J]. International Journal of Bifurcation and Chaos, 2005, 15: 3367-3375.

[63] Gloeckle W G, Nonnenmacher T F. Fractional integral operators and fox functions in the theory of viscoelasticity[J]. Macromolecules, 1991, 24: 6426-6434.

[64] 王兴元, 王明军. 超混沌 Lorenz 系统[J]. 物理学报, 2007, 56: 5136-5141.

[65] 赵灵冬, 胡建兵, 刘旭辉. 参数未知的分数阶超混沌 Lorenz 系统的自适应追踪控制与同步[J]. 物理学报, 2010, 59: 2305-2309.

第 2 章 整数阶随机共振与振动共振

2.1 随机共振理论基础

20 世纪 70 年代以来, 统计物理和非线性科学的最新发展表明, 小的随机力并不仅对宏观系统的演化产生微小改变, 也能出人意料地产生本质性影响. 事实上, 在一定非线性条件下, 随机力可对系统演化起决定性作用, 甚至改变系统命运. 再者, 无规随机力并不总对宏观秩序的建立起消极作用, 在一定条件下, 随机力能产生相干运动, 并在建立 "序" 上起到积极作用. 因而, 揭示随机力在非线性条件下的各种重要效应, 进而研究其产生条件、机制及应用, 已成为统计物理和非线性科学的一个发展主题.

共振是物理系统一个重要的动力学特性, 用于描述系统驱动频率与固有频率相匹配时系统输出振幅显著增大的现象. 近年来, 人们发现在随机非线性系统中, 当驱动信号、噪声及系统的非线性条件间存在某种匹配时, 系统输出振幅会显著增大. 在这种情况下, 存在一个最佳输入噪声强度 D_0, 使系统具有最大输出振幅. 噪声强度高于或低于 D_0, 输出信号振幅都会显著下降. 随机非线性系统的这一协作现象与传统共振现象相似, 故将其称为 "随机共振" 现象.

随机共振 [1-3] 现象是由 Benzi 等在 20 世纪 80 年代研究古气象冰川问题时提出的, 主要用于刻画信号、噪声和系统的非线性条件间的协作效应. 与传统的噪声有害思想相悖, 随机共振现象表明, 在一定的前提条件下, 有可能实现噪声能量向信号能量的转移, 进而增强系统的有序性. 近 30 年来, 对随机共振的研究围绕着各种动力系统和噪声展开, 并已在物理、生物、工程技术等领域得到广泛应用 [4-7].

2000 年, Landa 和 McClintock 则将随机共振中的噪声源用高频周期信号替代, 用数值方法研究了同时受高频周期信号和微弱低频周期信号激励的非线性双稳系统, 发现系统对低频周期信号的响应幅值增益和高频周期信号的幅值之间是一种非线性关系: 随着高频信号幅值的逐渐增大, 系统对低频信号的响应幅值增益会出现最大值, 即出现 "共振" 现象, 从而使微弱低频信号得到放大. 这种共振现象被称为振动共振 [8](vibration resonance, VR). 由于双频信号在数学、物理及工程系统中大量存在, 因此由双频信号引发的这类振动共振现象逐渐受到学者的重视.

2.1.1 随机共振的经典模型

经典的随机共振模型是如下的双稳态 Langevin 方程:

$$m\frac{\mathrm{d}^2 x}{\mathrm{d}^2 t} + \gamma\frac{\mathrm{d}x}{\mathrm{d}t} = -\frac{\partial V(x)}{\partial x} + A\cos(\Omega t) + \xi(t), \tag{2.1.1}$$

其中, $x(t)$ 为 Brown 粒子的位移, m 为粒子质量, $\gamma > 0$ 为阻力系数.

$V(x)$ 为对称双稳势函数, 其表达式为

$$V(x) = \frac{1}{4}bx^4 - \frac{1}{2}ax^2. \tag{2.1.2}$$

其中, $a > 0, b > 0$ 为结构参数. $V(x)$ 的形状如图 2-1-1 所示.

由图 2-1-1 可知, $V(x)$ 在 $\pm x_m (x_m = \sqrt{a/b})$ 处具有两个对称极小值 (即势阱), 两个势阱被 $x_b = 0$ 处的势垒隔开, 势垒高度为 $\Delta V = a^2/4b$.

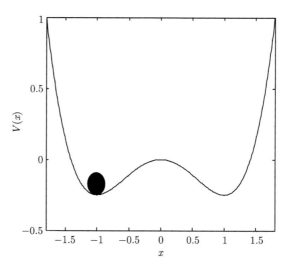

图 2-1-1　双稳势函数示意图, $a = b = 1$

$A\cos(\Omega t)$ 表示系统受到的外部驱动力, 其振幅和频率分别为 A, Ω. 受外部驱动力的影响, 系统动态势函数为 $V(x,t) = V(x) + Ax\cos(\Omega t)$, 该势函数随时间周期变化, 左右势垒周期性地变大或变小, 具体示意图如图 2-1-2 所示.

由图 2-1-2 可知, 当外部驱动力较微弱 $(A < \Delta V)$ 时, 仅仅依靠外部驱动力并不能使粒子产生势阱间的跃迁, 根据不同的初始条件, Brown 粒子将被束缚在某一特定势阱内做周期性往复运动.

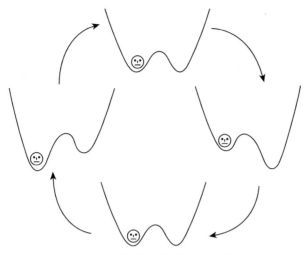

图 2-1-2 系统势函数随周期力的变化

$\xi(t)$ 是环境分子对 Brown 粒子的碰撞涨落力, 根据耗散涨落定理 [9], 通常将其建模为 Gauss 白噪声, 满足如下的统计性质:

$$\langle \xi(t) \rangle = 0, \quad \langle \xi(t)\xi(s) \rangle = D\delta(t - s). \tag{2.1.3}$$

其中, $D = \gamma k_{\mathrm{B}} T/m$ 为噪声强度, k_{B} 为 Boltzmann 常数, T 为环境介质的绝对温度. 在无外部驱动的情况下, 涨落力 $\xi(t)$ 可使得 Brown 粒子产生势阱间的跃迁, 相应的跃迁概率由著名的 Kramers 逃逸理论给出

$$r_K = \frac{\omega_0 \omega_b}{2\pi\gamma} \exp\left(-\frac{\Delta V}{D}\right). \tag{2.1.4}$$

其中, $\omega_0 = \sqrt{V''(x_m)/m}$ 表示势阱位置 $\pm x_m$ 处的角频率, $\omega_b = \sqrt{V''(x_b)/m}$ 表示势垒位置 x_b 处的角频率.

2.1.2 随机共振的内在机理

随机共振的内在机理在于: 在外部驱动力较微弱 $(A < \Delta V)$ 的情况下, 调整涨落力 $\xi(t)$ 的强度, 使得涨落力 $\xi(t)$ 诱导的势阱间跃迁与微弱周期驱动力达到同步, 从而使得粒子摆脱势阱的束缚, 在两个势阱间做频率与驱动力相同的周期往复运动, 也即通过引入噪声增强系统对输入信号的响应. 随机共振情形下粒子在势阱间的跃迁运动如图 2-1-3 所示.

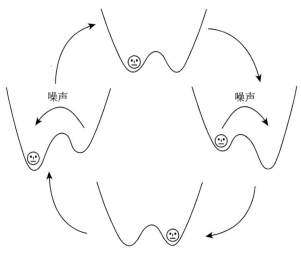

图 2-1-3   噪声诱导下的势阱间跃迁

　　严格来讲, 上述涨落力与微弱周期驱动力之间的同步是一种统计学意义上的同步, 实现该同步的前提条件是: 涨落力 $\xi(t)$ 诱导的势阱间跃迁的平均等待时间 $T_K(D) = 1/r_K$ 等于外部驱动力的周期 $T_\Omega = 2\pi/\Omega$, 也即

$$2T_K(D) = T_\Omega. \tag{2.1.5}$$

在给定微弱外部驱动力周期 T_Ω 的条件下, 由跃迁概率 r_K 的表达式 (2.1.4) 知: 可通过调节涨落力 $\xi(t)$ 的强度 D, 使得涨落力与外部驱动力间实现同步, 进而产生随机共振.

2.1.3   随机共振的产生条件

　　在经典的随机共振模型下, 随机共振的产生条件一度被误认为是: 非线性系统、微弱周期信号与噪声. 深入研究表明, 在乘性噪声驱动下的线性系统与不含周期驱动信号的系统也能够出现随机共振现象, 也即系统的非线性性与微弱周期驱动信号并不是随机共振的必要条件. 根据近期研究成果, 随机共振的产生条件被修正为: 阈值系统、弱相干输入与噪声, 在这一条件得到满足的前提下, 通过适当调节噪声参数便能使系统对输入信号的响应出现类似共振的非单调行为, 也即实现随机共振.

2.1.4   随机共振的衡量指标

　　定性地讲, 随机共振是噪声对系统输出的有序性起到增强与协助作用的一种非线性现象, 对这一现象的定量描述则需根据实际情况引入一些特定的测度指标. 随着研究的逐步深入, 随机共振的定量描述方法一直是随机共振研究工作的重点之一, 相关研究成果将有助于加深人们对随机共振的理解和把握. 目前, 针对信号的不同形式, 随机共振的定量描述指标具有多样性, 常见的衡量指标包括: ① 衡量周期随机共振的信噪比 (或信噪比增益); ② 描述非周期随机共振的相关系数 (或相干函数); ③ 用于数字脉冲信号的信道容错率及误码率; ④ 针对生物神经系统信号的尖峰信号间隔直方图. 下面对上述常见的随机共振衡量指标进行简要介绍.

1. 信噪比与信噪比增益

信噪比 (SNR)(或信噪比增益 (SNRI)) 在随机共振的衡量指标中占有重要地位, 其定义为: 系统输出信号功率谱中, 输入信号频谱处的信号幅值与该频率处的背景噪声幅值之比, 相应的数学表达式如下:

$$\mathrm{SNR} = \lim_{\Delta\omega \to 0} \int_{\omega_0 - \Delta\omega}^{\omega_0 + \Delta\omega} \frac{S(\omega)}{S_N(\omega)} \mathrm{d}\omega, \tag{2.1.6}$$

其中, ω_0 为输入信号频率, $S(\omega)$ 为输出的信号功率谱密度, $S_N(\omega)$ 为输出的噪声功率谱密度. 值得指出的是, 这样定义的信噪比实质上是局部信噪比 (local SNR).

以信噪比作为衡量指标, 有助于实现噪声背景中的微弱信号检测, 因而, 信噪比这一衡量标准在信号处理中得到了广泛应用. 然而, 人们往往更关心输出信噪比相对于输入信噪比的改善情况, 于是进一步提出了信噪比增益作为新的衡量指标, 其定义为输出信噪比与输入信噪比的比值.

对周期信号而言, 其谱线比较清晰, 易于通过上述方式得到系统的输出信噪比. 然而, 当输入信号为非周期信号时, 信号的频率范围往往较宽, 难以得到系统的输出信噪比. 对不同的非周期信号, 需针对性地发展其他的衡量标准.

2. 互相关系数

利用线性响应理论, 文献 [10] 提出将互相关函数作为衡量标准以刻画系统对非周期输入信号的响应. 系统输入与输出间的互相关函数可从定量上反映系统响应与激励信号间的相关程度, 互相关系数 C_0 及归一化互相关系数 C_1 的数学定义式分别如下:

$$C_0 = \left\langle [s(t) - \overline{s(t)}][x(t) - \overline{x(t)}] \right\rangle, \tag{2.1.7}$$

$$C_1 = \frac{C_0}{\sqrt{\left\langle [s(t) - \overline{s(t)}]^2 \right\rangle \left\langle [x(t) - \overline{x(t)}]^2 \right\rangle}}, \tag{2.1.8}$$

其中, $s(t)$ 代表非周期输入信号, $x(t)$ 代表系统输出信号.

互相关系数从信号处理的角度刻画了系统输入与输出间的波形匹配程度, 互相关系数越大, 系统输出中的信号成分就越多. 研究表明, 在一定的系统参数条件下,互相关系数与噪声参数间将呈现出非单调关系, 也即在特定的噪声强度下, 系统输出与输入间将达到最佳匹配, 产生随机共振.

3. 误码率与信道容量

在针对数字信号传输的随机共振研究中, 通常采用误码率 (BER) 和信道容量作为定量上的衡量标准.

误码率是衡量数据传输系统传输可靠性的指标. 其定义为: 二进制位被传输出错的概率. 假定信道输入为 0 和 1 的概率分别为 $P(0)$ 和 $P(1)$, 则误码率 P_e 的数学表达式可写为

$$P_e = P(1)P(0\,|\,1) + P(0)P(1\,|\,0). \tag{2.1.9}$$

其中, $P(0\,|\,1)$ 代表输入为 1 时检测为 0 的概率, $P(1\,|\,0)$ 则代表输入为 0 时检测为 1 的概率.

信道容量是指信道无差错传输信息的最大信息速率. 信道容量 C_p 可用误码率 P_e 来表示, 具体的表达式如下:

$$C_p = 1 + P_e \log_2 P_e + (1 - P_e) \log_2(1 - P_e). \tag{2.1.10}$$

4. 尖峰信号间隔直方图

在针对生物系统的随机共振研究中, 通常采用尖峰信号间隔直方图作为衡量标准. 生物的神经细胞可看作是阈值系统, 当输入信号较微弱时, 不能使得神经系统产生反应信号. 然而, 适当增加噪声, 细胞间的电压差 (阈值) 将有可能被超越, 从而不断产生反应信号. 将越过阈值的反应信号表示为间隔尖峰信号, 可进一步分析得出生物信号的信噪比 [11]. 研究表明, 在一定参数条件下, 生物系统中存在广泛的随机共振现象. 特别地, 以上信号驱动下的随机共振将有助于研究人类听觉、视觉感知系统的潜在作用机制.

2.2   典型乘性噪声诱导下线性系统的随机共振

2.2.1   频率噪声诱导随机共振

Li 和 Han 在 2006 年的工作 [12] 中讨论了频率噪声为乘性双态噪声 $\xi(t)$ 的线性过阻尼振子

$$\dot{x} = 1 - bx + \xi(t)x + a\sin(\omega t) \tag{2.2.1}$$

的随机共振现象.

这里的双态噪声 (dichotomous noise, DN)$\xi(t)$ 又称随机电报噪声, 是双态泊松过程的实现 [13], 广泛存在于金属、超导薄膜、纳米器件、双极型晶体管等器件和材

料中 [14-17]. $\xi(t)$ 在 $\{A, -B\}$ 中取值, 它从 A 到 $-B$ 的转移概率和逆转移概率分别为 p 和 q, 且设它的均值和相关函数分别为

$$\langle \xi(t) \rangle = 0,$$
$$\langle \xi(t)\xi(s) \rangle = D\lambda \exp(-\lambda|t-s|), \tag{2.2.2}$$

并且 $\lambda = p + q, D\lambda = AB, \Lambda = A - B$, 其中 D 和 λ 分别是噪声的强度和相关率, Λ 是 $\xi(t)$ 的对称性.

Li 等的研究发现, 系统 (2.2.1) 的稳态响应幅值和输出信噪比关于噪声强度及非对称性均会出现随机共振现象. 其中, 系统稳态响应幅值的随机共振现象如图 2-2-1 所示, 系统输出信噪比的随机共振现象如图 2-2-2 所示.

但是, 包括 Li 等的工作在内, 以往研究工作考虑的加性或者乘性的驱动噪声主要是线性噪声 (也即色噪声的线性函数), 而对驱动噪声是色噪声的非线性函数的系统的随机共振现象报告较少. 事实上, 在实际的非线性物理、化学、生物及工程等系统中, 驱动噪声常以白噪声或者色噪声的非线性函数形式出现. 比如, 在激光泵浦系统中外部源的扰动就可以导致噪声的二次非线性 [18] 等.

为此, 本节将非线性色噪声作为频率噪声引入线性系统的随机共振现象研究中, 并讨论色噪声的非线性性对线性系统的随机共振现象的影响. 其中, 非线性色噪声选为双态噪声 $\xi(t)$ 的非线性 (多项式) 函数, 形如

$$\psi[\xi(t), N] = \sum_{k=1}^{N} a_k [\xi(t)]^k.$$

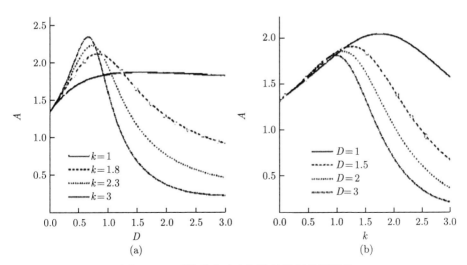

图 2-2-1　系统稳态响应幅值的随机共振现象

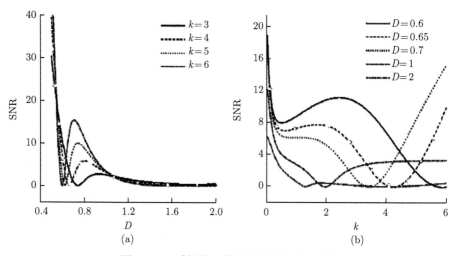

图 2-2-2　系统输出信噪比的随机共振现象

2.2.1.1　多项式双态频率噪声诱导的随机共振

1. 系统模型

本小节考虑非线性 (多项式) 频率噪声和周期信号同时激励的线性过阻尼振子, 随机微分方程可以写为

$$\dot{x} = -\left(\omega_0^2 + \psi[\xi(t), N]\right)x + r\cos(\Omega t), \tag{2.2.3}$$

其中, ω_0 为系统的固有频率, r 和 Ω 分别为周期信号的振幅和频率. 这里, 我们称乘性色噪声 $\psi[\xi(t), N] = \sum\limits_{k=1}^{N} a_k [\xi(t)]^k$ 为多项式双态噪声, 是双态噪声 $\xi(t)$ 的 N 阶多项式函数.

2. 系统输出信噪比

首先, 对方程 (2.2.3) 求期望:

$$\frac{\mathrm{d}\langle x(t)\rangle}{\mathrm{d}t} = -\omega_0^2\langle x(t)\rangle - \sum_{k=1}^{N} a_k\left\langle\xi^k(t)x(t)\right\rangle + r\cos(\Omega t), \tag{2.2.4}$$

将方程 (2.2.3) 两边同时乘以 $\xi(t)$ 并取期望后得到

$$\left\langle\xi(t)\frac{\mathrm{d}x(t)}{\mathrm{d}t}\right\rangle = -\omega_0^2\langle\xi(t)x(t)\rangle - \sum_{k=1}^{N} a_k\left\langle\xi^{k+1}(t)x(t)\right\rangle, \tag{2.2.5}$$

对 $\langle \xi(t)x(t) \rangle$ 采用 Shapiro-Loginov 公式 [19] 有

$$\frac{\mathrm{d}\langle \xi(t)x(t) \rangle}{\mathrm{d}t} = \left\langle \xi(t)\frac{\mathrm{d}x(t)}{\mathrm{d}t} \right\rangle - \lambda \langle \xi(t)x(t) \rangle, \tag{2.2.6}$$

将方程 (2.2.6) 代入方程 (2.2.5) 可以得到

$$\frac{\mathrm{d}\langle \xi(t)x(t) \rangle}{\mathrm{d}t} = -(\omega_0^2 + \lambda)\langle \xi(t)x(t) \rangle - \sum_{k=1}^{N} a_k \langle \xi^{k+1}(t)x(t) \rangle. \tag{2.2.7}$$

可以看到方程 (2.2.4) 和方程 (2.2.7) 中均含有高阶项 $\langle \xi^k(t)x(t) \rangle$, 因此我们需要利用双态噪声的性质对其进行降阶. 因为 $\xi(t)$ 是一个双态噪声, 所以, 对任意的 $k \in \mathbb{Z}$, 都存在常数 b_k 和 c_k 满足如下的公式:

$$\langle \xi^k(t)x(t) \rangle = b_k \langle \xi(t)x(t) \rangle + c_k \langle x(t) \rangle, \tag{2.2.8}$$

其中

$$b_k = \frac{A^k - (-B)^k}{A + B}, \quad c_k = \frac{BA^k + A(-B)^k}{A + B}. \tag{2.2.9}$$

将公式 (2.2.8) 代入方程 (2.2.4) 和方程 (2.2.7) 后可以得到 $\langle x(t) \rangle$ 和 $\langle \xi(t)x(t) \rangle$ 的线性方程组:

$$\frac{\mathrm{d}}{\mathrm{d}t}\begin{bmatrix} \langle x(t) \rangle \\ \langle \xi(t)x(t) \rangle \end{bmatrix} = \begin{bmatrix} d_1 & d_2 \\ d_3 & d_4 \end{bmatrix}\begin{bmatrix} \langle x(t) \rangle \\ \langle \xi(t)x(t) \rangle \end{bmatrix} + \begin{bmatrix} r\cos(\Omega t) \\ 0 \end{bmatrix}, \tag{2.2.10}$$

其中, 系数 $d_i(i = 1, 2, 3, 4)$ 为

$$d_1 = -\omega_0^2 - \sum_{k=1}^{N} a_k c_k, \quad d_2 = -\sum_{k=1}^{N} a_k b_k,$$

$$d_3 = -\sum_{k=1}^{N} a_k c_{k+1}, \quad d_4 = -\omega_0^2 - \lambda - \sum_{k=1}^{N} a_k b_{k+1}.$$

那么求解上述方程组可以得到 $\langle x(t) \rangle$ 和 $\langle x(t)\xi(t) \rangle$ 在 $t \to \infty$ 时的渐近表达式如下:

$$\langle x(t) \rangle_{st} = R_1 \cos(\Omega t + \theta_1), \tag{2.2.11}$$

$$\langle x(t)\xi(t) \rangle_{st} = R_2 \cos(\Omega t + \theta_2), \tag{2.2.12}$$

其中

$$R_1 = \sqrt{f_1^2 + f_2^2}, \ \theta_1 = -\arctan(f_2/f_1), \ R_2 = \sqrt{f_3^2 + f_4^2}, \ \theta_2 = -\arctan(f_4/f_3), \tag{2.2.13}$$

并且

$$f_1 = -\frac{r(-d_2d_3d_4 + d_1d_4^2 + d_1\Omega^2)}{(d_2d_3 - d_1d_4)^2 + (d_1^2 + d_4^2 + 2d_2d_3)\Omega^2 + \Omega^4},$$

$$f_2 = \frac{r\left((d_2d_3 + d_4^2)\Omega + \Omega^3\right)}{(d_2d_3 - d_1d_4)^2 + (d_1^2 + d_4^2 + 2d_2d_3)\Omega^2 + \Omega^4},$$

$$\qquad\qquad(2.2.14)$$

$$f_3 = -\frac{rd_3(-d_1d_4 + d_2d_3 + \Omega^2)}{(d_2d_3 - d_1d_4)^2 + (d_1^2 + d_4^2 + 2d_2d_3)\Omega^2 + \Omega^4},$$

$$f_4 = -\frac{r(d_1 + d_4)d_3\Omega}{(d_2d_3 - d_1d_4)^2 + (d_1^2 + d_4^2 + 2d_2d_3)\Omega^2 + \Omega^4}.$$

接着, 利用相似的方法计算 $x(t)$ 的稳态相关函数. 将方程 (2.2.3) 两边同时乘以 $x(s)$ 可得

$$\frac{\mathrm{d}[x(t)x(s)]}{\mathrm{d}t} = -\left(\omega_0^2 + \sum_{k=1}^{N} a_k\xi^k(t)\right)x(t)x(s) + r\cos(\Omega t)x(s), \qquad (2.2.15)$$

对上式求期望并代入公式 (2.2.8), 可以得到

$$\frac{\mathrm{d}\langle x(t)x(s)\rangle}{\mathrm{d}t} = -\left(\omega_0^2 + \sum_{k=1}^{N} a_kc_k\right)\langle x(t)x(s)\rangle$$

$$- \sum_{k=1}^{N} a_kb_k \cdot \langle \xi(t)x(t)x(s)\rangle + r\cos(\Omega t)\langle x(s)\rangle, \qquad (2.2.16)$$

其中, $\langle x(s)\rangle$ 的表达式由公式 (2.2.11) 给出.

注意到方程 (2.2.16) 中含有一项新的相关因子 $\langle \xi(t)x(t)x(s)\rangle$, 因此对其运用 Shapiro-Loginov 公式可以得到

$$\frac{\mathrm{d}\langle \xi(t)x(t)x(s)\rangle}{\mathrm{d}t} = \left\langle \xi(t)\frac{\mathrm{d}[x(t)x(s)]}{\mathrm{d}t}\right\rangle - \lambda\langle \xi(t)x(t)x(s)\rangle. \qquad (2.2.17)$$

将公式 (2.2.8) 和方程 (2.2.16) 代入方程 (2.2.17) 可以得到

$$\frac{\mathrm{d}\langle \xi(t)x(t)x(s)\rangle}{\mathrm{d}t} = -\left(\omega_0^2 + \lambda + \sum_{k=1}^{N} a_kb_{k+1}\right)\langle \xi(t)x(t)x(s)\rangle$$

$$- \sum_{k=1}^{N} a_kc_{k+1}\langle x(t)x(s)\rangle + r\cos(\Omega t)\langle \xi(t)x(s)\rangle. \qquad (2.2.18)$$

另外, 对 $\langle \xi(t)x(s)\rangle$ 应用 Shapiro-Loginov 公式可得

$$\frac{\mathrm{d}\langle \xi(t)x(s)\rangle}{\mathrm{d}t} = -\lambda\langle \xi(t)x(s)\rangle. \qquad (2.2.19)$$

求解方程 (2.2.19) 并利用由式 (2.2.12) 给出的 $\langle \xi(s)x(s) \rangle$ 的渐近表达式, 可以得到 $\langle \xi(t)x(s) \rangle$ 的解析表达式为

$$\langle \xi(t)x(s) \rangle = R_2 \cos(\Omega s + \theta_2)\mathrm{e}^{-\lambda|t-s|}. \tag{2.2.20}$$

因此, 方程 (2.2.16) 和方程 (2.2.18) 组成了 $\langle x(t)x(s) \rangle$ 和 $\langle \xi(t)x(t)x(s) \rangle$ 的线性微分方程组:

$$\frac{\mathrm{d}}{\mathrm{d}t}\left[\begin{array}{c} \langle x(t)x(s) \rangle \\ \langle \xi(t)x(t)x(s) \rangle \end{array} \right] = \left[\begin{array}{cc} d_1 & d_2 \\ d_3 & d_4 \end{array} \right] \left[\begin{array}{c} \langle x(t)x(s) \rangle \\ \langle \xi(t)x(t)x(s) \rangle \end{array} \right]$$
$$+ \left[\begin{array}{c} rR_1 \cos(\Omega s + \theta_1)\cos(\Omega t) \\ rR_2 \cos(\Omega s + \theta_2)\cos(\Omega t)\mathrm{e}^{-\lambda|t-s|} \end{array} \right]. \tag{2.2.21}$$

求解上述方程并令 $s = t - \tau$, 可以得到系统稳态响应的相关函数的解析表达式为

$$\langle x(t)x(t-\tau) \rangle = m_1 m_2 \cos(2\Omega t) + m_1 m_3 \sin(2\Omega t) + m_4, \tag{2.2.22}$$

其中, 系数 $m_i(i = 1, 2, 3, 4)$ 由下式给出:

$$m_1 = \frac{1}{16\Omega^4 + 4(2d_3 d_2 + d_1^2 + d_4^2)\Omega^2 + (d_1 d_4 - d_3 d_2)^2},$$

$$m_2 = -\Omega r R_1(4\Omega^2 + d_4^2 + d_3 d_2)\sin(\Omega\tau - \theta_1)$$
$$- \frac{rR_1(4d_1\Omega^2 + d_1 d_4^2 - d_3 d_2 d_4)}{2}\cos(\Omega\tau - \theta_1)$$
$$+ \Omega r R_2(d_1 + d_4)d_2 \mathrm{e}^{-\lambda|\tau|}\sin(\Omega\tau - \theta_2)$$
$$- \frac{rR_2(4\Omega^2 + d_3 d_2 - d_1 d_4)d_2}{2}\mathrm{e}^{-\lambda|\tau|}\cos(\Omega\tau - \theta_2),$$

$$m_3 = -\frac{rR_1(4d_1\Omega^2 + d_1 d_4^2 - d_3 d_2 d_4)}{2}\sin(\Omega\tau - \theta_1)$$
$$+ rR_1\Omega(4\Omega^2 + d_3 d_2 + d_4^2)\cos(\Omega\tau - \theta_1)$$
$$- \frac{rR_2(4\Omega^2 + d_3 d_2 - d_1 d_4)d_2}{2}\mathrm{e}^{-\lambda|\tau|}\sin(\Omega\tau - \theta_2)$$
$$- \Omega r R_2(d_1 + d_4)d_2 \mathrm{e}^{-\lambda|\tau|}\cos(\Omega\tau - \theta_2),$$

$$m_4 = \frac{1}{d_1 d_4 - d_3 d_2} \times \left[-\frac{rRd_4}{2}\cos(\Omega\tau - \theta_1) + \frac{rR_2 d_2}{2}\mathrm{e}^{-\lambda|\tau|}\cos(\Omega\tau - \theta_2) \right]. \tag{2.2.23}$$

由方程 (2.2.22) 可知, 相关函数 $\langle x(t)x(t-\tau) \rangle$ 依赖于时间 t 和 τ. 对时间 t 做周期为 π/Ω 的时间平均可得

$$C(\tau) = \frac{\Omega}{\pi}\int_0^{\pi/\Omega} \langle x(t)x(t-\tau) \rangle \,\mathrm{d}t$$

$$= \frac{r\Omega}{2\pi(d_1d_4 - d_3d_2)} \left[-R_1d_4\cos(\Omega\tau - \theta_1) + R_2d_2\mathrm{e}^{-\lambda|\tau|}\cos(\Omega\tau - \theta_2) \right]. \quad (2.2.24)$$

谱密度 $S(\omega)$ 是相关函数的 Fourier 变换. 因此, 为计算系统的输出信噪比, 将 $S(\omega)$ 分为如下两部分:

$$S(\omega) = S_0(\omega) + N(\omega), \quad (2.2.25)$$

其中, 第一项是输出信号, 且在频率 Ω 处为一个 δ 函数, 其表达式如下:

$$\begin{aligned} S_0(\omega) &= -\frac{R_1d_4r\Omega}{2\pi(d_1d_4 - d_3d_2)} \int_{-\infty}^{+\infty} \cos(\Omega\tau - \theta_1)\mathrm{e}^{-j\omega\tau}\mathrm{d}\tau \\ &= -\frac{R_1d_4r\Omega\cos\theta_1}{2\pi(d_1d_4 - d_3d_2)}\delta(\omega - \Omega), \end{aligned} \quad (2.2.26)$$

而第二项是宽带输出噪声, 其表达式为

$$\begin{aligned} N(\omega) &= \frac{R_2d_2r\Omega}{2\pi(d_1d_4 - d_3d_2)} \int_{-\infty}^{+\infty} \mathrm{e}^{-\lambda|\tau|}\cos(\Omega\tau - \theta_2)\mathrm{e}^{-j\omega\tau}\mathrm{d}\tau \\ &= \frac{R_2d_2r\Omega\cos\theta_2}{\pi(d_1d_4 - d_3d_2)} \frac{\lambda\omega^2 + \lambda\Omega^2 + \lambda^3}{(\omega^2 - \Omega^2 - \lambda^2)^2 + 4\lambda^2\omega^2}. \end{aligned} \quad (2.2.27)$$

系统的输出信噪比定义为输出信号功率和宽带输出噪声在 $\omega = \Omega$ 处的取值之比, 其表达式为

$$\mathrm{SNR} = \frac{\int_0^{+\infty} S_0(\omega)\mathrm{d}\omega}{N(\omega = \Omega)} = -\frac{d_4\cos(\theta_1)(4\lambda\Omega^2 + \lambda^3)\sqrt{f_1^2 + f_2^2}}{4d_2\cos(\theta_2)(2\Omega^2 + \lambda^2)\sqrt{f_3^2 + f_4^2}}. \quad (2.2.28)$$

3. 系统输出信噪比的共振行为

现在, 给出上述系统输出信噪比 (2.2.28) 的数值结果. 主要考虑两种情况.

情形 1　首先, 考虑多项式函数为 N 阶幂函数情况, 即多项式双态噪声的表达式为 $\psi[\xi(t), N] = a_N\xi^N(t)$. 在图 2-2-3(a) 中给出了 SNR 作为噪声强度 D 的函数随着阶数 N 的不断增加的曲线图, 其他参数取定为 $\lambda = 0.8, \Lambda = 0.8, \omega_0 = 0.1, r = 1, \Omega = 3$ 和 $a_N = 0.1$. 当 $N = 1$ 时, 也就是乘性噪声只有线性项的情况, 并没有出现随机共振现象; 当 $N \geqslant 2$ 时, SNR 随着 D 的不断增加会出现一个极大值, 也就是说出现了传统的随机单峰共振. 并且, 随着 N 的不断增加, 共振峰的位置会不断地向左移动.

在图 2-2-3 (b) 中, 绘制了当阶数 N 不同时, SNR 作为噪声相关率 λ 的函数的曲线图, 其他参数取为 $D = 0.8, \Lambda = 0.8, \omega_0 = 0.1, r = 1, \Omega = 3$ 和 $a_N = 10$. 当 $N \leqslant 3$ 时, SNR 的曲线并没有出现随机共振现象; 当 $N \geqslant 4$ 时, 随着 λ 的不断增加, SNR 先增加后减小, 也就是说出现了单峰-单谷型的随机共振现象. 从

图 2-2-3(a) 和 (b) 中都可以看到, 高阶的乘性噪声比线性噪声更容易诱导随机共振现象. 另外, 噪声的阶数增加也会加强随机共振现象.

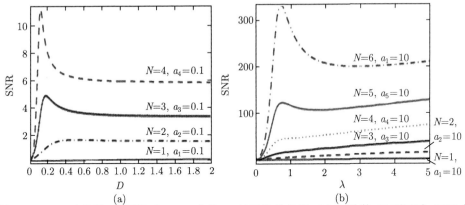

图 2-2-3　(a) 当阶数 N 不同时, SNR 作为 D 的函数的曲线; (b) 当阶数 N 不同时, SNR 作为 λ 的函数的曲线

情形 2　下面考虑更一般的情况. 通过适当地调节多项式噪声的系数和阶数, 可以发现, SNR-D 曲线不仅具有单峰型随机共振现象, 也具有多峰型随机共振现象, 而后者在由线性噪声驱动的线性系统中还未见报道. 这里, 设定 $\psi[\xi(t),4] = 0.1\xi(t) - \xi^2(t) + 0.01\xi^3(t) + 0.1\xi^4(t)$, 其他参数为 $\lambda = 0.2, \Omega = 2, \Lambda = 0.5, r = 1$. 在图 2-2-4(a) 和 (b) 中, 绘制了当固有频率 ω_0 不同时的 SNR-D 曲线, 可以看到, 当 $\omega_0 \leqslant 2$ 时, 随着 D 的不断增加, SNR 先减小后增大, 也就是说, 出现了单谷–单峰型随机共振现象. 另外, 随着 ω_0 的不断增加, 共振峰也逐渐向右移动. 继续增加 ω_0 的值后发现 SNR-D 出现了双峰型随机共振现象, 这类现象也从未在由线性噪声驱动的线性系统中报道过. 并且, 随着 ω_0 取值的不断增加, 第一个共振峰的取值会不断增加并且位置逐渐左移, 而第二个共振峰的取值会不断增加并且位置逐渐右移.

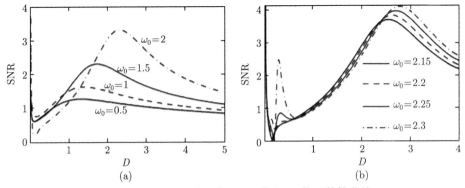

图 2-2-4　当 ω_0 不同时, SNR 作为 D 的函数的曲线

2.2.1.2　二次多项式频率噪声诱导的随机共振

1. 系统模型

本小节考虑由二次多项式频率噪声以及周期调制噪声同时激励的线性过阻尼振子, 其随机微分方程可以写为

$$\gamma \dot{x} = -\omega_0^2 x - \left(a_1\xi(t) + a_2\xi^2(t)\right)x + R\cos(\Omega t)\eta(t), \tag{2.2.29}$$

其中, $\gamma > 0$ 是系统的阻尼系数, ω_0 是系统的固有频率, $a_1\xi(t) + a_2\xi^2(t)$ 是由振子固有频率参数涨落引起的乘性噪声项, $R\cos(\Omega t)\eta(t)$ 是周期调制噪声项, R 可看作周期信号的振幅. 这里, $\xi(t)$ 和 $\eta(t)$ 是具有零均值和非零相关函数的色噪声, 通常人们总是假设 $\xi(t)$ 和 $\eta(t)$ 互不相关, 但是在很多的物理系统中, 如激光系统, 其内部的噪声之间总是存在某种关联性, 这里假设 $\xi(t)$ 和 $\eta(t)$ 具有指数关联性, 于是 $\xi(t)$ 和 $\eta(t)$ 满足如下的统计性质:

$$\begin{aligned}
&\langle\xi(t)\rangle = 0, \quad \langle\xi(t)\xi(s)\rangle = D_\xi\lambda_\xi\exp(-\lambda_\xi|t-s|), \\
&\langle\eta(t)\rangle = 0, \quad \langle\eta(t)\eta(s)\rangle = D_\eta\lambda_\eta\exp(-\lambda_\eta|t-s|), \\
&\langle\xi(t)\eta(s)\rangle = \kappa\lambda_{\xi\eta}\sqrt{D_\xi D_\eta}\exp(-\lambda_{\xi\eta}|t-s|),
\end{aligned} \tag{2.2.30}$$

其中, D_ξ 和 D_η 分别为色噪声强度, λ_ξ 和 λ_η 为色噪声的相关率. κ 为噪声 $\xi(t)$ 和 $\eta(t)$ 的关联系数, $\lambda_{\xi\eta}$ 为关联率. 这里假设 $\xi(t)$ 和 $\eta(t)$ 均为非对称的双态随机过程, 并且 $\xi(t)$ 在 $\{A_1, -B_1\}$ 中取值, $\eta(t)$ 在 $\{A_2, -B_2\}$ 取值, $A_i, B_i (i = 1, 2)$ 均为正数. 不妨设 A_1 到 $-B_1$ 的转移概率为 p_1, 逆转移概率为 q_1; A_2 到 $-B_2$ 的转移概率为 p_2, 逆转移概率为 q_2. $\xi(t)$ 和 $\eta(t)$ 的非对称性分别用 Λ_ξ 和 Λ_η 表示. 于是有

$$\begin{aligned}
&\lambda_\xi = p_1 + q_1, \quad D_\xi\lambda_\xi = A_1 B_1, \quad \Lambda_\xi = A_1 - B_1, \\
&\lambda_\eta = p_2 + q_2, \quad D_\eta\lambda_\eta = A_2 B_2, \quad \Lambda_\eta = A_2 - B_2.
\end{aligned} \tag{2.2.31}$$

2. 系统稳态响应振幅与方差

1) 稳态响应振幅

对方程 (2.2.29) 两边取平均并利用关系式 (2.2.30), 可以得到系统响应的一阶矩, 满足如下的微分方程:

$$\frac{\mathrm{d}\langle x(t)\rangle}{\mathrm{d}t} = -\frac{\omega_0^2}{\gamma}\langle x(t)\rangle - \sum_{k=1}^{2}\frac{a_k}{\gamma}\langle\xi^k(t)x(t)\rangle. \tag{2.2.32}$$

将方程 (2.2.29) 两边乘以 $\xi(t)$ 并取平均得到

$$\left\langle\xi(t)\frac{\mathrm{d}x(t)}{\mathrm{d}t}\right\rangle = -\frac{\omega_0^2}{\gamma}\langle\xi(t)x(t)\rangle - \sum_{k=1}^{2}\frac{a_k}{\gamma}\langle\xi^{k+1}(t)x(t)\rangle + \frac{R}{\gamma}\langle\xi(t)\eta(t)\rangle\cos(\Omega t), \tag{2.2.33}$$

由 Shapiro-Loginov 公式可得

$$\frac{\mathrm{d}\langle\xi(t)x(t)\rangle}{\mathrm{d}t} = \left\langle\xi(t)\frac{\mathrm{d}x(t)}{\mathrm{d}t}\right\rangle - \lambda_\xi\langle\xi(t)x(t)\rangle. \tag{2.2.34}$$

将 (2.2.34) 式代入 (2.2.33) 式, 并利用 (2.2.31) 式有

$$\frac{\mathrm{d}\langle\xi(t)x(t)\rangle}{\mathrm{d}t} = -\left(\frac{\omega_0^2}{\gamma} + \lambda_\xi\right)\langle\xi(t)x(t)\rangle - \sum_{k=1}^{2}\frac{a_k}{\gamma}\left\langle\xi^{k+1}(t)x(t)\right\rangle$$

$$+ \frac{\kappa\lambda_{\xi\eta}R\sqrt{D_\xi D_\eta}}{\gamma}\cos(\Omega t). \tag{2.2.35}$$

注意到 (2.2.32) 式和 (2.2.35) 式中都包含高阶的相关函数 $\langle\xi^k(t)x(t)\rangle$, $k = 2, 3$. 而由双态噪声的性质可知, 存在常数 $b_{\xi,k}, c_{\xi,k}, k = 2, 3$ 使得下面的降阶公式成立:

$$\begin{aligned}\langle\xi^2(t)x(t)\rangle &= b_{\xi,2}\langle\xi(t)x(t)\rangle + c_{\xi,2}\langle x(t)\rangle, \\ \langle\xi^3(t)x(t)\rangle &= b_{\xi,3}\langle\xi(t)x(t)\rangle + c_{\xi,3}\langle x(t)\rangle,\end{aligned} \tag{2.2.36}$$

其中

$$b_{\xi,2} = \Lambda_\xi, \quad c_{\xi,2} = \lambda_\xi D_\xi, \quad b_{\xi,3} = \Lambda_\xi^2 + \lambda_\xi D_\xi, \quad c_{\xi,3} = \lambda_\xi D_\xi\Lambda_\xi. \tag{2.2.37}$$

将 (2.2.36) 式分别代入 (2.2.32) 式和 (2.2.35) 式并化简可以得到 $\langle x(t)\rangle$ 和 $\langle\xi(t)x(t)\rangle$ 所满足的线性微分方程组:

$$\begin{cases}\dfrac{\mathrm{d}\langle x(t)\rangle}{\mathrm{d}t} = d_1\langle x(t)\rangle + d_2\langle\xi(t)x(t)\rangle, \\ \dfrac{\mathrm{d}\langle\xi(t)x(t)\rangle}{\mathrm{d}t} = d_3\langle x(t)\rangle + d_4\langle\xi(t)x(t)\rangle + d_5\cos(\Omega t),\end{cases} \tag{2.2.38}$$

其中

$$d_1 = -\frac{\omega_0^2}{\gamma} - \frac{1}{\gamma}\sum_{k=1}^{2}a_k c_{\xi,k}, \quad d_2 = -\frac{1}{\gamma}\sum_{k=1}^{2}a_k b_{\xi,k}, \quad d_3 = -\frac{1}{\gamma}\sum_{k=1}^{2}a_k c_{\xi,k+1},$$

$$d_4 = -\frac{\omega_0^2}{\gamma} - \lambda_\xi - \frac{1}{\gamma}\sum_{k=1}^{2}a_k b_{\xi,k+1}, \quad d_5 = \frac{\kappa\lambda_{\xi\eta}\sqrt{D_\xi D_\eta}}{\gamma}. \tag{2.2.39}$$

求解方程组 (2.2.38) 并令 $t \to \infty$ 可以得到系统的平均稳态响应的解析表达式为

$$\langle x(t)\rangle_{st} = A_{st}\cos(\Omega t + \phi), \tag{2.2.40}$$

其中, $A_{st} = \sqrt{f_1^2 + f_2^2}$ 和 $\phi = -\arctan(f_2/f_1)$ 分别为系统稳态响应的振幅和相位, 系数 f_1 和 f_2 由下式确定:

$$\begin{aligned}f_1 &= -\frac{Rd_2 d_5(d_2 d_3 - d_1 d_4) + Rd_2 d_5\Omega^2}{(d_2 d_3 - d_1 d_4)^2 + (d_1^2 + d_4^2 + 2d_2 d_3)\Omega^2 + \Omega^4}, \\ f_2 &= -\frac{Rd_2 d_5(d_1 + d_4)\Omega}{(d_2 d_3 - d_1 d_4)^2 + (d_1^2 + d_4^2 + 2d_2 d_3)\Omega^2 + \Omega^4}.\end{aligned} \tag{2.2.41}$$

2) 稳态响应方差

下面用类似的方法来求系统响应的平均稳态二阶矩. 首先, 方程 (2.2.29) 两边同时乘以 $2x$ 取平均, 并将双态噪声的降阶公式 (2.2.36) 代入后化简可得

$$\frac{\mathrm{d}\left\langle x^2(t)\right\rangle}{\mathrm{d}t} = -\frac{2}{\gamma}\left(\omega_0^2 + \sum_{k=1}^{2} a_k c_{\xi,k}\right)\left\langle x^2(t)\right\rangle$$
$$-\frac{2}{\gamma}\sum_{k=1}^{2} a_k b_{\xi,k}\left\langle \xi(t)x^2(t)\right\rangle + \frac{2R}{\gamma}\left\langle x(t)\eta(t)\right\rangle\cos(\Omega t). \quad (2.2.42)$$

注意到 (2.2.42) 式中出现了新的耦合项 $\left\langle \xi(t)x^2(t)\right\rangle$ 和 $\left\langle x(t)\eta(t)\right\rangle$, 因此需要对其进行解耦. 在方程 (2.2.29) 两边乘以 $2\xi(t)x(t)$ 取平均, 并将公式 (2.2.36) 代入后化简可得

$$\left\langle \xi(t)\frac{\mathrm{d}x^2(t)}{\mathrm{d}t}\right\rangle = -\frac{2}{\gamma}\left(\omega_0^2 + \sum_{k=1}^{2} a_k b_{\xi,k+1}\right)\left\langle \xi(t)x^2(t)\right\rangle$$
$$-\frac{2}{\gamma}\sum_{k=1}^{2} a_k c_{\xi,k+1}\left\langle x^2(t)\right\rangle + \frac{2R}{\gamma}\left\langle \xi(t)\eta(t)x(t)\right\rangle\cos(\Omega t). \quad (2.2.43)$$

同时将方程 (2.2.29) 两边乘以 $\eta(t)$ 取平均, 并将公式 (2.2.36) 代入后化简得

$$\left\langle \eta(t)\frac{\mathrm{d}x}{\mathrm{d}t}\right\rangle = -\frac{1}{\gamma}\left(\omega_0^2 + \sum_{k=1}^{2} a_k c_{\xi,k}\right)\left\langle x(t)\eta(t)\right\rangle$$
$$-\frac{1}{\gamma}\sum_{k=1}^{2} a_k b_{\xi,k}\left\langle \xi(t)\eta(t)x(t)\right\rangle + \frac{D_\eta \lambda_\eta R}{\gamma}\cos(\Omega t). \quad (2.2.44)$$

另外, 由 Shapiro-Loginov 公式有

$$\begin{aligned}
\left\langle \xi(t)\frac{\mathrm{d}x^2(t)}{\mathrm{d}t}\right\rangle &= \frac{\mathrm{d}\left\langle \xi(t)x^2(t)\right\rangle}{\mathrm{d}t} + \lambda_\xi\left\langle \xi(t)x^2(t)\right\rangle, \\
\left\langle \eta(t)\frac{\mathrm{d}x}{\mathrm{d}t}\right\rangle &= \frac{\mathrm{d}\left\langle \eta(t)x(t)\right\rangle}{\mathrm{d}t} + \lambda_\eta\left\langle \eta(t)x(t)\right\rangle.
\end{aligned} \quad (2.2.45)$$

因此, 将 (2.2.45) 式分别代入 (2.2.43) 式和 (2.2.44) 式后化简可得

$$\frac{\mathrm{d}\left\langle \xi(t)x^2(t)\right\rangle}{\mathrm{d}t} = -\left(\frac{2\omega_0^2}{\gamma} + \frac{2}{\gamma}\sum_{k=1}^{2} a_k b_{\xi,k+1} + \lambda_\xi\right)\left\langle \xi(t)x^2(t)\right\rangle$$
$$-\frac{2}{\gamma}\sum_{k=1}^{2} a_k c_{\xi,k+1}\left\langle x^2(t)\right\rangle + \frac{2R}{\gamma}\cos(\Omega t)\left\langle \xi(t)\eta(t)x(t)\right\rangle, \quad (2.2.46)$$

$$\frac{\mathrm{d}\langle\eta(t)x(t)\rangle}{\mathrm{d}t} = -\left(\frac{\omega_0^2}{\gamma} + \frac{1}{\gamma}\sum_{k=1}^{2}a_k c_{\xi,k} + \lambda_\eta\right)\langle x(t)\eta(t)\rangle$$

$$-\frac{1}{\gamma}\sum_{k=1}^{2}a_k b_{\xi,k}\langle\xi(t)\eta(t)x(t)\rangle + \frac{D_\eta\lambda_\eta R}{\gamma}\cos(\Omega t). \tag{2.2.47}$$

进一步, 注意到 (2.2.46) 式和 (2.2.47) 式中均含有新的耦合项 $\langle\xi(t)\eta(t)x(t)\rangle$, 因此需要建立它满足的微分方程. 对 $\langle\xi(t)\eta(t)x(t)\rangle$ 求导可以得到

$$\frac{\mathrm{d}\langle\xi(t)\eta(t)x(t)\rangle}{\mathrm{d}t} = \left\langle\xi(t)\frac{\mathrm{d}[\eta(t)x(t)]}{\mathrm{d}t}\right\rangle + \left\langle\eta(t)x(t)\frac{\mathrm{d}\xi(t)}{\mathrm{d}t}\right\rangle$$

$$= \left\langle\xi(t)\frac{\mathrm{d}[\eta(t)x(t)]}{\mathrm{d}t}\right\rangle + \left\langle\eta(t)\frac{\mathrm{d}[\xi(t)x(t)]}{\mathrm{d}t}\right\rangle$$

$$- \left\langle\eta(t)\xi(t)\frac{\mathrm{d}x(t)}{\mathrm{d}t}\right\rangle, \tag{2.2.48}$$

(2.2.48) 式的前两项可以通过对 $\langle\xi(t)\eta(t)x(t)\rangle$ 运用两次 Shapiro-Loginov 公式得到

$$\left\langle\xi(t)\frac{\mathrm{d}[\eta(t)x(t)]}{\mathrm{d}t}\right\rangle = \frac{\mathrm{d}\langle\xi(t)\eta(t)x(t)\rangle}{\mathrm{d}t} + \lambda_\xi\langle\xi(t)\eta(t)x(t)\rangle,$$

$$\left\langle\eta(t)\frac{\mathrm{d}[\xi(t)x(t)]}{\mathrm{d}t}\right\rangle = \frac{\mathrm{d}\langle\eta(t)\xi(t)x(t)\rangle}{\mathrm{d}t} + \lambda_\eta\langle\xi(t)\eta(t)x(t)\rangle. \tag{2.2.49}$$

为了化简 (2.2.48) 式的最后一项, 将 (2.2.29) 式两端同时乘以 $\xi(t)\eta(t)$ 并取平均得到

$$\left\langle\xi(t)\eta(t)\frac{\mathrm{d}x}{\mathrm{d}t}\right\rangle = -\frac{\omega_0^2}{\gamma}\langle\xi(t)\eta(t)x(t)\rangle - \frac{1}{\gamma}\sum_{k=1}^{2}a_k\langle\xi^{k+1}(t)\eta(t)x(t)\rangle$$

$$+ \frac{R}{\gamma}\langle\eta^2(t)\xi(t)\rangle\cos(\Omega t). \tag{2.2.50}$$

因为 $\eta(t)$ 也是双态噪声, 所以可以推导出

$$\langle\eta^2(t)\xi(t)\rangle = \Lambda_\eta\langle\xi(t)\rangle + \lambda_\eta D_\eta\langle\eta(t)\xi(t)\rangle = \kappa\lambda_\eta\lambda_{\xi\eta}D_\eta\sqrt{D_\xi D_\eta}. \tag{2.2.51}$$

将上式代入 (2.2.50) 式并利用双态噪声的降阶公式 (2.2.36) 后可以得到

$$\left\langle\xi(t)\eta(t)\frac{\mathrm{d}x}{\mathrm{d}t}\right\rangle = -\frac{1}{\gamma}\left(\omega_0^2 + \sum_{k=1}^{2}a_k b_{\xi,k+1}\right)\langle\xi(t)\eta(t)x(t)\rangle$$

$$- \frac{1}{\gamma}\sum_{k=1}^{2}a_k c_{\xi,k+1}\cdot\langle x(t)\eta(t)\rangle$$

$$
+ \frac{R\kappa\lambda_\eta\lambda_{\xi\eta}D_\eta\sqrt{D_\xi D_\eta}}{\gamma}\cos(\Omega t). \tag{2.2.52}
$$

将 (2.2.49) 式和 (2.2.52) 式同时代入 (2.2.48) 式得到

$$
\begin{aligned}
\frac{\mathrm{d}\left\langle \xi(t)\eta(t)x(t)\right\rangle}{\mathrm{d}t} = {} & -\left(\frac{\omega_0^2}{\gamma} + \frac{1}{\gamma}\sum_{k=1}^{2}a_k b_{\xi,k+1} + \lambda_\xi + \lambda_\eta\right)\left\langle \xi(t)\eta(t)x(t)\right\rangle \\
& - \frac{1}{\gamma}\sum_{k=1}^{2}a_k c_{\xi,k+1}\cdot\left\langle x(t)\eta(t)\right\rangle \\
& + \frac{R\kappa\lambda_\eta\lambda_{\xi\eta}D_\eta\sqrt{D_\xi D_\eta}}{\gamma}\cos(\Omega t). \tag{2.2.53}
\end{aligned}
$$

于是 (2.2.42) 式, (2.2.46) 式和 (2.2.47) 式, (2.2.53) 式构成了 $\left\langle x^2(t)\right\rangle$, $\left\langle \xi(t)x^2(t)\right\rangle$, $\left\langle \xi(t)\eta(t)x(t)\right\rangle$, $\left\langle \eta(t)x(t)\right\rangle$ 的线性微分方程组. 求解此方程组, 令 $t\to\infty$ 并在一个周期内取平均可得 $\left\langle x^2(t)\right\rangle$ 的平均稳态表达式为

$$
\left\langle x^2(t)\right\rangle_{st} = \frac{R^2\left[-(2d_4+\lambda_\xi)g_1 + 2d_2 g_2\right]}{2\gamma g_3\left[d_1(2d_4+\lambda_\xi) - 2d_2 d_3\right]}, \tag{2.2.54}
$$

其中

$$
\begin{aligned}
g_1 = {} & -\frac{D_\eta\lambda_\eta}{\gamma}\left[\Omega^2(d_1-\lambda_\eta) + (d_1-\lambda_\eta)(d_4-\lambda_\eta)^2 - d_2 d_3(d_4-\lambda_\eta)\right], \\
g_2 = {} & -D_\eta\lambda_\eta\left[\frac{d_3}{\gamma} + (d_4-\lambda_\eta)d_5\right]\Omega^2 \\
& + D_\eta\lambda_\eta[(d_1-\lambda_\eta)(d_4-\lambda_\eta) - d_2 d_3]\left[\frac{d_3}{\gamma} - (d_1-\lambda_\eta)d_5\right], \\
g_3 = {} & \Omega^4 + \left[(d_1-\lambda_\eta)^2 + (d_4-\lambda_\eta)^2 + 2d_2 d_3\right]\Omega^2 + [d_2 d_3 - (d_1-\lambda_\eta)(d_4-\lambda_\eta)]^2. \tag{2.2.55}
\end{aligned}
$$

因此, 由稳态方差的定义, 方程 (2.2.29) 的系统响应的稳态方差可写为

$$
\sigma_{st}^2 = \frac{\Omega}{2\pi}\int_0^{2\pi/\Omega}\left[\left\langle x^2(t)\right\rangle_{st} - (\left\langle x(t)\right\rangle_{st})^2\right]\mathrm{d}t = \left\langle x^2(t)\right\rangle_{st} - \frac{1}{2}(A_{st})^2. \tag{2.2.56}
$$

3. 系统稳态响应振幅与方差的共振行为

(2.2.40) 式和 (2.2.56) 式分别给出了系统的稳态响应振幅和方差的解析表达式. 下面来讨论噪声参数 (包括噪声强度、相关率以及二次噪声的系数) 对系统稳态响应的振幅 A_{st} 和方差 σ_{st}^2 的影响.

1) 系统稳态响应振幅的随机共振现象

首先取定二次噪声函数的系数为 $a_1 = 1, a_2 = -2$, 图 2-2-5(a) 绘制了系统稳态响应的幅度 A_{st} 作为乘性二次噪声强度 D_ξ 的函数, 随着不同的阻尼系数 γ 变化

的曲线. 其他各参数的取值设为 $\omega_0 = 0.1$, $R = 1$, $\Omega = 1$, $\lambda_{\xi\eta} = 0.2, \kappa = 0.9, \lambda_\xi = 0.5, \Lambda_\xi = 0.8, D_\eta = 0.5, \Lambda_\eta = 0.3, \lambda_\eta = 0.3$. 可以看到, A_{st} 随着噪声强度 D_ξ 的增大出现了一个共振峰, 即出现了广义的随机共振现象. 这是二次乘性噪声与周期调制噪声的协同作用, 使得噪声的能量向周期信号的能量转移, 从而增强了系统响应的幅值. 并且, 随着阻尼系数 γ 的增大, A_{st} 的共振峰变得逐渐平缓, 并且极值逐渐减小, 极值点的位置逐渐右移. 这说明系统的阻尼的增大, 使得系统响应的随机共振现象减弱, 符合物理实际情况.

接着, 取定乘性二次噪声的一次项系数 $a_1 = -0.5$, 图 2-2-5 (b) 绘制了系统稳态响应的幅度 A_{st} 作为噪声相关率 λ_ξ 的函数, 随着不同的二次项系数 a_2 变化的曲线. 其他各参数的取值设为 $\omega_0 = 0.2, \Omega = 0.5, \gamma = 0.3, R = 1, D_\xi = 0.6, \Lambda_\xi = 0.6, D_\eta = 0.5, \lambda_\eta = 0.3, \Lambda_\eta = 0.6, \lambda_{\xi\eta} = 0.1, \kappa = 0.4$. 当二次项系数 $a_2 = 0$ 时 (即乘性噪声为双态噪声的一次线性函数), A_{st} 随着双态噪声的相关率 λ_ξ 的增大而逐渐减小且没有出现随机共振现象, 而当 $a_2 > 0$ 时, A_{st} 随着 λ_ξ 的增大出现了一个共振峰. 随着 a_2 的增大, A_{st} 的共振峰变得越来越尖锐, 同时极值点的位置逐渐左移, 极值点的高度则不断增加. 这说明乘性噪声的二次项系数对随机共振现象起着非常关键的作用.

图 2-2-5(a) 和 (b) 表明, 在乘性二次噪声和周期调制噪声的影响下, 线性过阻尼振子的系统稳态响应的幅值随着二次噪声的强度和相关率的变化均出现了共振现象. 系统阻尼系数的减小会使共振峰的峰值增大. 乘性二次噪声的系数对共振现象也有非常大的影响, 不同的系数会使共振峰的峰值增大或减小, 峰的位置提前或延后出现. 因此, 改变乘性二次噪声系数的值可以控制系统的随机共振现象.

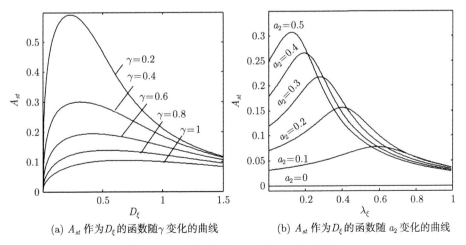

(a) A_{st} 作为 D_ξ 的函数随 γ 变化的曲线　　(b) A_{st} 作为 D_ξ 的函数随 a_2 变化的曲线

图 2-2-5　幅值增益 A_{st} 的随机共振现象

特别地, 当二次噪声系数满足一定关系时可有效地加强系统响应的随机共振效应. 例如, 在图 2-2-6 中绘制了对不同的周期信号振幅 R, 系统稳态响应的幅度 A_{st} 作为乘性二次噪声强度 D_ξ 的函数随着不同的二次噪声系数变化的曲线. 其他各参数的取值为 $\omega_0 = 0.6, \Omega = 0.6, \lambda_{\xi\eta} = 0.2, \kappa = 0.4, \lambda_\xi = 0.2, \Lambda_\xi = 0.2, D_\eta = 0.2, \Lambda_\eta = 0.3, \lambda_\eta = 0.3$. 从图 2-2-6 中可以看到, 当周期信号的幅值 R 分别为 $1, 0.1, 0.01$ 时, 系统稳态响应的振幅随着噪声强度的增加均出现了随机共振现象. 当周期激励振幅最小 ($R = 0.01$) 时, 二次噪声系数分别取为 $a_1 = 1, a_2 = -3$, 系统稳态响应的振幅却具有最明显的随机共振现象. 这说明调节二次噪声系数可以使得, 即使是由微弱周期信号激励的系统的响应, 也有非常明显的随机共振现象, 从而有利于微弱信号的检测.

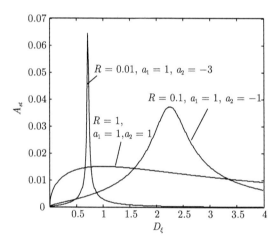

图 2-2-6　A_{st} 作为 D_ξ 的函数随着周期激励的振幅及二次噪声系数变化的曲线

2) 系统响应稳态方差的随机共振现象

下面讨论噪声参数对系统的稳态方差的影响. 这里先取定 $\omega_0 = 0.2, \Omega = 0.6, \gamma = 0.3, R = 1, \lambda_\xi = 0.2, \Lambda_\xi = 0.2, D_\eta = 0.2, \lambda_\eta = 0.2, \Lambda_\eta = 0.3, \lambda_{\xi\eta} = 0.2, \kappa = 0.2$. 当固定噪声函数的一次项系数 $a_1 = 1$ 并改变二次项系数 a_2 时, 发现系统响应的稳态方差随着噪声强度 D_ξ 的变化主要表现出三种随机共振现象: 单峰共振、单峰单谷共振和双峰共振. 当 $a_2 = -0.2$ 时, σ_{st}^2 所出现的单峰共振也就是传统的随机共振现象如图 2-2-7(a) 所示. 当 $a_2 = -0.26$ 时, σ_{st}^2 所出现的单峰单谷共振如图 2-2-7(b) 所示, 此时, 系统的稳态方差 σ_{st}^2 随噪声强度 D_ξ 的增大先达到一极大值, 即出现了随机共振现象, 而继续增大噪声强度, 系统稳态方差 σ_{st}^2 会出现一个极小值, 即出现了抑制现象.

当 $a_2 = -2$ 时, 发现 σ_{st}^2 随着 D_ξ 的增大出现了双峰共振现象. 现有文献对此类随机共振现象报道较少, 特别是在线性系统中. 图 2-2-8 绘制了 σ_{st}^2 作为 D_ξ 的函数随二次噪声的二次项系数 a_2 变化的曲线. 可以看到, 当 a_2 继续减小时, 双峰极值点的位置均逐渐左移, 同时第一个共振峰逐渐增强. 而第二个共振峰逐渐减弱.

图 2-2-7(a) 和 (b) 和图 2-2-8 表明, 线性过阻尼系统响应的稳态方差随着二次噪声的强度出现了多种随机共振现象, 包括单峰共振、单峰单谷共振和双峰共振, 其中双峰共振现象在乘性色噪声仅为双态噪声的线性函数的情况下还未见报道. 类似地, 乘性二次噪声的系数对稳态方差共振峰的出现也有着非常明显的影响. 这也说明通过调控系统乘性噪声的系数可以调控系统的随机共振现象.

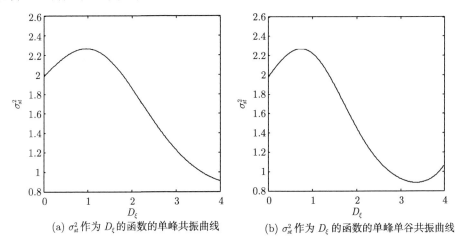

(a) σ_{st}^2 作为 D_ξ 的函数的单峰共振曲线   (b) σ_{st}^2 作为 D_ξ 的函数的单峰单谷共振曲线

图 2-2-7

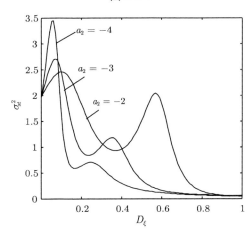

图 2-2-8 σ_{st}^2 作为 D_ξ 的函数随着 a_2 变化的曲线

小结   本节将非线性频率噪声引入线性系统的随机共振现象的研究中, 研究发现频率噪声和系统的协同作用, 使得系统响应的稳态幅值和方差均出现了随机共振现象, 而频率噪声的非线性系数则导致了随机共振现象的多样化, 即出现了有别

于传统 "随机单峰共振现象" 的 "随机多峰共振现象". 并且, 调节非线性噪声的系数, 可在一定范围内实现对线性过阻尼振子随机共振的有效控制, 从而使得即使是微弱周期信号也能产生明显的随机共振现象.

2.2.2　阻尼噪声诱导随机共振

本节将非线性阻尼涨落噪声引入线性系统, 针对作为非线性阻尼涨落噪声基本构成成分的二次阻尼涨落噪声, 考虑周期信号与之共同作用的线性谐振子, 主要关注阻尼涨落噪声的非线性对系统共振行为的影响.

1. 系统模型

具有二次阻尼涨落噪声 (即阻尼涨落噪声为色噪声的二次函数) 的线性谐振子可由如下随机微分方程描述:

$$\frac{\mathrm{d}^2 x\left(t\right)}{\mathrm{d} t^2} + \gamma\left[1 + \alpha_1 \xi\left(t\right) + \alpha_2 \xi^2\left(t\right)\right]\frac{\mathrm{d} x\left(t\right)}{\mathrm{d} t} + \omega_0^2 x\left(t\right) = A_0 \cos\left(\Omega t\right) + \eta\left(t\right), \quad (2.2.57)$$

其中, $\gamma > 0$ 为阻尼系数, ω_0 为系统的固有频率, $A_0 \cos\left(\Omega t\right)$ 为系统受到的外部周期驱动力, 其振幅和频率分别为 A_0 和 Ω, $\alpha_1 \xi\left(t\right) + \alpha_2 \xi^2\left(t\right)$ 为系统阻尼受扰动而引入的乘性二次噪声, α_1 和 α_2 分别为二次噪声的一次项系数和二次项系数.

将 $\xi\left(t\right)$ 建模为对称双态噪声, $\xi\left(t\right)$ 在 $\{-a, a\}$ $\left(a > 0\right)$ 中取值, 满足 $\langle \xi\left(t\right)\rangle = 0$, $\langle \xi\left(t\right)\xi\left(s\right)\rangle = a^2 \exp\left(-\lambda_\xi \left|t - s\right|\right)$, 其中 a^2 为 $\xi\left(t\right)$ 的噪声强度, λ_ξ 为噪声相关率. 这里将 $\xi\left(t\right)$ 建模为双态噪声是基于对系统动力学性质研究的普适性考虑: 一方面, 双态噪声是一种常见的色噪声, 它广泛存在于金属、晶体管、超导薄膜、纳米器件等材料和器件中, 常以对电阻、电导、电压或电流的影响表现出来; 另一方面, 双态噪声是一种具有基本构成形式的噪声, 以一定的方式和过程可以生成其他形式的非线性噪声, 从必要性上看, 其本身的性质和影响具有基本的研究价值; 另一方面, 双态噪声是双态泊松过程的实现, 在极限条件 (噪声相关率 $\lambda_\xi \to +\infty$) 时, 它将退化为 Gauss 白噪声, 从可行性上看, 将双态噪声以乘性方式引入线性系统可得到一个精确可解的模型, 而具有精确可解的模型更容易应用到各门具体学科的研究中 [20,21].

$\eta\left(t\right)$ 为系统内噪声, 将其建模为 Gauss 白噪声, 满足 $\langle \eta\left(t\right)\rangle = 0$, $\langle \eta\left(t\right)\eta\left(s\right)\rangle = 2D_\eta \delta\left(t - s\right)$, 其中 D_η 为 $\eta\left(t\right)$ 的噪声强度.

由于内、外噪声起源不同, 本节假设 $\xi\left(t\right)$ 和 $\eta\left(t\right)$ 互不相关, 即 $\langle \xi\left(t\right)\eta\left(s\right)\rangle = 0$.

2. 系统稳态响应振幅

对 (2.2.57) 式左右两边同时取平均, 得到一阶矩 $\langle x\left(t\right)\rangle$ 所满足的随机微分方程:

$$\frac{\mathrm{d}^2\langle x\left(t\right)\rangle}{\mathrm{d}t^2} + \gamma\frac{\mathrm{d}\langle x\left(t\right)\rangle}{\mathrm{d}t} + \gamma\alpha_1\left\langle\xi\left(t\right)\frac{\mathrm{d}x\left(t\right)}{\mathrm{d}t}\right\rangle + \gamma\alpha_2\left\langle\xi^2\left(t\right)\frac{\mathrm{d}x\left(t\right)}{\mathrm{d}t}\right\rangle + \omega_0^2\langle x\left(t\right)\rangle$$
$$= A_0\cos\left(\Omega t\right), \tag{2.2.58}$$

利用 Shapiro-Loginov 公式和双态噪声的性质有

$$\begin{aligned}
\left\langle\xi\left(t\right)\frac{\mathrm{d}x\left(t\right)}{\mathrm{d}t}\right\rangle &= \frac{\mathrm{d}\langle\xi\left(t\right)x\left(t\right)\rangle}{\mathrm{d}t} + \lambda_\xi\langle\xi\left(t\right)x\left(t\right)\rangle, \\
\left\langle\xi^2\left(t\right)\frac{\mathrm{d}x\left(t\right)}{\mathrm{d}t}\right\rangle &= a^2\frac{\mathrm{d}\langle x\left(t\right)\rangle}{\mathrm{d}t},
\end{aligned} \tag{2.2.59}$$

将 (2.2.59) 式代入 (2.2.58) 式得

$$\frac{\mathrm{d}^2\langle x\left(t\right)\rangle}{\mathrm{d}t^2} + \left(\gamma + \gamma\alpha_2 a^2\right)\frac{\mathrm{d}\langle x\left(t\right)\rangle}{\mathrm{d}t} + \gamma\alpha_1\frac{\mathrm{d}\langle\xi\left(t\right)x\left(t\right)\rangle}{\mathrm{d}t}$$
$$+ \gamma\alpha_1\lambda_\xi\langle\xi\left(t\right)x\left(t\right)\rangle + \omega_0^2\langle x\left(t\right)\rangle = A_0\cos\left(\Omega t\right). \tag{2.2.60}$$

对 (2.2.57) 式左右两边同时乘以 $\xi(t)$ 后取平均得

$$\left\langle\xi\left(t\right)\frac{\mathrm{d}^2x\left(t\right)}{\mathrm{d}t^2}\right\rangle + \gamma\left\langle\xi\left(t\right)\frac{\mathrm{d}x\left(t\right)}{\mathrm{d}t}\right\rangle + \gamma\alpha_1\left\langle\xi^2\left(t\right)\frac{\mathrm{d}x\left(t\right)}{\mathrm{d}t}\right\rangle$$
$$+ \gamma\alpha_2\left\langle\xi^3\left(t\right)\frac{\mathrm{d}x\left(t\right)}{\mathrm{d}t}\right\rangle + \omega_0^2\langle\xi\left(t\right)x\left(t\right)\rangle = 0, \tag{2.2.61}$$

利用 Shapiro-Loginov 公式和双态噪声的性质有

$$\begin{aligned}
\left\langle\xi\left(t\right)\frac{\mathrm{d}^2x\left(t\right)}{\mathrm{d}t^2}\right\rangle &= \frac{\mathrm{d}^2\langle\xi\left(t\right)x\left(t\right)\rangle}{\mathrm{d}t^2} + 2\lambda_\xi\frac{\mathrm{d}\langle\xi\left(t\right)x\left(t\right)\rangle}{\mathrm{d}t} + \lambda_\xi^2\langle\xi\left(t\right)x\left(t\right)\rangle, \\
\left\langle\xi^3\left(t\right)\frac{\mathrm{d}x\left(t\right)}{\mathrm{d}t}\right\rangle &= a^2\frac{\mathrm{d}\langle\xi\left(t\right)x\left(t\right)\rangle}{\mathrm{d}t} + a^2\lambda_\xi\langle\xi\left(t\right)x\left(t\right)\rangle,
\end{aligned} \tag{2.2.62}$$

将 (2.2.62) 式代入 (2.2.61) 式得

$$\frac{\mathrm{d}^2\langle\xi\left(t\right)x\left(t\right)\rangle}{\mathrm{d}t^2} + \left(2\lambda_\xi + \gamma + \gamma\alpha_2 a^2\right)\frac{\mathrm{d}\langle\xi\left(t\right)x\left(t\right)\rangle}{\mathrm{d}t}$$
$$+ \left(\lambda_\xi^2 + \gamma\lambda_\xi + \gamma\alpha_2 a^2\lambda_\xi + \omega_0^2\right)\langle\xi\left(t\right)x\left(t\right)\rangle + \gamma\alpha_1 a^2\frac{\mathrm{d}\langle x\left(t\right)\rangle}{\mathrm{d}t} = 0. \tag{2.2.63}$$

令 $\langle x\left(t\right)\rangle = x_1$, $\langle\xi\left(t\right)x\left(t\right)\rangle = x_2$, 代入 (2.2.60) 式和 (2.2.63) 式可得

$$\begin{cases}
\ddot{x}_1 + \left(\gamma + \gamma\alpha_2 a^2\right)\dot{x}_1 + \gamma\alpha_1\dot{x}_2 + \gamma\alpha_1\lambda_\xi x_2 + \omega_0^2 x_1 = A_0\cos\left(\Omega t\right), \\
\ddot{x}_2 + \left(2\lambda_\xi + \gamma + \gamma\alpha_2 a^2\right)\dot{x}_2 + \left(\lambda_\xi^2 + \gamma\lambda_\xi + \gamma\alpha_2 a^2\lambda_\xi + \omega_0^2\right)x_2 + \gamma\alpha_1 a^2\dot{x}_1 = 0.
\end{cases} \tag{2.2.64}$$

对 (2.2.64) 式进行 Laplace 变换并整理得

$$
\begin{cases}
\left[s^2 + \left(\gamma + \gamma\alpha_2 a^2\right) s + \omega_0^2\right] X_1\left(s\right) + \left(\gamma\alpha_1 s + \gamma\alpha_1 \lambda_\xi\right) X_2\left(s\right) \\
= \dfrac{A_0 s}{s^2 + \Omega^2} + \dot{x}_1\left(0\right) + \left(s + \gamma + \gamma\alpha_2 a^2\right) x_1\left(0\right) + \gamma\alpha_1 x_2\left(0\right), \\
\gamma\alpha_1 a^2 s X_1\left(s\right) + \Big[s^2 + \left(2\lambda_\xi + \gamma + \gamma\alpha_2 a^2\right) s \\
\quad + \left(\lambda_\xi^2 + \gamma\lambda_\xi + \gamma\alpha_2 a^2 \lambda_\xi + \omega_0^2\right)\Big] X_2\left(s\right) \\
= \gamma\alpha_1 a^2 x_1\left(0\right) + \left(s + 2\lambda_\xi + \gamma + \gamma\alpha_2 a^2\right) x_2\left(0\right) + \dot{x}_2\left(0\right),
\end{cases}
\tag{2.2.65}
$$

其中, $X_i\left(s\right) = \displaystyle\int_0^{+\infty} x_i\left(t\right) \mathrm{e}^{-st}\mathrm{d}t, i = 1, 2, x_1\left(0\right), x_2\left(0\right), \dot{x}_1\left(0\right), \dot{x}_2\left(0\right)$ 为初值条件.
求解方程组 (2.2.65) 可得

$$
\begin{cases}
X_1\left(s\right) = \dfrac{k_4}{k_1 k_4 - k_2 k_3}\dfrac{A_0 s}{s^2 + \Omega^2} + \dfrac{k_5 k_4 - k_2 k_6}{k_1 k_4 - k_2 k_3}, \\
X_2\left(s\right) = -\dfrac{k_3}{k_1 k_4 - k_2 k_3}\dfrac{A_0 s}{s^2 + \Omega^2} + \dfrac{k_6 k_1 - k_5 k_3}{k_1 k_4 - k_2 k_3},
\end{cases}
\tag{2.2.66}
$$

其中

$$
\begin{aligned}
k_1 &= s^2 + \left(\gamma + \gamma\alpha_2 a^2\right) s + \omega_0^2, \\
k_2 &= \gamma\alpha_1 s + \gamma\alpha_1 \lambda_\xi, \\
k_3 &= \gamma\alpha_1 a^2 s, \\
k_4 &= s^2 + \left(2\lambda_\xi + \gamma + \gamma\alpha_2 a^2\right) s + \left(\lambda_\xi^2 + \gamma\lambda_\xi + \gamma\alpha_2 a^2 \lambda_\xi + \omega_0^2\right), \\
k_5 &= \dot{x}_1\left(0\right) + \left(s + \gamma + \gamma\alpha_2 a^2\right) x_1\left(0\right) + \gamma\alpha_1 x_2\left(0\right), \\
k_6 &= \gamma\alpha_1 a^2 x_1\left(0\right) + \left(s + 2\lambda_\xi + \gamma + \gamma\alpha_2 a^2\right) x_2\left(0\right) + \dot{x}_2\left(0\right).
\end{aligned}
$$

记 $x_3\left(0\right) = \dot{x}_1\left(0\right), x_4\left(0\right) = \dot{x}_2\left(0\right)$, 对 (2.2.66) 式进行 Laplace 逆变换可得系统响应一阶矩 $x_1 = \langle x\left(t\right)\rangle, x_2 = \langle \xi\left(t\right) x\left(t\right)\rangle$ 的解析表达式:

$$
x_i\left(t\right) = A_0 \int_0^t h_{i0}\left(t - \tau\right) \cos\left(\Omega\tau\right) \mathrm{d}\tau + \sum_{k=1}^{4} h_{ik}\left(t\right) x_k(0), \quad i = 1, 2, \tag{2.2.67}
$$

其中, $h_{ik}\left(t\right)$ 的 Laplace 变换为 $H_{ik}\left(s\right)$, $H_{ik}\left(s\right)$ 由方程组 (2.2.66) 确定, 特别地 $H_{10}\left(s\right)$ 和 $H_{20}\left(s\right)$ 可看作系统传递函数, 相应的表达式如下:

$$
\begin{cases}
H_{10}\left(s\right) = \dfrac{k_4}{k_1 k_4 - k_2 k_3}, \\
H_{20}\left(s\right) = -\dfrac{k_3}{k_1 k_4 - k_2 k_3}.
\end{cases}
\tag{2.2.68}
$$

为保证 (2.2.67) 式所确定的系统响应一阶矩的稳定性, 要求系统传递函数分母对应的特征方程 $k_1 k_4 - k_2 k_3 = \sum_{i=0}^{4} f_i s^4 = 0$ 的所有根均不能具有正实部, 其中

$$f_0 = \omega_0^2 \left(\lambda_\xi^2 + \gamma \lambda_\xi + \gamma \alpha_2 a^2 \lambda_\xi + \omega_0^2 \right),$$

$$f_1 = \gamma \lambda_\xi^2 + \gamma^2 \lambda_\xi + 2\gamma \omega_0^2 + 2\gamma^2 \alpha_2 a^2 \lambda_\xi^2$$
$$+ 2\gamma \alpha_2 a^2 \omega_0^2 + \gamma \alpha_2 a^2 \lambda_\xi^2 + \gamma^2 \alpha_2^2 a^4 \lambda_\xi + 2\lambda_\xi \omega_0^2 - \gamma^2 \alpha_1^2 a^2 \lambda_\xi,$$

$$f_2 = \lambda_\xi^2 + 2\omega_0^2 + 3\gamma \lambda_\xi + 3\gamma \alpha_2 a^2 \lambda_\xi + 2\gamma^2 \alpha_2 a^2 + \gamma^2 + \gamma^2 \alpha_2^2 a^4 - \gamma^2 \alpha_1^2 a^2,$$

$$f_3 = 2\lambda_\xi + 2\gamma + 2\gamma \alpha_2 a^2, \quad f_4 = 1.$$

利用 Routh-Hurwitz 稳定性判据, 可得系统稳定性条件为

$$f_3 > 0, \quad f_1 < f_2 f_3, \quad f_3^2 f_0 + f_1^2 < f_1 f_2 f_3, \quad f_0 > 0. \tag{2.2.69}$$

后续讨论均在稳定性条件下进行. 令 $t \to \infty$, 经长时间演化, 初始条件对系统响应的影响将逐步消失, 系统将进入稳定状态. 由 (2.2.67) 式可推导系统响应一阶稳态矩的解析表达式为

$$\langle x(t) \rangle_{st} = \langle x(t) \rangle |_{t \to \infty} = A_{st} \cos(\Omega t + \varphi), \tag{2.2.70}$$

其中, A_{st} 和 φ 分别为系统稳态响应的振幅和相位.

利用 (2.2.68) 式可得系统稳态响应的振幅 A_{st} 和相位 φ 的解析表达式:

$$\begin{cases} A_{st} = A_0 \sqrt{\dfrac{I_1^2 + I_2^2}{I_3^2 + I_4^2}}, \\ \varphi = \arctan\left(\dfrac{I_2 I_3 - I_1 I_4}{I_1 I_3 + I_2 I_4} \right), \end{cases} \tag{2.2.71}$$

其中

$$I_1 = \lambda_\xi^2 + \gamma \lambda_\xi + \gamma \alpha_2 a^2 \lambda_\xi + \omega_0^2 - \Omega^2,$$
$$I_2 = (2\lambda_\xi + \gamma + \gamma \alpha_2 a^2)\Omega, \quad I_3 = f_0 - f_2 \Omega^2 + f_4 \Omega^4,$$
$$I_4 = f_1 \Omega - f_3 \Omega^3.$$

3. 系统稳态响应振幅的共振行为

下面深入分析稳态响应振幅 A_{st} 的共振行为, 并探讨阻尼涨落噪声的非线性对系统共振行为的影响.

1) 稳态响应振幅 A_{st} 随二次阻尼涨落噪声的系数 α_1, α_2 的变化

图 2-2-9(a) 绘制了稳态响应振幅 A_{st} 作为二次噪声的一次项系数 α_1 的函数, 随着不同的二次噪声的二次项系数 α_2 变化的曲线; 图 2-2-9(b) 绘制了稳态响应振幅 A_{st} 作为二次噪声的二次项系数 α_2 的函数, 随着不同的二次噪声的一次项系数 α_1 变化的曲线. 其他各参数的取值为 $\gamma = 1, a^2 = 1, A_0 = 1, \omega_0 = 0.55, \Omega = 1, \lambda_\xi = 2$. 从图 2-2-9(a) 中可以看出: 当 α_2 取不同值时, $A_{st}(\alpha_1)$ 曲线出现对称双峰共振和对称单峰共振两种共振现象. 当曲线为对称双峰共振时, 双峰位置关于 $\alpha_1 = 0$ 对称且两峰值相等; 当曲线为对称单峰共振时, 单峰位于 $\alpha_1 = 0$ 处. 这说明 A_{st} 与 $|\alpha_1|$ 直接相关, 而不受 α_1 正负性的影响. 事实上, $\alpha_1 \xi(t)$ 可看作噪声强度为 $(\alpha_1 a)^2$ 的零均值的双态噪声, 对系统行为起着关键作用的是 α_1^2 而非 α_1, 故本节后续仅讨论 $\alpha_1 > 0$ 的情形. 从图 2-2-9(b) 中可以看出: 当 α_1 取不同值时, $A_{st}(\alpha_2)$ 曲线呈现双峰共振, 但是双峰位置并不关于 $\alpha_2 = 0$ 对称, 两峰值也不相等. 这说明 A_{st} 不仅与 $|\alpha_2|$ 直接相关, 还受 α_2 正负性的影响. 这是因为: 根据双态噪声的性质, 有 $\langle \alpha_1 \xi(t) + \alpha_2 \xi^2(t) \rangle = \alpha_2 a^2$, 当其他参数一定时, $\alpha_2 > 0$ 意味着系统阻尼的增大, 而 $\alpha_2 < 0$ 意味着系统阻尼的减小, 因而系统行为与 α_2 正负性直接相关, 还受其影响, 故后续将就 $\alpha_2 > 0$ 与 $\alpha_2 < 0$ 两种情况分别展开讨论. 从图 2-2-9(b) 中还可以看出: 当 α_1 一定时, 可存在一个 $\alpha_2 \neq 0$, 使得 $A_{st}(\alpha_2) > A_{st}(0)$, 即在一定参数条件下, 由二次噪声 $\alpha_1 \xi(t) + \alpha_2 \xi^2(t)$ 驱动得到的稳态响应振幅可比线性噪声 $\alpha_1 \xi(t)$ 情形下的更大.

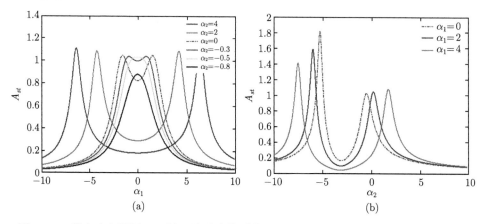

图 2-2-9　稳态响应振幅 A_{st} 随二次噪声的系数 α_1, α_2 的变化曲线 (彩插扫书后二维码)

图 2-2-9 表明: 在其他参数一定时, 系统稳态响应振幅 A_{st} 关于二次噪声系数 α_1, α_2 具有非单调依赖关系, 特别地, 二次阻尼涨落噪声比线性阻尼涨落噪声更有助于实现噪声能量向信号能量的转移, 即更有助于增强系统对外部周期信号的响应程度, 这就为提高微弱周期信号检测的灵敏度开创了新的思路.

2) 稳态响应振幅 A_{st} 随噪声强度 a^2 的变化

图 2-2-10 绘制了稳态响应振幅 A_{st} 作为噪声强度 a^2 的函数, 随着不同的二次噪声系数 (α_1, α_2) 变化的曲线, 其他各参数的取值为 $\gamma = 1, A_0 = 1, \omega_0 = 0.55, \Omega = 1, \lambda_\xi = 2$. 图 2-2-10(a) 绘制了 $\alpha_2 = 0$ 时, 即线性噪声情形下的 $A_{st}(a^2)$ 曲线, 可以看出: 当系统受线性噪声影响时, $A_{st}(a^2)$ 曲线可出现单峰共振, 随着 α_1 的增大, 共振峰逐渐左移, 峰值基本不变. 图 2-2-10(b), (d), (f) 绘制了 $\alpha_2 < 0$ 时的 $A_{st}(a^2)$ 曲线, 可以看出: 当系统受二次噪声影响时, 若 $\alpha_2 < 0, A_{st}(a^2)$ 曲线可出现双峰共振, 则二次噪声系数 α_1, α_2 共同影响着共振峰位置和共振强度. 图 2-2-10(c),(e) 绘制了 $\alpha_2 > 0$ 时的 $A_{st}(a^2)$ 曲线, 可以看出: 当系统受二次噪声影响时, 若 $\alpha_2 > 0$ 时, $A_{st}(a^2)$ 曲线单调变化, 并没有出现共振现象. 这是因为当 $\alpha_2 > 0$ 时, a^2 的不断增大意味着系统阻尼也不断增大, 当其他参数不变时, 系统阻尼的不断增大使得系统响应的振幅不断减小, 即 $A_{st}(a^2)$ 单调减小, 符合物理实际. 事实上, 随机共振是在一定条件下噪声、信号和系统的非线性协作现象, 该现象自然与噪声的非线性性质密切相关. 在本节所讨论的情况中, 二次噪声的系数 α_1, α_2 直接影响着噪声的非线性性质, 因此上述共振现象的出现、消失及性质也就与 α_1, α_2 直接关联.

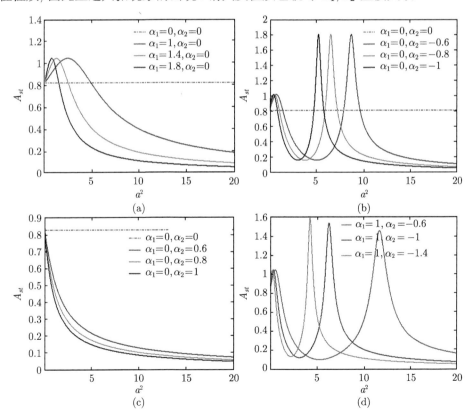

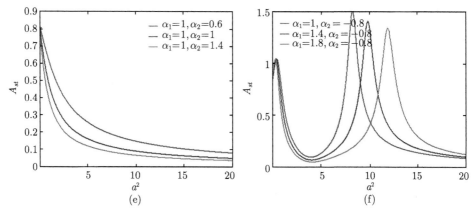

图 2-2-10　二次噪声系数 (α_1, α_2) 取不同参数时, 稳态响应振幅 A_{st} 随噪声强度 a^2 的变化曲线. (a) $\alpha_1 > 0, \alpha_2 = 0$; (b) $\alpha_1 = 0, \alpha_2 < 0$; (c) $\alpha_1 = 0, \alpha_2 > 0$; (d) $\alpha_1 = 1, \alpha_2 < 0$; (e) $\alpha_1 = 1, \alpha_2 > 0$; (f) $\alpha_1 > 0, \alpha_2 = -0.8$ (彩插扫书后二维码)

图 2-2-10 表明二次阻尼涨落噪声使得系统共振行为多样化: 当 $\alpha_1 \neq 0, \alpha_2 = 0$ 时, $A_{st}(a^2)$ 可呈现单峰共振; 当 $\alpha_2 < 0$ 时, $A_{st}(a^2)$ 可呈现双峰共振; 当 $\alpha_2 > 0$ 时, 系统不会出现共振现象. 由此可见二次噪声的二次项对系统的共振行为起着关键作用, 通过调节二次噪声的系数, 可在一定范围内实现对线性谐振子随机共振的有效控制.

3) 稳态响应振幅 A_{st} 随系统频率 ω_0 的变化

图 2-2-11 绘制了稳态响应振幅 A_{st} 作为系统频率 ω_0 的函数, 随着不同的外部信号频率 Ω, 不同的二次噪声系数 (α_1, α_2) 变化的曲线, 其他各参数的取值为 $\gamma = 1, A_0 = 1, a^2 = 1, \lambda_\xi = 2$. 图 2-2-11 (a) 绘制了当 $\alpha_1 = 0, \alpha_2 = 0$ 时, 即系统不受阻尼涨落影响时, $A_{st}(\omega_0)$ 随着不同的外部信号频率 Ω 变化的曲线. 从图 2-2-11(a) 中可以看出: 在无阻尼涨落情况下, $A_{st}(\omega_0)$ 出现单峰共振, 共振峰出现在 $\omega_0 = \Omega$ 处, 即系统出现真正的共振现象. 图 2-2-11(b) 绘制了当 $\alpha_2 = 0, \Omega = 1$ 时, 即线性噪声情形下, $A_{st}(\omega_0)$ 随着不同的 α_1 变化的曲线. 从图 2-2-11(b) 中可以看出: $A_{st}(\omega_0)$ 出现单峰共振, 线性噪声使得共振峰在 $\omega_0 = \Omega$ 处发生右漂, 且同时影响共振峰的峰值. 图 2-2-11(c) 绘制了当 $\alpha_1 = 0, \Omega = 1$, 即非线性噪声为 $\alpha_2 \xi^2(t)$ 时, $A_{st}(\omega_0)$ 随着不同的 α_2 变化的曲线, 图中内插图为曲线 $\alpha_1 = 0, \alpha_2 = 0.2$ 的局部图. 从图 2-2-11 (c) 中可以看出 $A_{st}(\omega_0)$ 出现单峰共振, $\alpha_2 \xi^2(t)$ 影响共振峰位置和大小: 当 $\alpha_2 > 0$ 时, 共振峰在 $\omega_0 = \Omega$ 处发生左漂; 当 $\alpha_2 < 0$ 时, 共振峰在 $\omega_0 = \Omega$ 处发生右漂. 事实上, 当系统不受外噪声作用时, 由于内噪声强度极其微弱, 因此系统几乎未受到任何随机因素的影响, 从而当系统内外频率相等时, 系统响应达到最大, 即系统出现共振现象; 而当系统受到由双态噪声经过一定方式生成的阻尼涨落噪声作用时, 系统的阻尼必将依赖双态噪声及阻尼涨落生成方式而发生转换, 从而

系统阻尼的转换性质、系统固有频率与外部周期驱动频率三者的交叉耦合作用使得系统的共振频率发生改变, 即共振峰位置改变.

特别地, 若系统受到二次阻尼涨落影响时, 当二次噪声系数满足一定关系时, 系统不仅可出现真正的共振现象, 还可加强系统响应的共振效应. 例如, 在图 2-2-11(d) 中我们绘制了当 $\Omega = 1, 2$ 时, 在 $\alpha_1 = 0, \alpha_2 = 0$ 和 $\alpha_1 = 2, \alpha_2 = 0.55$ 两种情形下的 $A_{st}(\omega_0)$ 曲线. 从图 2-2-11 中可以看出: 当二次噪声系数分别取 $\alpha_1 = 2, \alpha_2 = 0.55$ 时, $A_{st}(\omega_0)$ 的共振峰出现在 $\omega_0 = \Omega$ 处, 即系统出现了真正的共振现象; 而且共振峰的峰值还大于 $\alpha_1 = 0, \alpha_2 = 0$ (即无阻尼涨落) 情形下的峰值.

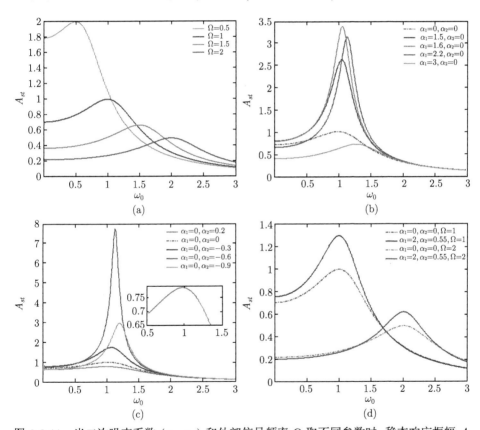

图 2-2-11   当二次噪声系数 (α_1, α_2) 和外部信号频率 Ω 取不同参数时, 稳态响应振幅 A_{st} 随系统频率 ω_0 的变化曲线. (a) $\alpha_1 = 0, \alpha_2 = 0$; (b) $\alpha_1 > 0, \alpha_2 = 0, \Omega = 1$; (c) $\alpha_1 = 0, \alpha_2 \neq 0, \Omega = 1$; (d) $\alpha_1 = 2, \alpha_2 = 0.55$ (彩插扫书后二维码)

图 2-2-11 表明: 在一定参数条件下, 在二次阻尼涨落噪声作用下, $A_{st}(\omega_0)$ 会出现真正的共振现象, 即共振峰位于 $\omega_0 = \Omega$ 处, 这是在线性阻尼涨落噪声情况下未被观察到的现象, 该现象为微弱信号的频率估计提供了理论指导意义.

4. 仿真实验

下面采用四阶 Runge-Kutta 算法得到 (2.2.57) 式的数值解, 并考察数值仿真与解析结果是否相符. 在图 2-2-11(d) 的参数条件下, 取仿真时间为 3000 s, 采样间隔为 0.01 s, 外部周期信号频率 $\Omega = 2$, 系统固有频率 $\omega_0 = 2$, 可得系统输出信号频域图如图 2-2-12 所示.

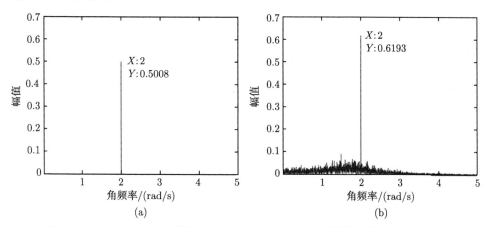

图 2-2-12　当二次噪声系数 (α_1, α_2) 取不同参数时, 系统输出信号的频域图.

(a) $\alpha_1 = 0, \alpha_2 = 0$; (b) $\alpha_1 = 2, \alpha_2 = 0.55$

从图 2-2-12(a) 中可以看出: 在无阻尼涨落 (即 $\alpha_1 = 0, \alpha_2 = 0$) 情况下, 系统几乎未受到任何随机扰动 (内噪声强度极其微弱, 对系统输出的影响可以忽略不计); 系统输出信号在频域上表现为外部周期信号频率 $(\Omega = 2)$ 处的尖峰信号, 其峰值代表系统响应幅值 A'; 在仿真误差允许范围内, 仿真结果 $A' = 0.5008$ 与 (2.2.71) 式给出的理论结果 $A_{st} = 0.5000$ 具有一致性.

从图 2-2-12(b) 中可以看出: 在二次阻尼涨落噪声 $(\alpha_1 = 2, \alpha_2 = 0.55)$ 作用下, 系统输出信号在频域上表现为外部周期信号频率 $(\Omega = 2)$ 处的尖峰信号, 其峰值代表系统响应幅值 A'; 在仿真误差允许范围内, 仿真结果 $A' = 0.6193$ 与 (2.2.71) 式出的理论结果 $A_{st} = 0.6230$ 具有一致性. 噪声的引入使得系统输出存在随机噪声基底, 进而外部周期信号频率 $(\Omega = 2)$ 处的响应幅值实际上是一个随机变量. 为考虑噪声的影响, 在相同参数条件下, 我们采用 Monte-Carlo 方法获得均方差 σ 与仿真次数 N 之间的关系, 如图 2-2-13 所示, 其中, $\sigma = \sqrt{\dfrac{1}{N}\sum_{n=1}^{N}(A_n - A_{st})^2}$, A_n 为第 n 次仿真得到响应幅值, A_{st} 为 (2.2.71) 式确定的稳态响应振幅. 从图 2-2-13 中可以看出: 当仿真次数 N 足够大 $(N > 400)$ 时, 均方差 σ 将逐渐趋于 8.3×10^{-3}, 这就意味着仿真结果与 (2.2.71) 式确定的理论结果具有一致性.

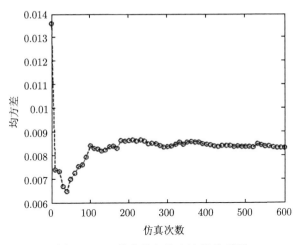

图 2-2-13 均方差与仿真次数关系图

小结 针对作为非线性阻尼涨落噪声基本构成成分的二次阻尼涨落噪声, 本节考虑了周期信号与之共同作用下的线性谐振子, 分析系统稳态响应振幅的共振行为后发现:

(1) 系统稳态响应振幅关于非线性阻尼涨落噪声系数具有非单调依赖关系, 特别地, 非线性阻尼涨落噪声比线性阻尼涨落噪声更有助于增强系统对外部周期信号的响应程度;

(2) 非线性阻尼涨落噪声比线性阻尼涨落噪声使得稳态响应振幅关于噪声强度具有更为丰富的共振行为;

(3) 在二次阻尼涨落噪声作用下, 系统可出现真正的共振现象, 这是在线性阻尼涨落噪声情况下未被观察到的现象.

2.2.3 质量涨落噪声诱导随机共振

对线性谐振子而言, 外噪声对其动力学行为影响很大, 相关问题的研究近年来在统计物理中引起了学者们的强烈兴趣 [22-25]. 在很多化学、生物系统 [26-28] 中, 环境介质中的分子往往具有一定吸附能力, 会随机地吸附于 Brown 粒子, 使 Brown 粒子质量存在随机涨落, 因此环境分子的吸附能力对系统动力学特性的影响是必须考虑的重要因素. 为此, 本节在线性谐振子中引入质量涨落噪声, 以考察其对系统共振行为的影响.

1. 系统模型

一个具有涨落质量的线性谐振子可由如下随机微分方程描述:

$$(m + \xi(t))\frac{d^2 x(t)}{dt^2} + \gamma \frac{dx(t)}{dt} + m\omega^2 x(t) = A_0 \cos(\Omega t) + \eta(t), \tag{2.2.72}$$

其中, $x(t)$ 为振子位移, m 为振子质量, $\gamma > 0$ 为阻力系数, ω 为系统固有频率, $A_0 \cos(\Omega t)$ 为系统受到的外部驱动力, 其振幅和频率分别为 A_0, Ω.

$\xi(t)$ 表示振子质量 m 受到的随机扰动, 为系统外噪声, 将其建模为对称双态噪声. $\xi(t)$ 在 $\{\sigma, -\sigma\}, \sigma \geqslant 0$ 中取值, 具有指数关联性, 满足如下统计性质:

$$\langle \xi(t) \rangle = 0, \quad \langle \xi(t)\xi(s) \rangle = \sigma^2 \exp(-\lambda |t - s|), \tag{2.2.73}$$

其中, σ^2 为噪声强度, λ 为噪声相关率. 为保证振子质量始终为正, 要求系统外噪声幅度小于振子质量, 即 $\sigma < m$.

$\eta(t)$ 表示系统内部环境分子的随机作用力, 为系统内噪声, 将其建模为 Gauss 白噪声. $\eta(t)$ 满足如下统计性质:

$$\langle \eta(t) \rangle = 0, \quad \langle \eta(t)\eta(s) \rangle = D\delta(t - s), \tag{2.2.74}$$

其中, D 为噪声强度.

由于内、外噪声起源不同, 假设 $\xi(t)$ 和 $\eta(t)$ 互不相关, 即

$$\langle \xi(t)\eta(s) \rangle = 0. \tag{2.2.75}$$

2. 系统稳态响应振幅

下面通过矩方程求解法推导系统响应一阶矩的解析表达式, 推导过程将利用指数关联噪声所满足的 Shapiro-Loginov 公式:

$$\left\langle \xi(t) \frac{\mathrm{d}^n x(t)}{\mathrm{d}t^n} \right\rangle = \left(\frac{\mathrm{d}}{\mathrm{d}t} + \lambda \right)^n \langle \xi(t)x(t) \rangle. \tag{2.2.76}$$

对 (2.2.72) 式两端取均值并利用 Shapiro-Loginov 公式可得

$$m \frac{\mathrm{d}^2 \langle x(t) \rangle}{\mathrm{d}t^2} + \left(\frac{\mathrm{d}}{\mathrm{d}t} + \lambda \right)^2 \langle \xi(t)x(t) \rangle + \gamma \frac{\mathrm{d} \langle x(t) \rangle}{\mathrm{d}t} + m\omega^2 \langle x(t) \rangle = A_0 \cos(\Omega t). \tag{2.2.77}$$

(2.2.77) 式中出现了耦合项 $\langle \xi(t)x(t) \rangle$, 需建立该耦合项所满足的方程以便对变量进行联立求解. 为此, 在 (2.2.72) 式两端分别乘上 $\xi(t)$ 后取均值, 利用 Shapiro-Loginov 公式可得

$$m \left(\frac{\mathrm{d}}{\mathrm{d}t} + \lambda \right)^2 \langle \xi(t)x(t) \rangle + \sigma^2 \frac{\mathrm{d}^2 \langle x(t) \rangle}{\mathrm{d}t^2} + \gamma \left(\frac{\mathrm{d}}{\mathrm{d}t} + \lambda \right) \langle \xi(t)x(t) \rangle + m\omega^2 \langle \xi(t)x(t) \rangle = 0. \tag{2.2.78}$$

(2.2.77) 式和 (2.2.78) 式构成了 $\langle x(t) \rangle$, $\langle \xi(t)x(t) \rangle$ 满足的线性微分方程组:

$$\begin{cases} \left(m\frac{\mathrm{d}^2}{\mathrm{d}t^2} + \gamma\frac{\mathrm{d}}{\mathrm{d}t} + m\omega^2 \right) \langle x(t) \rangle + \left(\frac{\mathrm{d}}{\mathrm{d}t} + \lambda \right)^2 \langle \xi(t)x(t) \rangle = A_0 \cos(\Omega t), \\ \sigma^2 \frac{\mathrm{d}^2 \langle x(t) \rangle}{\mathrm{d}t^2} + \left[m \left(\frac{\mathrm{d}}{\mathrm{d}t} + \lambda \right)^2 + \gamma \left(\frac{\mathrm{d}}{\mathrm{d}t} + \lambda \right) + m\omega^2 \right] \langle \xi(t)x(t) \rangle = 0. \end{cases} \tag{2.2.79}$$

记 $\langle x(t)\rangle = x_1$, $\langle \xi(t)x(t)\rangle = x_2$, 对方程组 (2.2.79) 作 Laplace 变换可得

$$
\begin{cases}
d_{11}X_1(s) + d_{12}X_2(s) = A_0 \dfrac{s}{s^2 + \Omega^2} + d_{13}, \\[2mm]
d_{21}X_1(s) + d_{22}X_2(s) = d_{23},
\end{cases}
\tag{2.2.80}
$$

其中

$$
\begin{aligned}
&d_{11} = ms^2 + \gamma s + m\omega^2, \quad d_{12} = (s+\lambda)^2, \\
&d_{13} = (ms + \gamma)x_1(0) + m\dot{x}_1(0) + (s + 2\lambda)x_2(0) + \dot{x}_2(0), \\
&d_{21} = \sigma^2 s^2, \quad d_{22} = m(s+\lambda)^2 + \gamma(s+\lambda) + m\omega^2, \\
&d_{23} = \sigma^2 s x_1(0) + \sigma^2 \dot{x}_1(0) + (ms + 2m\lambda + \gamma)x_2(0) + m\dot{x}_2(0).
\end{aligned}
\tag{2.2.81}
$$

求解方程组 (2.2.80) 可得

$$
\begin{cases}
X_1(s) = \dfrac{d_{22}}{d_{11}d_{22} - d_{12}d_{21}} A_0 \dfrac{s}{s^2 + \Omega^2} + \dfrac{d_{13}d_{22} - d_{12}d_{23}}{d_{11}d_{22} - d_{12}d_{21}}, \\[3mm]
X_2(s) = -\dfrac{d_{21}}{d_{11}d_{22} - d_{12}d_{21}} A_0 \dfrac{s}{s^2 + \Omega^2} + \dfrac{d_{11}d_{23} - d_{21}d_{13}}{d_{11}d_{22} - d_{12}d_{21}}.
\end{cases}
\tag{2.2.82}
$$

记 $x_3(0) = \dot{x}_1(0)$, $x_4(0) = \dot{x}_2(0)$, 对 (2.2.82) 式作 Laplace 逆变换, 可得系统响应一阶矩 $x_1 = \langle x(t)\rangle$, $x_2 = \langle \xi(t)x(t)\rangle$ 的解析表达式:

$$
x_i(t) = A_0 \int_0^t h_{i0}(t - t')\cos(\Omega t')\mathrm{d}t' + \sum_{k=1}^{4} h_{ik}(t)x_k(0), \quad i = 1, 2,
\tag{2.2.83}
$$

其中, $h_{ik}(t)$ 的 Laplace 变换为 $H_{ik}(s)$, $H_{ik}(s)$ 可通过方程组 (2.2.82) 确定. 特别地, $H_{10}(s)$ 和 $H_{20}(s)$ 可看作系统传递函数, 相应表达式如下:

$$
\begin{cases}
H_{10}(s) = \dfrac{d_{22}}{d_{11}d_{22} - d_{12}d_{21}}, \\[3mm]
H_{20}(s) = -\dfrac{d_{21}}{d_{11}d_{22} - d_{12}d_{21}}.
\end{cases}
\tag{2.2.84}
$$

为保证 (2.2.83) 式所确定的系统响应一阶矩的稳定性, 要求系统传递函数分母所对应的特征方程

$$
d_{11}d_{22} - d_{12}d_{21} = \sum_{i=0}^{4} a_i s^i = 0
\tag{2.2.85}
$$

的所有根均不能具有正实部, 其中

$$
\begin{aligned}
&a_0 = m\omega^2(\gamma\lambda + m\omega^2 + m\lambda^2), \quad a_1 = 2m\omega^2\gamma + 2m^2\omega^2\lambda + m\lambda^2\gamma + \lambda\gamma^2, \\
&\qquad a_2 = (m^2 - \sigma^2)\lambda^2 + 3m\gamma\lambda + 2m^2\omega^2 + \gamma^2, \\
&\qquad a_3 = 2\lambda(m^2 - \sigma^2) + 2m\gamma, \ \ a_4 = m^2 - \sigma^2.
\end{aligned}
\tag{2.2.86}
$$

根据 Routh-Hurwitz 稳定性判据, 结合参数条件 $\sigma < m$, 可得系统稳定性条件为

$$a_1 a_4 < a_2 a_3, \quad a_0 a_3^2 < a_1 a_2 a_3 - a_1^2 a_4. \tag{2.2.87}$$

本节后续讨论均在系统稳定性条件 (2.2.87) 成立的情况下展开, 此时, 令 $t \to \infty$, 经长时间演化, 初始条件对系统响应的影响将逐渐消失, 系统将进入稳定状态. 由 (2.2.83) 式可知, 系统稳态响应均值为

$$\langle x(t) \rangle_{as} = \langle x(t) \rangle |_{t \to \infty} = A_0 \int_0^t h_{10}(t - t') \cos(\Omega t') \mathrm{d}t'. \tag{2.2.88}$$

从信号与系统的角度出发, $\langle x(t) \rangle_{as}$ 可看作正弦信号 $\cos(\Omega t)$ 输入传递函数为 $H_{10}(s)$ 的线性时不变系统后的输出, 从而 (2.2.88) 式可进一步表示为

$$\langle x(t) \rangle_{as} = A \cos(\Omega t + \varphi), \tag{2.2.89}$$

其中, A 和 φ 分别为系统稳态响应的振幅和相移, 满足

$$A = |H_{10}(j\Omega)|, \quad \varphi = \arg(H_{10}(j\Omega)). \tag{2.2.90}$$

利用 $H_{10}(s)$ 的表达式 (2.2.84), 可得系统稳态响应振幅 A 和相移 φ 的解析表达式:

$$\begin{cases} A = A_0 \sqrt{\dfrac{f_1^2 + f_2^2}{f_3^2 + f_4^2}}, \\ \varphi = \arctan\left(\dfrac{f_2 f_3 - f_1 f_4}{f_1 f_3 + f_2 f_4}\right), \end{cases} \tag{2.2.91}$$

其中

$$\begin{aligned} f_1 &= m\omega^2 - m\Omega^2 + m\lambda^2 + \gamma\lambda, \\ f_2 &= 2m\lambda\Omega + \gamma\Omega, \\ f_3 &= (m\omega^2 - m\Omega^2)f_1 - \gamma\Omega f_2 - \sigma^2\Omega^4 + \sigma^2\Omega^2\lambda^2, \\ f_4 &= (m\omega^2 - m\Omega^2)f_2 + \gamma\Omega f_1 + 2\lambda\sigma^2\Omega^3. \end{aligned} \tag{2.2.92}$$

3. 系统稳态响应振幅的共振行为

通过理论推导给出了系统稳态响应振幅 A 的解析表达式 (2.2.91). 下面结合相应数值结果, 讨论稳态响应振幅 A 随外部驱动频率 Ω、振子质量 m、质量涨落噪声强度 σ 及噪声相关率 λ 变化所具有的共振行为.

1) 稳态响应振幅随外部驱动频率的变化

当质量涨落噪声强度 $\sigma = 0.6, 0.8, 1$ 时, 根据 (2.2.91) 式得到的 A-Ω 曲线图 2-2-14(a) 所示. 从图 2-2-14(a) 可以看出: 振幅 A 随着外部驱动频率 Ω 的变

化出现了真实共振现. 当 $\sigma = 0.6$ 时, 振幅 A 表现出传统的单峰共振; 随着噪声强度的增大, 当 $\sigma = 0.8$ 时, 振幅 A 表现出明显的双峰共振, 此时, 系统具有两个共振频率, 且在第一个共振频率处的响应幅值较大; 随着噪声强度的进一步增大, 当 $\sigma = 1$ 时, 双峰共振现象逐渐消失, 系统恢复到原有的单峰共振状态, 且共振峰逐渐左移, 峰值逐渐减小.

当质量涨落噪声相关率 $\lambda = 0.1, 0.6, 1.1$ 时, 根据 (2.2.91) 式得到的 A-Ω 曲线如图 2-2-14(b) 所示. 从图 2-2-14 (b) 可以看出: 噪声相关率 λ 对系统真实共振行为影响很大. 当 $\lambda = 0.1$ 时, 振幅 A 表现出明显的双峰共振; 随着噪声相关率的增大, 当 $\lambda = 0.6$ 时, 振幅 A 仍表现出双峰共振, 但两个波峰逐渐向波谷靠拢, 且波峰逐渐下降, 波谷逐渐上升; 随着噪声相关率的进一步增大, 当 $\lambda = 1.1$ 时, 由于波谷的持续上升, 振幅 A 在波谷位置处形成了一个新共振峰, 双峰共振现象消失, 系统恢复到传统的单峰共振状态.

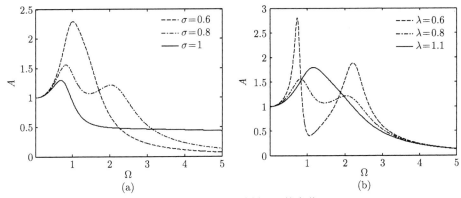

图 2-2-14 振幅 A 随外部驱动频率 Ω 的变化. (a) $\lambda = 0.6$; (b) $\sigma = 0.8$, $m = 1$, $\gamma = 0.1$, $\omega = 1$, $A_0 = 1$

上述结果表明: 在质量涨落噪声驱动下的谐振子具有比传统谐振子更为丰富的真实共振行为, 其共振行为与噪声统计性质关系密切, 当噪声参数在一定范围内时, 系统将出现传统谐振子所不具有的双峰共振现象.

2) 稳态响应振幅随振子质量的变化

当质量涨落噪声强度 $\sigma = 0.7, 0.75, 0.8$ 时, 根据 (2.2.91) 式得到的 A-m 曲线如图 2-2-15(a) 所示. 从图 2-2-15(a) 可以看出: 振幅 A 随着振子质量 m 的变化出现了参数诱导共振现象. 随着噪声强度的增大, 共振峰位置逐渐右移, 峰值则基本保持不变.

当质量涨落噪声相关率 $\lambda = 0, 0.4, 2$ 时, 根据 (2.2.91) 式得到的 A-m 曲线如图 2-2-15(b) 所示. 从图 2-2-15 (b) 可以看出: 随着噪声相关率的增大, 共振峰位置逐渐左移, 峰值先逐渐减小后逐渐增大, 也即存在某一特定的 λ, 使得系统的共振峰达到最小值.

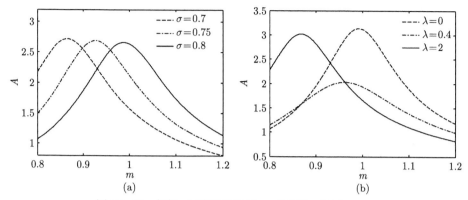

图 2-2-15　振幅 A 随振子质量 m 的变化. (a) $\lambda = 0.1$;

(b) $\sigma = 0.8$, $\gamma = 0.1$, $\omega = 0.7$, $A_0 = 1$, $\Omega = 1.6$

　　上述结果表明: 系统稳态响应振幅关于振子质量具有明显的参数诱导共振行为, 且质量涨落噪声强度直接影响共振峰位置, 噪声相关率则同时影响共振峰位置及共振强度. 在未考虑质量涨落噪声的情况下, 这一共振现象在以往的研究工作中很少受到关注 [29].

　　3) 稳态响应振幅随质量涨落噪声强度的变化

　　当振子质量 $m = 0.6, 0.8, 1$ 时, 根据 (2.2.91) 式得到的 A-σ 曲线如图 2-2-16(a) 所示. 从图 2-2-16 (a) 可以看出: 振幅 A 随着质量涨落噪声强度 σ 的变化出现了随机共振现象. 随着振子质量的增大, 共振峰位置逐渐右移, 峰值逐渐减小.

　　当质量涨落噪声相关率 $\lambda = 0, 0.6, 1.2$ 时, 根据 (2.2.91) 式得到的 A-σ 曲线如图 2-2-16(b) 所示. 从图 2-2-16(b) 可以看出: 随着噪声相关率的增大, 共振峰位置

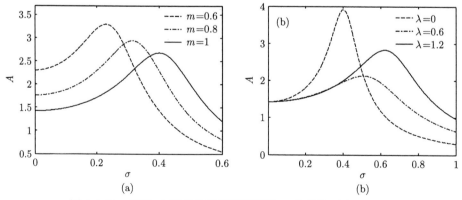

图 2-2-16　振幅 A 随质量涨落噪声强度 σ 的变化. (a) $\lambda = 0.1$;

(b) $m = 1$, $\gamma = 0.1$, $\omega = 1$, $A_0 = 1$, $\Omega = 1.3$

逐渐右移, 峰值先逐渐减小后逐渐增大, 也即存在某一特定的 λ, 使得系统随机共振强度最弱.

上述结果表明: 系统稳态响应振幅关于质量涨落噪声强度具有随机共振现象, 也即, 在一定参数条件下, 质量涨落噪声有助于增强系统对外部驱动信号的响应强度. 该增强作用随振子质量的增大而减弱, 随噪声相关率的增大先减弱后加强.

4) 稳态响应振幅随质量涨落噪声相关率的变化

当振子质量 $m = 0.8, 1, 1.2$ 时, 根据 (2.2.91) 式得到的 A-λ 曲线如图 2-2-17(a) 所示, 图中内插图为曲线 $m = 1$ 的局部图. 从图 2-2-17(a) 可以看出: 振幅 A 随着质量涨落噪声相关率 λ 的变化出现了随机共振和抑制两种现象. 当 $m = 0.8$ 时, 振幅 A 表现出传统的单峰随机共振; 随着振子质量的增大, 当 $m = 1$ 时, 振幅 A 的变化曲线先出现一个波谷, 后出现一个波峰, 也即出现了抑制和共振两种现象, 称其为单峰单谷随机共振; 随着振子质量的进一步增大, 当 $m = 1.2$ 时, 抑制和共振两种现象均消失.

当质量涨落噪声强度 $\sigma = 0.7, 0.8, 0.9$ 时, 根据 (2.2.91) 式得到的 A-λ 曲线如图 2-2-17(b) 所示, 图中内插图为曲线 $\sigma = 0.8$ 的局部图. 从图 2-2-17 (b) 可以看出: 噪声强度对系统共振行为影响很大. 当 $\sigma = 0.9$ 时, 振幅 A 表现出传统的单峰随机共振; 随着噪声强度的减小, 当 $\sigma = 0.8$ 时, 振幅 A 表现出抑制和共振两种现象, 也即单峰单谷随机共振; 随着噪声强度的进一步减小, 当 $\sigma = 0.7$ 时, 抑制和共振两种现象均消失.

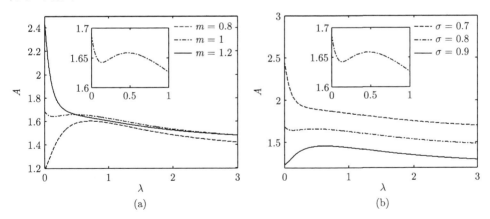

图 2-2-17　振幅 A 随质量涨落噪声相关率 λ 的变化. (a) $\sigma = 0.8$; (b) $m = 1$, $\gamma = 0.1, \omega = 0.97, A_0 = 1, \Omega = 0.8$

上述结果表明: 系统稳态响应振幅关于质量涨落噪声相关率具有随机共振和抑制两种不同的现象, 具体共振形式与振子质量及噪声强度密切相关, 且这两个参数对共振现象的作用效果刚好相反.

4. 仿真实验

为分析上述理论结果与真实情况的吻合程度, 下面通过仿真实验模拟模型 (2.2.72) 所刻画的振子运动, 并将相应仿真结果与理论结果进行对比. 本节后续仿真均采用四阶 Runge-Kutta 算法, 仿真时间为 3000 s, 采样间隔为 0.01 s.

在图 2-2-14 参数条件下, 取 $\Omega = 1.6$, 得系统输出时域图和频域图分别如图 2-2-18 所示.

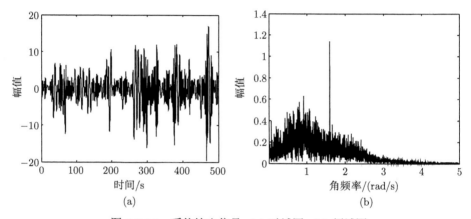

(a)   (b)

图 2-2-18   系统输出信号. (a) 时域图; (b) 频域图

由图 2-2-18(b) 可知, 系统输出在外部驱动频率 ($\Omega = 1.6$) 处出现了明显的尖峰, 其峰值代表系统对外部驱动信号的响应幅值. 然而, 噪声的存在使得系统输出具有随机性, 相应的响应幅值为随机变量. 为此, 采用 Monte-Carlo 方法, 在相同参数条件下, 取 N 次仿真实验结果的平均值作为系统稳态响应振幅. 在图 2-2-18 的参数条件下, 以 (2.2.91) 式所确定的理论结果为参考值, 可得仿真误差与仿真次数 N 间的关系图如图 2-2-19 所示.

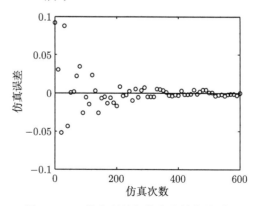

图 2-2-19   仿真误差与仿真次数的关系图

由图 2-2-19 可知: 随着仿真次数 N 的增大, 仿真误差将逐渐趋近于 0, 也即仿真结果将逐渐趋近于理论结果. 进一步, 取仿真次数 $N = 500$, 可仿真给出系统稳态响应幅值在不同参数情况下关于外部驱动频率 Ω、振子质量 m、质量涨落噪声强度 σ 以及噪声相关率 λ 的变化曲线, 这些曲线与理论结果的对比图如图 2-2-20 所示.

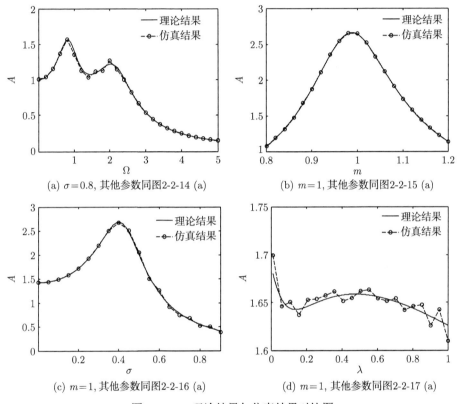

(a) $\sigma = 0.8$, 其他参数同图2-2-14 (a)

(b) $m = 1$, 其他参数同图2-2-15 (a)

(c) $m = 1$, 其他参数同图2-2-16 (a)

(d) $m = 1$, 其他参数同图2-2-17 (a)

图 2-2-20 理论结果与仿真结果对比图

图 2-2-20 表明:

(1) 仿真结果与理论结果高度吻合, 非常明显地体现了该理论结果对实际应用的预测作用和指导意义.

(2) 在不同系统参数下, 仿真结果与理论结果的吻合程度略有差别. 相对而言, 在图 2-2-20(a) 中, 当频率 Ω 处于两个共振峰之间时, 由于噪声在该频段较为集中 (图 2-2-18(b)), 系统输出受噪声扰动较大, 故吻合程度相对较差; 在图 2-2-20(c) 中, 噪声强度 σ 越大, 噪声对系统输出的影响就越大, 相应吻合程度越差. 当系统参数处于上述区间时, 可适当增加仿真次数, 以减小仿真误差.

(3) 在图 2-2-20(d) 中, 由于振幅 A 随参数 λ 的变化幅度较小, 在放大尺度的显示下, 同一量级上的仿真误差显得略为明显; 但实际上如果需要, 通过增加仿真次数, 便可进一步提高仿真结果与理论结果的吻合程度.

小结　本节从理论和仿真两个方面深入研究了具有涨落质量的线性谐振子的共振行为, 且理论结果和仿真结果具有很好的一致性, 两方面结果均表明:

(1) 虽然受到质量涨落噪声的影响, 但具有涨落质量的线性谐振子的稳态响应仍然是外部驱动频率下的简谐振动, 质量涨落噪声仅影响系统稳态响应的振幅和相位, 这与阻尼涨落噪声和固有频率涨落噪声下的研究结果一致;

(2) 稳态响应振幅随外部驱动频率、振子质量、质量涨落噪声强度及噪声相关率的变化分别出现了真实共振、参数诱导共振、随机共振现象, 且质量涨落噪声的统计性质将直接影响共振峰位置及共振强度, 这一研究结果说明环境分子的吸附能力对系统共振行为影响很大;

(3) 质量涨落噪声作用下, 系统展现出传统谐振子所不具有的单峰单谷共振、双峰共振等新的共振形式, 这在以往对具有涨落质量的谐振子的研究工作中尚未见报道.

2.3　系统结构对随机共振行为的影响

2.3.1　噪声交叉关联对随机共振的影响

同一系统中可能存在不同形式的噪声, 在随机共振现象的早期研究中, 常假设噪声间是互不相关的. 自从 Fulinski 等于 1991 年提出激光系统中的量子噪声和泵浦噪声存在交叉关联, 并将交叉关联噪声引入双稳系统, 发现噪声交叉关联的存在会改变系统的动力学行为 [30], 噪声的交叉关联便引起广泛关注.

特别地, 在具有循环、脉冲等周期性工作状态的电子、激光乃至量子系统中, 系统内部热噪声与输入、输出噪声之间的交叉关联常常是时间周期调制. 在这种情况下, 对时间周期调制下的噪声交叉关联的研究便具有现实和客观的物理、技术需求与意义.

本节将噪声交叉关联强度的时间周期调制引入线性系统, 针对由加性白噪声、乘性色噪声和周期信号共同作用的线性过阻尼系统, 分析这类系统所具有的丰富的动力学特性.

1. 系统模型

考虑由加性白噪声、乘性色噪声和周期信号共同作用的线性过阻尼系统. 该系统可以由以下随机微分方程描述:

$$\dot{x} = -\omega_0^2 x - \xi(t)x + R\cos(\Omega t) + \eta(t), \tag{2.3.1}$$

其中, ω_0 是系统的固有频率, R 和 Ω 分别是驱动周期信号的振幅和频率, $\eta(t)$ 是加性 Gauss 白噪声, $\xi(t)$ 是具有非零相关时间的乘性色噪声, $\eta(t)$ 和 $\xi(t)$ 是交叉白关联的, 并且它们的交叉关联强度还受到时间周期调制, 满足如下统计性质:

$$
\begin{aligned}
&\langle \xi(t) \rangle = 0, \\
&\langle \xi(t)\xi(s) \rangle = D_\xi \lambda_\xi \exp(-\lambda_\xi |t - s|), \\
&\langle \eta(t) \rangle = 0, \\
&\langle \eta(t)\eta(s) \rangle = 2D_\eta \delta(t - s), \\
&\langle \xi(t)\eta(s) \rangle = 2k(t)\sqrt{D_\xi D_\eta}\,\delta(t - s),
\end{aligned}
\tag{2.3.2}
$$

其中, D_ξ 为色噪声强度, λ_ξ 为色噪声的相关率, D_η 为白噪声强度, $k(t)$ 为噪声交叉关联强度, 且满足 $|k(t)| \leqslant 1$, $k(t)$ 是时间周期函数, 即 $k(t) = k_0 \cos(\Theta t + \phi)$, k_0 为交叉关联调制系数, Θ 为交叉关联调制频率, ϕ 为交叉关联调制初相位, 为方便, 不妨令 $\phi \in [0, \pi)$, $k_0 \in [-1, 1]$. 本节假设 $\xi(t)$ 为双态随机过程, 并且 $\xi(t)$ 在 $\{A_1, -B_1\}$ 中取值, A_1, B_1 均为正数. 不妨设 A_1 到 $-B_1$ 的转换概率为 p_1, 逆转换概率为 q_1, $\xi(t)$ 的非对称性用 Λ_ξ 表示. 于是有

$$
\lambda_\xi = p_1 + q_1, \quad D_\xi \lambda_\xi = A_1 B_1, \quad \Lambda_\xi = A_1 - B_1.
\tag{2.3.3}
$$

2. 理论分析

1) 系统响应一阶矩

对方程 (2.3.1) 两边取平均并利用关系式 (2.3.2), 可以得到系统响应的一阶矩满足的微分方程:

$$
\frac{\mathrm{d}\langle x(t) \rangle}{\mathrm{d}t} = -\omega_0^2 \langle x(t) \rangle - \langle \xi(t)x(t) \rangle + R\cos(\Omega t),
\tag{2.3.4}
$$

将 (2.3.1) 式两边乘以 $\xi(t)$ 并取平均得到

$$
\left\langle \xi(t)\frac{\mathrm{d}x(t)}{\mathrm{d}t} \right\rangle = -\omega_0^2 \langle \xi(t)x(t) \rangle - \langle \xi^2(t)x(t) \rangle + \langle \xi(t)\eta(t) \rangle,
\tag{2.3.5}
$$

由 Shapiro-Loginov 公式可得

$$
\frac{\mathrm{d}\langle \xi(t)x(t) \rangle}{\mathrm{d}t} = \left\langle \xi(t)\frac{\mathrm{d}x(t)}{\mathrm{d}t} \right\rangle - \lambda_\xi \langle \xi(t)x(t) \rangle,
\tag{2.3.6}
$$

将 (2.3.5) 式代入 (2.3.6) 式, 并利用 (2.3.2) 式有

$$
\frac{\mathrm{d}\langle \xi(t)x(t) \rangle}{\mathrm{d}t} = -(\omega_0^2 + \lambda_\xi)\langle \xi(t)x(t) \rangle - \langle \xi^2(t)x(t) \rangle + 2k_0\sqrt{D_\xi D_\eta}\cos(\Theta t + \phi).
\tag{2.3.7}
$$

(2.3.7) 式中包含高阶的相关函数 $\langle \xi^2(t)\eta(t)\rangle$, 由于 $\xi(t)$ 是双态噪声, 故如下的降阶公式成立:

$$\langle \xi^2(t)x(t)\rangle = b\langle \xi(t)x(t)\rangle + c\langle x(t)\rangle, \tag{2.3.8}$$

其中, $b = \Lambda_\xi$, $c = \lambda_\xi D_\xi$.

将 (2.3.8) 式代入 (2.3.7) 式并化简, 结合 (2.3.4) 式, 通过整理, 可以得到 $\langle x(t)\rangle$, $\langle \xi(t)x(t)\rangle$ 所满足的线性微分方程组:

$$\begin{aligned}\frac{\mathrm{d}\langle x(t)\rangle}{\mathrm{d}t} &= d_1\langle x(t)\rangle - \langle \xi(t)x(t)\rangle + R\cos(\Omega t),\\ \frac{\mathrm{d}\langle \xi(t)x(t)\rangle}{\mathrm{d}t} &= -c\langle x(t)\rangle + d_2\langle \xi(t)x(t)\rangle + d_3\cos(\Theta t + \phi),\end{aligned} \tag{2.3.9}$$

其中, $d_1 = -\omega_0^2$, $d_2 = -(\omega_0^2 + \lambda_\xi + b)$, $d_3 = 2k_0\sqrt{D_\xi D_\eta}$. 求解方程组 (2.3.9), 并令 $t \to \infty$, 可以分别得到 $\langle x(t)\rangle$, $\langle \xi(t)x(t)\rangle$ 的渐近表达式

$$\begin{aligned}\langle x(t)\rangle &= m_1\sin(\Omega t) + m_2\cos(\Omega t) + m_3\sin(\Theta t) + m_4\cos(\Theta t),\\ \langle \xi(t)x(t)\rangle &= m_5\sin(\Omega t) + m_6\cos(\Omega t) + m_7\sin(\Theta t) + m_8\cos(\Theta t),\end{aligned} \tag{2.3.10}$$

其中, 系数 $m_i(i = 1, 2, \cdots, 8)$ 分别由下式确定:

$$m_1 = \frac{R\Omega(\Omega^2 + d_2^2 + c)}{\Omega^4 + (d_1^2 + d_2^2 + 2c)\Omega^2 + (d_1 d_2 - c)^2},$$

$$m_2 = \frac{Rd_2(c - d_1 d_2) - Rd_1\Omega^2}{\Omega^4 + (d_1^2 + d_2^2 + 2c)\Omega^2 + (d_1 d_2 - c)^2},$$

$$m_3 = \frac{d_3[(d_1 + d_2)\Theta\cos\phi + (d_1 d_2 - c - \Theta^2)\sin\phi]}{\Theta^4 + (d_1^2 + d_2^2 + 2c)\Theta^2 + (d_1 d_2 - c)^2},$$

$$m_4 = \frac{d_3[(d_1 + d_2)\Theta\sin\phi - (d_1 d_2 - c - \Theta^2)\cos\phi]}{\Theta^4 + (d_1^2 + d_2^2 + 2c)\Theta^2 + (d_1 d_2 - c)^2},$$

$$m_5 = \frac{R\Omega c(d_1 + d_2)}{\Omega^4 + (d_1^2 + d_2^2 + 2c)\Omega^2 + (d_1 d_2 - c)^2},$$

$$m_6 = \frac{Rc(\Omega^2 - d_1 d_2 + c)}{\Omega^4 + (d_1^2 + d_2^2 + 2c)\Omega^2 + (d_1 d_2 - c)^2},$$

$$m_7 = \frac{d_3\Theta\cos\phi(\Theta^2 + d_1^2 + c) + d_3\sin\phi[\Theta^2 d_2 + d_1(d_1 d_2 - c)]}{\Theta^4 + (d_1^2 + d_2^2 + 2c)\Theta^2 + (d_1 d_2 - c)^2},$$

$$m_8 = \frac{d_3\Theta\sin\phi(\Theta^2 + d_1^2 + c) - d_3\cos\phi[\Theta^2 d_2 + d_1(d_1 d_2 - c)]}{\Theta^4 + (d_1^2 + d_2^2 + 2c)\Theta^2 + (d_1 d_2 - c)^2}.$$

2) 系统响应二阶矩

下面采用类似的方法来得到 $\langle x^2(t)\rangle$ 的表达式. 首先建立 $\langle x^2(t)\rangle$, $\langle \xi(t)x^2(t)\rangle$ 所满足的线性微分方程组:

$$\frac{\mathrm{d}\langle x^2(t)\rangle}{\mathrm{d}t} = -2\omega_0^2\langle x^2(t)\rangle - 2\langle \xi(t)x^2(t)\rangle + 2R\cos(\Omega t)\langle x(t)\rangle + 2\langle x(t)\eta(t)\rangle,$$

$$\frac{\mathrm{d}\langle \xi(t)x^2(t)\rangle}{\mathrm{d}t} = -(2\omega_0^2 + \lambda_\xi + 2b)\langle \xi(t)x^2(t)\rangle - 2c\langle x^2(t)\rangle$$
$$+ 2R\cos(\Omega t)\langle \xi(t)x(t)\rangle + 2\langle \xi(t)x(t)\eta(t)\rangle. \tag{2.3.11}$$

在方程组 (2.3.11) 中存在着耦合项 $\langle x(t)\eta(t)\rangle$ 和 $\langle \xi(t)x(t)\eta(t)\rangle$, 因此需要对其进行解耦. Fulinski 认为 Gauss 白噪声是对称的双态噪声的极限状态 [31]. $\eta(t)$ 是对称的双态随机过程, 并且 $\eta(t)$ 在 $\{A, -A\}$ 中取值, 其中 A 为正数, 令 A 到 $-A$ 的转换概率为 p_2, 逆转换概率为 q_2, $\eta(t)$ 的非对称性 $\Lambda_\eta = 0$. 当 $A \to \infty$, $p_2 = q_2 = p \to \infty$ 时, $\eta(t)$ 是 Gauss 白噪声, 其相关率 $\lambda_\eta = p_2 + q_2 = 2p \to \infty$. Fulinski 对 Gauss 白噪声的解释与 Gauss 白噪声的 Stratonovich 解释是一致的. 从而可建立 $\langle x(t)\eta(t)\rangle$, $\langle \xi(t)x(t)\eta(t)\rangle$ 满足的线性微分方程组:

$$\frac{\mathrm{d}\langle x(t)\eta(t)\rangle}{\mathrm{d}t} = -(\omega_0^2 + \lambda_\eta)\langle x(t)\eta(t)\rangle - \langle \xi(t)x(t)\eta(t)\rangle + 2D_\eta,$$

$$\frac{\mathrm{d}\langle \xi(t)x(t)\eta(t)\rangle}{\mathrm{d}t} = -(\omega_0^2 + \lambda_\xi + \lambda_\eta + b)\langle \xi(t)x(t)\eta(t)\rangle - c\langle x(t)\eta(t)\rangle$$
$$+ 2k_0 R\sqrt{D_\xi D_\eta}\cos(\Omega t)\cos(\Theta t + \phi). \tag{2.2.12}$$

通过求解方程组 (2.3.12), 并令 $t \to \infty$, 可得: 当 $\lambda \to \infty$ 时, 有

$$\langle x(t)\eta(t)\rangle = 0, \quad \langle \xi(t)x(t)\eta(t)\rangle = 0. \tag{2.3.13}$$

将 (2.3.13) 式代入方程组 (2.3.11), 并求解方程组 (2.3.11), 令 $t \to \infty$, 可得 $\langle x^2(t)\rangle$ 的渐近表达式为

$$\langle x^2(t)\rangle = m_9\sin(2\Omega t) + m_{10}\cos(2\Omega t) + m_{11}\sin(\Omega + \Theta)t + m_{12}\cos(\Omega + \Theta)t$$
$$+ m_{13}\sin(\Omega - \Theta)t + m_{14}\cos(\Omega - \Theta)t + m_{15}, \tag{2.3.14}$$

其中

$$m_9 = \frac{4R}{\beta_2 - \beta_1}\frac{2(\beta_2 - 2d_1)(2m_2\Omega - m_1\beta_1) + 2m_6\Omega - \beta_1 m_5}{2(\beta_1^2 + 4\Omega^2)}$$
$$- \frac{4R}{\beta_2 - \beta_1}\frac{2(\beta_1 - 2d_1)(2m_2\Omega - m_1\beta_2) + 2m_6\Omega - \beta_2 m_5}{2(\beta_2^2 + 4\Omega^2)},$$

$$m_{10} = \frac{4R}{\beta_2 - \beta_1}\frac{2(\beta_1 - 2d_1)(2m_1\Omega + m_2\beta_2) + 2m_5\Omega + \beta_2 m_6}{2(\beta_2^2 + 4\Omega^2)}$$

$$-\frac{4R}{\beta_2-\beta_1}\frac{2(\beta_2-2d_1)(2m_1\Omega+m_2\beta_1)+2m_5\Omega+\beta_1m_6}{2(\beta_1^2+4\Omega^2)},$$

$$m_{11}=\frac{4R}{\beta_2-\beta_1}\frac{2(\beta_2-2d_1)[m_4(\Omega+\Theta)-m_3\beta_1]+m_8(\Omega+\Theta)-\beta_1m_7}{2[\beta_1^2+(\Omega+\Theta)^2]}$$

$$-\frac{4R}{\beta_2-\beta_1}\frac{2(\beta_1-2d_1)[m_4(\Omega+\Theta)-m_3\beta_2]+m_8(\Omega+\Theta)-\beta_2m_7}{2[\beta_2^2+(\Omega+\Theta)^2]},$$

$$m_{12}=\frac{4R}{\beta_2-\beta_1}\frac{2(\beta_1-2d_1)[m_3(\Omega+\Theta)+m_4\beta_2]+m_7(\Omega+\Theta)+\beta_2m_8}{2[\beta_2^2+(\Omega+\Theta)^2]}$$

$$-\frac{4R}{\beta_2-\beta_1}\frac{2(\beta_2-2d_1)[m_3(\Omega+\Theta)+m_4\beta_1]+m_7(\Omega+\Theta)+\beta_1m_8}{2[\beta_1^2+(\Omega+\Theta)^2]},$$

$$m_{13}=\frac{4R}{\beta_2-\beta_1}\frac{2(\beta_2-2d_1)[m_4(\Omega-\Theta)+m_3\beta_1]+m_8(\Omega-\Theta)+\beta_1m_7}{2[\beta_1^2+(\Omega-\Theta)^2]}$$

$$-\frac{4R}{\beta_2-\beta_1}\frac{2(\beta_1-2d_1)[m_4(\Omega-\Theta)+m_3\beta_2]+m_8(\Omega-\Theta)+\beta_2m_7}{2[\beta_2^2+(\Omega-\Theta)^2]},$$

$$m_{14}=\frac{4R}{\beta_2-\beta_1}\frac{2(\beta_2-2d_1)[m_3(\Omega-\Theta)-m_4\beta_1]+m_7(\Omega-\Theta)-\beta_1m_8}{2[\beta_1^2+(\Omega-\Theta)^2]}$$

$$-\frac{4R}{\beta_2-\beta_1}\frac{2(\beta_1-2d_1)[m_3(\Omega-\Theta)-m_4\beta_2]+m_7(\Omega-\Theta)-\beta_2m_8}{2[\beta_2^2+(\Omega-\Theta)^2]},$$

$$m_{15}=\frac{2Rm_2(2d_1-\beta_1-\beta_2)-4Rm_6}{2\beta_2\beta_1},$$

$$\beta_1=\frac{-(4\omega_0^2+\lambda_\xi+2b)+\sqrt{(\lambda_\xi+2b)^2+16c}}{2},$$

$$\beta_2=\frac{-(4\omega_0^2+\lambda_\xi+2b)-\sqrt{(\lambda_\xi+2b)^2+16c}}{2}.$$

在一个周期内对 $\langle x^2(t)\rangle$ 取平均可得稳态表达式:

(1) 当 $\Theta=\Omega$ 时, 有

$$\langle x^2(t)\rangle_{st}=m_{14}+m_{15};\tag{2.3.15}$$

(2) 当 $\Theta=N\Omega,N$ 为整数且 $N\neq1$ 时, 有

$$\langle x^2(t)\rangle_{st}=m_{15};\tag{2.3.16}$$

(3) 当 $\Theta\neq N\Omega,N$ 为整数时, 有

$$\langle x^2(t)\rangle_{st}=\frac{m_{12}\Omega}{2\pi(\Omega+\Theta)}\sin\left(\frac{2\pi\Theta}{\Omega}\right)-\frac{m_{11}\Omega}{2\pi(\Omega+\Theta)}\left[\cos\left(\frac{2\pi\Theta}{\Omega}\right)-1\right]$$

$$- \frac{m_{13}\Omega}{2\pi(\Omega-\Theta)}\left[\cos\left(\frac{2\pi\Theta}{\Omega}\right)-1\right]$$

$$- \frac{m_{14}\Omega}{2\pi(\Omega-\Theta)}\left[\sin\left(\frac{2\pi\Theta}{\Omega}\right)\right]+m_{15}. \tag{2.3.17}$$

3) 系统响应相关函数

方程 (2.3.1) 的解的一般形式可写为

$$x(t+\tau)=x(t)g(\tau)\exp(-\omega_0^2\tau)+R\int_0^\tau\exp(-\omega_0^2 v)g(v)\cos[\Omega(t+\tau-v)]\mathrm{d}v$$

$$+ \int_0^\tau\exp(-\omega_0^2 v)h(v)\mathrm{d}v, \tag{2.3.18}$$

其中, $g(v)=\left\langle\exp\left[-\int_0^v\xi(u)\mathrm{d}u\right]\right\rangle$, $h(t-v)=\left\langle\eta(v)\exp\left[-\int_v^t\xi(u)\mathrm{d}u\right]\right\rangle$.

结合 (2.3.2) 式, 将 $g(v)$ 和 $h(t-v)$ 展开成级数的形式并经过计算可得 [32]

$$g(v)=\frac{N_1}{N_1-N_2}\exp[-N_2 v]-\frac{N_2}{N_1-N_2}\exp[-N_1 v], \tag{2.3.19}$$

$$h(t-v)=0, \tag{2.3.20}$$

其中, $N_{1,2}=\dfrac{d_1-d_2}{2}\pm\sqrt{\dfrac{(d_1-d_2)^2}{4}+c}$.

由 (2.3.18)—(2.3.20) 式, 可得相关函数的渐近表达式:

$$\langle x(t+\tau)x(t)\rangle$$

$$=\langle x^2(t)\rangle g(\tau)\exp(-\omega_0^2\tau)+\frac{R\langle x(t)\rangle}{N_1-N_2}[f_1\cos(\Omega t)+f_2\sin(\Omega t)], \tag{2.3.21}$$

其中

$$f_1=a_1\cos(\Omega\tau)+a_2\sin(\Omega\tau)+a_3\exp(-b_1\tau)+a_4\exp(-b_2\tau),$$

$$f_2=c_1\cos(\Omega\tau)+c_2\sin(\Omega\tau)+c_3\exp(-b_1\tau)+c_4\exp(-b_2\tau),$$

$$a_1=\frac{N_1 b_2}{b_2^2+\Omega^2}-\frac{N_2 b_1}{b_1^2+\Omega^2}, \quad a_2=\frac{N_1\Omega}{b_2^2+\Omega^2}-\frac{N_2\Omega}{b_1^2+\Omega^2},$$

$$a_3=\frac{N_2 b_1}{b_1^2+\Omega^2}, \quad a_4=-\frac{N_1 b_2}{b_2^2+\Omega^2},$$

$$c_1=a_2, \quad c_2=-a_1, \quad c_3=\frac{N_2\Omega}{b_1^2+\Omega^2}, \quad c_4=-\frac{N_1\Omega}{b_2^2+\Omega^2},$$

$$b_{1,2}=\omega_0^2+N_{1,2}.$$

在一个周期内对 $\langle x(t+\tau)x(t)\rangle$ 取平均可得稳态表达式:

(1) 当 $\Theta = \Omega$ 时, 有

$$
\begin{aligned}
\langle x(t+\tau)x(t)\rangle_{st} = {} & (m_{14} + m_{15})g(\tau)\exp(-\omega_0^2\tau) \\
& + \frac{R\Omega}{4\pi(N_1 - N_2)}(m_1 f_2 + m_2 f_1 + m_3 f_2 + m_4 f_1). \quad (2.3.22)
\end{aligned}
$$

(2) 当 $\Theta = N\Omega, N$ 为整数且 $N \neq 1$ 时, 有

$$
\langle x(t+\tau)x(t)\rangle_{st} = m_{15}g(\tau)\exp(-\omega_0^2\tau) + \frac{R\Omega}{4\pi(N_1 - N_2)}(m_1 f_2 + m_2 f_1). \quad (2.3.23)
$$

(3) 当 $\Theta \neq N\Omega, N$ 为整数时, 有

$$
\begin{aligned}
\langle x(t+\tau)x(t)\rangle_{st} = {} & \frac{R\Omega M_1 \cos(\Omega\tau)}{2\pi(N_1 - N_2)} + \frac{R\Omega M_2 \sin(\Omega\tau)}{2\pi(N_1 - N_2)} \\
& + \left[\frac{R\Omega M_3}{2\pi(N_1 - N_2)} - \frac{N_2\langle x^2(t)\rangle_{st}}{N_1 - N_2}\right]\exp(-b_1\tau) \\
& + \left[\frac{R\Omega M_4}{2\pi(N_1 - N_2)} + \frac{N_1\langle x^2(t)\rangle_{st}}{N_1 - N_2}\right]\exp(-b_2\tau), \quad (2.3.24)
\end{aligned}
$$

其中, $\langle x^2(t)\rangle_{st}$ 如 (2.3.17) 式所示,

$$
\begin{aligned}
M_{i(i=1,2,3,4)} = {} & \frac{1}{2}m_2 a_i + \frac{1}{2}m_1 c_i - \frac{m_3 a_i}{2(\Omega + \Theta)}\left[\cos\left(\frac{2\pi\Theta}{\Omega}\right) - 1\right] \\
& + \frac{m_3 a_i}{2(\Omega - \Theta)}\left[\cos\left(\frac{2\pi\Theta}{\Omega}\right) - 1\right] \\
& - \frac{m_3 c_i}{2(\Theta + \Omega)}\sin\left(\frac{2\pi\Theta}{\Omega}\right) - \frac{m_3 c_i}{2(\Omega - \Theta)}\sin\left(\frac{2\pi\Theta}{\Omega}\right) + \frac{m_4 a_i}{2(\Omega + \Theta)}\sin\left(\frac{2\pi\Theta}{\Omega}\right) \\
& - \frac{m_4 a_i}{2(\Omega - \Theta)}\sin\left(\frac{2\pi\Theta}{\Omega}\right) - \frac{m_4 c_i}{2(\Omega + \Theta)}\left[\cos\left(\frac{2\pi\Theta}{\Omega}\right) - 1\right] \\
& - \frac{m_4 c_i}{2(\Omega - \Theta)}\left[\cos\left(\frac{2\pi\Theta}{\Omega}\right) - 1\right].
\end{aligned}
$$

4) 系统响应信噪比

(1) 当 $\Theta = \Omega$ 时, 对 (2.3.22) 式进行 Fourier 变换, 得到功率谱为

$$
S(\omega) = \int_{-\infty}^{\infty}\langle x(t+\tau)x(t)\rangle_{st}\exp(-j\omega\tau)\mathrm{d}\tau = S_1(\omega) + S_2(\omega), \quad (2.3.25)
$$

其中

$$
S_1(\omega) = \frac{R\Omega(m_1 c_1 + m_2 a_1 + m_3 c_1 + m_4 a_1)}{2(N_1 - N_2)}\delta(\omega - \Omega),
$$

$$S_2(\omega) = \frac{2b_1}{b_1^2 + \omega^2}\left[\frac{R\Omega(m_1c_3 + m_2a_3 + m_3c_3 + m_4a_3)}{2(N_1 - N_2)\pi} - \frac{N_2}{N_1 - N_2}(m_{14} + m_{15})\right]$$
$$+ \frac{2b_2}{b_2^2 + \omega^2}\left[\frac{R\Omega(m_1c_4 + m_2a_4 + m_3c_4 + m_4a_4)}{2(N_1 - N_2)\pi} - \frac{N_1}{N_1 - N_2}(m_{14} + m_{15})\right].$$

(2) 当 $\Theta = N\Omega, N$ 为整数且 $N \neq 1$ 时, 对 (2.3.23) 式进行 Fourier 变换, 得到功率谱为

$$S(\omega) = \int_{-\infty}^{\infty}\langle x(t+\tau)x(t)\rangle_{st}\exp(-j\omega\tau)\mathrm{d}\tau = S_1(\omega) + S_2(\omega), \tag{2.3.26}$$

其中

$$S_1(\omega) = \frac{R\Omega(m_1c_1 + m_2a_1)}{2(N_1 - N_2)}\delta(\omega - \Omega),$$
$$S_2(\omega) = \frac{2b_1}{b_1^2 + \omega^2}\left[\frac{R\Omega(m_1c_3 + m_2a_3)}{2(N_1 - N_2)\pi} - \frac{m_{15}N_2}{N_1 - N_2}\right]$$
$$+ \frac{2b_2}{b_2^2 + \omega^2}\left[\frac{R\Omega(m_1c_4 + m_2a_4)}{2(N_1 - N_2)\pi} - \frac{m_{15}N_1}{N_1 - N_2}\right],$$

(3) 当 $\Theta \neq N\Omega, N$ 为整数时, 对 (2.3.24) 式进行 Fourier 变换, 得到功率谱为

$$S(\omega) = \int_{-\infty}^{\infty}\langle x(t+\tau)x(t)\rangle_{st}\exp(-j\omega\tau)\mathrm{d}\tau = S_1(\omega) + S_2(\omega), \tag{2.3.27}$$

其中, $\langle x^2(t)\rangle_{st}$ 如式 (2.3.17) 所示,

$$S_1(\omega) = \frac{R\Omega M_1}{2(N_1 - N_2)}\delta(\omega - \Omega),$$
$$S_2(\omega) = \frac{2b_1}{b_1^2 + \omega^2}\left[\frac{R\Omega M_3}{2(N_1 - N_2)\pi} - \frac{N_2\langle x^2(t)\rangle_{st}}{N_1 - N_2}\right]$$
$$+ \frac{2b_2}{b_2^2 + \omega^2}\left[\frac{R\Omega M_4}{2(N_1 - N_2)\pi} - \frac{N_1\langle x^2(t)\rangle_{st}}{N_1 - N_2}\right].$$

(2.3.25)—(2.3.27) 式中的 $S_1(\omega)$ 来源于输出信号, $S_2(\omega)$ 来源于输出噪声. 信噪比被定义为输出信号的总功率与 $\omega = \Omega$ 处的单位噪声谱的平均功率之比:

$$\mathrm{SNR} = \frac{\displaystyle\int_0^{\infty} S_1(\omega)\mathrm{d}\omega}{S_2(\omega = \Omega)}. \tag{2.3.28}$$

3. 数值分析

图 2-3-1 绘制了系统响应的信噪比 SNR 作为噪声交叉关联调制频率 Θ 的函数在 ϕ, k_0 取不同值时的曲线. 其他各参数的取值为 $\omega_0 = 0.05$, $D_\xi = 2$, $\lambda_\xi = 5$, $\Lambda_\xi = 0$, $D_\eta = 0.05$, $\Omega = 6$, $R = 1$. 可以看到: SNR 曲线随 Θ 的变化表现出周期振荡型随机共振现象; 在 ϕ, k_0 取不同值时主要表现为三种周期振荡型共振: 单主峰共振、单主谷共振、单主峰主谷共振. 当 $\phi = \dfrac{\pi}{2}$, $k_0 = -1$ 时, SNR 曲线出现单主峰共振, 随着 Θ 的变化会出现一个振幅较大的共振峰 (主峰), 当远离该主峰位时, 振荡的振幅快速下降, 最后趋于稳定值; 当 $\phi = \dfrac{\pi}{2}$, $k_0 = 1$ 时, SNR 曲线出现单主谷共振, 随着 Θ 的变化会出现一个振幅较大的抑制谷 (主谷), 当远离该主谷位时, 振荡的振幅快速下降, 最后趋于稳定值. 当 $\phi = 0$, $k_0 = -1$ 时, SNR 曲线出现单主峰主谷共振, 随着 Θ 的变化会出现相邻的振幅较大的抑制谷 (主谷) 和共振峰 (主峰), 当远离主谷主峰时, 振荡的振幅快速下降, 最后趋于稳定值.

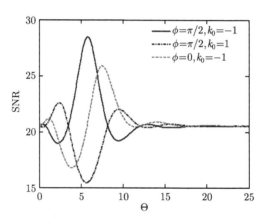

图 2-3-1　SNR 作为 Θ 的函数在 ϕ, k_0 取不同值时的曲线

图 2-3-2 (a), (b) 分别绘制了当 $k_0 = -1$ 和 $k_0 = 1$ 时系统响应的信噪比 SNR 作为噪声交叉关联调制频率 Θ 的函数, 随不同的调制初相位 ϕ 变化的曲线. 其他各参数的取值为 $\Omega = 5$, $\omega_0 = 0.15$, $D_\xi = 2$, $\lambda_\xi = 2$, $\Lambda_\xi = 0$, $R = 1$, $D_\eta = 0.04$. 可以看到: 当 $k_0 = -1$ 时, 随着相位 ϕ 在 $[0, \pi)$ 中增大, 主峰位置左移, 主峰值先增大后减小; 当 $\phi = \dfrac{\pi}{2}$ 时, 主峰位在 $\Theta = \Omega$ 处, 且主峰值最大, 出现单主峰共振. 当 $k_0 = 1$ 时, 随着相位 ϕ 在 $[0, \pi)$ 中增大, 主谷位置左移, 主谷值先减小后增大; 当 $\phi = \dfrac{\pi}{2}$ 时, 主谷位在 $\Theta = \Omega$ 处, 且主谷值最小, 出现单主谷共振.

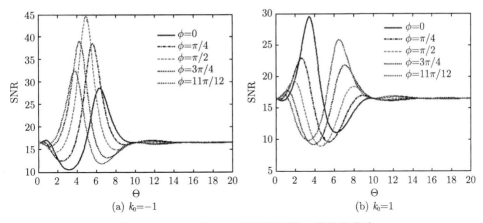

图 2-3-2 SNR 作为 Θ 的函数随着 ϕ 变化的曲线

图 2-3-3 (a), (b) 分别绘制了当 $\phi = \dfrac{\pi}{2}$ 和 $\phi = 0$ 时系统响应的信噪比 SNR 作为噪声交叉关联调制频率 Θ 的函数, 随不同的调制系数 k_0 变化的曲线. 其他各参数的取值为 $\Omega = 6$, $\omega_0 = 0.15$, $D_\xi = 2$, $\lambda_\xi = 2$, $\Lambda_\xi = 0$, $D_\eta = 0.04$, $R = 1$. $k_0 = 0$ 意味着加性白噪声与乘性色噪声互不相关. 可以看到: 当 $\phi = \dfrac{\pi}{2}$ 时, 若 $k_0 > 0$, 则 SNR 曲线为单主谷共振; 若 $k_0 < 0$, 则 SNR 曲线为单主峰共振, 且主峰位和主谷位相同, 都在 $\Theta = \Omega$ 处.

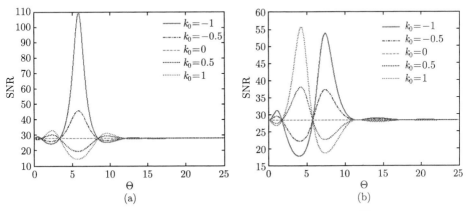

图 2-3-3 SNR 作为 Θ 的函数随着 k_0 变化的曲线. (a) $\phi = \dfrac{\pi}{2}$; (b) $\phi = 0$

(彩插扫书后二维码)

$|k_0|$ 越大, 主峰值就越大或主谷值就越小; 随着 Θ 远离 Ω, SNR 曲线趋于 $k_0 = 0$ 时的情形. 当 $\phi = 0$ 时, 若 $k_0 > 0$, SNR 曲线为单主峰主谷共振, 先主峰后主谷, 若 $k_0 < 0$, SNR 曲线仍为单主峰主谷共振, 先主谷后主峰, 且主共振位置不变; $|k_0|$

越大, 主峰值就越大或主谷值就越小; 随着 Θ 远离 Ω, SNR 曲线趋于 $k_0 = 0$ 时的情形.

图 2-3-4 绘制了系统响应的信噪比 SNR 作为噪声交叉关联调制频率 Θ 的函数, 随着不同的驱动周期信号的振幅 R 变化的曲线. 其他各参数的取值为 $\Omega = 5$, $\omega_0 = 0.15, D_\xi = 2, \lambda_\xi = 2, \Lambda_\xi = 0, D_\eta = 0.04, \phi = \dfrac{\pi}{2}$. 可以看到: SNR 曲线的周期振荡型共振类型、主峰位或主谷位以及稳定值都不受驱动周期信号的振幅 R 的影响; 驱动周期信号的振幅 R 越小, 主峰值越大或主谷值越小, 即在主共振处对信噪比增强或抑制的作用加剧. 同样, 加性噪声强度 D_η 只影响主峰值和主谷值, D_η 越大, 主峰值就越大或主谷值就越小, 即在主共振处对信噪比增强或抑制的作用加剧.

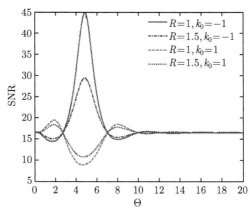

图 2-3-4   SNR 作为 Θ 的函数随着 R 变化的曲线 (彩插扫书后二维码)

图 2-3-5 绘制了系统响应的信噪比 SNR 作为噪声交叉关联调制频率 Θ 的函数, 随着不同的乘性噪声非对称性 Λ_ξ 变化的曲线.其他各参数的取值为 $\Omega = 6$,

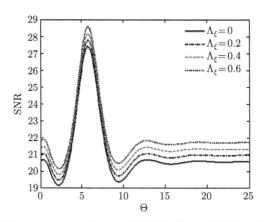

图 2-3-5   SNR 作为 Θ 的函数随着 Λ_ξ 变化的曲线

$\omega_0 = 0.15$, $D_\xi = 2$, $\lambda_\xi = 5$, $D_\eta = 0.04$, $\phi = \dfrac{\pi}{2}$, $R = 1$, $k_0 = -1$. 可以看到: SNR 曲线形状不受乘性噪声非对称性 Λ_ξ 的影响; 乘性噪声非对称性 Λ_ξ 越大, 整条曲线位置越上移, 稳定值越大. 同时系统频率 ω_0、乘性噪声强度 D_ξ 和乘性噪声相关率 λ_ξ 也仅影响稳定值, 不影响 SNR 曲线形状.

图 2-3-1— 图 2-3-5 表明: 相较于噪声互不相关或噪声交叉关联强度是常数的情况, 噪声交叉关联强度受到时间周期调制时会产生丰富的现象, 系统响应的信噪比 SNR 随着噪声交叉关联调制频率 Θ 的变化出现了周期振荡型随机共振现象. 这是在线性系统中还未被报道过的现象.

随机共振是噪声在系统具有某种内禀动力指向性时其随机性对特定性质信号所产生的定向加强作用, 以及同时对其他性质信号所产生的抑制作用. 这些作用自然与噪声和信号的周期性质密切相关.

在本节所讨论的情况中, 噪声交叉关联调制频率直接影响噪声的周期性质, 其周期或拟周期与信号周期之间的交叉耦合作用受二者相差、频差甚至幅差的直接影响. 因此, 上述共振现象的出现及其性质也就与交叉关联调制频率 Θ、调制初相位 ϕ 和调制系数 k_0 直接关联. 例如, ϕ 影响着主共振位置; ϕ 和 k_0 的联合作用共同影响着 SNR 曲线的相图, 即单主峰共振、单主谷共振、单主峰主谷共振等.

由此可知, 改变噪声交叉关联参数便可对随机共振现象实施有效控制, 亦即噪声交叉关联强度的时间周期调制的引入为随机共振现象在微弱周期信号检测及频率估计方面的应用提供了指导意义. 在相同的系统结构参数下, 可以通过调节噪声交叉关联强度 $k_0 \cos(\Theta t + \phi)$ 的参数, 获得比噪声互不相关时 $(k_0 = 0)$ 更高的系统响应的信噪比, 提高对微弱周期信号检测的灵敏度. 同时, 当 $\phi = \dfrac{\pi}{2}$ 时, SNR 曲线出现单主峰或单主谷共振, 主峰或主谷的位置出现在噪声交叉关联调制频率与驱动周期信号频率相等处, 这就意味着可以通过调节噪声交叉关联强度 $k_0 \cos(\Theta t + \phi)$ 的参数来估计周期信号的频率, 这是在线性系统和非线性系统中还未见被报道过的现象, 也是随机共振在周期信号频率估计方面的应用.

小结 本节将噪声交叉关联强度的时间周期调制引入线性系统, 通过分析由加性、乘性噪声和周期信号共同作用的线性过阻尼系统后发现, 在适当参数下系统响应的信噪比随噪声交叉关联调制频率的变化出现了周期振荡型随机共振现象, 噪声交叉关联参数导致了随机共振现象的多样化. 通过调节噪声交叉关联参数, 可以在一定范围内实现对线性过阻尼系统随机共振的有效控制, 提高对微弱周期信号检测的灵敏度和实现对周期信号的频率估计.

2.3.2 单势阱系统中的随机共振

传统的随机共振是指系统的输出信噪比随噪声强度非单调变化的现象, 在对双

势阱系统 $\left(\text{如具有 Duffing 型势函数 } V(x) = -\dfrac{a}{2}x^2 + \dfrac{b}{4}x^4 \text{ 的 Duffing 系统}\right)$ 随机振动的研究广泛发现了这种随机共振现象 [32]. Gitterman[33] 在对线性振动系统 $\Big($即简谐势阱系统, 其势函数为 $V(x) = \dfrac{1}{2}\omega^2 x^2\Big)$随机振动的研究中提出了广义随机共振的概念, 即系统输出响应或者响应的某些函数 (如矩、自相关函数、功率谱或信噪比等) 随噪声的某些特征参数 (如噪声强度、相关率等) 非单调变化的现象 [34]. 在对带线性边界的 Duffing 型双势阱系统 [35]、混合双势阱 $(V(x) = \mathrm{e}^{-x^2} + k\,|x|^q\,/q)$ 系统 [36]、幂函数型双势阱 $\left(V(x) = -\dfrac{1}{2}x^2 + \dfrac{1}{2\gamma}\,|x|^{2\gamma}\right)$ 系统 [37] 的研究中均发现了广义随机共振现象. 最近, 学者们也开始关注单势阱系统的随机振动. 在对绝对值型单势阱 $\left(V(x) = \left\{ \begin{array}{ll} k_1\,|x|, & |x| \leqslant L \\ k_2(|x| - L) + k_1 L, & |x| > L \end{array} \right.\right)$ 系统 [38] 和指数型单势阱 $(V(x) = \varepsilon\mathrm{e}^{-(x-x_0^2)/2\delta^2})$ 系统 [39] 的研究中也发现了广义随机共振现象; 田祥友等 [40] 在对一阶线性振动系统的研究中发现了系统输出信噪比随系统参数非单调变化的调参广义随机共振现象.

　　本节将简谐势阱 $(V(x) = \omega^2 x^2\,/\,2)$ 推广为更一般的幂函数型势阱 $\Big(V(x) = \dfrac{a}{b}\,|x|^b\Big)$, 得到了幂函数型单势阱随机振动系统, 其势函数如图 2-3-6 所示. 当势阱参数 $b < 1$ 时, 势阱中心宽度较窄且越靠近中心势阱壁越陡峭, 而势阱两边沿比较平坦; 当 $b = 1$ 时, 势阱为 V 型; 当 $1 < b < 2$ 时, 势阱形状由 V 型逐渐过渡为 U 型; 当 $b > 2$ 时, 势阱为 U 型, 势阱中心较平坦而势阱边沿比较陡峭.

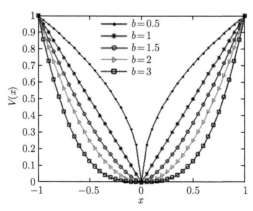

图 2-3-6　幂函数型势函数 $V(x)(a = 1)$

　　根据 Taylor 公式, 更复杂的势阱系统的势函数 $V(x)$ 基本上均可展开成为若干幂函数型势函数叠加的形式, 所以, 本节内容更重要的意义在于为更复杂的势阱系统随机振动研究提供了基础.

1. 系统模型

在周期信号和 Gauss 白噪声共同激励下, 忽略惯性项的随机振动系统的数学模型如下:

$$\frac{\mathrm{d}x}{\mathrm{d}t} + \frac{\mathrm{d}V(x)}{\mathrm{d}x} = A\cos\omega t + \eta(t), \tag{2.3.29}$$

其中, $V(x)$ 为系统的势函数; $A > 0$, 为周期激励信号振幅; $\omega > 0$, 为周期激励信号角频率; $\eta(t)$ 为 Gauss 白噪声、噪声均值和自相关函数满足

$$\langle\eta(t)\rangle = 0, \quad \langle\eta(t)\eta(s)\rangle = 2D\delta(t-s), \tag{2.3.30}$$

其中, D 是噪声强度.

单势阱系统的势函数为幂函数形式, 如下:

$$V(x) = \frac{a}{b}|x|^b, \tag{2.3.31}$$

其中, 参数 $a > 0, b > 0$. $V(x)$ 是一个含绝对值函数的复合函数, 令 $U(x) = \frac{\mathrm{d}V(x)}{\mathrm{d}x}$, 利用复合函数求导法则可得

$$U(x) = \left(\frac{a}{b}|x|^b\right)' = a|x|^{b-1}(|x|)' = \begin{cases} a|x|^{b-1}\dfrac{|x|}{x} = \dfrac{a|x|^b}{x}, & x \neq 0, \\ 0, & x = 0, \end{cases} \tag{2.3.32}$$

当 $x \neq 0$ 时, $(|x|)' = \dfrac{|x|}{x}$; 当 $x = 0$ 时, 需要注意的是, $(|x|)'$ 在通常意义下的导数并不存在, 这里利用了弱导数的定义进行求导 [41], 在弱导数意义下有 $(|0|)' = 0$.

不同参数条件下势函数 $V(x)$ 及其导数 $U(x)$ 的图像分别如图 2-3-6 和图 2-3-7 所示, 势函数 $V(x)$ 的形状由参数 a, b 共同控制. 将 (2.3.32) 代入 (2.3.29) 可得幂函数型单势阱随机振动系统满足的 Langevin 方程为

$$\dot{x}(t) = -U(x) + A\cos\omega t + \eta(t). \tag{2.3.33}$$

由于 (2.3.33) 是一个非线性随机微分方程, 求解它的精确解存在理论困难, 现有的对于 Duffing 型双势阱随机振动系统的理论分析结果主要是在绝热近似条件下得到的 [42]. 当噪声 $\eta(t)$ 为外噪声时系统并不一定满足绝热近似条件, 为了得到更一般的结果, 以二阶随机 Runge-Kutta 算法近似求解这个方程, 从而研究系统的随机振动特性.

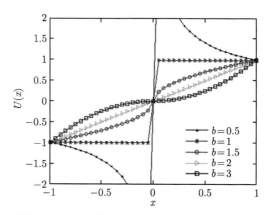

图 2-3-7　幂函数型势函数的导数 $U(x)(a=1)$

首先, 考虑不显含时间 t 的 Langevin 方程:

$$\dot{x} = f(x) + \eta(t). \tag{2.3.34}$$

Honeycutt[43] 将确定性常微分方程的 Runge-Kutta 算法扩展到包含随机项的情况, 提出了二阶随机 Runge-Kutta 算法:

$$\begin{cases} x_{n+1} = x_n + \Delta t \cdot (K_n^1 + K_n^2)/2 + \sqrt{2D\Delta t}\zeta, \\ K_n^1 = f(x_n), \\ K_n^2 = f(x_n + \Delta t \cdot K_n^1 + \sqrt{2D\Delta t}\zeta), \end{cases} \tag{2.3.35}$$

其中, Δt 为采样间隔, ζ 为标准 Gauss 随机数, 满足

$$\langle \zeta(t) \rangle = 0, \quad \langle \zeta^2 \rangle = 1. \tag{2.3.36}$$

文献 [44] 指出相较于直接使用确定性常微分方程的 Runge-Kutta 算法进行随机振动系统的数值模拟, 该算法提高了数值模拟精度, 对于无惯性项的 Langevin 方程该算法是最简单好用的数值求解算法.

在 Honeycutt 的研究基础上, 将二阶随机 Runge-Kutta 算法推广到显含时间 t 的 Langevin 方程. 令

$$f(t,x) = -U(x) + A\cos\omega t, \tag{2.3.37}$$

代入 (2.3.38) 可得

$$\dot{x}(t) = f(t,x) + \eta(t). \tag{2.3.38}$$

参考一般的常微分方程 Runge-Kutta 算法 [45], 将 (2.3.35) 推广为显含时间 t 的二

阶随机 Runge-Kutta 算法如下:

$$\begin{cases} x_{n+1} = x_n + \Delta t \cdot (K_1 + K_2)/2 + \sqrt{2D\Delta t}\zeta, \\ K_1 = f(t_n, x_n), \\ K_2 = f(t_n + \Delta t,\, x_n + \Delta t \cdot K_1 + \sqrt{2D\Delta t}\zeta), \end{cases} \tag{2.3.39}$$

其中, ζ 为满足 (2.3.36) 的标准 Gauss 随机数.

由显含时间 t 的二阶随机 Runge-Kutta 算法表达式可知, 当系统方程不显含时间 t 时, (2.3.39) 式退化为 (2.3.35) 式; 当噪声强度为 $D = 0$ 时, (2.3.35) 和 (2.3.39) 式均退化求解确定性常微分方程的二阶 Runge-Kutta 算法.

二阶随机 Runge-Kutta 算法 (2.3.39) 是一种推广的随机 Euler 算法, 部分文献也称其为随机 Heun 算法. 由文献 [46] 的研究结果可以证明二阶随机 Runge-Kutta 算法 (2.3.39) 计算得到的随机序列 $\{x_n\}$ 在 $\Delta t \to 0$ 时均方收敛于 (2.3.39) 所对应的在 Stratonovic 意义下的随机微分方程的解 $x(t)$; 由文献 [47] 的研究结果可知随机序列 $\{x_n\}$ 的均值收敛于 $x(t)$ 的均值, 随机序列 $\{x_n\}$ 的方差收敛于 $x(t)$ 的方差, 即满足

$$\lim_{\Delta t \to 0} \langle x_n \rangle = \lim_{\Delta t \to 0} \langle x \rangle, \quad \lim_{\Delta t \to 0} \left\langle [x_n - \langle x_n \rangle]^2 \right\rangle = \lim_{\Delta t \to 0} \left\langle [x - \langle x \rangle]^2 \right\rangle. \tag{2.3.40}$$

文献 [48] 指出由二阶随机 Runge-Kutta 算法计算的随机序列 $\{x_n\}$ 估计 $x(t)$ 的均值的误差是 $(\Delta t)^2$ 阶的, 估计 $x(t)$ 的标准差 (方差的平方根) 的误差是 $(\Delta t)^{\frac{2}{3}}$ 阶的. 综上可知, 以二阶随机 Runge-Kutta 算法求解随机微分方程 (2.3.39) 是有效的, 相关证明和推导过程可以参见文献 [46]—[48].

2. 系统稳态响应振幅和方差

当 $b = 2$ 时, 势函数 $V(x)$ 称为简谐势 [33], 其表达式为

$$V(x) = \frac{a}{2}x^2, \tag{2.3.41}$$

代入 (2.3.29) 有

$$\frac{\mathrm{d}x}{\mathrm{d}t} = -ax + A\cos\omega t + \eta(t). \tag{2.3.42}$$

(2.3.42) 式是一个线性随机微分方程, 可以精确求得系统输出响应的一阶矩和稳态方差的解析表达式. 下面我们将系统输出响应的一阶矩和稳态方差的解析解和二阶随机 Runge-Kutta 算法求解得到的近似解进行对比, 以此为例, 进一步验证二阶随机 Runge-Kutta 算法的有效性.

对 (2.3.42) 两边取均值, 则有

$$\frac{\mathrm{d}\langle x \rangle}{\mathrm{d}t} = -a\langle x \rangle + A\cos\omega t, \tag{2.3.43}$$

这是一个关于系统输出响应一阶矩 $\langle x \rangle$ 的非齐次线性常微分方程 [49], 求解可得

$$\langle x(t) \rangle = \mathrm{e}^{-at} \left(x(0) - A_p \cos \phi_p \right) + A_p \cos \left(\omega t - \phi_p \right), \tag{2.3.44}$$

其中, $x(0)$ 为初值, 稳态响应振幅 A_p 和稳态响应相角 ϕ_p 分别满足

$$A_p = \frac{A}{\sqrt{a^2 + \omega^2}}, \tag{2.3.45}$$

$$\tan \phi_p = \frac{\omega}{a}. \tag{2.3.46}$$

由 (2.3.45) 式可知, 简谐单势阱系统稳态响应的一阶矩振幅与周期激励参数 A, ω 和势阱参数 a 有关, 而与噪声强度 D 无关. 文献 [33] 研究得到了 Gauss 白噪声激励简谐单势阱系统输出响应的稳态方差为

$$\sigma^2 = \lim_{t \to \infty} \left\langle \left[x(t) - \langle x(t) \rangle \right]^2 \right\rangle = \frac{D}{a}, \tag{2.3.47}$$

由 (2.3.47) 式可知, 简谐单势阱系统响应的稳态方差与噪声强度 D 成正比、与势阱参数 a 成反比, 而与周期激励参数无关.

以二阶随机 Runge-Kutta 算法求解 (2.3.42) 式, 参数 $a = 1, b = 2, D = 1, A = 1$, $\omega = 1\,\mathrm{rad/s}$, 初值 $x(0) = 1$, 采样间隔 $\Delta t = 0.01\,\mathrm{s}$, 仿真时长为 $30\,\mathrm{s}$, 仿真 1000 次并对系统输出响应求平均得到输出响应的一阶矩, 如图 2-3-8 所示, 由图 2-3-8 可知, 二阶随机 Runge-Kutta 算法求得系统输出响应的一阶矩和 (2.3.44) 所得的精确解之间的误差非常小.

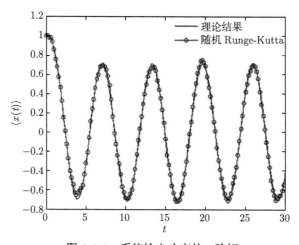

图 2-3-8　系统输出响应的一阶矩

以二阶随机 Runge-Kutta 算法数值求解系统输出响应的稳态方差时, 由于仿真时长的限制, 数值仿真无法得到 $t \to \infty$ 的情况, 但从图 2-3-8 可以看出当 t 较大时系统输出响应已趋于稳定, 所以可用数值求解得到的时域上最后 1000 个时刻的方差的均值近似得到系统输出响应的稳态方差, 计算公式如下:

$$\sigma^2 \approx \frac{1}{M} \cdot \sum_{i=M-1000}^{M} \left\langle \left[x(t_i) - \langle x(t_i) \rangle \right]^2 \right\rangle, \tag{2.3.48}$$

其中, M 为仿真数据点数. 噪声强度 D 取 $[0, 10]$, 其他仿真参数与前面一致, 以二阶随机 Runge-Kutta 算法和 (2.3.48) 式进行数值仿真求得系统响应的稳态方差, 如图 2-3-9 所示, 由图 2-3-9 可知, 由二阶随机 Runge-Kutta 算法求得的系统响应的稳态方差随噪声强度 D 的变化趋势和 (2.3.47) 所得理论结果是一致的.

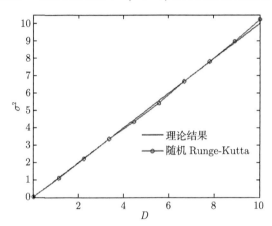

图 2-3-9　系统输出响应的稳态方差随噪声强度 D 的变化

上述对简谐单势阱系统输出响应的一阶矩和稳态方差的数值仿真表明, 以二阶随机 Runge-Kutta 算法进行数值仿真得到的结果与理论结果的误差非常小, 进一步说明了该算法的有效性.

3. 系统稳态响应振幅随参数的变化

对于简谐势阱系统 $\left(V(x) = \frac{a}{2} x^2 \right)$, 由 (2.3.44) 和 (2.3.45) 可知系统稳态响应的一阶矩振幅与噪声强度 D 无关. 研究发现, 对于幂函数型单势阱系统 (2.3.33), 在势阱参数 a 一定时, 随着势函数参数 b 的变化, 噪声强度 D 对系统稳态响应的一阶矩的影响是不同的. 下面以二阶随机 Runge-Kutta 算法数值仿真得到系统输出响应的一阶矩, 势函数参数 b 从小到大增加分别取 $0.1, 0.5, 2, 3$, 噪声强度 D 取 $0, 0.5, 2$, 其他仿真参数为 $a = 1, A = 1, \omega = 1 \mathrm{rad/s}$, 初值 $x(0) = 0$, 采样间隔 $\Delta t = 0.005 \mathrm{s}$, 仿真时长为 30 s, 仿真 1000 次并对系统输出响应求平均得到输出响应的一阶矩, 如图 2-3-10 所示.

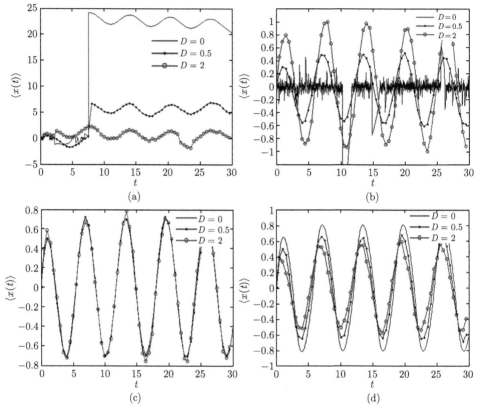

图 2-3-10　系统输出响应一阶矩. (a) $b = 0.1$; (b) $b = 0.5$; (c) $b = 2$; (d) $b = 3$

如图 2-3-10(a) 所示, 当 $b = 0.1$ 时, 若 $D = 0$, 则系统输出响应在周期激励的影响下跳跃到了较为平坦的势阱边沿做简谐振动; 若 $D > 0$, 则在周期激励和白噪声共同作用下, 系统稳态响应的一阶矩也跳跃到了较平坦的势阱边沿做简谐振动, 但需要指出的是这种跳跃是不稳定的, 即每次数值模拟得到的系统稳态响应一阶矩的图像可能不相同. 如图 2-3-10(b) 所示, 当 $b = 0.5$ 时, 若 $D = 0$, 则此时势阱中心较陡峭而周期激励幅度较小, 不足以使系统输出响应跳跃到平坦的势阱边沿, 故系统输出响应没有产生振动; 但若 $D > 0$, 则系统稳态响应的一阶矩在平衡点附近做简谐振动, 且振幅随噪声强度 D 的增大而增大, 此时噪声对系统响应的振动起促进作用. 如图 2-3-10(c) 所示, 当 $b = 2$ 时, 噪声强度 D 对系统稳态响应的一阶矩振幅不产生影响, 这与 (2.3.44) 和 (2.3.45) 所得理论分析结果一致. 如图 2-3-10 (d) 所示, 当 $b = 3$ 时, 因势阱中心也较平坦, 系统稳态响应的一阶矩在平衡点附近做简谐振动, 但振幅随噪声强度 D 的增大而减小, 在 $D = 0$ 时系统稳态响应的一阶矩振幅最大, 此时噪声对系统响应的振动起阻碍作用.

由前面分析可知, 在周期信号和 Gauss 白噪声的共同激励下, 幂函数型单势阱系统稳态响应的一阶矩也可以近似表示为如下形式:

$$\langle x(t) \rangle_{st} \approx A_p \cos\left(\omega t - \phi_p\right). \tag{2.3.49}$$

为了进一步研究系统稳态响应的一阶矩振幅与各参数的关系, 对以二阶随机 Runge-Kutta 算法数值仿真所得系统响应一阶矩 $\langle x(t_n) \rangle$ 进行离散 Fourier 变换[50], 得到其振幅的近似值:

$$A_p \approx F(k_0) = \sum_{n=0}^{N-1} \langle x(t_n) \rangle \, \mathrm{e}^{-i\frac{2\pi n}{N} k_0}, \tag{2.3.50}$$

其中, $k_0 = \dfrac{\omega}{2\pi} N \Delta t$, ω 为系统激励角频率, N 为离散数据点数, Δt 为采样间隔. 仿真参数取为: 初值 $x(0) = 0$, 采样间隔 $\Delta t = 0.005\mathrm{s}$, 仿真时长为 30s, 仿真 1000 次.

1) 系统稳态响应的一阶矩振幅随噪声强度 D 的变化

由前面分析知势阱的形状不同, 噪声强度对系统振动的影响也不同. 如图 2-3-11(a) 所示, 当 $a = 1$ 时振幅 A_p 随噪声强度 D 的变化有 4 种变化趋势: 若 b 较小 (图中 $b = 0.1$), 则随噪声强度 D 的增大, 系统稳态响应的一阶矩振幅 A_p 先减小再增大最后趋于稳定, 此时产生了广义随机共振; 若 b 较大但小于 2(图中 $b = 0.5$), 则振幅 A_p 随噪声强度 D 的增大而增大, 最后趋于稳定, 在噪声强度较小时噪声对系统振动起促进作用; 若 $b = 2$, 则噪声强度 D 的变化不影响振幅 A_p 的大小; 若 $b > 2$(图中 $b = 5$), 则振幅 A_p 随噪声强度 D 的增大而减小, 此时噪声对系统振动起抑制作用. 由图 2-3-11 (b) 可知, 当 $b = 0.5$ 时, 参数 a 的变化也引起了势阱形

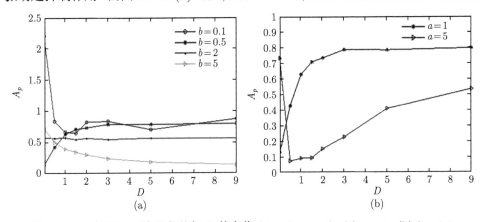

图 2-3-11 振幅 A_p 随噪声强度 D 的变化 $(A = 1, \omega = 1)$. (a) $a = 1$; (b) $b = 0.5$

状的变化, 从而改变了振幅 A_p 随噪声强度 D 的变化趋势. 综上, 对于 $b < 2$ 的情况, 因为势阱中心较陡峭而边沿较平坦, 随噪声强度 D 的变化, 幂函数单势阱系统稳态响应的一阶矩振幅可以出现非单调变化, 即发生广义随机共振.

2) 系统稳态响应的一阶矩振幅随势阱参数 a 的变化

对于幂函数型单势阱系统, 参数 a 越大, 势阱中心越陡峭且势阱高度也越高, 系统越难产生简谐振动, 如图 2-3-12 所示系统稳态响应的一阶矩振幅 A_p 均随 a 的增大而减小.

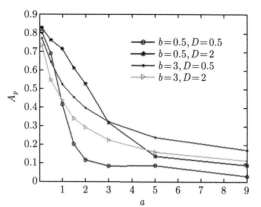

图 2-3-12   振幅 A_p 随势阱参数 a 的变化 $(A = 1, \omega = 1)$

3) 系统稳态响应的一阶矩振幅随势阱参数 b 的变化

当势阱参数 a 一定时, 参数 b 将影响势阱的形状 (图 2-3-7). 如图 2-3-13(a) 所示, 当 $a = 1$ 时, 振幅 A_p 随势阱参数 b 的变化有 2 种变化趋势: 若噪声强度较小 (图中 $D = 0, 0.5$), 则随 b 的增大, 振幅 A_p 先减小再增大, 最后趋于稳定, 即振幅 A_p

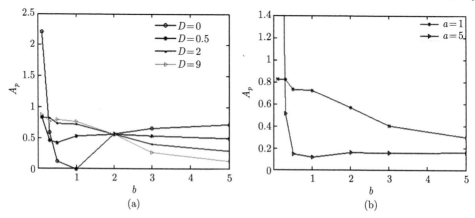

图 2-3-13   振幅 A_p 随势阱参数 b 的变化 $(A = 1, \omega = 1)$. (a) $a = 1$; (b) $D = 2$

的大小出现了非单调变化; 若噪声强度较大 (图中 $D = 2, 9$), 则振幅 A_p 随 b 的增大而不断减小. 当参数 b 一定时, 参数 a 越大, 势阱中心将越陡峭, 由图 2-3-13(b) 可知, 当 $D = 2$ 时, a 的变化改变了振幅 A_p 随参数 b 的变化趋势.

4) 系统稳态响应的一阶矩振幅随周期激励振幅 A 和角频率 ω 的变化

周期激励振幅 A 和角频率 ω 对幂函数型单势阱系统振动的影响与简谐单势阱系统的情况相似: 周期激励振幅 A 越大, 振子越容易产生简谐振动, 系统稳态响应的一阶矩振幅 A_p 也越大, 如图 2-3-14(a), (b) 所示; 周期激励角频率 ω 越大, 振子越难产生简谐振动, 系统稳态响应的一阶矩振幅 A_p 越小, 势阱参数 a 或 b 越大, 势阱中心将越陡峭, 相应振幅 A_p 也减小得越慢, 如图 2-3-15 所示.

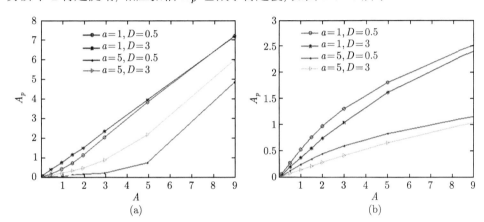

图 2-3-14　振幅 A_p 随周期激励振幅 A 的变化. (a)$b = 0.5, \omega = 1$; (b) $b = 3, \omega = 1$

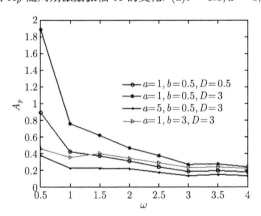

图 2-3-15　振幅 A_p 随周期激励角频率 ω 的变化 $(A = 1)$

4. 系统稳态响应方差随参数的变化

系统输出响应的稳态方差反映了系统稳态响应和它的平均值 (即系统稳态响

应的一阶矩或期望值) 的偏离程度, 稳态方差越小表明系统稳态响应在系统稳态响应的平均值附近的波动越小. 对于简谐单势阱系统 ($b = 2$), 由 (2.3.47) 可知其系统响应的稳态方差与噪声强度 D 的大小成正比, 与参数 a 的大小成反比, 而与周期激励振幅 A 和角频率 ω 无关. 研究发现对于其他幂函数型单势阱系统 ($b \neq 2$), 各系统参数的变化均会影响系统输出响应稳态方差 σ^2 的变化. 下面以二阶随机 Runge-Kutta 算法和 (2.3.48) 估计其他幂函数型单势阱系统响应的稳态方差, 并进一步分析各参数对稳态方差的影响, 数值仿真参数取为: 初值 $x(0) = 0$, 采样间隔 $\Delta t = 0.005$ s, 仿真时长为 30 s, 仿真 1000 次.

1) 系统响应的稳态方差随噪声强度 D 的变化

对于简谐势阱系统 ($b = 2$), 系统响应的稳态方差 σ^2 随噪声强度 D 的变化趋势与 (2.3.48) 一致. 当 $b < 2$ 时, 随噪声强度 D 的增大, 稳态方差 σ^2 也不断增大, 且增速也越来越大, 如图 2-3-16(a) 所示, 此时当参数 a, b 的变化使得在平衡点附近势阱中心越陡峭时, 系统响应在周期激励和噪声的共同作用下将有很大概率从势阱中心跃迁到平坦的势阱边沿, 于是系统稳态响应在其平均值附近的波动情况受噪声的影响越大, 且噪声强度越大, 跃迁发生的概率越大, 波动也越剧烈; 当 $b > 2$ 时, 随噪声强度 D 的增大, 稳态方差 σ^2 也不断增大, 但增速越来越小, 如图 2-3-16 (b) 所示, 此时当参数 a, b 的变化使得在平衡点附近势阱中心越平坦而边沿越陡峭时, 在周期激励和噪声的共同作用下系统响应将在平衡点附近做简谐运动, 陡峭的势阱边沿限制了噪声对系统输出响应的影响, 势阱中心越平坦, 势阱边沿越陡峭, 系统稳态响应在其平均值附近的波动也越小.

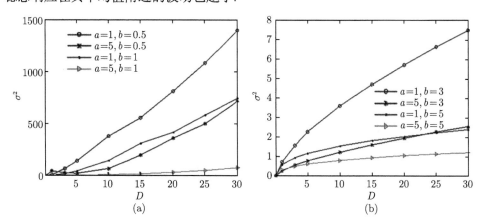

图 2-3-16   系统响应的稳态方差 σ^2 随噪声强度 D 的变化 ($A = 1, \omega = 1$).

(a) $b < 2$; (b)$b > 2$

2) 系统响应的稳态方差随势阱参数 a 的变化

当 b 较小时, 随着参数 a 的增大, 幂函数型单势阱系统响应的稳态方差 σ^2 先

减小再增大, 如图 2-3-17(a) 所示, 此时势阱中心陡峭而边缘较平坦, 势阱中心宽度
将随参数 a 的增大而不断减小, 但势阱壁却不断增高, 在势阱中心宽度足够大时较
高的势阱壁将限制系统响应在平衡点附近振动, 所以稳态方差先有一个减小的趋
势, 但随着参数 a 的不断增大, 当势阱中心宽度小到一定程度后, 在周期激励和噪
声的共同作用下系统响应在势阱两边沿不断发生跃迁, 使得系统稳态响应在其平均
值附近的波动越来越剧烈, 系统稳态方差也越来越大; 当 b 较大时, 随着参数 a 的
增大, 稳态方差 σ^2 不断减小最后趋于稳定, 如图 2-3-17(b) 所示, 此时周期激励较
小不能使系统响应跃迁到势阱的边沿, 故系统响应会在平衡点附近做简谐振动, 且
参数 a 越大, 势阱壁越高, 较高的势阱壁将限制噪声对系统输出响应的影响, 系统
稳态响应在其平均值附近的波动也越小.

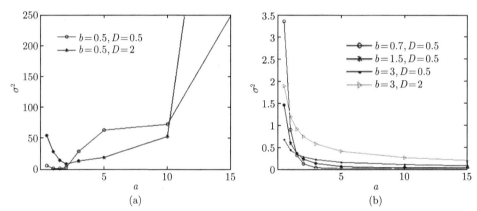

图 2-3-17　系统响应稳态方差 σ^2 随势阱参数 a 的变化 $(A = 1, \omega = 1)$

3) 系统响应的稳态方差随势阱参数 b 的变化

当其他参数一定时, 随着参数 b 的增大, 系统响应的稳态方差 σ^2 有两种变化
趋势: 当 $a = 1, 2$ 时, 随着参数 b 的增大, 稳态方差 σ^2 不断减小最后趋于稳定, 如
图 2-3-18(a) 所示, 当 b 较小时, 势阱中心陡峭而边沿平坦, 系统响应将有较大概率
跃迁到势阱边沿, 故系统稳态响应在其平均值附近的波动较剧烈, 但随着参数 b 的
增大, 势阱形状将发生改变, 当 $b > 2$ 以后势阱中心越来越平坦而势阱边沿越来越
陡峭, 系统响应将在平衡点附近做简谐振动, 陡峭的势阱边沿将限制噪声对系统响
应的影响, 系统稳态响应在其平均值附近的波动也越小; 当 $a = 3, 5$ 时, 随着参数
b 的增大, 稳态方差 σ^2 出现先减小再不断增大的非单调变化, 如图 2-3-18(b) 所示,
当 $b < 1$ 时, 随着参数 b 的增大, 势阱中心的陡峭程度将会不断降低, 同时势阱中
心宽度将越来越大, 在这个变化过程中会出现一个临界状态使得系统响应跃迁到势
阱边沿的概率出现极小值, 从而使得系统稳态方差出现一个极小值, 但是在仿真中
发现在不同参数条件下这个临界状态所对应参数 b 的值并不同, 其内部机理和临界

状态的参数求解方法还需要在后续工作中进一步深入研究.

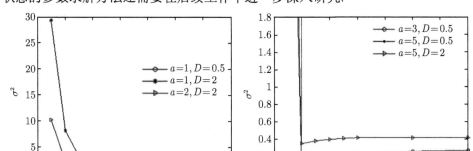

图 2-3-18　系统响应稳态方差 σ^2 随势阱参数 b 的变化 $(A=1,\omega=1)$

4) 系统响应的稳态方差随周期激励振幅 A 的变化

对于简谐势阱系统 $(b=2)$, 由 (2.3.49) 可知周期激励振幅的 A 变化不影响系统响应的稳态方差 σ^2 的大小 (见图 2-3-19(b)$a=1,b=2$ 时的仿真结果), 但周期激励振幅的 A 却会影响势阱参数 $b\neq2$ 的幂函数型单势阱系统响应的稳态方差: 当 $b<2$ 时, 稳态方差 σ^2 随周期激励振幅的 A 的增大而增大, 如图 2-3-19(a) 所示, 此时周期激励振幅 A 的增大, 将使得系统响应有很大概率跳跃到势阱边沿,所以系统稳态响应在其平均值附近的波动也越剧烈; 当 $b>2$ 时, 稳态方差 σ^2 随周期激励振幅 A 的增大而减小, 如图 2-3-19(b) 所示, 此时势阱呈 U 型, 势阱中心较平坦而势阱边沿很陡峭, 在周期激励和噪声的共同作用下系统响应将在平衡点附近做简谐振动而不会跳跃到势阱边沿,周期激励振幅越大, 噪声的影响也就越小, 故系统稳态响应在其平均值附近的波动也越小.

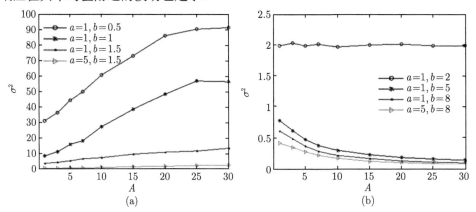

图 2-3-19　系统响应稳态方差 σ^2 随周期激励振幅 A 的变化 $\omega=1,D=2$.

(a) $b<2$; (b) $b\geqslant2$

5) 系统响应的稳态方差随周期激励角频率 ω 的变化

由 (2.3.49) 可知, 对于简谐势阱系统 ($b = 2$), 周期激励角频率的 ω 变化也不影响系统响应稳态方差 σ^2 的大小 (见图 2-3-20(a) $a = 1, b = 2$ 和图 2-3-20(b)$a = 3, b = 2$ 时的仿真结果), 但当 $b < 2$ 时, 稳态方差 σ^2 随周期激励角频率的 ω 的增大而减小, 如图 2-3-20(a) 所示, 这说明此时周期角频率 ω 越大系统响应在势阱边沿发生跃迁的概率越小, 系统稳态响应在其平均值附近的波动越小; 当 $b > 2$ 时, 稳态方差 σ^2 随周期激励角频率的 ω 的增大而增大, 如图 2-3-20 (b) 所示, 此时势阱呈 U 型, 在周期激励和噪声的共同作用下系统响应将在平衡点附近做简谐振动而不会在势阱边沿发生跳跃, 周期角频率 ω 越大, 系统响应受噪声的影响越大, 系统稳态响应在其平均值附近的波动越剧烈.

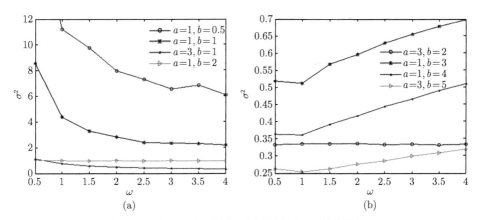

图 2-3-20   系统响应稳态方差 σ^2 随周期激励振幅 ω 的变化 ($A = 3, D = 1$).

(a) $b \leqslant 2$; (b) $b \geqslant 2$

小结   本节利用随机情形下的二阶 Runge-Kutta 算法, 研究噪声强度 D、势阱参数 a, b 以及周期激励振幅 A 和角频率 ω 对幂函数型单势阱随机振动系统稳态响应振幅和方差的影响. 结果表明: 随噪声强度 D 的变化, 系统稳态响应的一阶矩振幅可以在势阱参数 $b < 2$ 时出现广义随机共振现象, 而在通常的 $b = 2$ 简谐势阱以及势阱参数 $b > 2$ 的情况下, 则无该现象发生; 随周期激励振幅 A 和角频率 ω 的变化, 系统响应的稳态方差在势阱参数 $b \neq 2$ 时出现了单调递增或单调递减变化, 而在通常的简谐势阱 ($b = 2$) 情况下, 系统响应的稳态方差与周期激励振幅 A 和角频率 ω 无关. 随势阱参数 a, b 的变化, 幂函数型单势阱系统的势阱形状将发生改变, 系统的随机振动情况也会随之不同, 系统稳态响应振幅和方差均会随势阱参数 a, b 的变化产生不同的变化趋势, 故可以通过调节势阱参数来控制系统的随机振动. 同时势阱参数 (特别是参数 b) 的不同取值将引起系统稳态响应振幅和方差随其他系统参数变化的规律发生改变, 但是其内在物理机理尚不明确, 对临界状态以及相应临界参数的精确取值等还需要在后续工作中作进一步深入研究.

2.3.3 全局耦合系统中的随机共振

本节将研究在随机切换的势场下, 由耦合过阻尼粒子组成的系统的广义随机共振现象.

1. 耦合 Langevin 系统

1) 模型

首先考虑一个由 N 个耦合粒子组成的系统, 其耦合关系为全局调和耦合, 把系统置于一个有周期正弦激励的涨落势中. 由此可以引入如下的无量纲耦合 Langevin 方程:

$$\frac{\mathrm{d}x_i}{\mathrm{d}t} + (a + \xi_t)x_i = \varepsilon \sum_{n=1}^{N} (x_n - x_i) + A\sin\Omega t, \quad i = 1, \cdots, N, \quad (2.3.51)$$

其中, $A \geqslant 0$ 和 $\Omega > 0$ 分别表示外加周期驱动的振幅和频率, $\varepsilon \geqslant 0$ 表示耦合粒子之间的耦合系数 (强度). 势场参数 $a > 0$ 的涨落由一个双态 Markov 过程 (也称为双态色噪声、电报噪声)ξ_t 来刻画 [13,51]. 这个双态色噪声 ξ_t 随机地在 $\pm\sigma$ ($\sigma > 0$) 之间取值, 均值满足

$$\langle \xi_t \rangle = 0, \quad (2.3.52)$$

自相关函数为

$$\langle \xi_t \xi_\tau \rangle = \sigma^2 \exp(-2v|t - \tau|), \quad (2.3.53)$$

其中, $(2v)^{-1}$ 是平均等待时间, $\langle \cdots \rangle$ 是对噪声的所有实现取平均.

由于势场参数的随机变化, 涨落势随机地在

$$V_{\pm}(x) = (a \pm \sigma)\frac{x^2}{2} \quad (2.3.54)$$

中切换. 这里注意到

(a) 当 $0 < \sigma < a$ 时, 势场 $V_+(x)$ 和 $V_-(x)$ 都是稳定的;

(b) 当 $0 < a < \sigma$ 时, 势场 $V_+(x)$ 是稳定的, 但 $V_-(x)$ 是不稳定的.

对于情况 (a) 来说, 系统 (2.3.52) 显然是属于稳定状态. 然而对于情况 (b), 考虑到势场在稳定状态和不稳定状态下随机地切换, 系统 (2.3.52) 响应的稳定性也就没那么显然.

这种类型的涨落势场在各种系统中均有被发现, 例如, 生物系统中的 ATP-ADP 势场. ATP 是三磷酸腺苷 (adenosine triphosphate), 一种能为生物体提供能量的物质. ADP 是腺苷二磷酸 (adenosine diphosphate), 是 ATP 释放能量后的产物. ADP

之后又能结合有机磷 (P), 合成 ATP. 就是这样一个不断重复的绑定释放 (binding-release) 循环产生了生物系统中这种涨落的 ATP-ADP 势场.

所以, 方程组 (2.3.51) 可以认为是一个受到周期驱动的耦合蛋白质分子马达在 ATP-ADP 势场中的运动模型. 文献 [52] 就分析了这类模型在局部耦合情况下粒子的运动情况, 并给出了许多潜在的应用场景 [53−55].

2) 平均场求解

为了分析耦合 Langevin 系统 (2.3.51) 的群体行为, 引入平均场:

$$S = \frac{\sum\limits_{i=1}^{N} x_i}{N} \tag{2.3.55}$$

和对应的平均场涨落

$$\tilde{S}^2 = (S - \langle S \rangle)^2. \tag{2.3.56}$$

平均场 S 度量了 N 个粒子位置的平均情况, 平均场涨落 $\tilde{S}^2$ 度量了系统 (2.3.51) 的粒子分布远离平均场一阶矩 $\langle S \rangle$ 的程度.

把系统 (2.3.51) 的 N 个方程进行算术平均, 在平均场 S 表示下, 得到

$$\frac{dS}{dt} + (a + \xi_t)S = A \sin \Omega t. \tag{2.3.57}$$

为了在矩的意义下求解上面的随机微分方程 (2.3.57), 首先对其所有实现轨道取平均, 之后得到

$$\frac{d\langle S \rangle}{dt} + a\langle S \rangle + \langle \xi_t S \rangle = A \sin \Omega t. \tag{2.3.58}$$

为了计算出 $\langle \xi_t S \rangle$, 把方程 (2.3.57) 左右两边同时乘以 ξ_t, 然后两边同时取轨道平均, 之后就得到

$$\left\langle \xi_t \frac{dS}{dt} \right\rangle + a\langle \xi_t S \rangle + \sigma^2 \langle S \rangle = 0. \tag{2.3.59}$$

上面的过程中利用了双态噪声的恒等式

$$\xi_t^2 \equiv \sigma^2. \tag{2.3.60}$$

使用 Shapiro-Loginov 公式后, 方程 (2.3.59) 可以写为

$$\frac{d\langle \xi_t S \rangle}{dt} + (a + 2v)\langle \xi_t S \rangle + \sigma^2 \langle S \rangle = 0. \tag{2.3.61}$$

为了方便分析, 记 $y_1 = \langle S \rangle$ 和 $y_2 = \langle \xi_t S \rangle$. 然后联立方程 (2.3.58) 和 (2.3.61), 得到

$$\begin{cases} \dfrac{dy_1}{dt} + ay_1 + y_2 = A \sin \Omega t, \\[2mm] \dfrac{dy_2}{dt} + (a + 2v)y_2 + \sigma^2 y_1 = 0. \end{cases} \tag{2.3.62}$$

为了求解方程组 (2.3.62), 对其左右两边使用 Laplace 变换, 然后得到

$$\begin{cases} c_{11}Y_1 + c_{12}Y_2 = y_1(0) + f, \\ c_{21}Y_1 + c_{22}Y_2 = y_2(0), \end{cases} \tag{2.3.63}$$

其中

$$f(s) = \frac{A\Omega}{s^2 + \Omega^2}, \tag{2.3.64}$$

$y_i(0)$ 是初始条件, $Y_i(s) = \displaystyle\int_0^{+\infty} y_i(t)e^{-st}dt$ 为 $y_i(t)$ 对应的 Laplace 变换, 系数 $c_{ij} = (C)_{ij}(i = 1, 2, j = 1, 2)$ 的具体表达由如下的矩阵 C 给出:

$$\begin{pmatrix} s+a & 1 \\ \sigma^2 & s+a+2v \end{pmatrix}. \tag{2.3.65}$$

通过基本的代数运算, 线性方程 (2.3.63) 的解可以写为如下的形式:

$$\begin{cases} Y_1(s) = H_{10}(s)f + H_{11}(s)y_1(0) + H_{12}(s)y_2(0), \\ Y_2(s) = H_{20}(s)f + H_{21}(s)y_1(0) + H_{22}(s)y_2(0). \end{cases} \tag{2.3.66}$$

里面的参数为

$$H_{10}(s) = \frac{c_{22}}{c_{11}c_{22} - c_{12}c_{21}}, \quad H_{20}(s) = \frac{-c_{21}}{c_{11}c_{22} - c_{12}c_{21}},$$

$$H_{11}(s) = \frac{c_{22}}{c_{11}c_{22} - c_{12}c_{21}}, \quad H_{12}(s) = \frac{-c_{12}}{c_{11}c_{22} - c_{12}c_{21}}, \tag{2.3.67}$$

$$H_{21}(s) = \frac{-c_{21}}{c_{11}c_{22} - c_{12}c_{21}}, \quad H_{22}(s) = \frac{c_{11}}{c_{11}c_{22} - c_{12}c_{21}}. \tag{2.3.68}$$

之后再使用逆 Laplace 变换, 把上面的结果变换到时域, 得到方程组 (2.3.62) 的时域解:

$$\begin{cases} y_1(t) = A\displaystyle\int_0^t h_{10}(t-\tau)\sin(\Omega\tau)d\tau + \sum_{i=1}^2 h_{1i}y_i(0), \\ y_2(t) = A\displaystyle\int_0^t h_{20}(t-\tau)\sin(\Omega\tau)d\tau + \sum_{i=1}^2 h_{2i}y_i(0). \end{cases} \tag{2.3.69}$$

其中 $h_{ij}(t)$ 为 $H_{ij}(s)$ 的逆 Laplace 变换.

为了找到系统的稳态 (steady-state) 解, 还需要系统 (2.3.64) 的特征方程:

$$a^2 + 2av - \sigma^2 + 2(a+v)s + s^2. \tag{2.3.70}$$

使用 Routh-Hurwitz 稳定性判别准则 [56], 得到如下的稳定性条件:

$$\sigma^2 < a^2 + 2av. \tag{2.3.71}$$

从理论的观点来看, 当稳定性条件 (2.3.71) 成立时, 初始条件的影响将随着 $t \to +\infty$ 而消失. 不失一般性, 令结果 (2.3.69) 中所有的初始条件为 0. 之后, 就可以写出方程组 (2.3.62) 的稳态解为

$$
\begin{cases}
\langle S(t) \rangle_E = A \displaystyle\int_0^t h_{10}(t-\tau) \sin(\Omega\tau) \mathrm{d}\tau, \\
\langle \xi_t S(t) \rangle_E = A \displaystyle\int_0^t h_{20}(t-\tau) \sin(\Omega\tau) \mathrm{d}\tau.
\end{cases}
\tag{2.3.72}
$$

对于上面的结果, 能直接计算出卷积结果而不通过逆 Laplace 变换. 由于方程组 (2.3.62) 的非齐次项是一个单频的正弦信号, 所以稳态解只和这个正弦波形在振幅和相位角上有区别. 详细来说, 有如下结果:

$$
\begin{cases}
\langle S(t) \rangle_E = A \left| H_{10}(j\Omega) \right| \sin(\Omega t + \phi_1), \\
\langle \xi_t S(t) \rangle_E = A \left| H_{20}(j\Omega) \right| \sin(\Omega t + \phi_2),
\end{cases}
\tag{2.3.73}
$$

其中, $\phi_i = \arg H_{i0}(j\Omega)$, $i = 1, 2$, $j = \sqrt{-1}$,

$$
\begin{aligned}
\left| H_{10}(j\Omega) \right| = \sqrt{\frac{\alpha_{11}^2 + \alpha_{12}^2}{\beta_1^2 + \beta_2^2}}, \quad \tan\phi_1 = \frac{\alpha_{12}\beta_1 - \alpha_{11}\beta_2}{\alpha_{11}\beta_1 + \alpha_{12}\beta_2}, \\
\left| H_{20}(j\Omega) \right| = \sqrt{\frac{\alpha_{21}^2 + \alpha_{22}^2}{\beta_1^2 + \beta_2^2}}, \quad \tan\phi_2 = \frac{\alpha_{22}\beta_1 - \alpha_{21}\beta_2}{\alpha_{21}\beta_1 + \alpha_{22}\beta_2}.
\end{aligned}
\tag{2.3.74}
$$

里面对应的参数为

$$
\begin{aligned}
&\alpha_{11} = a + 2v, \quad \alpha_{12} = \Omega, \quad \alpha_{21} = -\sigma^2, \quad \alpha_{22} = 0, \\
&\beta_1 = a^2 + 2av - \Omega^2 - \sigma^2, \quad \beta_2 = 2(a+v)\Omega.
\end{aligned}
\tag{2.3.75}
$$

对于系统的实际应用来说, 实际当中还需要有二阶矩的信息, 特别是对二阶矩有界性的要求 [57-60]. 所以接下来, 将要求平均场涨落的期望 $\tilde{S}^2$, 也就是系统 (2.3.57) 的二阶矩 (方差) 有界的条件.

从方程 (2.3.57) 中减去方程 (2.3.58), 注意到 $\tilde{S} = S - \langle S \rangle$, 得到

$$
\frac{\mathrm{d}\tilde{S}}{\mathrm{d}t} + a\tilde{S} + \xi_t \tilde{S} + \langle S\xi_t \rangle - \langle \xi_t S \rangle = 0.
\tag{2.3.76}
$$

分别把方程 (2.3.76) 乘以 $2\tilde{S}$ 和 $2\xi_t \tilde{S}$, 得到

$$
\begin{cases}
\dfrac{\mathrm{d}\tilde{S}^2}{\mathrm{d}t} + 2a\tilde{S}^2 + 2\xi_t\tilde{S}^2 + 2\left\langle S\xi_t\tilde{S} \right\rangle - 2\left\langle \xi_t S\tilde{S} \right\rangle = 0, \\
\xi_t \dfrac{\mathrm{d}\tilde{S}^2}{\mathrm{d}t} + 2a\xi_t\tilde{S}^2 + 2\sigma^2\tilde{S}^2 + 2\left\langle S\sigma^2\tilde{S} \right\rangle - 2\left\langle \xi_t S\xi_t\tilde{S} \right\rangle = 0.
\end{cases}
\tag{2.3.77}
$$

应用 Shapiro-Loginov 公式于方程组 (2.3.77), 得到

$$
\begin{cases}
\dfrac{\mathrm{d}\left\langle \tilde{S}^2 \right\rangle}{\mathrm{d}t} + 2a\left\langle \tilde{S}^2 \right\rangle + 2\left\langle \xi_t \tilde{S}^2 \right\rangle + 2\left\langle S \right\rangle\left\langle \xi_t S \right\rangle = 0, \\[2mm]
\dfrac{\mathrm{d}\left\langle \xi_t \tilde{S}^2 \right\rangle}{\mathrm{d}t} + 2(a+v)\left\langle \xi_t \tilde{S}^2 \right\rangle + 2\sigma^2 \left\langle \tilde{S}^2 \right\rangle - 2\left\langle \xi_t S^2 \right\rangle = 0.
\end{cases}
\tag{2.3.78}
$$

这里注意到 $\left\langle \tilde{S} \right\rangle = 0$ 和 $\left\langle S \right\rangle = \left\langle \tilde{S} \right\rangle$.

假设一阶矩稳定条件 (2.3.71) 成立, 在充分长时间后, 方程组 (2.3.78) 演化为

$$
\begin{cases}
\dfrac{\mathrm{d}\left\langle \tilde{S}^2 \right\rangle}{\mathrm{d}t} + 2a\left\langle \tilde{S}^2 \right\rangle + 2\left\langle \xi_t \tilde{S}^2 \right\rangle = -2\left\langle S \right\rangle_E \left\langle \xi_t S \right\rangle_E, \\[2mm]
\dfrac{\mathrm{d}\left\langle \xi_t \tilde{S}^2 \right\rangle}{\mathrm{d}t} + 2(a+v)\xi_t\tilde{S}^2 + 2\sigma^2 \left\langle \tilde{S}^2 \right\rangle = 2\left\langle \xi_t S^2 \right\rangle_E.
\end{cases}
\tag{2.3.79}
$$

由方程 (2.3.73) 可以看出系统 (2.3.79) 的输入是有界信号, 所以系统 (2.3.79) 的输出稳定性只决定于其齐次部分. 应用 Routh-Hurwitz 稳定性判别准则, 可以得到如下的稳定判别条件:

$$
\sigma^2 < a^2 + av.
\tag{2.3.80}
$$

根据上面的计算, 就得到了方程 (2.3.57) 一阶矩的稳态解

$$
\left\langle S(t) \right\rangle_E = A\left| H_{10}(j\Omega) \right|\sin(\Omega t + \phi_1).
\tag{2.3.81}
$$

里面的参数由等式 (2.3.74) 和 (2.3.75) 给出. 与之对应的一阶矩稳定性条件为

$$
\sigma^2 < a^2 + 2av.
\tag{2.3.82}
$$

二阶矩 (方差) 稳定性条件为

$$
\sigma^2 < a^2 + av.
\tag{2.3.83}
$$

注意到 $a^2 + av < a^2 + 2av$, 可以得到这章的主要结果之一, 平均场的一阶矩和二阶矩 (方差) 同时有界的条件:

$$
\sigma^2 < \sigma_{\mathrm{M}}^2 = a^2 + av.
\tag{2.3.84}
$$

根据文献 [57]—[60], 把这个条件称为平稳限制条件, 并在后面小结进行详细讨论.

3) 单粒子求解

为了详细地讨论耦合 Langevin 方程 (2.3.51) 的群体行为, 还需要分析系统中单个粒子的运动规律. 不失一般性, 这里考虑对第 i 个粒子进行分析, 其运动方程如下:

$$
\frac{\mathrm{d}x_i}{\mathrm{d}t} + (a + \xi_t)x_i = N\varepsilon(S - x_i) + A\sin\Omega t.
\tag{2.3.85}
$$

把第 i 个粒子关于平均场 S 的偏移记为

$$\Delta_i = x_i - S, \tag{2.3.86}$$

能得到

$$\frac{\mathrm{d}\Delta_i}{\mathrm{d}t} + (a + N\varepsilon)\Delta_i + \xi_t\Delta_i = 0. \tag{2.3.87}$$

对上面的方程关于噪声的所有实现取平均, 得到

$$\frac{\mathrm{d}\langle\Delta_i\rangle}{\mathrm{d}t} + (a + N\varepsilon)\langle\Delta_i\rangle + \langle\xi_t\Delta_i\rangle = 0. \tag{2.3.88}$$

为了方便讨论, 在后面将省略脚标 i.

注意到上面的方程 (2.3.88) 和 (2.3.57) 是同一个类型, 只是存在如下的替换规则:

$$\begin{cases} a \mapsto a + N\varepsilon, \\ A \mapsto 0. \end{cases} \tag{2.3.89}$$

把上面的替换规则作用于方程组 (2.3.57) 的稳态解和其对应的稳定性条件上, 就可以得到方程 (2.3.88) 一阶矩的稳态解

$$\langle\Delta\rangle_E = 0 \tag{2.3.90}$$

与其对应的稳定性判别条件

$$\sigma^2 < (a + N\varepsilon)^2 + 2v(a + N\varepsilon) \tag{2.3.91}$$

和二阶矩的稳态解

$$\langle\Delta^2\rangle_E = 0 \tag{2.3.92}$$

与其对应的稳定性判别条件

$$\sigma^2 < (a + N\varepsilon)^2 + v(a + N\varepsilon). \tag{2.3.93}$$

由于 i 的任意性, 以上结果是对系统 (2.3.52) 中的所有粒子一致成立.

基于对单个粒子偏移的一阶矩稳定判别条件 (2.3.91) 和二阶矩稳定判别条件 (2.3.93), 可以得到单个粒子的偏移一阶矩和二阶矩同时稳定的判别条件:

$$\sigma^2 < \sigma_S^2 = (a + N\varepsilon)^2 + v(a + N\varepsilon). \tag{2.3.94}$$

上面的结果是本节的主要结论之一. 这里注意到任意粒子与平均场的偏移量的二阶矩为 0, 也就意味着任意的粒子与平均场保持同步 (除了一个零测集), 所以也把上面的条件称为同步条件, 并在后面给出详细的分析讨论.

2. 群体行为分析

本小节将基于之前的结果和直观的数值仿真讨论系统 (2.3.52) 的群体行为. 对于本章节中的仿真, 均采用文献 [61] 给出的数值算法.

1) 平稳限制

从平均场的判别式 (2.3.82) 和 (2.3.83) 中, 可以看到, 即使一阶矩是稳定的, 二阶矩也可能不稳定. 当一阶矩稳定而二阶矩不稳定时, 随着时间的演化, 粒子的位移在均值附近出现非平稳的波动, 这将显著影响实际应用和数值仿真.

为了更直观地展示二阶矩不稳定的影响, 在图 2-3-21 中给出仿真结果. 从图 2-3-21(a) 和 (c) 中可见, 尽管噪声强度都满足一阶矩的稳定性条件 (2.3.82), 但是图 2-3-21 (a) 中的涨落幅度要远小于图 2-3-21(c) 中的涨落幅度. 这个直观而显著的涨落幅度差异就是由图 2-3-21 (c) 不满足二阶矩的稳定性而导致的, 使得方差随时间呈指数增长; 而对于图 2-3-21 (c) 来说涨落的幅度是有界的, 不会随时间增长而增大. 当利用随机共振的弱信号检测能力时, 一般都希望每次实现的波动是有界的, 这样才能有效度量估计的准确性, 特别是在小样本条件下, 方差的有界性更为重要. 在图 2-3-23(b) 中, 给出不稳定二阶矩下的仿真结果.

从图 2-3-22(a) 中, 能够直观地看到波动聚集现象, 也就是大的波动后面一般伴随着大的波动, 小的波动后面一般伴随着小的波动, 波动聚集现预示着有厚尾分布 [62]. 对于固定的时刻, 图 2-3-22 (b) 给出了系统 (2.3.51) 平均场实现的分布图. 在图 2-3-22(b) 中, 分布形式表现出了类似 x^{-k} 的行为, 表现出了幂律特性. 幂律特性的出现表明, 系统的密度分布函数在远离均值的地方衰减得比较慢, 也就是说远离均值的随机事件发生的概率比较大. 正因为如此, 图 2-3-22 (a) 中才出现比较大数量级的波动. 而由于是色噪声激励的系统, 前后时间的波动不是独立的, 呈正相关, 所以小波动一般跟随小波动, 大波动跟随大波动.

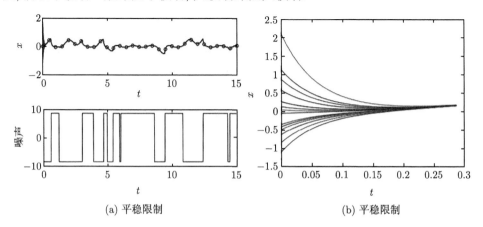

(a) 平稳限制   (b) 平稳限制

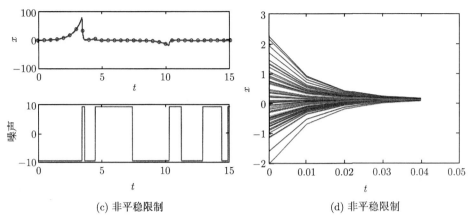

(c) 非平稳限制　　　　　　　　　　　　　(d) 非平稳限制

图 2-3-21　系统 (2.3.51) 在不同参数条件下的实现和所对应的噪声轨道, 其中 $a = 8, A = 1,$ $\Omega = 1.5\pi$ 和 $\varepsilon = 1$; 图 2-3-21 (a), $N = 16, \sigma^2 = a^2 + 0.5av$; 图 2-3-21 (c), $N = 64,$ $\sigma^2 = a^2 + 1.5av$. 在图 2-3-21 (a) 和图 2-3-21(c) 中, 顶部图里不同颜色实线代表的是不同粒子轨道, 空心圆代表的是对应的平均场轨道, 底部图表示与顶部图对应的噪声轨道. 图 2-3-21(a) 和 (c) 在 $t = 0$ 附近的运动过程分别为图 2-3-21(b) 和 (d) (彩插扫书后二维码)

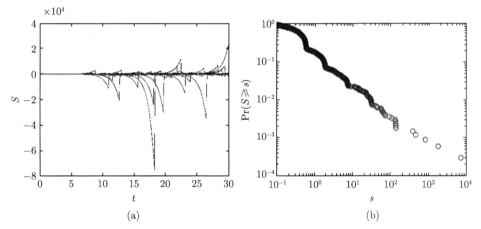

(a)　　　　　　　　　　　　　　　　　　(b)

图 2-3-22　在非平稳限制下, 平均场的实现与其所对应的厚尾分布. 仿真参数为 $a = 8, A = 1, \Omega = 1.5\pi, \varepsilon = 1$ 和 $\sigma^2 = a^2 + 1.5av$. 图 2-3-22 (a) 给出了平均场的 10^4 次实现. 图 2-3-22 (b) 给出了当 $t = 22$ 时, 满足 $S > 0.1$ 的平均场实现的分布图

2) 粒子的群体同步行为

从等式 (2.3.90) 和 (2.3.92), 可以看到除了一个零测集外, 所有粒子与平均场偏差的实现均为 0. 这暗示着系统 (2.3.52) 的每个粒子随着系统时间的演化, 几乎都能够和平均场 S 同步 (图 2-3-21).

从判别式 (2.3.84) 和 (2.3.94), 可以看出

$$\sigma_M \leqslant \sigma_S. \tag{2.3.95}$$

(2.3.95) 式意味着有着不同初始值的过阻尼粒子能够随着平均场同步地运动 (图 2-3-21(a)). 对于多粒子耦合系统, N 比较大时, 粒子的同步运动现象在非平稳限制下也能被观测到 (图 2-3-21(c) 和 (d)).

从判别式 (2.3.94) 中的项 $N\varepsilon$, 可以看出耦合强度 ε 与粒子数目 N 在系统的演化过程中扮演了相同的作用. 因此, 不失一般性, 令耦合强度在后面的仿真分析中为单位 1. 随着粒子数目 N 的增加, 通过比较图 2-3-21(b) 和图 2-3-21(d), 发现达到同步所需的弛豫时间逐渐减少. 这是由系统所对应的为负数的特征根实部, 随着粒子数目的增加而越来越远离原点导致的.

这里指出, 耦合的强度仅仅是影响系统到达同步的弛豫时间, 而同步的本质原因是整个系统一致地受到随机势和同一周期激励的影响. 当让耦合强度 $\varepsilon = 0$ 时, 不等式 (2.3.95) 仍然成立, 这也就意味着耦合关系对同步没有影响. 作为结果, 在平稳限制条件下, 可通过只分析平均场的运动规律, 而不是去分析所有的粒子, 来研究系统群体行为. 因此在下面的讨论中, 只关注于分析平均场.

3) 随机共振的分析

从方程 (2.3.81) 可以看到, 因为 $\langle S \rangle_E$ 的输出振幅在

$$\sigma_0^2 = a^2 + 2av - \Omega^2 \tag{2.3.96}$$

处取得极大值. 结合随机共振的单峰特性, 可得到随机共振出现的条件为

$$\max\left(\frac{\Omega^2 - a^2}{2a}, 0\right) < v < \frac{\Omega^2}{a}. \tag{2.3.97}$$

但是根据之前对平稳限制的讨论分析, 如果希望得到一个平稳的响应来观察随机共振, 还需要使得平稳限制条件 (2.3.84) 也满足. 尽管平稳限制下随机共振发生的条件 (2.3.84) 和 (2.3.97) 都与耦合无关, 但是耦合强度或粒子数目决定了能够以多快的速度达到系统同步.

为了分析随机共振我们给出图 2-3-23. 绘制图 2-3-23(a) 的参数为 $a = 8, A = 1, \Omega = 1.5\pi$, 所有的估计结果都是通过 10^4 次实现平均得到, 取 $T = 300$, 仿真时间步长为 0.003. 对图 2-3-23(a) 来说, 为了定量刻画二阶矩的发散, 给出

$$Q = 1 - \exp\left(-\int_0^T \langle x^2 \rangle \, \mathrm{d}t / T\right). \tag{2.3.98}$$

Q 从 0(由暗表示) 到 1(由亮表示) 取值, 越亮的 Q 值表示越大的

$$\int_0^T \langle x^2 \rangle \, \mathrm{d}t / T, \tag{2.3.99}$$

也就度量了二阶矩随着时间的发散情况.

当平稳限制 (2.3.84) 成立, 但随机共振条件 (2.3.97) 不成立时, 对应图 2-3-23(a) 中的稳定区域中不发生 SR 区域. 这时从图 2-3-23(b) 中对应实线可以看到, 对应参数下的平均场一阶矩在噪声强度增加的同时呈现单调变化.

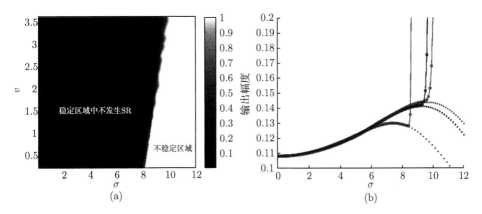

图 2-3-23 在 v-σ 平面上系统的相图和不同参数条件下, 平均场一阶矩的输出振幅

对于图 2-3-23(a) 的解析结果, 实线代表的是平稳和非平稳条件区域的分界线, 点线代表是否出现随机共振的分界线. 在图 2-3-23(b) 中, 包含有 $v \approx 0.88 < \Omega^2/a, v = 2.73 \approx \Omega^2/a$ 和 $v \approx 3.22 > \Omega^2/a$ 三种参数条件下的理论一阶矩的输出振幅和数值仿真的一阶矩输出振幅, 实线部分表示在平稳限制下理论输出振幅, 点线部分表示在非平稳条件下的理论输出振幅, 空心圆圈表示对应的仿真结果.

当平稳限制条件 (2.3.84) 和随机共振条件 (2.3.97) 同时成立时, 对应到图 2-3-23(a) 中的稳定区域中发生 SR 区域. 这时从图 2-3-23(b) 中对应实线可以看到, 对应参数下的平均场一阶矩在噪声强度增加的同时呈现出非单调变化, 先增大后减小, 也就是说随机系统的输出响应表现出了随机共振现象, 适中的噪声强度能够使得系统的输出振幅取得最大值.

在图 2-3-23(b) 中, 随着相关参数 v 的增加, 注意到一阶矩的最大值和取得最大值所对应的噪声强度也都在增加. 可以看到, 在平稳限制条件下, 平均场一阶矩的输出响应振幅可以被很准确地估计出来, 参见图 2-3-23 (b) 中的实线部分.

图 2-3-23(b) 显示了适中的噪声强度的确能导致一阶矩取得最大值. 但当 v 的取值使得响应的峰值出现在非平稳限制区域时, 即使理论的一阶矩有随机共振现象, 数值模拟的一阶矩也观测不到随机共振. 当平稳限制 (2.3.84) 不满足时, 对应到图 2-3-23(a) 中的不稳定区域, 无论随机共振的发生条件是否满足, 平均场的一阶矩都不能被稳定的固定, 参见图 2-3-23(b) 中的虚线部分与之对应的空心圆估计值. 这暗示了很难在非平稳限制条件下, 在实际应用和仿真中观测到可靠的随机共

振现象.

特别地, 在白噪声情况下, 即 $v \to +\infty$, 随机共振的判别条件 (2.3.97) 对于任意的参数 Ω, σ 和 a 都不成立. 这也就意味着在白噪声情况下, 不可能观测到系统的输出响应振幅关于噪声强度呈现非单调变化, 这说明了系统 (2.3.51) 是否发生随机共振和噪声的相关时间是密不可分的.

图 2-3-23 中数值结果和解析结果的一致性表明随机系统的平稳限制状态和非平稳限制状态能够发生由参数改变导致的相变.

4) 随机共振产生的解释

下面通过噪声的相关时间来解释随机系统 (2.3.51) 发生随机共振的原因. 当双态噪声取正值 σ 时, 系统对应的势场为

$$V_+(x) = (a + \sigma)\frac{x^2}{2}. \tag{2.3.100}$$

系统处于单稳态势场中, 由于势场力的作用, 会有下滑到势场底部的趋势, 这种趋势就导致了稳定的响应. 相反地, 当双态噪声取负值 $-\sigma$ 时, 一个足够大的噪声强度 $(\sigma > a)$, 能够使得系统处于不稳定的单势垒势场

$$V_-(x) = (a - \sigma)\frac{x^2}{2}. \tag{2.3.101}$$

当粒子处于单势垒势场中时, 在势场力的作用下粒子会滑向无穷远处, 这种不稳定性能够放大系统地响应振幅. 由于涨落的作用, 粒子不可能永远处于具有稳定作用的 $V_+(x)$ 势场和具有放大作用的 $V_-(x)$ 势场中, 而是由于涨落的作用根据相关时间参数随机地在两种势场之间跳动. 那么当外部的周期驱动和相关时间相匹配的时候, 就能够期待这种放大和稳定的作用能够使得输出响应更加有序. 这样合适的相关时间就能够使得系统的输出响应曲线在噪声强度增大时呈现出非单调的行为 (图 2-3-23 (b)).

而在噪声强度适中时 (满足平稳限制条件), 起放大作用的势场 $V_-(x)$ 的作用就能被起稳定作用的势场 $V_+(x)$ 所制约, 所以就使得波动的幅度不会增长得太大, 参见图 2-3-21(a). 但是当噪声强度特别大时 (不满足平稳限制条件), 起放大作用的势场 $V_-(x)$ 的作用就不能被起稳定作用的势场 $V_+(x)$ 所制约, 所以就导致了特别大的波动, 参见图 2-3-21(c).

比较之前对于经典随机共振机理的讨论, 可以看出受色噪声扰动的线性系统 (2.3.52) 发生随机共振的机理不同于双稳态理论, 而是单稳态随机共振. 而对平稳限制条件的要求表明, 需要系统的能量随着时间的演化是有限的. 这也就意味着在一个能量有限的单稳态系统中, 如果能存在某种激发作用, 如系统 (2.3.52) 中起放大作用的势场 $V_-(x)$, 那么系统可能发生随机共振.

小结 本节讨论了一个在随机切换的双态势场下, 受到周期激励的全局耦合 Langevin 系统. 通过引入系统的平均场和粒子关于平均场偏移的一阶矩和二阶矩, 刻画所研究系统的群体行为. 使用基于矩的方法, 给出了一个方便而有效地刻画粒子群体行为的思路. 在求得系统一阶矩的稳态解和对应的平稳限制条件之后, 分析了这个全局耦合的复杂网络的群体行为.

基于解析结果和数值仿真, 强调了平稳限制对于实际应用和仿真的重要性. 在平稳限制下, 在实验中能获得便于统计处理分析的数据, 这能更方便有效地去估计系统的一阶矩, 特别是在小样本实验的情况下. 进一步, 如果平稳限制条件成立, 能够有效地估计平均场的一阶矩, 即使系统有时在一个不稳定的势场下运动. 基于对随机共振产生的讨论, 发现相关时间起到了关键的作用. 在合适的参数条件下, 系统能够发生参数导致的相变, 这对于随机共振的实际应用是十分重要的. 使用这个特性, 能够有效和可靠地来控制随机共振的发生, 能在之后的研究中, 帮助研究人员解释相关的实验和应用. 此外, 这个平稳限制条件并不依赖于耦合, 所以能够把这个平稳限制条件应用于非耦合情况.

对于比较大的耦合强度或者粒子数目较多的系统, 研究发现无论是否处于非平稳限制, 所有的粒子都一致的运动. 这给出了一个通过分析平均场来研究整个耦合系统的方便的研究方法. 这样, 基于同步判别条件, 之前对非耦合系统研究的结果 [63] 也能应用于全局调和耦合情况.

在非平稳限制条件下, 观测到了波动聚集现象, 随后也给出了对于平均场分布的经验分布, 观察到了分布厚尾特性. 这个结果给出了一个潜在的同时具有厚尾和随机共振特性的系统, 能为后续的研究随机共振或者厚尾分布的课题提供新的研究思路.

分布的厚尾特性, 或者相关的幂律特性等, 都广泛存在于自然界 [64] 和社会结构 [65,66] 当中. 由此, 寻找这样一个广泛存在的现象的原因是十分吸引人的, 是科研人员比较关注的焦点 [67]. 1997 年, Hideki Takayasu 等就在 *Physical Review Letters* 发表文章, 通过研究过如下的时间序列模型:

$$x(n+1) = b(n)x(n) + f(n), \tag{2.3.102}$$

其中 $b(n)$ 为一个随机性扰动, $f(t)$ 为一个随机或确定性扰动, 他们发现在一定条件下这个模型能够产生幂律分布 [68]. 1998 年, Didier Sornette 给出了模型的详细分析 [69]. 对比模型 (2.3.102) 和本节讨论的模型 (2.3.51), 发现这两个模型都具有乘性噪声, 都有外加的驱动力. 这就暗示了的确系统 (2.3.51) 所存在的幂律行为, 不是一种偶然, 可能具有一定的普适性. 那么反过来说, 在很多存在幂律行为的系统中, 也很可能发现随机共振现象, 这都为后续的研究提供了新的思路.

2.4　整数阶振动共振

2.4.1　振动共振的理论基础

随着研究的进一步深入, 人们发现随机共振这类共振现象并不是受随机力作用的随机动力系统所特有的现象. 事实上, 确定性的系统也能发生类似于随机共振的共振现象. 2000 年, Landa 和 McClintock 则将随机共振中的噪声源用高频周期信号替代, 用数值方法研究了受高频周期信号和微弱低频周期信号同时激励的非线性双稳系统, 发现系统对低频周期信号的响应幅值增益和高频周期信号的幅值之间是一种非线性关系: 随着高频信号幅值的逐渐增大, 系统对低频信号的响应幅值增益会出现最大值, 即出现 “共振” 现象, 从而使微弱低频信号得到放大 [70]. 这种共振现象被称为**振动共振**(vibration resonance).

考虑最常见的双稳势函数为

$$V(x) = \frac{1}{4}bx^4 - \frac{1}{2}ax^2. \tag{2.4.1}$$

其势阱形状如图 2-4-1 所示, $x_{1,2} = \pm\sqrt{a/b}$ 是势函数的两个极小值点, 对应系统的稳定状态; x_3 是势函数的极大值点, 对应系统的不稳定状态; ΔV 是势垒的高度, 其值越大, 系统输出在双稳态之间的穿越难度就越大.

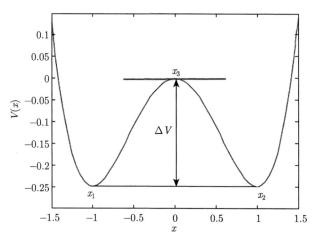

图 2-4-1　双稳势函数的图形 $(a = 1, b = 1)$

假设考察受双频信号激励的过阻尼双稳系统为

$$\dot{x}(t) = -V'(x) + f\cos(\omega t) + F\cos(\Omega t), \tag{2.4.2}$$

其中, $V(x)$ 由式 (2.4.1) 定义, 为简化分析取 $a = b = 1$. 两个输入信号的频率之间满足关系式 $\omega \ll \Omega$ 且低频信号的幅值 $f \ll 1$, 本章研究的双频信号均满足这一条件. 根据振动共振现象的机理可知, 系统响应在低频信号频率处的幅值与输入的高频信号幅值之间呈现非线性关系, 我们可以通过调节高频信号的幅值使系统对低频信号的响应效果在输出中达到最大, 出现 "振动共振" 现象. 在信号分析中低频信号往往携带有用信息, 因此增强低频信号对系统的响应具有非常重要的意义. 在数值模拟中, 常以系统响应在低频处的幅值增益 (Fourier 系数) 来度量振动共振的程度, 其定义为

$$Q = \sqrt{Q_s^2 + Q_c^2}/f, \tag{2.4.3}$$

其中, Q_s 和 Q_c 分别是系统响应在频率 ω 处的正弦和余弦 Fourier 分量:

$$Q_s = \frac{2}{rT} \int_0^{rT} x(t) \sin(\omega t) \mathrm{d}t, \quad Q_c = \frac{2}{rT} \int_0^{rT} x(t) \cos(\omega t) \mathrm{d}t, \tag{2.4.4}$$

其中, $T = 2\pi/\omega$, r 是正整数, 表示微弱低频信号在系统输出中被放大的程度. 有时也使用响应幅值 A 作为研究指标, 即

$$A = \sqrt{Q_s^2 + Q_c^2}. \tag{2.4.5}$$

系统 (2.4.2) 的振动共振曲线如图 2-4-2 所示, 在临界值 $F = F_c$ 处, 系统对低频信号的响应发生 "共振" 现象.

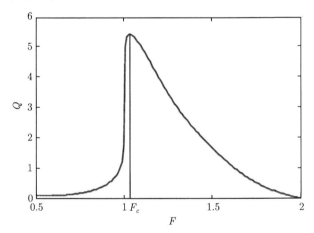

图 2-4-2 过阻尼双稳系统中的经典振动共振现象.
$a = 1, b = 1, f = 0.1, \omega = 0.1, \Omega = 4, F_c = 1.04$

2.4.2 非噪声诱导的逻辑振动共振

利用信号, 噪声和非线性之间巧妙的相互作用, 随机共振能够利用强度合适的噪声来提高系统的检测性能 [71].

　　为了应对纳米尺度系统所受到的不可滤除的环境扰动, 受到随机共振这种利用噪声提高检测效果能力的启发, 研究人员提出了一种阈值检测器, 它能够灵活地和可靠的实现逻辑门的功能 [72,73].

　　一般来说, 逻辑门是通用计算机的基础模块, 用来实现对两个逻辑输入信号进行逻辑运算, 然后产生逻辑输出. 我们在表 2-4-1 中给出了基本的运算规则: OR 逻辑和 AND 逻辑, 以及它们对应的补运算 NOR 逻辑和 NAND 逻辑. 任意的逻辑功能都能使用上面这几种基本的逻辑运算组合而成 [74].

表 2-4-1　逻辑真值表

输入运算对 (I_1, I_2)	OR	AND	NOR	NAND
(0,0)	0	0	1	1
(0,1)/(1,0)	1	0	0	1
(1,1)	1	1	0	0

　　在提出这种利用噪声的阈值检测器之后, 许多科研人员都开始研究这个称为逻辑随机共振的理论及其应用 [75-77]. 然而, 当噪声强度没能够处于参数的最优窗口内时, 逻辑随机共振系统就不能进行正确的运算. 为了解决这个问题, 最近, Gupta 等通过把逻辑随机共振中的随机噪声替换为一个完全规律的高频周期驱动, 发现了类似逻辑随机共振的现象 [78], 他们把这个现象称为非噪声诱导逻辑振动共振. 非噪声诱导逻辑振动共振的发现表明, 确定性扰动对于特定系统也是能够起到有利作用的. 这个特性使得能够使用其他非随机性扰动来补充逻辑随机共振的噪声强度, 从而保证噪声强度不在最优的参数窗口时也能实现稳定可靠的逻辑运算 [79,80].

　　本节将给出双稳势场中, 发生非噪声诱导逻辑振动共振的充分条件.

1. 系统模型

　　考虑一个有弱非周期输入, 受高频周期扰动的过阻尼粒子在双稳势场下的运动, 引入如下的无量纲方程:

$$\frac{\mathrm{d}x}{\mathrm{d}t} = ax - bx^3 + s(t) + D\sin(\omega t), \tag{2.4.6}$$

其中, $s(t) = \delta + I_1 + I_2$ 为弱逻辑输入组合信号, 双稳态势函数由参数 $a > 0$ 和 $b > 0$ 控制, $D > 0$ 为高频周期扰动的强度, $\omega > 0$ 为扰动的频率.

1) 逻辑信号

　　输入逻辑信号 I_1 和 I_2 为二值信号, 它们随机地在 $-\Delta$ 和 $\Delta(\Delta > 0)$ 之间切换取值. 对于逻辑信号 I_1 和 I_2 来说, 见图 2-4-3, $-\Delta$ 表示逻辑 0, Δ 表示逻辑 1. 这里假设, 两个相继逻辑信号的切换时间间隔大于系统的任意时间尺度, 因为只有这样系统才有充足的时间运动到稳态. 逻辑输入组合中的控制信号 δ 是用来控制逻辑门的输出类型, 这里要求其改变的时间点必须要对齐逻辑信号的 I_1 和 I_2 改变时刻. 为详细说明, 可参考图 2-4-3 中 $t = 400$ 时刻, 三个输入信号 I_1, I_2 和 δ 都是同时改变的.

接下来介绍系统的输出. 系统 (2.4.6) 的输出决定于其稳态响应的符号:

(1) 具有正号的稳态响应, 逻辑 AND 和逻辑 OR 的输出都被解释为逻辑 1;

(2) 具有负号的稳态响应, 逻辑 AND 和逻辑 OR 的输出就被解释为逻辑 0;

(3) 具有正号的稳态响应, 补运算 (非运算) 的输出被解释为逻辑 0;

(4) 具有负号的稳态响应, 补运算 (非运算) 的输出被解释为逻辑 1.

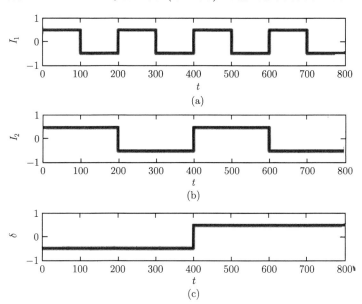

图 2-4-3 $\Delta = 0.5$ 的逻辑输入信号. (a) 为 I_1, (b) 为 I_2, (c) 为 δ. 对于图中的逻辑输入信号来说, 两个相继的切换时间间隔为 100. 对于控制信号 δ 来说, 当 $t < 400$ 时, 期望得到的是一个 AND 逻辑门; 当 $t > 400$ 时, 期望得到的是一个逻辑 OR 门

2) 快慢运动分离

接下来, 假设 ω 远大于系统 (2.4.6) 的其他特征频率. 更准确的来说, 系统地特征频率是系统线性化后所对应的自由振动频率. 对于大的 ω 来说, 系统 (2.4.6) 的解可以被表达成两个成分的和的形式 [81]:

$$x(t, \tau) = X(t) + W(t, \tau), \tag{2.4.7}$$

其中, $X(t)$ 为慢运动变量, $W(t, \tau)$ 为快运动变量. $W(t, \tau)$ 能够认为是以 2π 为周

期, 在快时间变量 $\tau = \omega t$ 下的周期函数, 并且满足

$$\langle W(t,\tau)\rangle_\tau = \frac{1}{2\pi}\int_0^{2\pi} W(t,\tau)\,\mathrm{d}\tau = 0. \tag{2.4.8}$$

上面的性质说明在使用平均算子

$$\langle * \rangle_\tau = \frac{1}{2\pi}\int_0^{2\pi} *\,\mathrm{d}\tau \tag{2.4.9}$$

时, 可认为慢时间变量 t 是一个常数. 这个结论意味着, 可通过把原来的一个方程解耦成为一个快变量方程和一个慢变量方程, 来近似求解.

下面就利用快慢变量分离的方法来近似求解系统 (2.4.6). 把方程 (2.4.7) 代入方程 (2.4.6), 得到

$$\begin{aligned}
\frac{\mathrm{d}X}{\mathrm{d}t} + \frac{\mathrm{d}W}{\mathrm{d}t} = {} & aX + aW - bW^3 \\
& - 3bW^2X - 3bWX^2 - bX^3n \\
& + s(t) + D\sin(\tau).
\end{aligned} \tag{2.4.10}$$

上面的方程同时包含了快运动和慢运动, 需进行解耦. 为此, 对上面的方程使用平均算子 $\langle * \rangle_\tau$. 使用方程 (2.4.8), 可得如下慢运动方程

$$\frac{\mathrm{d}X}{\mathrm{d}t} = aX - b\langle W^3\rangle_\tau - 3b\,\langle W^2\rangle_\tau\,X - bX^3 + s(t). \tag{2.4.11}$$

为得到快运动方程, 从方程 (2.4.10) 中减去方程 (2.4.11), 可得

$$\begin{aligned}
\frac{\mathrm{d}W}{\mathrm{d}t} = {} & aW - b(W^3 - \langle W^3\rangle_\tau) \\
& - 3b(W^2 - \langle W^2\rangle_\tau)X \\
& - 3bWX^2 + D\sin(\omega t).
\end{aligned} \tag{2.4.12}$$

对于比较大的频率 ω, 注意到有

$$\frac{\mathrm{d}W}{\mathrm{d}t} \gg W, W^2, W^3. \tag{2.4.13}$$

然后根据方程 (2.4.12), 有如下的近似结果

$$\frac{\mathrm{d}W}{\mathrm{d}t} = D\sin(\omega t). \tag{2.4.14}$$

作为结果, 得到了如下近似的快运动方程

$$W = -D_{\text{eff}}\cos(\omega t). \tag{2.4.15}$$

其中

$$D_{\text{eff}} = \frac{D}{\omega} > 0 \tag{2.4.16}$$

为快运动的等效振幅.

使用快运动变量 W, 得到

$$\langle W^2 \rangle_\tau = \frac{D_{\text{eff}}^2}{2}, \tag{2.4.17}$$

$$\langle W^3 \rangle_\tau = 0. \tag{2.4.18}$$

将其代入慢运动方程 (2.4.11) 中, 可得

$$\frac{\mathrm{d}X}{\mathrm{d}t} = \left(a - \frac{3bD_{\text{eff}}^2}{2} \right) X - bX^3 + s(t). \tag{2.4.19}$$

3) 模型求解

因为两个相继的逻辑信号切换时间的间隔远大于系统的时间尺度, 所以在时间间隔内, $s(t)$ 不会发生变化, 就可以在求解慢运动方程 (2.4.19) 的稳态响应时认为是一个常数 u. 根据上面的分析, 在逻辑信号切换的时间间隔内, 上面的系统 (2.4.19) 的稳态响应可以认为是由下面方程

$$\frac{\mathrm{d}X}{\mathrm{d}t} = \left(a - \frac{3bD_{\text{eff}}^2}{2} \right) X - bX^3 + u, \tag{2.4.20}$$

以前一次切换时刻的响应作为初值演化而来的.

参数 u 从集合 $S = \{\delta + 2\Delta, \delta, \delta - 2\Delta\}$ 中取值. 详细来说, 在相继两次判断的时间间隔内, 有一个固定的 u, 可得到下面对应的等效势场 (effective potential field),

$$U_{\text{eff}}(X, u) = -uX - \hat{a}\frac{X^2}{2} + b\frac{X^4}{4}, \tag{2.4.21}$$

其中

$$\hat{a} = a - \frac{3bD_{\text{eff}}^2}{2}. \tag{2.4.22}$$

在足够的弛豫时间之后, 慢运动所对应的解趋近于 $X^*(u)$, 即等效势 (2.4.21) 的稳定平衡点. 由此, 对于较大的扰动频率 ω 和固定的 $s(t) = u$, 能够得到过阻尼系统的近似的稳态响应

$$x^*(t, u) = X^*(u) - D_{\text{eff}} \cos(\omega t). \tag{2.4.23}$$

在下面的讨论中, 首先给出两个非噪声诱导逻辑振动共振的本质特性. 然后通过对等效势场 (2.4.21) 和其对应稳态解的分析, 给出系统 (2.4.6) 发生非噪声诱导逻辑振动共振的充分条件.

2. 非噪声诱导逻辑振动共振

这部分将讨论两个非噪声诱导逻辑振动共振的本质特性:

(1) 符号不变性;

(2) 初值无关性.

作为应用结果, 后续将据此给出系统 (2.4.6) 发生非噪声诱导逻辑振动共振的充分条件.

1) 符号不变性

对于符号不变性, 下面通过 AND 逻辑门和 OR 逻辑门来进行解释.

AND 逻辑门对于输入的逻辑信号对集合 $(0,0)$, $(1,0)$ 和 $(0,1)$ 的输出都是逻辑 0, 同时, 对输入的逻辑信号对 $(1,1)$ 的输出是逻辑 1. 如果有一个合适的偏差量 δ_{AND}, 比如说 $\delta_{\text{AND}} = -1.5$, 然后对于输出为逻辑 0 的输入信号对集合 $(0,0)$, $(1,0)$ 和 $(0,1)$, 有

$$(0 + 0 + \delta_{\text{AND}}) < 0, \quad (1 + 0 + \delta_{\text{AND}}) < 0, \quad (0 + 1 + \delta_{\text{AND}}) < 0; \tag{2.4.24}$$

对于输出为逻辑 1 的输入信号对 $(1,1)$, 有

$$(1 + 1 + \delta_{\text{AND}}) > 0. \tag{2.4.25}$$

同样地, 对于 OR 逻辑门, 取 $\delta_{\text{OR}} = -0.5$, 之后对于输入的逻辑信号对 $(0,0)$, 能够得到 OR 逻辑门的输出为逻辑 0. 与此对应地, 有 $(0 + 0 + \delta_{\text{OR}}) < 0$; 对于输入的逻辑信号对集合 $(0,1)$, $(1,0)$ 和 $(1,1)$, OR 逻辑门的输出均为 1, 有

$$(0 + 0 + \delta_{\text{OR}}) > 0, \quad (1 + 0 + \delta_{\text{OR}}) > 0, \quad (0 + 1 + \delta_{\text{OR}}) > 0. \tag{2.4.26}$$

上面的讨论展示了逻辑运算的输出结果与求和结果符号之间的一个对应关系. 所以, 本质来说, 就能够认为非噪声诱导逻辑振动共振的核心特性就是一个符号检测器. 这里强调, 上面的讨论过程表明, 系统能在只通过改变逻辑控制信号 δ 就能达到改变逻辑运算类型的效果.

根据上面的讨论, 带有正号的微弱输入信号, 对于非噪声诱导逻辑振动共振系统的响应就是正的, 这个响应就被解释为逻辑 1; 带有负号的微弱输入信号, 对于非噪声诱导逻辑振动共振系统的响应就是负的, 这个响应就被解释为逻辑 0.

结合系统 (2.4.6) 的解 (2.4.23), 在这个符号不变性下, 当 $u > 0$ 时, 系统的稳态响应必须是正数; 当 $u < 0$ 时, 系统的稳态响应必须是负数. 根据近似解 (2.4.23), 对于固定的参数 a, b 和 D_{eff}, 由稳态响应可得

$$X^*(u) - D_{\text{eff}} > 0, \tag{2.4.27}$$

其中 $u > 0$;

$$X^*(u) + D_{\text{eff}} < 0, \qquad (2.4.28)$$

其中 $u < 0$. 上面的条件就意味着快运动的振动振幅不能够影响系统对于 u 稳态响应的符号, 即满足符号不变性.

基于上面的讨论, 为了讨论方便, 下面假设:

(1) $\delta = -\Delta$ 对于 AND 逻辑门;

(2) $\delta = \Delta$ 对于 OR 逻辑门.

把它们应用于 u 的可取值范围集合 S, 对于 AND 逻辑门, 可得

$$u \in S_{\text{AND}} = \{\Delta, -\Delta, -2\Delta\}; \qquad (2.4.29)$$

对于 OR 逻辑门, 可得

$$u \in S_{\text{OR}} = \{2\Delta, \Delta, -\Delta\}. \qquad (2.4.30)$$

2) 初值无关性

为了阐述初值无关性, 考虑两次相继的逻辑门运算, 分别对应的输入为 u_1 和 u_2. 非噪声诱导逻辑振动共振系统首先对 u_1 做出响应, 当系统输出达到稳态响应时, 判别其符号, 得到逻辑运算结果, 之后把当前的稳态响应作为下一次计算所对应系统的初值, 以 u_2 为新的输入, 进行新一轮的逻辑运算.

结合上面的讨论, 对于一个固定的 u, 当系统的等效势场 $U_{\text{eff}}(X, u)$ 具有不同符号的两个稳定平衡点时, 逻辑运算就可能发生错误. 如图 2-4-4 所示, 给出了当 $u > 0$ 时的等效势场示意图, 黑色的粒子所处的位置为运动方程初值. 由于 $u > 0$, 示意图中的势场的确在 + 号处, 处于系统的全局能量最小点, 但是如果由于前一次逻辑运算结果的响应输出为 − 号. 当前系统以 − 号作为初值进行演化, 但是由于外加的能量不够, 黑色粒子不能跳出符号为负的亚稳态势阱, 最后的逻辑输出也只能是 − 号, 这与 $u > 0$ 所期望的 + 号是有违背的.

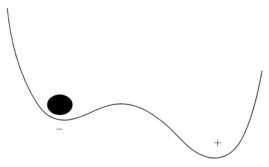

图 2-4-4 初值不变性示意图

为了消除这种初值的影响, 就必须要求等效势场 (2.4.21) 对于固定的参数 $\hat{a}$ 和 b, 必须是单稳势. 由于等效势场 (2.4.21) 中参数 $b > 0$, 所以系统一定存在至少一个稳定平衡点, 那么当系统只有一个平衡点时, 其必定是稳定平衡点. 根据等效势场 (2.4.21), 其平衡点的位置为如下方程的根:

$$\frac{\mathrm{d}U_{\mathrm{eff}}(X,u)}{\mathrm{d}X} = -u - \hat{a}X + bX^3 = 0. \tag{2.4.31}$$

整理上面方程得到

$$-\hat{a}X + bX^3 = u. \tag{2.4.32}$$

根据图 2-4-5, 如果上式右边 u 的取值能够在左边三次曲线最大值的上方 (见图 2-4-5 中 u_+) 或者最小值的下方 (见图 2-4-5 中 u_-), 都能使得方程只有唯一的实根; 但是当 u 的取值位于最大值和最小值之间时 (见图 2-4-5 中 u_0), 方程就有三个实根. 之后由

$$\frac{\mathrm{d}}{\mathrm{d}X}(-\hat{a}X + bX^3) = 0 \tag{2.4.33}$$

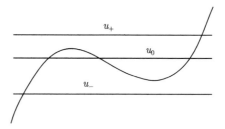

图 2-4-5　等效势场单稳条件示意图

得到最值处的自变量取值为

$$\pm\sqrt{\frac{\hat{a}}{3b}}. \tag{2.4.34}$$

代入三次曲线 $-\hat{a}X + bX^3$, 得到最值为

$$\pm\frac{2\hat{a}}{3}\sqrt{\frac{\hat{a}}{3b}}. \tag{2.4.35}$$

结合上面的讨论, 只有当

$$u < -\frac{2\hat{a}}{3}\sqrt{\frac{\hat{a}}{3b}} \tag{2.4.36}$$

或者

$$u > \frac{2\hat{a}}{3}\sqrt{\frac{\hat{a}}{3b}} \tag{2.4.37}$$

时系统处于单稳的等效势场中.

整理上面的结果得到

$$8\hat{a}^3 < 54bu^2. \tag{2.4.38}$$

对于 AND 逻辑门的 u 可取集合 S_{AND} 和 OR 逻辑门的 u 可取集合 S_{OR} 来说, 见等式 (2.4.29) 和 (2.4.30), 对于每一个 u 的取值都必须满足上满的要求, 也就是必须同时满足如下的不等式:

$$\begin{aligned}
8\hat{a}^3 < 54b(\Delta)^2, \quad 8\hat{a}^3 < 54b(-\Delta)^2, \quad 8\hat{a}^3 < 54b(-2\Delta)^2, \\
8\hat{a}^3 < 54b(2\Delta)^2, \quad 8\hat{a}^3 < 54b(\Delta)^2, \quad 8\hat{a}^3 < 54b(-\Delta)^2.
\end{aligned} \tag{2.4.39}$$

注意有如下的不等式

$$(\pm\Delta)^2 < (\pm 2\Delta)^2 \tag{2.4.40}$$

成立. 结合不等式 (2.4.28), 发现在下列不等式

$$8\hat{a}^3 < 54b\Delta^2 \tag{2.4.41}$$

成立的条件下, 势场能一致地满足于 AND 逻辑门和 OR 逻辑门对单稳性态的要求, 也就是系统满足初值无关性.

3) 非噪声诱导逻辑振动共振发生的充分条件

在条件 (2.4.41) 下, 注意到当 $\hat{a} < 0$ 时, 在缺少外部输入 u 的条件下, 等效势场为一个对称单稳势, 其稳定平衡点位于原点; 与此同时, 当外部输入 u 存在时, u 作为一个微弱的力使得等效势场只发生小的倾斜, 见图 2-4-6(a). 而在另一方面, 当

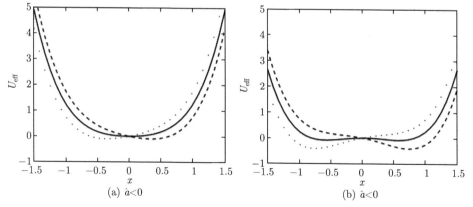

图 2-4-6 倾斜和不倾斜的等效势场示意图 (2.4.21). 当 $\hat{a} < 0$ 时, 图 2-4-6 (a) 给出了不倾斜的单稳势 (实线) 和对应倾斜时的势场 (点线和虚线). 当 $\hat{a} > 0$ 时, 图 2-4-6(b) 给出了不倾斜的双稳势 (实线) 和对应倾斜时的势场 (点线和虚线). 对于倾斜势来说, 均满足条件 $8\hat{a}^3 < 54bu^2$, 点线表示 $u < 0$ 的情况, 虚线表示 $u > 0$ 的情况

$\hat{a} > 0$ 时, 在缺少外部输入 u 的条件下, 等效势场为一个对称双稳势, 其两个稳定平衡点分别位于原点两侧; 与此同时, 当外部输入 u 存在时, u 作为一个微弱的力使得等效势场发生了大的倾斜, 见图 2-4-6(b).

通过比较单稳势场平衡点和双稳势场平衡点在弱外力条件下的倾斜情况 (图 2-4-6 (a) 和 (b)), 发现双稳态等效势场的平衡点能够在小外力下偏离原点更远. 这就意味着, 能够期望在大的等效振幅 D_{eff} 下也能满足符号不变性, 会获得更稳健的非噪声诱导逻辑振动共振发生的参数条件. 下面分析中均假设

$$\hat{a} > 0 \tag{2.4.42}$$

成立.

对于有效势场, 对于不同的 $u_2 > u_1 > 0$, 有如下的结论

$$X^*(u_2) > X^*(u_1) > X^*(0+) = \sqrt{\frac{\hat{a}}{b}}. \tag{2.4.43}$$

原因可以由如下的解释看出来. 在双稳势场下, 外力 u 的加入, 迫使平衡点远离之前的位置 $X^*(0+)$, 以期来和新的外力达到平衡, 见图 2-4-7.

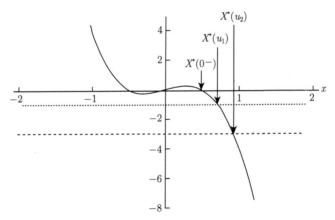

图 2-4-7　不同外力 u 条件下, 等效势场平衡点的示意图. 图中实线表示的是没有外力 u 条件下的等效势场 (2.4.21) 所产生的势场力; 点线和虚线分别表示外力 u_1 和 u_2

之后对于 $u_2 < u_1 < 0$, 利用相同的讨论, 可得

$$X^*(u_2) < X^*(u_1) < X^*(0-) = -\sqrt{\frac{\hat{a}}{b}}. \tag{2.4.44}$$

使用上面的结论, 对于 AND 逻辑门并结合 S_{AND}, 见等式 (2.4.29), 有

$$X^*(-2\Delta) < X^*(-\Delta) < -\sqrt{\frac{\hat{a}}{b}} < \sqrt{\frac{\hat{a}}{b}} < X^*(\Delta). \tag{2.4.45}$$

上面的不等式表明了如果

$$\sqrt{\frac{\hat{a}}{b}} > D_{\mathrm{eff}}, \tag{2.4.46}$$

符号不变性条件 (2.4.27) 和 (2.4.28) 能够一致成立.

使用类似的方法, 对于 OR 逻辑门并结合 S_{OR}, 见等式 (2.4.30), 符号不变性条件 (2.4.27) 和 (2.4.28) 也能一致成立, 当条件 (2.4.46) 成立时.

注意到, 相同的条件 (2.4.46) 能够一致地使得 AND 逻辑门和 OR 逻辑门满足符号不变性. 使用等式 (2.4.21) 的符号, 就能把符号不变性条件 (2.4.46) 改写为

$$bD_{\mathrm{eff}}^2 < \hat{a}. \tag{2.4.47}$$

因为 b 和 D_{eff} 都是正数, 注意到上面的条件就自然地蕴含了 $\hat{a} > 0$ 的限制.

进一步地, 使用等式 (2.4.21), 上面的不等式就变为

$$5bD_{\mathrm{eff}}^2 < 2a. \tag{2.4.48}$$

之后再引入初值无关性条件 (2.4.41), 就找到了在高频率下, 系统 (2.4.6) 发生非噪声诱导逻辑振动共振的充分条件:

$$\frac{5bD^2}{\omega^2} < 2a, \quad \left(2a - \frac{3bD^2}{\omega^2}\right)^3 < 54b\Delta^2, \tag{2.4.49}$$

其中, 当 $\delta = -\Delta$ 时, 能够实现 AND 逻辑门; 当 $\delta = \Delta$ 时, 能够实现 OR 逻辑门. 这是本节的主要结论之一.

3. 仿真分析

这部分将给出一些仿真用来说明和验证之前结论, 并进行一些相关讨论. 后续仿真中, 采用参数 $a = 1.8$, $b = 1.4$ 和 $\Delta = 0.5$. 在这种情况下, 对于逻辑信号, $i = 1, 2$, $I_i = 0.5$ 表示逻辑 1, $I_i = -0.5$ 表示逻辑 0. 然后, 对于控制信号来说, $\delta = -0.5$ 和 $\delta = 0.5$ 分别表示进行 AND 和 OR 逻辑操作. 改变高频振动的幅度和频率, 通过调节控制信号, 就能得到所期望的逻辑门运算器. 为了展示非噪声诱导逻辑振动共振, 在图 2-4-3 中给出所选择逻辑输入信号 I_1 和 I_2, 以及控制信号 δ. 根据上面条件, 三值逻辑输入组合 $s(t)$ 就从所有四组逻辑信号对集 (即 $(0,0)$, $(0,1)$, $(1,0)$ 和 $(1,1)$) 中取值, 然后相继的通过 AND 和 OR 逻辑门.

1) 仿真的结果

图 2-4-8 给出了系统 (2.4.6) 对于逻辑信号对和逻辑控制信号组成的复合输入 (图 2-4-3) 的响应情况, 绘制了固定振幅 D, 在不同频率 ω 下的响应结果. 从图 2-4-8 中的响应可以看到, 系统在 $t = 400$ 之前期望得到的是 AND 逻辑门的计算结

果; $t = 400$ 之后, 期望得到的是 OR 逻辑门的结果. 注意到, 对于响应符号的解释, 当 $x < 0$ 时, 认为是逻辑 0; 当 $x > 0$ 时, 认为是逻辑 1. 从图 2-4-8(b) 中可以看到, 对于满足非噪声诱导逻辑振动共振的充分条件 (2.4.49) 的参数组合, 系统对于合适的频率大小, 的确产生了期望的逻辑输出. 对于比较小或者比较大的频率, 系统并没有输出期望的逻辑运算结果, 见图 2-4-8(a) 和 (c), 而且这两个较小和较大的频率不能使得非噪声诱导逻辑振动共振的充分条件 (2.4.49) 成立.

上面的结果表明了非噪声诱导逻辑振动共振的确能在条件 (2.4.49) 成立的时候发生, 但需要强调的是条件 (2.4.49) 仅仅是充分条件, 不是必要条件, 也就是意味着, 条件 (2.4.49) 不成立也可能发生非噪声诱导逻辑振动共振.

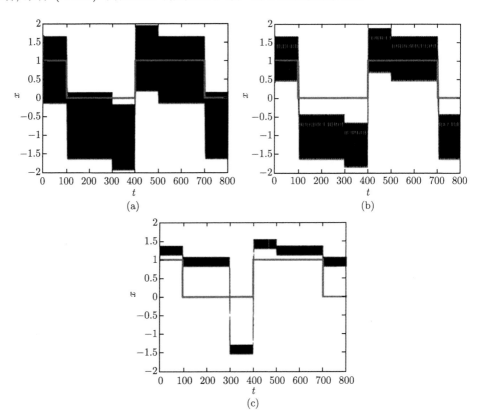

图 2-4-8 系统对逻辑输入组合的响应. 灰线表示的是期望的逻辑输出. 逻辑输入对和控制信号由图 2-4-3 给出. 在参数条件 $a = 1.8, b = 1.4$ 时, 给出系统 (2.4.6) 对不同频率的响应. 在固定振幅 $D = 18$ 下, 周期驱动的频率分别为 $\omega = 20(a)$, $\omega = 30(b)$ 和 $\omega = 100(c)$

2) 仿真的解释

下面通过之前给出的符号不变性和初值无关性来解释与讨论上面的仿真结果.

这里只讨论 AND 逻辑门, 也就是图 2-4-8 中, 时间 $t < 400$ 的部分, 相似的讨论也适用于对 OR 逻辑门 $(400 < t < 800)$ 的讨论.

图 2-4-8(a) 中响应所对应的等效势场为图 2-4-9(a). 从图 2-4-9(a) 中, 可以看到虽然等效势场是单稳势, 稳定平衡点也具有逻辑门所期望的输出符号, 但是比较大的快运动等效振幅打破了符号不变性. 由此, 只能观察到稳态输出的符号在快速地切换, 见图 2-4-8(a).

图 2-4-8(c) 中响应所对应的等效势场为图 2-4-9(c). 从图 2-4-9(c) 中, 快运动的有效振幅比较小, 不会改变稳定平衡点的符号, 但是等效势场仍然是双稳态形式, 见图 2-4-9(c), 打破了初值无关性. 由此, 可以看到当前的稳态响应能够被之前的稳态响应所影响. 以图 2-4-8(c) 在时刻 $t = 100$ 的稳态输出响应为例, 作为一个初值,

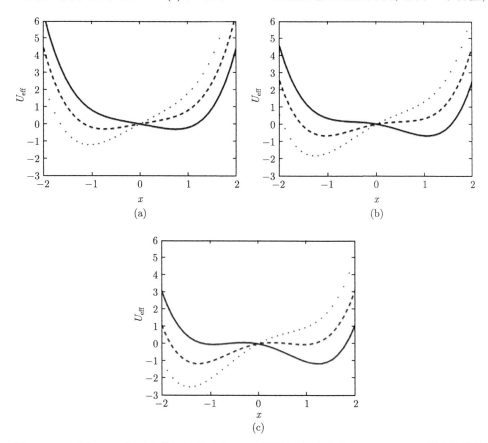

图 2-4-9 与图 2-4-8 相对应的等效势, 以 AND 逻辑门为例子, 即 $0 < t < 400$. 图中的等效势场图 2-4-9(a), (b) 和 (c) 分别对应于图 2-4-8(a), (b) 和 (c) 中 $t < 400$ 的逻辑门. 等效势场图中的虚线和点线分别表示 $0 < t < 100$, $100 < t < 300$ 和 $300 < t < 400$ 时的等效势场情况

能够使得后续的稳态响应处于错误符号的稳态中, 也就是等效势场的右势阱中, 见图 2-4-9(c) 中的虚线.

对于合适的频率大小, 等效势场为单稳势, 见图 2-4-9(b), 其稳定平衡点远离原点, 且位于正确的符号位置. 所以对于一个适中的等效振幅, 就能够在系统中发现非噪声诱导的逻辑振动共振现象, 见图 2-4-9(b).

3) 仿真的讨论

图 2-4-10 给出了在频率–振幅平面上必定发生非噪声诱导逻辑振动共振的区域. 图 2-4-10 中给出的区域十分类似于文献 [79] 中由数值仿真的结果. 这个参数区域图中黑色区域的宽度说明了, 发生逻辑区域的参数空间对于外界的扰动是稳健的. 由此, 可调节系统的参数到达图 2-4-10 中的黑色区域, 来获得比较稳健的逻辑输出结果. 这个参数区域也指明了, 在一些条件下如何通过调整系统的参数或者外加周期的参数, 而不是频率来获得所需要的逻辑输出结果.

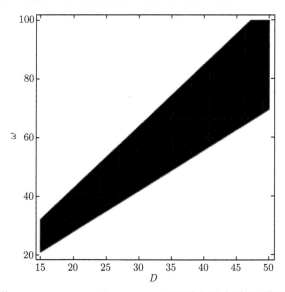

图 2-4-10   参数 $a = 1.8$, $b = 1.4$ 和 $\Delta = 0.5$ 下导致非噪声诱导逻辑随机共振的区域

4. 对于方波激励的讨论

这部分将给出有关方波的讨论.

使用一个方波激励信号来取代系统 (2.4.6) 中的高频周期信号得到如下系统:

$$\frac{\mathrm{d}y}{\mathrm{d}t} = ay - by^3 + s(t) + Ef(\Omega t), \tag{2.4.50}$$

其中, $E > 0$ 为方波激励的振幅, $\Omega > 0$ 为方波激励的频率. 其余的参数与系统 (2.4.6) 一致 (图 2-4-11).

下面应用符号不变性和初值无关性, 给出一个系统 (2.4.50) 发生非噪声诱导逻辑随机共振的充分条件. 为了给出这个充分条件, 以 AND 逻辑门为例进行讨论, OR 逻辑门能用类似的方法得到.

首先注意到, 对于系统 (2.4.50) 的方波激励来说, 波形只取 E 和 $-E$ 两个值. 对于固定的 $s(t) = u$, 系统 (2.4.50) 能够表示为在如下 P_+ 和 P_- 两个势场中的过阻尼粒子,

$$P_\pm(Y, u) = (\pm E - u)Y - a\frac{Y^2}{2} + b\frac{Y^4}{4}. \tag{2.4.51}$$

对于过阻尼粒子来说, 由质量所导致的惯性效应可以忽略不计, 所以粒子能够快速地响应势场的改变, 然后迅速收敛到稳态. 因此, 如果一个条件能够使得势场 (2.4.51) 一致满足所期望的逻辑行为, 那么这个条件也就能使得系统 (2.4.50) 发生非噪声诱导逻辑随机共振.

根据上面的讨论, 为了满足符号不变性, 势场 (2.4.51) 的稳定平衡点 $Y_\pm^*(u)$ 应该满足下面的条件:

$$Y_\pm^*(u) > 0 \tag{2.4.52}$$

对于 $u = \Delta > 0$ 和

$$Y_\pm^*(u) < 0 \tag{2.4.53}$$

对于 $u = -\Delta, -2\Delta < 0$. 对于初值无关性来说, 势场 (2.4.51) 必须满足单稳态条件. 利用对条件 (2.4.41) 的讨论, 可得到对于系统 (2.4.50) 发生非噪声诱导逻辑振动共振的充分条件:

$$\sqrt{\frac{4a^3}{27b}} < \Delta - E. \tag{2.4.54}$$

比较高频激励系统 (2.4.6) 和方波激励系统 (2.4.50) 发生逻辑振动共振的充分条件, 方波激励系统的充分条件提供了一个更低的振动激励幅度, 也表明了方波激励的频率并不会影响系统的逻辑行为, 也就意味着有更广的频率适用范围. 这两种系统发生非噪声诱导逻辑振动共振充分条件的差异, 表明了外加激励的类型会对逻辑门运算产生影响. 但在这里需要强调的是, 符号不变性和初值无关性, 这两个本质特性是脱离系统而给出的本质原则, 对于任意满足这两个特性的系统都有作为逻辑运算基本单元的能力.

为了验证上面的结论, 通过图 2-4-11 给出了一些仿真结果, 展示了系统 (2.4.50) 对于逻辑输入组合信号 (图 2-4-3) 的响应. 对于固定的激励振幅 $E = 0.3$, 给出了系统对 (2.4.50) 对不同频率的响应.

可以看到图 2-4-11 中的所有的响应都满足所期望的逻辑门. 这些一致的逻辑输出结果验证了充分条件 (2.4.54).

对于小频率来说 ($\Omega = 0.01$), 过阻尼粒子能够迅速地稳定于符号正确的稳态, 见图 2-4-11(a). 对于适中的频率大小 ($\Omega = 1$), 在每一段确定的逻辑运算区间内, 过阻尼粒子能够快速地在最高和最低稳态响应输出之间振动见图 2-4-11(b). 对于比较大的频率 ($\Omega = 100$), 过阻尼粒子以十分小的幅度进行振动, 见图 2-4-11 (c); 这十分类似于高频正弦周期激励的等效振幅. 正弦周期激励的等效振幅 (2.4.15) 能够随着频率的增加而逐渐减小, 见图 2-4-8. 这个现象暗示着对于过阻尼双稳态系统来说, 高频激励能够减小输出响应振幅可能是一种十分一般特性.

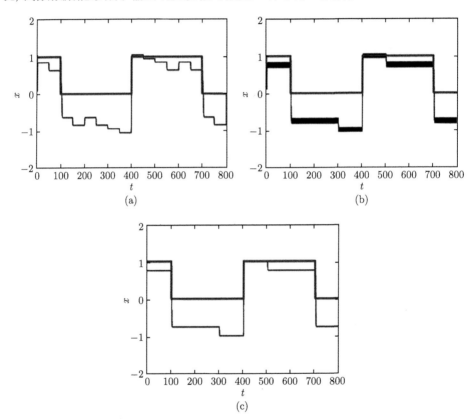

图 2-4-11   方波激励的系统响应. 逻辑输入和控制信号同图 2-4-3 一致. 在仿真参数 $a = 0.5$, $b = 2$ 和 $\Delta = 0.5$ 的条件下, 给出系统 (2.4.6) 对于同一振幅, 不同频率的响应情况. 同一振幅 $E = 0.3$ 下的对应频率为 $\Omega = 0.01$ (a), $\Omega = 1$(b) 和 $\Omega = 100$(c). 灰线表示的是期望逻辑输出

小结   使用本节给出的非噪声诱导逻辑振动共振的两个本质要求:

(1) 符号不变性;

(2) 初值无关性.

得到了在双稳态势场下, 周期激励和方波激励的发生非噪声诱导逻辑振动共振的充

分条件, 之后通过仿真验证了相关的理论结论.

所得到的发生非噪声诱导逻辑振动共振的充分性条件表明, 在缺乏逻辑输入组合信号的时候, 系统处于 Pitchfork 分岔点附近. 一个小的扰动就能够定性地改变系统的输出特性, 使得系统的稳定平衡点数目发生改变, 当小的逻辑输入组合信号输入系统时, 敏感的双稳系统会改变为单稳系统, 其稳定平衡点具同逻辑输入组合信号相同的符号. 然后使用一个大小合适的等效振幅, 就能够期望获得稳健而正确的逻辑输出.

等效振幅在非噪声诱导逻辑振动共振中扮演了重要的作用, 它决定了输出响应围绕稳定平衡点振动的范围. 这个事实能够用来解释之前的文献 [79] 中输出响应振幅随外加激励频率减小的仿真结果. 这也能从图 2-4-8 中看出来, 对于固定的激励频率 D, 随着激励频率的增加, 系统地输出响应振幅在逐渐减小.

此外, 方波激励系统发生非噪声诱导逻辑振动共振的充分条件表明, 对于足够小的扰动振幅, 能使用任意的频率来激励系统. 这个结果能被用于当外加激励为低频信号时, 构造非噪声诱导逻辑振动共振系统的一种新途径.

对于一般的具有较短弛豫时间的系统来说, 如果外加非齐次输入为分段函数, 那么使用本节中类似的讨论手法, 也能利用分段分析系统的方法来研究这个系统的动力学特性. 本节中所给出的符号不变性和初值独立性是十分一般的逻辑门基本原理, 能通过分析系统是否具有这两个基本特性, 来判断该系统是否具有作为逻辑门运算器的潜力. 虽然本节主要讨论的是确定性的高频扰动, 但对于随机性扰动来说, 以上两个基本特性的存在也是找到能够进行逻辑运算系统的关键点.

本节结果也能用于补充经典的逻辑随机共振, 当系统的随机性扰动不足以产生可靠而正确的逻辑运算结果时, 可通过利用周围的其他扰动形式来激励系统, 使得其产生正确的逻辑门输出.

参 考 文 献

[1] Benzi R, Sutera A, Vupini A. The mechanism of stochastic resonance[J]. Journal of Physics A General Physias, 1981, 14: L453-L457.

[2] Benzi R, Parisi G, Sutera A, et al. Stochastic resonance in climatic change [J]. Tellus, 1982, 34: 10-16.

[3] Benzi R, Sutera A, Vupiani A. Stochastic resonance in the Landau-Ginzburg equation [J]. Journal of Physics A General Physics, 1985, 18: 2239-2245.

[4] Cordo P, Inglis J T, Verschueren S, et al. Noise in human muscle spindles [J]. Nature, 1996, 383: 769-770.

[5] Barbay S, Giacomelli G, Marin F. Stochastic resonance in vertical cavity surface emitting lasers[J]. Physical Review E, 2000, 61: 157.

[6]   Ko J Y, Otsuka K, Kubota T. Quantum-noise-induced order in Lasers placed in chaotic oscillation by frequency-shifted feedback [J]. Physical Review Letters, 2001, 86: 4025.

[7]   VanWiggeren G D, Roy R. Communication with chaotic lasers[J]. Science, 1998, 279: 1198-1200.

[8]   Landa P S, McClintock P V E. Vibrational resonance[J]. Journal of Physics A Mathematical General, 2000, 33: 433-438.

[9]   Kubo R. The fluctuation-dissipation theorem[J]. Reports on Progress in Physics, 1966, 29: 255-284.

[10] 龚德纯, 秦光戎. 由随机共振可获得比量佳线性滤波器更高的信噪比[J]. 中国科学: A 辑, 1992, 35: 828-833.

[11] Douglass J K, Wilkens L, Pantazelou E, et al. Noise enhancement of information transfer in crayfish mechanoreceptors by stochastic resonance [J]. Nature, 1993, 365: 337.

[12] Li J H, Han Y X. Phenomenon of stochastic resonance caused by multiplicative asymmetric dichotomous noise[J]. Physical Review E, 2006, 74: 051115.

[13] Van den Broeck C. On the relation between white shot noise, Gaussian white noise, and the dichotomic Markov process[J]. Journal of Statistical Physics, 1983, 31: 467-483.

[14] Ralls K S, Buhrman R A. Defect interactions and noise in metallic nanoconstrictions[J]. Physical Review Letters, 1988, 60: 2434.

[15] Grose J E, Pasupathy A N, Ralph D C, et al. Transistor behavior via Au clusters etched from electrodes in an acidic gating solution: Metal nanoparticles mimicking conducting polymers[J]. Physical Review B, 2005, 71: 035306.

[16] Yuzhelevski Y, Yuzhelevski M, Jung G. Random telegraph noise analysis in time domain[J]. Review of Scientific Instruments, 2000, 71: 1681.

[17] Jhang S H, Lee S W, Lee D S, et al. Random telegraph noise in carbon nanotubes and peapods[J]. Current Applied Physics, 2006, 6: 987-991.

[18] Fauve S, Heslot F. Stochastic resonance in a bistable system[J]. Physics Letters A, 1983, 97: 5.

[19] Shapiro V E, Loginov V M. "Formulae of differentiation" and their use for solving stochastic equations[J]. Physica A, 1978, 91: 563.

[20] Bena I, Van den Broeck C, Kawai R, Lindenberg K. Nonlinear response with dichotomous noise[J]. Physical Review E, 2002, 66: 045603.

[21] Bena I. Dichotomous Markov noise: exact results for out-of-equilibrium systems[J]. International Journal of Modern Physics B, 2006, 20: 2825.

[22] Gitterman M. Harmonic oscillator with fluctuating damping parameter[J]. Physical Review E, 2004, 69: 041101.

[23] Mendez V, Horsthemke W, Mestres P, Campos D. Instabilities of the harmonic oscillator with fluctuating damping[J]. Physical Review E, 2011, 84: 041137.

[24] 郭立敏, 徐伟, 阮春蕾, 等. 二值噪声驱动下二阶线性系统的随机共振[J]. 物理学报, 2008, 57: 7482-7486.

[25] 靳艳飞, 胡海岩. 一类线性阻尼振子的随机共振研究[J]. 物理学报, 2009, 58: 2895-2901.

[26] Blum J, Wurm G, Kempf S, Poppe T. Growth and form of planetary seedlings: Results from a microgravity aggregation experiment[J]. Physical Review Letters, 2000, 85: 2426-2429.

[27] Perez A T, Saville D, Soria C. Modeling the electrophoretic deposition of colloidal particles[J]. Europhysics Letters, 2001, 55: 425-431.

[28] Goldhirsch I, Zanetti G. Clustering instability in dissipative gases[J]. Physical Review Letters, 1993, 70: 1619.

[29] Li P, Nie L R, Huang Q R, Sun X X. Effect of inertia mass on the stochastic resonance driven by a multiplicative dichotomous noise[J]. Chinese Physics B, 2012, 21: 050503.

[30] Fulinski A, Telejko T. On the effect of interference of additive and multiplicative noises[J]. Physics Letters A, 1991, 152: 11.

[31] Fulinski A. Non-markovian dichotomic noises[J]. Acta Physica Polonica B, 1995, 26: 1131.

[32] Gammaitoni L, Hänggi P, Jung P, Marchesoni F. Stochastic resonance[J]. Reviews of Modern Physics, 1998, 70: 223.

[33] Gitterman M. Classical harmonic oscillator with multiplicative noise[J]. Physica A, 2005, 352: 309-334.

[34] 张路, 钟苏川, 彭皓, 等. 乘性二次噪声驱动的线性过阻尼振子的随机共振[J]. 物理学报, 2012, 61: 43-49.

[35] Zhao W L, Wang J, Wang L Z. The unsaturated bistable stochastic resonance system[J]. Chaos, 2013, 23: 033117.

[36] Heinsalu E, Patriarca M, Marchesoni F. Stochastic resonance in bistable confining potentials[J]. The European Physical Journal B, 2009, 69: 19-22.

[37] Li J L, Zeng L Z. Effects of potential functions on stochastic resonance[J]. Chinese Physics B, 2011, 20: 181-185.

[38] Agudov N V, Krichigin A V, Valenti D, Spagnolo B. Stochastic resonance in a trapping overdamped monostable system[J]. Physical Review E, 2010, 81: 051123.

[39] Grigorenko A N, Nikitin S I, Roschepkin G V. Stochastic resonance at higher harmonics in monostable systems[J]. Physical Review E, 1997, 56: 4907.

[40] 田祥友, 冷永刚, 范胜波. 一阶线性系统的调参随机共振研究[J]. 物理学报, 2013, 62: 95-102.

[41] Gilbarg D, Trudinger N S. Elliptic Partial Differential Equations of Second Order[M]. Berlin, New York: Springer, 2001.

[42] 卢志恒, 林建恒, 胡岗. 随机共振问题 Fokker-Planck 方程的数值研究[J]. 物理学报, 1993, 42: 1556-1566.

[43] Honeycutt R L. Stochastic Runge-Kutta algorithms. I. White noise[J]. Physical Review A, 1992, 45: 600.

[44] 包景东. 经典和量子耗散系统的随机模拟方法[M]. 北京: 科学出版社, 2009.

[45] 李荣华, 刘播. 微分方程数值解法[M]. 4 版. 北京: 高等教育出版社, 2009.

[46] Rümelin W. Numerical treatment of stochastic differential equations[J]. SIAM Journal on Numerical Analysis, 1982, 19: 604.

[47] Cortes J C, Jodar L, Villafuerte L. Numerical solution of random differential equations: A mean square approach[J]. Mathematical & Computer Modelling, 2007, 45: 757-765.

[48] Pettersson R. Stratonovich-Taylor expansion and numerical methods[J]. Stochastic Analysis & Applications, 1992, 10: 603-612.

[49] 张伟年, 杜正东, 徐冰. 常微分方程 [M]. 北京: 高等教育出版社, 2006.

[50] Mitaim S, Kosko B. Adaptive stochastic resonance[J]. Proceedings of the IEEE, 1998, 86: 2152.

[51] Shapiro V E, Loginov V M. Formulae of differentiation and their use for solving stochastic equations[J]. Physica A: Statistical Mechanics and Its Applications, 1978, 91: 563.

[52] Li J H. Enhancement and weakening of stochastic resonance for a coupled system[J]. Chaos: An Interdisciplinary Journal of Nonlinear Science, 2011, 21: 043115.

[53] Stukalin E B, Phillips H, Kolomeisky A B. Coupling of two motor proteins: A new motor can move faster[J]. Physical Review Letters, 2005, 94: 238101.

[54] Lv J P, Liu H, Chen Q H. Phase transition in site-diluted Josephson junction arrays: A numerical study[J]. Physical Review B, 2009, 79: 104512.

[55] Hendricks A G, Epureanu B I, Meyhofer E. Collective dynamics of kinesin[J]. Physical Review E, 2009, 79: 031929.

[56] Dorf R C, Bishop R H. Modern Control Systems[M]. New York: Pearson Prentice Hall, 2010.

[57] Bourret R C, Frisch U, Pouquet A. Brownian motion of harmonic oscillator with stochastic frequency[J]. Physica, 1973, 65: 303-320.

[58] Desai R C, Zwanzig R. Statistical mechanics of a nonlinear stochastic model[J]. Journal of Statistical Physics, 1978, 19: 1.

[59] Mankin R, Laas R, Lumi N. Memory effects for a trapped Brownian particle in viscoelastic shearflows[J]. Physical Review E, 2013, 88: 042142.

[60] Mankin R, Laas K, Laas T, Reiter E. Stochastic multiresonance and correlation-time-controlled stability for a harmonic oscillator with fluctuating frequency[J]. Physical Review E, 2008, 78: 031120.

[61] Kim C, Lee E K, Talkner P. Numerical method for solving stochastic dierential equations with dichotomous noise[J]. Physical Review E, 2006, 73: 026101.

[62] Mandelbrot B. The variation of certain speculative prices[J]. The Journal of Business, 1963, 36: 394.

[63] Jiang S, Guo F, Zhou Y, Gu T. Parameter-induced stochastic resonance in an over-damped linear system[J]. Physica A: Statistical Mechanics and Its Applications, 2007, 375: 483.

[64] Qian J, Luscombe N M, Gerstein M. Protein family and fold occurrence in genomes: Power-law behaviour and evolutionary model 1[J]. Journal of Molecular Biology, 2001, 313: 673.

[65] Adamic L A, Huberman B A. Power-law distribution of the world wide web[J]. Science, 2000, 287: 2115.

[66] Gabaix X, Gopikrishnan P, Plerou V, Stanley H E. A theory of power-law distributions in financial market fluctuations[J]. Nature, 2003, 423: 267-270.

[67] Stanley H E. Power laws and universality[J]. Nature, 1995, 378: 554.

[68] Takayasu H, Sato A H, Takayasu M. Stable infinite variance fluctuations in randomly amplified Langevin systems[J]. Physical Review Letters, 1997, 79: 966.

[69] Sornette D. Multiplicative processes and power laws[J]. Physical Review E, 1998, 57: 4811.

[70] Baltanas J P. Experimental evidence, numerics, and theory of vibrational resonance in bistable systems[J]. Physical Review E, 2003, 67: 66119.

[71] Chen H, Varshney P K, Kay S M, Michels J H. Theory of the stochastic resonance effect in signal detection: Part I-Fixed detectors[J]. IEEE Transactions on Signal Processing, 2007, 55: 3172.

[72] Murali K, Sinha S, Ditto W L, Bulsara A R. Reliable logic circuit elements that exploit nonlinearity in the presence of a noise floor[J]. Physical Review Letters, 2009, 102: 104101.

[73] Murali K, Rajamohamed I, Sinha S, et al. Realization of reliable and flexible logic gates using noisy nonlinear circuits[J]. Applied Physics Letters, 2009, 95: 194102.

[74] Mano M M. Computer system architecture[J]. Prentice-Hall, 1976, 130: 82.

[75] Dari A, Kia B, Bulsara A R, Ditto W. Creating morphable logic gates using logical stochastic resonance in an engineered gene network[J]. Europhysics Letters, 2011, 93: 18001.

[76] Dari A, Kia B, Bulsara A R, Ditto W L. Logical stochastic resonance with correlated internal and external noises in a synthetic biological logic block[J]. Chaos: An Interdisciplinary Journal of Nonlinear Science, 2011, 21: 047521.

[77] Kohar V, Sinha S. Noise-assisted morphing of memory and logic function[J]. Physics Letters A, 2012, 376: 957.

[78] Gupta A, Sohane A, Kohar V, Murali K, Sinha S. Noise-free logical stochastic resonance[J]. Physical Review E, 2011, 84: 055201.

[79] Kohar V, Murali K, Sinha S. Enhanced logical stochastic resonance under periodic forcing[J]. Communications in Nonlinear Science and Numerical Simulation, 2014, 19:

2866-2873.

[80] Venkatesh P R, Venkatesan A. Vibrational resonance and implementation of dynamic logic gate in a piecewise-linear Murali Lakshmanan Chua circuit[J]. Communications in Nonlinear Science and Numerical Simulation, 2016, 39: 271-282.

[81] Blekhman I I. Vibrational Mechanics[M]. Singapore: World Scientific, 2000.

第 3 章   分数阶随机共振与振动共振

3.1   分数阶动力系统理论基础

3.1.1   分数阶动力系统的振动

1. 分数阶自由松弛–振动方程

系统受到初始扰动的激发所产生的振动称为**自由振动** [1], 最简单的自由振动动力系统是简谐振动系统. 对于这类系统, 当系统离开平衡位置时, 它会受到一个与它的位移 x 成正比的弹性恢复力 $F = -kx$. 因此, 由牛顿第二定律可知, 简谐振动系统的动力学方程可以用如下的整数阶微分方程描述 [1]:

$$m\ddot{x} = -kx, \tag{3.1.1}$$

其中, k 是弹性系数. 令 $k/m = \omega_0^2$, 则上述方程也可以写成如下标准形式:

$$\ddot{x} + \omega_0^2 x = 0. \tag{3.1.2}$$

将分数阶导数引入整数阶自由振动方程 (3.1.2), 得到如下的分数阶微分方程:

$$\frac{\mathrm{d}^p x}{\mathrm{d}t^p} = -\omega_0^2 x, \tag{3.1.3}$$

其中, 阶数 $p \in (0, 2]$, 初始条件为 $x(0) = c_0, \dot{x}(0) = c_1$. 当 $0 < p \leqslant 1$ 时, 方程为松弛方程; 当 $p = 1$ 时, 方程退化为标准松弛方程; 当 $1 < p \leqslant 2$, 方程为振动方程. 因此, 方程 (3.1.3) 通称为**自由松弛–振动方程** [2]. 当 $p = 2$ 时, 方程退化为无阻尼振动方程, 这时方程 (3.1.3) 是一个保守系统; 当 $p \neq 2$ 时, 方程 (3.1.3) 为阻尼振动方程, 是一个耗散系统.

利用 Laplace 变化法可以求得方程 (3.1.3) 的解析解 [2,3]:

$$x(t) = \begin{cases} x(0)E_{p,1}(-Bt^p), & 0 < p < 1, \\ x(0)E_{p,1}(-Bt^p) + \dot{x}(0)E_{p,2}(-Bt^p), & 1 < p < 2, \end{cases} \tag{3.1.4}$$

其中, $E_{\alpha,\beta}(z)$ 为双参数的 Mittag-Leffler 函数, 它是自然指数函数的扩展, 表示一个衰减过程, 其表达式为 [3]

$$E_{\alpha,\beta}(z) = \sum_{k=0}^{\infty} \frac{z^k}{\Gamma(\alpha k + \beta)}, \tag{3.1.5}$$

图 3-1-1 绘制了阶数 p 在 $(0,2]$ 间取值时, 通过数值方法得到的分数阶微分方程 (3.1.3) 的系统响应的时域图. 可以看到当 $p = 2$, 方程 (3.1.3) 退化为经典的自由振动方程, 系统响应做周期的简谐振动; 当 $p \in (0,1]$ 时, 系统响应呈现指数衰减的态势而不断趋于 0, 并且阶数 p 取值越小, 衰减速度越快; 当 $p \in (1,2)$, 系统响应作阻尼振动而不断趋于 0, 而这里的阻尼力可以看成由分数阶导数提供的, 并且阶数 p 取值越小, 衰减速度越快. 也就是说, 在引入分数阶导数后, 标准振动模型变为能量耗散系统, 这时的阻尼作用是由黏弹性材料的内阻尼引起的. 事实上, 当振子本身为黏弹性物质时, 振子在振动过程中会消耗能量. 这种振子本身产生的阻尼振动被称为**内在的阻尼振动**, 而相关的研究表明, 内在阻尼带来的动力效应用分数阶微积分进行描述更为精确 [2].

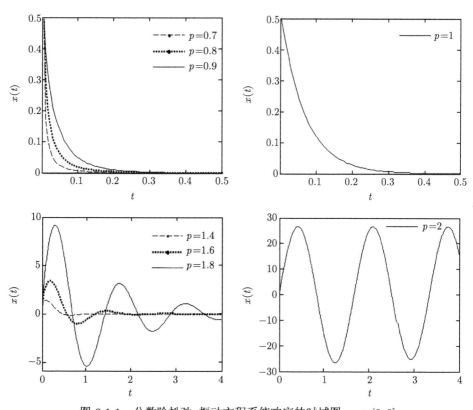

图 3-1-1   分数阶松弛–振动方程系统响应的时域图, $p \in (0,2]$

2. 分数阶阻尼振动方程

系统由外界持续激振力所引起的振动称为**受迫振动** [1]. 其中, 在外部阻尼作用

下的阻尼受迫振动可以用如下整数阶微分方程描述为

$$\ddot{x} = -f(x) - h(\dot{x}) + g(t). \tag{3.1.6}$$

在描述这种振动系统时, 通常采用黏弹性阻尼模型. 而黏弹性体的力学性质介于理想弹性体和 Newton 流体之间, 其阻尼性质具有强记忆性 [4]. 因此, 为了更精确地描述黏弹性阻尼振动的时间和频率记忆性, 有学者建议采用分数阶导数来描述系统的阻尼力, 即将整数阶振动方程 (3.1.6) 中的黏滞阻尼项 $\dot{x}$ 用分数阶导数 $\mathrm{d}^p x/\mathrm{d}t^p$ 代替, 则可以得到如下的分数阶微分方程:

$$\ddot{x} = -f(x) - h\left(\frac{\mathrm{d}^p x}{\mathrm{d}t^p}\right) + g(t). \tag{3.1.7}$$

当 $f(x) = kx(t), h(x) = cx(t)$, 且分数阶阶数 $p \in [1, 2)$ 时, 方程 (3.1.7) 可以简化为分数阶 Bagley-Torvik 方程 [5]:

$$m\ddot{x}(t) + c\frac{\mathrm{d}^p x}{\mathrm{d}t^p} + kx(t) = g(t), \tag{3.1.8}$$

利用 Green 函数法可以得到上述分数阶微分方程的解析解为 [2]

$$x(t) = \sum_{i=0}^{j} \frac{\mathrm{d}^{p-i-1} G_3(t)}{\mathrm{d}t^{p-i-1}} x^{(i)}(0) + G_3(t)^* g(t), \quad j < p < j - 1, \ j \in \mathbb{Z}, \tag{3.1.9}$$

其中, $G_3(t) = \dfrac{1}{m} \displaystyle\sum_{n=0}^{\infty} \dfrac{(-1)^n}{n!} \left(\dfrac{k}{m}\right)^n t^{2(n+1)-1} E_{2-p,2+pn}^{(n)}\left(-\dfrac{c}{m}t^{2-p}\right)$, $E_{\alpha,\beta}(z)$ 为双参数的 Mittag-Leffler 函数.

图 3-1-2 绘制了阶数 p 在 $[1, 2]$ 内取值时, 通过数值方法得到的分数阶 Bagley-Torvik 方程 (3.1.8) 的系统响应的时域图. 可以看到, 随着时间的增大, 系统响应不断趋于其稳态响应, 并且阶数 p 取值越小, 速度越快.

类似地, 也可以研究系统响应的稳态响应的振幅 $\beta(s)$ 随周期激励频率 $s = \omega/\omega_0$ 的变化关系, 这里用数值仿真的方法在图 3-1-3 中绘制了当阶数 p 取值不同时, $\beta(s)$ 作为 s 的函数的曲线图. 从图中可以看到, 当 $p = 1$ 时, 即经典的整数阶受迫振动情况, $\beta(s)$ 会随着 s 的不断增加而出现共振现象. 当 $p = 1.3, 1.5$ 时, $\beta(s)$ 仍然会随着 s 的不断增加先增大到最大值, 而后再随着 s 的不断增加而减小, 即也都出现了共振现象. 并且, 随着 p 取值的增加, 共振峰会越来越尖锐, 位置则逐渐右移.

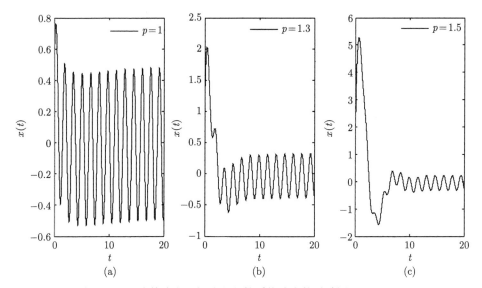

图 3-1-2　分数阶阻尼振动方程的系统响应的时域图, $p \in [1, 2)$

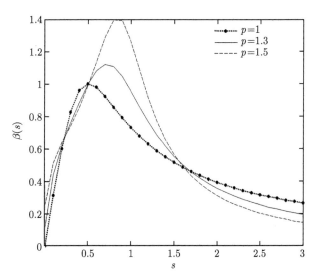

图 3-1-3　分数阶受迫振动的幅频图, $p \in [1, 2)$

3.1.2　分数阶动力系统的真实共振

　　以一个与时间有关的外部力驱动分数阶动力系统, 若驱动力频率与系统自然频率相匹配, 将导致系统对外部驱动力的响应出现真实共振现象. 以线性分数阶 Langevin 方程为例, 回顾其对外部驱动力的响应所具有的真实共振行为及系统阶数对该共振行为的影响.

线性分数阶 Langevin 方程的一般形式如下:

$$\ddot{x}(t) + \gamma D^\alpha x(t) = -\omega^2 x(t) + F(x, t) + \xi(t), \tag{3.1.10}$$

其中, $F(x, t)$ 为与时间有关的外部作用力, $\xi(t)$ 为系统内部环境分子的随机作用力, 满足如下统计性质:

$$\langle \xi(t) \rangle = 0, \quad \langle \xi(t)\xi(s) \rangle = D\left|t - s\right|^{-\alpha}. \tag{3.1.11}$$

取 $F(x, t) = A\cos(\Omega t)$, 可得周期驱动力下简谐势场中的 Langevin 方程如下:

$$\ddot{x}(t) + \gamma D^\alpha x(t) = -\omega^2 x(t) + A\cos(\Omega t) + \xi(t). \tag{3.1.12}$$

对 (3.1.12) 式取平均有

$$\langle \ddot{x}(t) \rangle + \gamma D^\alpha \langle x(t) \rangle = -\omega^2 \langle x(t) \rangle + A\cos(\Omega t). \tag{3.1.13}$$

利用 Laplace 变换法易得

$$X(s) = \frac{A}{H(s)}\frac{s}{s^2 + \Omega^2} + \frac{1}{H(s)}(s\dot{x}(0) + x(0) + \gamma x(0)). \tag{3.1.14}$$

在 $t \to \infty$ 时, 经过长时间的演化, 系统将达到平稳状态, 其平稳解为

$$\langle x(t) \rangle_{st} = A\int_0^t \cos(\Omega(t - t'))h(t')\mathrm{d}t', \tag{3.1.15}$$

其中

$$H(s) = \mathcal{L}(h(t)) = \frac{1}{s^2 + \gamma s^\alpha + \omega^2}. \tag{3.1.16}$$

于是, 系统的平稳解可进一步写为

$$\langle x(t) \rangle_{st} = R\cos(\Omega t + \theta). \tag{3.1.17}$$

响应幅值 R 和相移 θ 可由复响应率 $H(j\Omega)$ 给出:

$$R = A\left|H(j\Omega)\right| = \frac{A}{\sqrt{(\omega^2 - \Omega^2)^2 + \gamma^2\Omega^{2\alpha} + 2(\omega^2 - \Omega^2)\gamma\Omega^\alpha \cos(\alpha\pi/2)}}, \tag{3.1.18}$$

$$\theta = \angle H(j\Omega) = \arctan \frac{\gamma\Omega^\alpha \sin(\alpha\pi/2)}{-\Omega^2 + \gamma\Omega^\alpha \cos(\alpha\pi/2) + \omega^2}. \tag{3.1.19}$$

1. 自由粒子

自由粒子不受势函数约束, 在 (3.1.18) 式中令 $\omega = 0$ 可得

$$R = \frac{A}{\sqrt{\Omega^4 + \gamma^2\Omega^{2\alpha} - 2\gamma\Omega^{2+\alpha}\cos(\alpha\pi/2)}}. \tag{3.1.20}$$

取 $\gamma = 1$, 可得不同阶数 α 下系统响应幅值 R 的共振行为如图 3-1-4 所示.

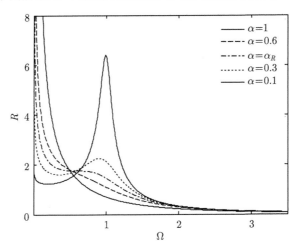

图 3-1-4　分数阶自由粒子的真实共振行为

令 $\dfrac{\mathrm{d}R}{\mathrm{d}\Omega} = 0$ 有

$$2\Omega^3 + \alpha\gamma^2\Omega^{2\alpha-1} - (2+\alpha)\gamma\Omega^{1+\alpha}\cos(\alpha\pi/2) = 0. \tag{3.1.21}$$

其解为

$$\Omega_R^{2-\alpha} = \frac{\gamma\left[(2+\alpha)\cos(\alpha\pi/2) \pm \sqrt{(2+\alpha)^2\cos^2(\alpha\pi/2) - 8\alpha}\right]}{4}. \tag{3.1.22}$$

这里, Ω_R 为共振频率. 当判别式 $\Delta = (2+\alpha)^2\cos^2(\alpha\pi/2) - 8\alpha \geqslant 0$ 时, 将出现共振. 由于 Δ 仅依靠于 α, 容易得到 $\alpha_R = 0.441021$ 满足

$$(2+\alpha_R)^2\cos^2(\alpha_R\pi/2) - 8\alpha_R = 0. \tag{3.1.23}$$

当 $\alpha \leqslant \alpha_R$ 时, $\Delta \geqslant 0$, 系统有共振行为; 当 $\alpha > \alpha_R$ 时, $\Delta < 0$, 系统无共振行为.

综上所述, 对自由粒子而言, 在正常扩散 ($\alpha = 1$) 情况下, 系统不存在任何共振行为; 在反常扩散 ($0 < \alpha < 1$) 情况下, 存在足够小的 α_R, 使得当 $\alpha \leqslant \alpha_R$ 时, 系统响应幅值 R 具有共振行为, 且 α_R 不依赖于系统的其他参数.

2. 简谐束缚粒子

在简谐势函数的束缚下, 由前面的推导可知, 系统响应幅值为

$$R = \frac{A}{\sqrt{(\omega^2 - \Omega^2)^2 + \gamma^2 \Omega^{2\alpha} + 2(\omega^2 - \Omega^2)\gamma\Omega^\alpha \cos(\alpha\pi/2)}}. \tag{3.1.24}$$

令 $\dfrac{\mathrm{d}R}{\mathrm{d}\Omega} = 0$ 有

$$2\alpha \left(\frac{\gamma}{\Omega_R^{2-\alpha}}\right)^2 + \left[2\alpha\left(\frac{\omega^2}{\Omega_R^2} - 1\right) - 4\right]\cos\left(\frac{\alpha\pi}{2}\right)\frac{\gamma}{\Omega_R^{2-\alpha}} - 4\left(\frac{\omega^2}{\Omega_R^2} - 1\right) = 0. \tag{3.1.25}$$

考察 (3.1.25) 式, 得到如下结论.

(1) 方程 (3.1.25) 可确定某临界值 α_R, 当 $\alpha \leqslant \alpha_R$ 时, 存在一个特殊的 Ω_R 使得系统发生共振. 取 $\gamma = 0.6$, 具体示意图如图 3-1-5 所示.

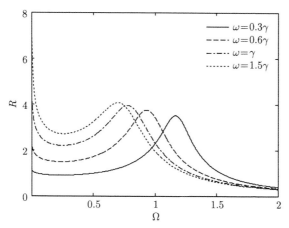

图 3-1-5　当 $\alpha \leqslant \alpha_R$ 时分数阶束缚粒子的真实共振行为

(2) 当 $\alpha > \alpha_R$ 时, 存在一个由 ω 和 γ 确定的边界条件. 当满足该边界条件时, 系统将发生共振; 反之, 则无共振现象出现. 取 $\gamma = 0.6$, 具体示意图如图 3-1-6 所示.

综上所述, 分数阶动力系统在外部驱动力作用下, 具有真实共振行为. 该共振行为的发生受系统阶数 α、系统固有频率 ω 及系统阻尼系数 γ 的联合控制, 具体结论如下:

(1) 系统阶数可独立控制该共振行为产生, 对于足够小 ($\alpha \leqslant \alpha_R$) 的系统阶数 a, 无论其他参数如何取值, 系统都将产生真实共振行为;

(2) 当系统阶数 α 相对较大时, 可确定一个与系统固有频率 ω 及阻尼系数 γ 有关的边界条件, 当且仅当该边界条件得到满足时, 系统才具有真实共振行为.

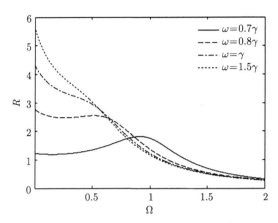

图 3-1-6 当 $\alpha > \alpha_R$ 时分数阶束缚粒子的真实共振行为

3.2 分数阶随机共振

以往对随机共振的研究工作大多局限于整数阶动力系统, 然而, 随着研究的深入, 人们已经认识到分数阶动力系统对现实问题的刻画往往更为合理. 之所以将其考虑为整数阶, 是因为系统本身的复杂性和有效数学工具的缺乏. 这实际上相当程度上地忽略了系统的真实性, 特别是对于非均匀介质情形及具记忆效应过程而言. 近年来, 随着分数阶微积分理论 [3-6] 的快速发展, 针对黏弹性材料、分形介质、混沌背景以及反常扩散等实际问题, 分数阶动力系统 [7-10] 受到了广泛关注. 大量的研究表明, 分数阶系统比整数阶系统具有更丰富的动力学特性, 更有利于对实际问题的准确刻画. 然而, 对分数阶随机共振的研究还处于起步阶段, Soika 等 [11,12] 研究了参数激励分别为双态噪声和三态 Markovian 噪声下的分数阶线性 Langevin 方程, 由于色噪声与分数阶微分记忆性间的协同作用, 该系统出现了广义随机共振现象. 高仕龙等 [13] 通过对阻尼核函数的适当选取推导出了分数阶 Langevin 方程并发现了随机共振现象. 钟苏川等 [14] 通过将广义 Langevin 方程中的系统内噪声建模为分数阶 Gauss 噪声推导出分数阶 Langevin 方程并观察到了广义随机共振现象. 这些研究为随机共振提供了新的发展方向, 相关研究工作还有待进一步深入.

3.2.1 质量涨落噪声驱动的分数阶随机共振

在统计物理中, 随机谐振子常用于描述 Brown 粒子在简谐势场力作用下的运动规律, 其基本形式如下:

$$m\frac{\mathrm{d}^2x}{\mathrm{d}t^2} + \gamma\frac{\mathrm{d}x}{\mathrm{d}t} + m\omega^2 x(t) = A_0 \cos(\Omega t) + \eta(t), \tag{3.2.1}$$

该模型用于刻画 Brown 粒子在理想液体中的运动. 此时, 根据 Stokes 定理 [15], 环境介质对 Brown 粒子的阻尼力正比于粒子的当前速度, 被建模为 $\gamma \dot{x}(t)$; 根据耗散涨落定理 [16], 环境分子碰撞 Brown 粒子而产生的涨落力 $\eta(t)$ 被建模为 Gauss 白噪声. 然而, 很多物理、生物、化学系统中的环境介质常为黏性介质 [17-20], 这就使得: ① 环境分子具有一定吸附能力, 会随机地吸附于 Brown 粒子, 使 Brown 粒子质量存在随机涨落; ② Brown 粒子受到的阻尼力不再仅仅取决于粒子的当前速度, 而是依赖于粒子的所有历史速度, 其运动轨迹为非 Markov 过程. 为此, 需在模型中引入刻画随机质量涨落的噪声, 以及刻画阻尼记忆性的阻尼核函数.

1. 系统模型

本节关注黏性介质对系统共振行为的影响, 为此, 在模型中同时引入了质量涨落噪声 $\xi(t)$ 和幂律阻尼核函数 $\beta(t)$, 得到如下分数阶质量涨落谐振子:

$$(m + \xi(t))\frac{\mathrm{d}^2 x(t)}{\mathrm{d}t^2} + \gamma D^\alpha x(t) + m\omega^2 x(t) = A_0 \cos(\Omega t) + \eta^H(t), \tag{3.2.2}$$

其中, $0 < \alpha \leqslant 1$, D^α 代表 Caputo 分数阶微分, $x(t)$ 代表振子位移, m 代表振子质量, γ, ω 分别代表系统的阻力系数和固有频率, $A_0 \cos(\Omega t)$ 代表系统的外部驱动信号, 其振幅和频率分别为 A_0, Ω.

$\xi(t)$ 表示黏性介质引起的振子质量随机涨落, 为系统外噪声. 本节将 $\xi(t)$ 建模为具有指数关联性的对称双态噪声, 在 $\{\sigma, -\sigma\}$, $\sigma \geqslant 0$ 中取值, 满足如下统计性质:

$$\langle \xi(t) \rangle = 0, \quad \langle \xi(t)\xi(s) \rangle = \sigma^2 \exp(-\lambda |t - s|), \tag{3.2.3}$$

其中, σ, λ 分别表示噪声强度和噪声相关率. 为保证涨落质量 $m + \xi(t)$ 始终为正, 噪声参数选取应满足: $\sigma < m$.

$\eta^H(t)$ 表示系统内部环境分子热运动所引起的随机涨落力, 为系统内噪声, 满足如下涨落耗散定理 [21]:

$$\langle \eta^H(t)\eta^H(s) \rangle = k_B T \gamma \beta(t - s) = k_B T \gamma \frac{|t - s|^{-\alpha}}{\Gamma(1 - \alpha)}, \tag{3.2.4}$$

其中, k_B 为 Boltzmann 常数, T 为环境介质的绝对温度. 据此, 本节将 $\eta^H(t)$ 建模为分数阶 Gauss 噪声 [21], 满足如下的统计性质:

$$\langle \eta^H(t) \rangle = 0, \quad \langle \eta^H(t)\eta^H(s) \rangle = 2DH(2H - 1)|t - s|^{2H-2}. \tag{3.2.5}$$

其中, D 为噪声强度. 进一步, 对比 (3.2.4) 式和 (3.2.5) 式可得

$$H = (2 - \alpha)/2, \quad D = k_B T \gamma / \Gamma(3 - \alpha). \tag{3.2.6}$$

最后, 由于内、外噪声起源不同, 本节假设 $\xi(t)$ 和 $\eta^H(t)$ 互不相关, 即

$$\langle \xi(t)\eta^H(s) \rangle = 0. \tag{3.2.7}$$

2. 分数阶 Shapiro-Loginov 公式

Shapiro-Loginov 公式是求解含指数关联随机系数的随机微分方程的有效工具,在求解各种物理和工程问题中具有重要作用, 其一般形式如下.

定理 3.2.1(Shapiro-Loginov 公式) [22]　若 $\zeta(t)$ 为具有如下统计特性的零均值指数关联噪声,

$$\langle\zeta(t)\rangle = 0, \quad \langle\zeta(t)\zeta(s)\rangle = D_\zeta\lambda_\zeta\exp(-\lambda_\zeta|t-s|), \tag{3.2.8}$$

$\phi(t)$ 是 $\zeta(t)$ 的函数, 则有如下的 Shapiro-Loginov 公式成立:

$$\left\langle\zeta(t)\frac{\mathrm{d}}{\mathrm{d}t}\phi(t)\right\rangle = \frac{\mathrm{d}}{\mathrm{d}t}\langle\zeta(t)\phi(t)\rangle + \lambda_\zeta\langle\zeta(t)\phi(t)\rangle. \tag{3.2.9}$$

对含指数关联随机系数的整数阶随机微分方程而言, 利用 Shapiro-Loginov 公式往往能够实现变量统一, 完成对方程的求解. 对相应的分数阶随机微分方程, 为实现解析求解, 需将经典 Shapiro-Loginov 公式进行推广, 为此, 给出如下分数阶 Shapiro-Loginov 公式.

定理 3.2.2(分数阶 Shapiro-Loginov 公式)　若 $\zeta(t)$ 为具有如下统计特性的零均值指数关联噪声,

$$\langle\zeta(t)\rangle = 0, \quad \langle\zeta(t)\zeta(s)\rangle = D_\zeta\lambda_\zeta\exp(-\lambda_\zeta|t-s|), \tag{3.2.10}$$

$\phi(t)$ 是 $\xi(t)$ 的函数, 则有如下的分数阶 Shapiro-Loginov 公式成立:

$$\langle\zeta(t)D^\alpha\phi(t)\rangle = \mathrm{e}^{-\lambda_\zeta t}D^\alpha(\langle\zeta(u)\phi(t)\rangle\mathrm{e}^{\lambda_\zeta t}). \tag{3.2.11}$$

证明　由 Caputo 分数阶微分定义可得

$$\langle\zeta(t)D^\alpha\phi(t)\rangle = \left\langle\zeta(t)\int_0^t\frac{(t-u)^{-\alpha}}{\Gamma(1-\alpha)}\dot{\phi}(u)\mathrm{d}u\right\rangle = \int_0^t\frac{(t-u)^{-\alpha}}{\Gamma(1-\alpha)}\langle\zeta(t)\dot{\phi}(u)\rangle\mathrm{d}u, \tag{3.2.12}$$

对 $\langle\zeta(t)\dot{\phi}(u)\rangle$, 由 Shapiro-Loginov 公式有

$$\frac{\mathrm{d}}{\mathrm{d}t}\langle\zeta(t)\dot{\phi}(u)\rangle = -\lambda_\zeta\langle\zeta(t)\dot{\phi}(u)\rangle. \tag{3.2.13}$$

求解方程 (3.2.13) 可得

$$\langle\zeta(t)\dot{\phi}(u)\rangle = \mathrm{e}^{-\lambda_\zeta|t-s|}\langle\zeta(u)\dot{\phi}(u)\rangle, \tag{3.2.14}$$

将 (3.2.14) 式代入 (3.2.12) 式有

$$\langle\zeta(t)D^\alpha\phi(t)\rangle = \int_0^t\frac{(t-u)^{-\alpha}}{\Gamma(1-\alpha)}\mathrm{e}^{-\lambda_\zeta(t-u)}\langle\zeta(u)\dot{\phi}(u)\rangle\mathrm{d}u$$

$$= \int_0^t \frac{(t-u)^{-\alpha}}{\Gamma(1-\alpha)} e^{-\lambda_\zeta(t-u)} \left(\frac{\mathrm{d}\langle \zeta(u)\phi(u)\rangle}{\mathrm{d}u} + \lambda_\zeta \langle \zeta(u)\phi(u)\rangle \right) \mathrm{d}u$$

$$= e^{-\lambda_\zeta t} \int_0^t \frac{(t-u)^{-\alpha}}{\Gamma(1-\alpha)} \left(e^{\lambda_\zeta u} \frac{\mathrm{d}\langle \zeta(u)\phi(u)\rangle}{\mathrm{d}u} + \lambda_\zeta e^{\lambda_\zeta u} \langle \zeta(u)\phi(u)\rangle \right) \mathrm{d}u$$

$$= e^{-\lambda_\zeta t} \int_0^t \frac{(t-u)^{-\alpha}}{\Gamma(1-\alpha)} \frac{\mathrm{d}(e^{\lambda_\zeta u}\langle \zeta(u)\phi(u)\rangle)}{\mathrm{d}u} \mathrm{d}u$$

$$= e^{-\lambda_\zeta t} D^\alpha (\langle \zeta(t)\phi(t)\rangle e^{\lambda_\zeta t}). \tag{3.2.15}$$

由此, 定理得证.

容易验证, 当 $\alpha = 1$ 时, 分数阶 Shapiro-Loginov 公式 (3.2.11) 将退化为经典 Shapiro-Loginov 公式 (3.2.9). 利用该分数阶 Shapiro-Loginov 公式可实现分数阶随机微分方程的变量统一, 完成对方程的求解.

3. 系统稳态响应振幅

下面利用分数阶 Shapiro-Loginov 公式, 通过随机平均法推导系统稳态响应振幅的解析表达式.

对模型 (3.2.2) 两端取均值后结合 Shapiro-Loginov 公式可得

$$m\frac{\mathrm{d}^2\langle x(t)\rangle}{\mathrm{d}t^2} + \left(\frac{\mathrm{d}}{\mathrm{d}t} + \lambda\right)^2 \langle \xi(t)x(t)\rangle + \gamma D^\alpha \langle x(t)\rangle + m\omega^2 \langle x(t)\rangle = A_0 \cos(\Omega t). \tag{3.2.16}$$

(3.2.16) 式中出现了耦合项 $\langle \xi(t)x(t)\rangle$, 需另建变量 $\langle x(t)\rangle$, $\langle \xi(t)x(t)\rangle$ 所满足的方程以实现对变量的联立求解. 为此, 在模型 (3.2.1) 两端同乘 $\xi(t)$ 后取均值, 结合 Shapiro-Loginov 公式和分数阶 Shapiro-Loginov 公式给出:

$$m\left(\frac{\mathrm{d}}{\mathrm{d}t} + \lambda\right)^2 \langle \xi(t)x(t)\rangle + \sigma^2 \frac{\mathrm{d}^2\langle x(t)\rangle}{\mathrm{d}t^2} + \gamma e^{-\lambda t} D^\alpha(\langle \xi(t)x(t)\rangle e^{\lambda t}) + m\omega^2 \langle \xi(t)x(t)\rangle = 0. \tag{3.2.17}$$

(3.2.16) 式和 (3.2.17) 式即构成了 $\langle x(t)\rangle$, $\langle \xi(t)x(t)\rangle$ 所满足的如下线性微分方程组:

$$\begin{cases} \left(m\dfrac{\mathrm{d}^2}{\mathrm{d}t^2} + \gamma D^\alpha + m\omega^2\right)\langle x(t)\rangle + \left(\dfrac{\mathrm{d}}{\mathrm{d}t} + \lambda\right)^2 \langle \xi(t)x(t)\rangle = A_0 \cos(\Omega t), \\ \sigma^2 \dfrac{\mathrm{d}^2\langle x(t)\rangle}{\mathrm{d}t^2} + \left[m\left(\dfrac{\mathrm{d}}{\mathrm{d}t} + \lambda\right)^2 + m\omega^2\right]\langle \xi(t)x(t)\rangle + \gamma e^{-\lambda t} D^\alpha(\langle \xi(t)x(t)\rangle e^{\lambda t}) = 0. \end{cases} \tag{3.2.18}$$

为简化表达, 记 $\langle x(t)\rangle = x_1, \langle \xi(t)x(t)\rangle = x_2$. 对方程组 (3.2.18) 作 Laplace 变换得

$$\begin{cases} d_{11}X_1(s) + d_{12}X_2(s) = A_0 \dfrac{s}{s^2 + \Omega^2} + d_{13}, \\ d_{21}X_1(s) + d_{22}X_2(s) = d_{23}, \end{cases} \tag{3.2.19}$$

其中

$$d_{11} = ms^2 + \gamma s^\alpha + m\omega^2, \quad d_{12} = (s + \lambda)^2,$$

$$d_{13} = (ms + \gamma s^{\alpha-1})x_1(0) + m\dot{x}_1(0) + (s + 2\lambda)x_2(0) + \dot{x}_2(0),$$

$$d_{21} = \sigma^2 s^2, \quad d_{22} = m(s + \lambda)^2 + \gamma(s + \lambda)^\alpha + m\omega^2,$$

$$d_{23} = \sigma^2 s x_1(0) + \sigma^2 \dot{x}_1(0) + (ms + 2m\lambda + \gamma(s + \lambda)^{\alpha-1})x_2(0) + m\dot{x}_2(0).$$

求解方程组 (3.2.19) 可得

$$\begin{cases} X_1(s) = \dfrac{d_{22}}{d_{11}d_{22} - d_{12}d_{21}} A_0 \dfrac{s}{s^2 + \Omega^2} + \dfrac{d_{13}d_{22} - d_{12}d_{23}}{d_{11}d_{22} - d_{12}d_{21}}, \\ X_2(s) \doteq -\dfrac{d_{21}}{d_{11}d_{22} - d_{12}d_{21}} A_0 \dfrac{s}{s^2 + \Omega^2} + \dfrac{d_{11}d_{23} - d_{21}d_{13}}{d_{11}d_{22} - d_{12}d_{21}}. \end{cases} \tag{3.2.20}$$

对 (3.2.20) 式作 Laplace 逆变换, 并记 $x_3(0) = \dot{x}_1(0)$, $x_4(0) = \dot{x}_2(0)$, 可得

$$x_i(t) = A_0 \int_0^t h_{i0}(t - t') \cos(\Omega t') \mathrm{d}t' + \sum_{k=1}^4 h_{ik}(t) x_k(0), \quad i = 1, 2. \tag{3.2.21}$$

其中, $h_{ik}(t), k = 0, 1, 2, 3, 4$ 的 Laplace 变换 $H_{ik}(s)$ 可由方程组 (3.2.20) 确定. 特别地, $H_{10}(s)$ 为系统传递函数, 其具体表达式为

$$H_{10}(s) = \frac{d_{22}}{d_{11}d_{22} - d_{12}d_{21}}. \tag{3.2.22}$$

在 (3.2.21) 式中, 令 $t \to \infty$, 经长时间演化, 系统响应对初始条件的依赖性逐渐消失, 系统逐步进入稳定状态. 此时, 系统稳态响应均值为

$$\langle x(t) \rangle_{as} = \langle x(t) \rangle |_{t \to \infty} = A_0 \int_0^t h_{10}(t - t') \cos(\Omega t') \mathrm{d}t'. \tag{3.2.23}$$

从信号与系统的角度, $\langle x(t) \rangle_{as}$ 可看作正弦信号 $A_0 \cos(\Omega t)$ 经传递函数为 $H_{10}(s)$ 的线性时不变系统作用后的输出, 因而可进一步表示为

$$\langle x(t) \rangle_{as} = A \cos(\Omega t + \varphi), \tag{3.2.24}$$

其中, A 和 φ 分别表示系统稳态响应的振幅和相移, 满足

$$A = |H_{10}(j\Omega)|, \quad \varphi = \arg(H_{10}(j\Omega)). \tag{3.2.25}$$

利用 $H_{10}(s)$ 的表达式 (3.2.22), 可得 A 和 φ 的解析表达式:

$$\begin{cases} A = A_0 \sqrt{\dfrac{f_1^2 + f_2^2}{f_3^2 + f_4^2}}, \\ \varphi = \arctan\left(\dfrac{f_2 f_3 - f_1 f_4}{f_1 f_3 + f_2 f_4}\right). \end{cases} \tag{3.2.26}$$

其中

$$f_1 = m\omega^2 - m\Omega^2 + m\lambda^2 + \gamma r^\alpha \cos(\alpha\theta), \quad f_2 = 2m\lambda\Omega + \gamma r^\alpha \sin(\alpha\theta),$$
$$f_3 = (m\omega^2 - m\Omega^2 + \gamma\Omega^\alpha \cos(\alpha\pi/2))f_1 - \gamma\Omega^\alpha \sin(\alpha\pi/2)f_2 - \sigma^2\Omega^4 + \sigma^2\Omega^2\lambda^2,$$
$$f_4 = (m\omega^2 - m\Omega^2 + \gamma\Omega^\alpha \cos(\alpha\pi/2))f_2 + \gamma\Omega^\alpha \sin(\alpha\pi/2)f_1 + 2\lambda\sigma^2\Omega^3,$$
$$r = \sqrt{\lambda^2 + \Omega^2}, \quad \theta = \arctan(\Omega/\lambda).$$

4. 系统稳态响应振幅的共振行为

下面结合相应数值结果, 讨论稳态响应振幅 A 随外部驱动频率 Ω 变化而产生的真实共振行为, 随质量涨落噪声强度 σ 变化而产生的随机共振行为, 以及随系统阻尼系数 γ 变化而产生的参数诱导共振行为.

1) 稳态响应振幅的真实共振行为

(1) 质量涨落噪声对系统真实共振行为的影响.

图 3-2-1(a) 给出了质量涨落噪声强度 $\sigma = 0.1, 0.4, 0.7$ 时的 A-Ω 变化曲线, 对比发现: 当 $\sigma = 0.1$ 时, 振幅 A 表现出传统的单峰共振行为, 且共振强度较大; 随着 σ 的增大, 当 $\sigma = 0.4$ 时, 振幅 A 表现出明显的双峰共振行为, 此时, 系统具有两个共振频率, 共振强度逐渐减弱; 随着 σ 的进一步增大, 当 $\sigma = 0.7$ 时, 振幅 A 仍然表现出明显的双峰共振行为, 共振峰位置逐渐外移, 共振强度进一步减弱.

图 3-2-1(b) 给出了质量涨落噪声相关率 $\lambda = 0.1, 0.4, 0.7$ 时的 A-Ω 变化曲线, 对比发现: 当 $\lambda = 0.1$ 时, 振幅 A 表现出明显的双峰共振行为, 且共振强度较大; 随着 λ 的增大, 当 $\lambda = 0.4$ 时, 振幅 A 仍然表现出双峰共振行为, 但峰值逐渐减小, 波谷逐渐升高, 双峰现象逐渐减弱; 随着 λ 的进一步增大, 当 $\lambda = 0.7$ 时, 波谷进一步升高, 从而形成了一个新共振峰, 双峰现象消失, 系统恢复到传统的单峰共振状态.

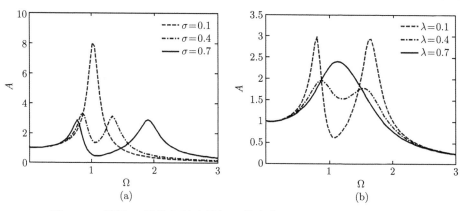

图 3-2-1 振幅 A 随外部驱动频率 Ω 的变化. (a) $\lambda = 0.1$; (b) $\sigma = 0.6$,
$m = 1, \omega = 1, A_0 = 1, \gamma = 0.1, \alpha = 0.6$

上述结果表明: 黏性介质引起的随机质量涨落, 使得相应谐振子具有单峰共振、双峰共振等多样化的真实共振形式; 系统共振形式与质量涨落噪声统计性质密切相关, 特别地, 当噪声强度较大、相关率较小时, 系统将表现出传统谐振子所不具有的双峰真实共振行为.

(2) 系统阻尼特性对系统真实共振行为的影响.

图 3-2-2(a) 给出了分数阶阶数 $\alpha = 0.1, 0.4, 1$ 时的 A-Ω 变化曲线, 对比发现: 当 $\alpha = 0.1$ 时, 振幅 A 表现出明显的双峰共振行为, 且第二个共振峰峰值较大; 随着 α 的增大, 当 $\alpha = 0.4$ 时, 振幅 A 仍然表现出双峰共振行为, 但峰值逐渐减小, 且第二个共振峰的减小速度更快; 随着 α 的进一步增大, 当 $\alpha = 1$ 时, 第一个共振峰逐渐增大, 第二个共振峰继续减小直至消失, 系统恢复到传统的单峰共振状态.

图 3-2-2(b) 给出了阻尼系数 $\gamma = 0.05, 0.5, 1$ 时的 A-Ω 变化曲线, 对比发现: 当 $\gamma = 0.05$ 时, 振幅 A 表现出明显的双峰共振行为, 且第二个共振峰峰值较大; 随着 λ 的增大, 当 $\lambda = 0.5$ 时, 振幅 A 仍然表现出双峰共振行为, 但峰值逐渐减小, 且第二个共振峰的减小速度更快; 随着 λ 的进一步增大, 当 $\lambda = 1$ 时, 共振峰继续减小, 第二个共振峰消失, 系统恢复到传统的单峰共振状态.

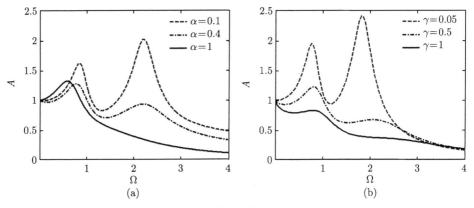

图 3-2-2   振幅 A 随外部驱动频率 Ω 的变化. (a) $\gamma = 0.6$; (b) $\alpha = 0.6$,
$m = 1, \omega = 1, A_0 = 1, \sigma = 0.7, \lambda = 0.3$

上述结果表明: 黏性介质引起的记忆性阻尼特性, 也能使相应谐振子具有单峰共振、双峰共振等多样化的真实共振形式; 系统共振形式与阻尼特性参数密切相关, 特别地, 当分数阶阶数和阻尼系数较小时, 系统将表现出传统谐振子所不具有的双峰真实共振行为.

2) 稳态响应振幅的随机共振行为

图 3-2-3(a) 给出了质量涨落噪声相关率 $\lambda = 0.1, 0.5, 1$ 时的 A-σ 变化曲线, 对比发现: 振幅 A 随质量涨落噪声强度 σ 的变化出现了明显的共振峰, 也即出现了

随机共振行为; 随着 λ 的增大, 峰值位置逐渐右移, 峰值先减小后增大, 也即存在某个特定的 λ 使得随机共振峰值达到最小.

图 3-2-3(b) 给出了分数阶阶数 $\alpha = 0.1, 0.4, 1$ 时的 A-σ 变化曲线, 对比发现: 振幅 A 随质量涨落噪声强度 σ 的变化出现了明显的随机共振行为; 随着 α 的增大, 共振峰逐渐减小, 峰值位置逐渐右移.

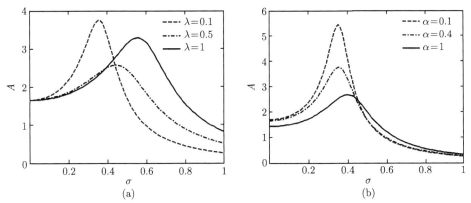

图 3-2-3 振幅 A 随质量涨落噪声强度 σ 的变化. (a) $\alpha = 0.4$; (b) $\lambda = 0.1$
$m = 1, \omega = 1, A_0 = 1, \Omega = 1.3, \gamma = 0.1$

上述结果表明: 黏性介质引起的质量涨落噪声, 能够诱导线性谐振子产生随机共振行为. 噪声相关率和分数阶阶数对系统随机共振的峰值位置和共振强度都有很大影响, 特别地, 分数阶阶数越小, 系统的共振强度越大.

3) 稳态响应振幅的参数诱导共振行为

图 3-2-4(a) 给出了分数阶阶数 $\alpha = 0.1, 0.5, 1$ 时的 A-γ 变化曲线, 对比发现: 振幅 A 随阻尼系数 γ 的变化出现了明显的共振峰, 也即具有参数诱导共振行为; 随着 α 的增大, 共振峰逐渐减小, 峰值位置逐渐左移.

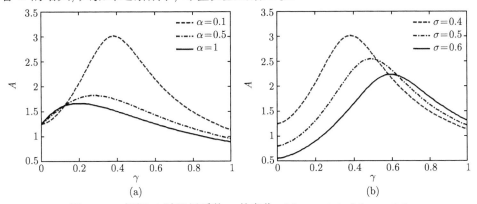

图 3-2-4 振幅 A 随阻尼系数 γ 的变化. (a) $\sigma = 0.4$; (b) $\alpha = 0.1$,
$m = 1, \omega = 1, A_0 = 1, \Omega = 1, \lambda = 0.1$

图 3-2-4(b) 给出了质量涨落噪声强度 $\sigma = 0.4, 0.5, 0.6$ 时的 A-γ 变化曲线, 对比发现: 振幅 A 随阻尼系数 γ 的变化出现了明显的参数诱导共振行为; 随着 σ 的增大, 共振峰逐渐减小, 峰值位置逐渐右移.

上述结果表明: 黏性介质引起的记忆性阻尼特性, 能够诱导相应谐振子产生参数诱导共振行为. 分数阶阶数和噪声强度对参数诱导共振的峰值位置和共振强度都有很大影响, 特别地, 分数阶阶数和噪声强度越小, 系统的共振强度越大.

5. 仿真实验

下面通过仿真实验, 模拟模型 (3.2.2) 所描述的粒子运动, 以考察仿真结果与理论结果是否吻合. 本节后续仿真均采用预估–校正法 [23-25], 具体数值计算公式如下:

$$x_n = x_1 + T_s \sum_{i=2}^{n-1} v_i + T_s(v_1 + v_n)/2, \tag{3.2.27}$$

这里, T_s 为采样间隔, $t_k = (k-1)T_s$, $x_k = x(t_k)$, $v_k = v(t_k)$, $v = \mathrm{d}x/\mathrm{d}t$ 表示粒子的运动速度, 满足

$$v_n = \left[(m + \xi_n)v_1 - \frac{\gamma T_s^{2-\alpha}}{\Gamma(4-\alpha)} \sum_{j=1}^{n-1} a_{j,n} v_j - \frac{\gamma x_1}{\Gamma(2-\alpha)} t_n^{1-\alpha} - \frac{m\omega^2 T_s^2}{\Gamma(4)} \sum_{j=1}^{n-1} b_{j,n} v_j \right.$$
$$\left. - m\omega^2 x_1 t_n + \frac{A_0}{\Omega} \sin(\Omega t_n) + B_n^H \right] \bigg/ \left[m + \xi_n + \frac{\gamma T_s^{2-\alpha}}{\Gamma(4-\alpha)} + \frac{m\omega^2 T_s^2}{\Gamma(4)} \right], \tag{3.2.28}$$

其中, $\xi_k = \xi(t_k)$, $B_k^H = B^H(t_k)$, 参数 $a_{j,n}$ 和 $b_{j,n}$ 的取值分别为

$$a_{j,n} = \begin{cases} n^{3-\alpha} - (n+\alpha-2)(n+1)^{2-\alpha}, & j = 1, \\ (n-j+2)^{3-\alpha} + (n-j)^{3-\alpha} - 2(n-j+1)^{3-\alpha}, & 2 \leqslant j \leqslant n-1, \\ 1, & j = n, \end{cases} \tag{3.2.29}$$

$$b_{j,n} = \begin{cases} n^3 - (n-2)(n+1)^2, & j = 1, \\ (n-j+2)^3 + (n-j)^3 - 2(n-j+1)^3, & 2 \leqslant j \leqslant n-1, \\ 1, & j = n. \end{cases} \tag{3.2.30}$$

在图 3-2-1(a) 的参数条件下, 取采样间隔 $T_s = 0.01$s, 仿真时间为 3000 s, 外部驱动频率 $\Omega = 1.6$, 仿真给出系统输出信号频谱图如图 3-2-5 所示.

从图 3-2-5 可以看出, 系统输出在外部驱动频率 ($\Omega = 1.6$) 处出现了明显尖峰, 表明系统响应为与外部驱动信号同频的正弦信号, 其峰值代表系统响应幅值. 图 3-2-5(a) 表明, 在无噪声情况下, 系统响应为干净的正弦信号, 容易验证, 此时通过仿真得到的响应幅值与由 (3.2.26) 式给出的理论结果一致.

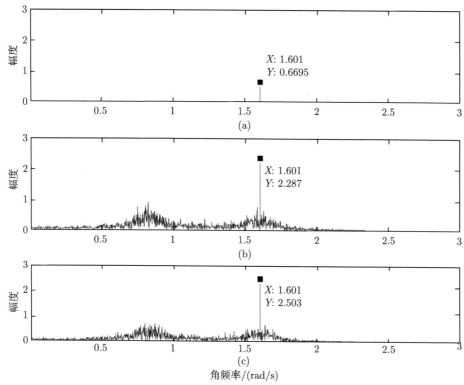

图 3-2-5 系统输出信号频域图. (a) 无噪声; (b) $\sigma = 0.6$; (c) $\sigma = 0.6$

图 3-2-5 (b) 与 (c) 给出了噪声强度 $\sigma = 0.6$ 时系统输出信号的两次仿真实现, 对比表明: 噪声的引入使得系统输出存在随机的噪声基底, 这就使得由此得到的响应幅值具有一定随机性. 为此, 采用 Monte-Carlo 方法, 取 N 次相同条件下仿真结果的平均值作为系统稳态响应振幅. 在图 3-2-5(b) 的参数条件下, 以 (3.2.26) 式所得的理论结果为参考值, 给出仿真误差随仿真次数 N 的变化趋势如图 3-2-6 所示.

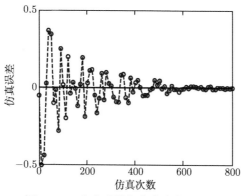

图 3-2-6 仿真误差与仿真次数关系图

图 3-2-6 表明: 随着仿真次数 N 的增加, 仿真误差将逐渐减小并趋近于 0, 也即仿真结果将逐渐逼近理论结果. 这充分说明仿真结果与理论结果具有一致性.

小结　针对黏性介质中 Brown 运动的典型特征: 质量随机涨落与阻尼记忆性, 本节建立了分数阶质量涨落谐振子模型, 在此基础上深入研究了黏性介质对系统共振行为的影响. 研究表明:

(1) 质量涨落噪声和记忆性阻尼力均对系统真实共振形式具有决定性影响作用, 当噪声参数和阻尼参数在一定范围内取值时, 系统将出现传统谐振子所不具有的双峰真实共振行为.

(2) 质量涨落噪声可诱导系统产生随机共振行为, 且共振强度随分数阶阶数的增大而减小, 随噪声相关率的增大先减小, 后增大.

(3) 阻尼记忆力可诱导系统产生参数诱导共振行为, 且共振强度随分数阶阶数和噪声强度的增大而减小.

3.2.2　频率涨落与周期调制噪声联合驱动的分数阶随机共振

以往有关分数阶随机共振的研究中, 大都仅仅考虑了噪声和周期信号相加的形式. 然而, 在很多实际的物理系统 (如光学或射电天文学的扩充器) 中, 噪声与信号往往是以相乘的形式出现的. 对于整数阶系统而言, 相应的研究工作已证明具有周期调制噪声的系统能够产生随机共振现象. 例如, Dykman 等 [26] 在相应的非对称双稳态系统中发现了随机共振现象. Wang 等 [27] 在相应的单模激光模型中观察到了随机共振现象. Jin 等 [28] 研究了线性阻尼系统在乘性色噪声和周期调制噪声联合驱动下的广义随机共振现象. Zhang 等 [29] 则讨论了线性过阻尼系统在二次乘性噪声和周期调制噪声联合驱动下的广义随机共振现象. 然而, 对于分数阶系统而言, 具有周期调制噪声的系统是否具有随机共振现象以及系统阶数会带来怎样的影响还未见研究, 是一个值得关心的问题. 本节考虑二次频率涨落噪声和周期调制噪声联合作用下的分数阶线性过阻尼系统, 为此, 本节在分数阶系统中同时引入二次频率涨落噪声和周期调制噪声, 以考察它们对系统共振行为的影响.

1. 系统模型

二次频率涨落噪声和周期调制噪声联合作用下的分数阶线性过阻尼系统, 可由如下随机微分方程表示:

$$D^\alpha x = -\omega^2(1 + a_1\xi(t) + a_2\xi^2(t))x + A\eta(t)\cos(\Omega t), \tag{3.2.31}$$

其中, D^α 为 Caputo 分数阶微分, $0 < \alpha \leqslant 1$. 由 3.1 节的分析可知, 分数阶微分的引入使得 (3.2.31) 式代表的系统模型具有指数型记忆特性. ω 为系统固有频率, $a_1\xi(t) + a_2\xi^2(t)$ 表示固有频率涨落引起参数激励, $A\eta(t)\cos(\Omega t)$ 表示周期调制噪声

外激励, A, Ω 为周期激励信号的振幅和频率. 这里, $\xi(t)$ 和 $\eta(t)$ 是具有零均值和非零相关函数的色噪声, 相互间具有指数关联性, 其统计性质如下:

$$\langle \xi(t) \rangle = 0, \quad \langle \xi(t)\xi(s) \rangle = D_\xi \lambda_\xi \exp(-\lambda_\xi |t-s|),$$
$$\langle \eta(t) \rangle = 0, \quad \langle \eta(t)\eta(s) \rangle = D_\eta \lambda_\eta \exp(-\lambda_\eta |t-s|), \quad (3.2.32)$$
$$\langle \xi(t)\eta(s) \rangle = \kappa \lambda_{\xi\eta} \sqrt{D_\xi D_\eta} \exp(-\lambda_{\xi\eta}|t-s|).$$

其中, D_ξ, D_η 为相应的色噪声强度, λ_ξ, λ_η 为相应的色噪声相关率, κ, $\lambda_{\xi\eta}$ 为 $\xi(t)$ 和 $\eta(t)$ 间的关联系数及关联率. 本节假设 $\xi(t)$, $\eta(t)$ 为双态噪声, $\xi(t)$ 在 $\{A_1, -B_1\}$ 中取值, A_1, B_1 均为正数, p_1 表示其从 A_1 到 B_1 的转换概率, q_1 表示相应的逆转换概率; $\eta(t)$ 在 $\{A_2, -B_2\}$ 中取值, A_2, B_2 均为正数, p_2 表示其从 A_2 到 B_2 的转换概率, q_2 表示相应的逆转换概率. 以 Λ_ξ, Λ_η 表示 $\xi(t)$ 和 $\eta(t)$ 的非对称性. 从而有

$$\lambda_\xi = p_1 + q_1, \quad \lambda_\eta = p_2 + q_2,$$
$$D_\xi \lambda_\xi = A_1 B_1, \quad D_\eta \lambda_\eta = A_2 B_2, \quad (3.2.33)$$
$$\Lambda_\xi = A_1 - B_1, \quad \Lambda_\eta = A_2 - B_2.$$

2. 系统稳态响应振幅

下面通过矩方程求解法推导系统响应的一阶稳态矩及稳态响应振幅的解析表达式. 对方程 (3.2.31) 两端同时取均值并利用性质 (3.2.32), 可得系统响应 $x(t)$ 的一阶矩满足如下的微分方程:

$$D^\alpha \langle x(t) \rangle = -\omega^2 \left(\langle x(t) \rangle + \sum_{k=1}^{2} a_k \langle \xi^k(t) x(t) \rangle \right). \quad (3.2.34)$$

该方程中出现了耦合项 $\langle \xi^k(t)x(t) \rangle$, $k = 1, 2$, 因而需要建立该耦合项所满足的方程以便对变量进行联立求解. 为此, 在方程 (3.2.31) 两端同时乘上 $\xi(t)$ 并取均值可得

$$\langle \xi(t) D^\alpha x(t) \rangle = -\omega^2 \left(\langle \xi(t)x(t) \rangle + \sum_{k=1}^{2} a_k \langle \xi^{k+1}(t) x(t) \rangle \right) + A\langle \xi(t)\eta(t) \rangle \cos(\Omega t),$$
$$(3.2.35)$$

其中, 利用分数阶 Shapiro-Loginov 公式 (3.2.11) 可得

$$\langle \xi(t) D^\alpha x(t) \rangle = \mathrm{e}^{-\lambda_\xi t} D^\alpha (\langle \xi(t)x(t) \rangle \mathrm{e}^{\lambda_\xi t}). \quad (3.2.36)$$

对于 (3.2.34) 式和 (3.2.35) 式中出现的高阶耦合项 $\langle \xi^2(t)x(t) \rangle$, $\langle \xi^3(t)x(t) \rangle$, 由双态噪声的性质可得相应的降阶公式如下:

$$\langle \xi^2(t)x(t) \rangle = b_{\xi,2}\langle \xi(t)x(t) \rangle + c_{\xi,2}\langle x(t) \rangle, \quad (3.2.37)$$

$$\langle \xi^3(t)x(t)\rangle = b_{\xi,3}\langle \xi(t)x(t)\rangle + c_{\xi,3}\langle x(t)\rangle, \tag{3.2.38}$$

其中

$$\begin{aligned} b_{\xi,2} &= \Lambda_\xi, \quad c_{\xi,2} = \lambda_\xi D_\xi, \\ b_{\xi,3} &= \Lambda_\xi^2 + \lambda_\xi D_\xi, \quad c_{\xi,2} = \lambda_\xi D_\xi \Lambda_\xi, \end{aligned} \tag{3.2.39}$$

将 (3.2.37) 式和 (3.2.38) 式代入 (3.2.24) 式和 (3.2.35) 式并利用性质 (3.2.32), 可得 $\langle x(t)\rangle$ 与 $\langle \xi(t)x(t)\rangle$ 所满足的微分方程组. 记

$$y_1 = \langle x(t)\rangle, \quad y_2 = \langle \xi(t)x(t)\rangle. \tag{3.2.40}$$

则相应的方程组为

$$\begin{cases} D^\alpha y_1 = -d_1 y_1 - d_2 y_2, \\ \mathrm{e}^{-\lambda_\xi t} D^\alpha (y_2 \mathrm{e}^{\lambda_\xi t}) = -d_3 y_1 - d_4 y_2 + d_5 \cos(\Omega t), \end{cases} \tag{3.2.41}$$

其中

$$\begin{aligned} d_1 &= \omega^2 + a_2\omega^2 c_{\xi,2}, \quad d_2 = a_1\omega^2 + a_2\omega^2 b_{\xi,2}, \quad d_3 = a_1\omega^2 c_{\xi,2} + a_2\omega^2 c_{\xi,3}, \\ d_4 &= \omega^2 + a_1\omega^2 b_{\xi,2} + a_2\omega^2 b_{\xi,3}, \quad d_5 = A\kappa\lambda_{\xi\eta}\sqrt{D_\xi D_\eta}. \end{aligned} \tag{3.2.42}$$

为求解方程组 (3.2.41), 对其进行 Laplace 变换可得

$$\begin{cases} (s^\alpha + d_1)Y_1(s) + d_2 Y_2(s) = s^{\alpha-1}y_1(0), \\ d_3 Y_1(s) + [(s+\lambda_\xi)^\alpha + d_4]Y_2(s) = (s+\lambda_\xi)^{\alpha-1}y_2(0) + d_5\dfrac{s}{s^2+\Omega^2}. \end{cases} \tag{3.2.43}$$

求解方程组 (3.2.43) 可得

$$Y_1(s) = H_1(s)\frac{s}{s^2+\Omega^2} + H_2(s)y_2(0) - H_3(s)y_1(0). \tag{3.2.44}$$

其中

$$\begin{aligned} H_1(s) &= \frac{d_2 d_5}{d_2 d_3 - ((s+\lambda_\xi)^\alpha + d_4)(s^\alpha + d_1)}, \\ H_2(s) &= \frac{(s+\lambda_\xi)^{\alpha-1}}{d_2 d_3 - ((s+\lambda_\xi)^\alpha + d_4)(s^\alpha + d_1)}, \\ H_3(s) &= \frac{((s+\lambda_\xi)^\alpha + d_4)s^{\alpha-1}}{d_2 d_3 - ((s+\lambda_\xi)^\alpha + d_4)(s^\alpha + d_1)}. \end{aligned} \tag{3.2.45}$$

对 (3.2.44) 式作 Laplace 逆变换可得

$$\langle x(t)\rangle = y_1(t) = \int_0^t h_1(t-u)\cos(\Omega u)\mathrm{d}u + h_2(t)y_2(0) - h_3(t)y_1(0), \tag{3.2.46}$$

其中, $H_i(s) = \mathcal{L}\{h_i(t)\}$, $i = 1,2,3$.

进一步, 令 $t \to \infty$, 则初始条件对系统响应的影响将逐渐消失, 于是系统响应的一阶稳态矩为

$$\langle x(t) \rangle_{st} = \int_0^t h_1(t-u) \cos(\Omega u) \mathrm{d}u. \tag{3.2.47}$$

从信号与系统的角度出发, $\langle x(t) \rangle_{st}$ 可看作正弦信号 $\cos(\Omega t)$ 输入系统函数为 $H_1(s)$ 的线性时不变系统后的输出, 故式 (3.2.47) 可进一步表示为

$$\langle x(t) \rangle_{st} = A_{st} \cos(\Omega t + \varphi), \tag{3.2.48}$$

其中, A_{st} 和 φ 分别为该一阶稳态矩的幅值和相移, 且由 $H_1(s)$ 的表达式可得

$$A_{st} = \frac{d_2 d_5}{\sqrt{f_1^2 + f_2^2}}, \quad \varphi = -\arctan\left(\frac{f_2}{f_1}\right), \tag{3.2.49}$$

其中

$$
\begin{aligned}
f_1 &= d_2 d_3 - d_1 d_4 - (b\Omega)^\alpha \cos\left(\alpha\theta + \frac{\alpha\pi}{2}\right) - d_4 \Omega^\alpha \cos\left(\frac{\alpha\pi}{2}\right) - d_1 b^\alpha \cos(\alpha\theta), \\
f_2 &= -\left((b\Omega)^\alpha \sin\left(\alpha\theta + \frac{\alpha\pi}{2}\right)\right) - d_4 \Omega^\alpha \sin\left(\frac{\alpha\pi}{2}\right) - d_1 b^\alpha \sin(\alpha\theta), \\
b &= \sqrt{\Omega^2 + \lambda_\xi^2}, \quad \theta = \arctan(\Omega/\lambda_\xi).
\end{aligned}
\tag{3.2.50}
$$

3. 系统输出响应振幅的共振行为

前面给出了系统稳态响应振幅的解析表达式 (3.2.49). 基于此, 可分析系统阶数及噪声参数 (包括噪声强度 D_ξ、相关率 λ_ξ) 对系统稳态响应振幅 A_{st} 的影响.

1) 一次乘性噪声驱动下系统稳态响应振幅的广义随机共振

取定噪声的二次项系数 $a_2 = 0$, 此时系统退化为一次乘性噪声驱动模型. 下面针对不同的周期信号频率 Ω, 分析噪声强度 D_ξ 及噪声相关率 λ_ξ 对系统稳态响应振幅 A_{st} 的影响随系统阶数 α 的变化.

系统稳态响应振幅 A_{st} 关于噪声强度 D_ξ 的随机共振现象.

首先分析噪声强度 D_ξ 对系统稳态响应振幅 A_{st} 的影响, 相应的变化曲线如图 3-2-7 所示.

图 3-2-7(a) 绘制了信号频率 $\Omega = 0.009$ 时, A_{st} 作为乘性噪声强度 D_ξ 的函数随着系统阶数 α 变化的曲线. 该图中可看到明显的单峰曲线, 表明此时出现了随机共振现象. 随着 α 的增大, 共振峰逐渐尖锐, 峰值逐渐变大, 说明此时系统阶数 α 的增大对随机共振现象有加强作用.

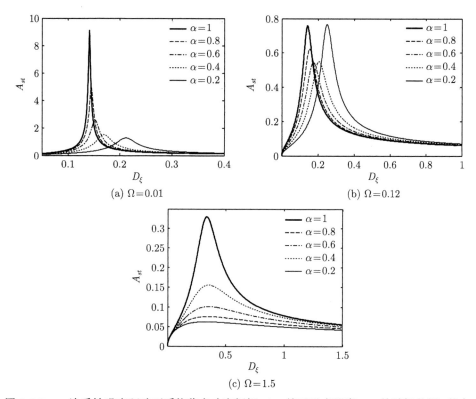

(a) $\Omega = 0.01$　　　　　　　　　　(b) $\Omega = 0.12$

(c) $\Omega = 1.5$

图 3-2-7　一次乘性噪声驱动下系统稳态响应振幅 A_{st} 关于噪声强度 D_ξ 的随机共振, 其中,
信号频率 Ω 和系统阶数 α 的取值如图所示, 其他各参数的取值为

$$A = 1, a_1 = 4, a_2 = 0, \omega = 1, \lambda_\xi = \lambda_\eta = 0.3, D_\eta = 0.5, \Lambda_\xi = \Lambda_\eta = 0.6, \kappa = 0.4, \lambda_{\xi\eta} = 1$$

图 3-2-7(b) 绘制了信号频率 $\Omega = 0.16$ 时, A_{st} 作为乘性噪声强度 D_ξ 的函数随
着系统阶数 α 变化的曲线. 该图中同样可看到明显的单峰曲线, 表明此时出现了随
机共振现象. 随着 α 的增大, 共振峰先逐渐平坦后逐渐尖锐, 峰值先变小后变大, 说
明此时系统阶数 α 的增大对随机共振现象先出现了抑制作用, 后出现了加强作用.

图 3-2-7(c) 绘制了信号频率 $\Omega = 11$ 时, A_{st} 作为乘性噪声强度 D_ξ 的函数随
着系统阶数 α 变化的曲线. 该图中可看到: 当 α 取值较小时, 曲线有明显的单峰现
象, 也即出现了随机共振现象; 随着 α 的增大, 共振峰先逐渐平坦直至消失. 说明此
时系统阶数 α 的增大对随机共振现象有明显的抑制作用.

2) 系统稳态响应振幅 A_{st} 关于噪声相关率 λ_ξ 的随机共振现象

在一次噪声下, 系统响应振幅 A_{st} 关于噪声相关率 λ_ξ 的随机共振现象与其关
于噪声强度 D_ξ 的随机共振现象类似, 相应的变化曲线如图 3-2-8 所示.

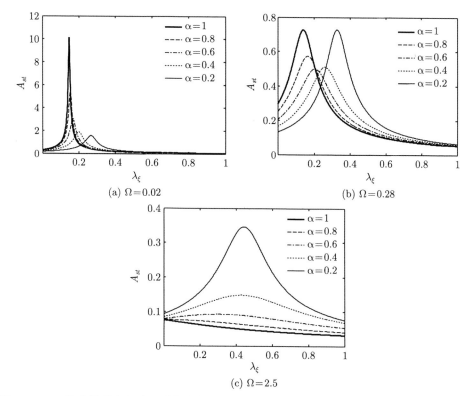

图 3-2-8 一次乘性噪声驱动下系统稳态响应振幅 A_{st} 关于噪声相关率 λ_ξ 的随机共振, 其中, 周期信号频率 Ω 和系统阶数 α 的取值如图所示, 其他各参数的取值为

$$A = 1, a_1 = 4, a_2 = 0, \omega = 1, \lambda_\eta = 0.3, D_\xi = D_\eta = 0.5, \Lambda_\xi = \Lambda_\eta = 0.6, \kappa = 0.4, \lambda_{\xi\eta} = 1$$

图 3-2-8(a) 绘制了信号频率 $\Omega = 0.01$ 时, A_{st} 作为乘性噪声相关率 λ_ξ 的函数随着系统阶数 α 变化的曲线. 该图中可看到明显的单峰曲线, 表明此时出现了随机共振现象. 随着 α 的增大, 共振峰逐渐尖锐, 峰值逐渐变大, 说明此时系统阶数 α 的增大对随机共振现象有加强作用.

图 3-2-8(b) 绘制了信号频率 $\Omega = 0.222$ 时, A_{st} 作为乘性噪声相关率 λ_ξ 的函数随着系统阶数 α 变化的曲线. 该图中同样可看到明显的单峰曲线, 表明此时出现了随机共振现象. 随着 α 的增大, 共振峰先逐渐平坦后逐渐尖锐, 峰值先变小后变大, 说明此时系统阶数 α 的增大对随机共振现象先出现了抑制作用, 后出现了加强作用.

图 3-2-8(c) 绘制了信号频率 $\Omega = 2.5$ 时, A_{st} 作为乘性噪声相关率 λ_ξ 的函数随着系统阶数 α 变化的曲线. 该图中可看到: 当 α 取值较小时, 曲线有明显的单峰现象, 也即出现了随机共振现象; 随着 α 的增大, 共振峰先逐渐平坦直至消失. 说明此时系统阶数 α 的增大对随机共振现象有明显的抑制作用.

3) 二次噪声下系统稳态响应振幅的广义随机共振

取定噪声的二次项系数 $a_2 = 2$, 此时系统为二次乘性噪声驱动模型. 下面针对不同的周期激励信号频率 Ω, 分析噪声强度 D_ξ 及噪声相关率 λ_ξ 对系统稳态响应振幅 A_{st} 的影响随系统阶数 α 的变化.

(1) 系统稳态响应振幅 A_{st} 关于噪声强度 D_ξ 的随机共振现象.

首先分析噪声强度 D_ξ 对系统稳态响应振幅 A_{st} 的影响, 相应的变化曲线如图 3-2-9 所示.

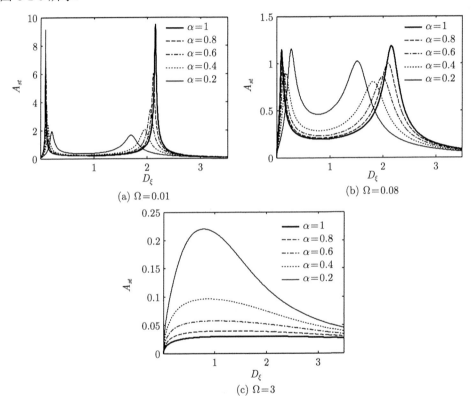

图 3-2-9　二次乘性噪声驱动下系统稳态响应振幅 A_{st} 关于噪声强度 D_ξ 的随机共振, 其中, 信号频率 Ω 和系统阶数 α 的取值如图所示, 其他各参数的取值为

$$A = 1, a_1 = 4, a_2 = 2, \omega = 1, \lambda_\xi = \lambda_\eta = 0.3, D_\eta = 0.5, \Lambda_\xi = \Lambda_\eta = 0.6, \kappa = 0.4, \lambda_{\xi\eta} = 1$$

图 3-2-9(a) 绘制了信号频率 $\Omega = 0.009$ 时, A_{st} 作为乘性噪声强度 D_ξ 的函数随着系统阶数 α 变化的曲线. 该图中可看到明显的双峰单谷曲线, 且第二个共振峰略高于第一个共振峰, 表明此时出现了多重随机共振现象. 随着 α 的增大, 共振峰逐渐尖锐, 峰值逐渐变大, 说明此时系统阶数 α 的增大对随机共振现象有加强作用.

图 3-2-9(b) 绘制了信号频率 $\Omega = 0.16$ 时, A_{st} 作为乘性噪声强度 D_ξ 的函数

随着系统阶数 α 变化的曲线. 该图中同样可看到明显的双峰单谷曲线, 表明此时出现了多重随机共振现象. 波谷较图 (a) 而言明显有所抬高, 使得双峰现象逐渐减弱. 随着 α 的增大, 共振峰先逐渐平坦后逐渐尖锐, 峰值先变小后变大, 说明此时系统阶数 α 的增大对随机共振现象先出现了抑制作用, 后出现了加强作用.

图 3-2-9(c) 绘制了信号频率 $\Omega = 25$ 时, A_{st} 作为乘性噪声强度 D_ξ 的函数随着系统阶数 α 变化的曲线. 该图中可看到: 随着信号频率 Ω 的进一步增大, 波谷将进一步抬高, 从而在原波谷位置处形成了一个较大的新共振峰, 低频时出现的多重随机共振现象已经消失. 当 α 取值较小时, 曲线有明显的单峰共振现象; 随着 α 的增大, 共振峰先逐渐平坦直至消失. 说明此时系统阶数 α 的增大对随机共振现象有明显的抑制作用.

(2) **系统稳态响应振幅 A_{st} 关于噪声相关率 λ_ξ 的随机共振现象.**

二次噪声情况下, 系统响应振幅 A_{st} 关于噪声相关率 λ_ξ 的随机共振现象与其关于噪声强度 D_ξ 的随机共振现象略有差别, 相应的变化曲线如图 3-2-10 所示.

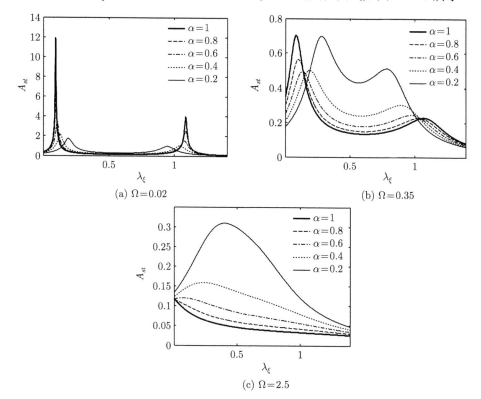

(a) $\Omega = 0.02$

(b) $\Omega = 0.35$

(c) $\Omega = 2.5$

图 3-2-10　二次乘性噪声驱动下系统稳态响应振幅 A_{st} 关于噪声相关率 λ_ξ 的随机共振, 其中, 信号频率 Ω 和系统阶数 α 的取值如图所示, 其他各参数的取值为

$A = 1, a_1 = 4, a_2 = 2, \omega = 1, \lambda_\eta = 0.3, D_\xi = D_\eta = 0.5, \Lambda_\xi = \Lambda_\eta = 0.6, \kappa = 0.4, \lambda_{\xi\eta} = 1$

图 3-2-10(a) 绘制了信号频率 $\Omega = 0.02$ 时, A_{st} 作为乘性噪声相关率 λ_ξ 的函数随着系统阶数 α 变化的曲线. 该图中可看到明显的双峰单谷曲线, 且第一个共振峰明显高于第二个共振峰, 表明此时出现了多重随机共振现象. 随着 α 的增大, 共振峰逐渐尖锐, 峰值逐渐变大, 说明此时系统阶数 α 的增大对随机共振现象有加强作用.

图 3-2-10(b) 绘制了信号频率 $\Omega = 0.258$ 时, A_{st} 作为乘性噪声相关率 λ_ξ 的函数随着系统阶数 α 变化的曲线. 该图中同样可看到明显的双峰单谷曲线, 表明此时出现了多重随机共振现象. 波谷较图 3-2-10(a) 而言明显有所抬高, 使得双峰现象逐渐减弱. 随着 α 的增大, 共振峰先逐渐平坦后逐渐尖锐, 峰值先变小后变大, 说明此时系统阶数 α 的增大对随机共振现象先出现了抑制作用, 后出现了加强作用.

图 3-2-10(c) 绘制了信号频率 $\Omega = 2.5$ 时, A_{st} 作为乘性噪声相关率 λ_ξ 的函数随着系统阶数 α 变化的曲线. 该图中可看到: 随着信号频率 Ω 的进一步增大, 波谷将进一步抬高, 从而在原波谷位置处形成了一个较大的新共振峰, 低频时出现的多重随机共振现象已经消失. 当 α 取值较小时, 曲线有明显的单峰共振现象; 随着 α 的增大, 共振峰先逐渐平坦直至消失. 说明此时系统阶数 α 的增大对随机共振现象有明显的抑制作用.

小结   乘性色噪声和周期调制噪声联合驱动的分数阶线性过阻尼振子具有如下随机共振现象:

(1) 在一次乘性噪声驱动下, 系统响应振幅 A_{st} 关于噪声参数 (包括噪声强度 D_ξ、相关率 λ_ξ) 具有单峰随机共振现象; 在二次乘性噪声驱动下, 系统响应振幅 A_{st} 关于噪声参数 (包括噪声强度 D_ξ、相关率 λ_ξ) 具有双峰随机共振现象.

(2) 系统阶数对共振现象有很大影响: 当周期信号频率极低时, 高阶系统的共振强度大于低阶系统的共振强度; 当频率逐渐增大时, 低阶系统的共振强度将逐渐超过高阶系统的共振强度; 当频率略高时, 高阶系统的随机共振现象将逐渐消失, 而低阶系统的共振现象依然明显.

3.3   分数阶振动共振

经典的整数阶受迫阻尼振动方程可以描述为

$$m\ddot{x} = -g(x,t) - V(x) + f(t), \tag{3.3.1}$$

其中, m 表示物体的质量, $m\ddot{x}$ 表示惯性力, $V(x)$ 表示物体所受势场力, $f(t)$ 表示外激励力. 这里的整数阶振动方程只能通过理想瑞利比例阻尼形式 $g(x,t) = -\delta\dot{x}$ 描述物体所受的外部阻尼力, 而这种阻尼一般适用于水等纯黏性液体, 在描述具有记忆特征的介质 (如磁流变液、黏弹性介质等) 的力学行为时并不准确. 为此有学者提出用分数阶导数来描述这些阻尼材料中的阻尼振动 [30,31], 即在 (3.3.1) 式中将 $g(x,t)$ 取定为用分数阶导数 $-\delta \mathrm{d}^\alpha x/\mathrm{d}t^\alpha$ 表示的分数阶外阻尼力. 另一方面, 由黏弹性材料构成的振子在振动过程中会消耗能量, 从而使得振子作阻尼振动, 这种振子本身产生的阻尼力被称为内在的阻尼力 [32], 以便区别于由外在摩擦力产生的外阻尼力. 已有一些学者提出采用分数阶导数可以更好地描述内在阻尼力带来的动力学效应 [32-35], 即将 (3.3.1) 式的 $m\ddot{x}$ 修正为用分数阶导数 $m\mathrm{d}^p x/\mathrm{d}t^p (1 < p \leqslant 2)$ 表示的分数阶内部阻尼力. 不过, 目前还少有文献讨论分数阶系统的振动共振现象.

3.3.1 分数阶过阻尼多稳系统的振动共振

本节针对仅含分数阶外阻尼的系统, 讨论其在一般的棘齿势下的振动共振行为, 从而, 常见的对称势函数的相关研究成果可作为本节讨论结果的一个特例.

1. 分数阶阻尼项

在很多物理、生物介质中, 运动粒子所受到的阻尼往往表现出对历史速度的幂律记忆性, 其核函数 [36] 可表示为

$$\gamma_v(s) = \frac{1}{\Gamma(1-p)}|t-s|^{-p}, \quad 0 < p < 1, \tag{3.3.2}$$

其中, $\Gamma(\cdot)$ 代表 Gamma 函数, t 代表当前时刻, s 代表某一历史时刻, p 代表分数阶阶数. 从而阻尼力可表示如下:

$$F_d = \frac{1}{\Gamma(1-p)} \int_0^t (t-\tau)^{-p}\dot{x}(\tau)\mathrm{d}\tau, \quad 0 < p < 1. \tag{3.3.3}$$

另一方面, 根据 Caputo 分数阶微分的定义 [3]:

$$_0^C D_t^p x(t) = \frac{1}{\Gamma(n-p)} \int_0^t (t-\tau)^{n-1-p} x^{(n)}(\tau)\mathrm{d}\tau, \quad n-1 < p < n, \tag{3.3.4}$$

阻尼力 F_d 恰好可表示为一个 p 阶分数阶微分:

$$F_d = {}_0^C D_t^p x(t), \quad 0 < p < 1. \tag{3.3.5}$$

又由于速度本身可等价看作对历史加速度的累计结果, 故对任意的 $0 < p < 1$, 阻尼力也可等价表示为对加速度的记忆项:

$$\begin{aligned}
F_d &= \frac{1}{\Gamma(1-p)} \int_0^t (t-\tau)^{-p}\dot{x}(\tau)\mathrm{d}\tau \\
&= \frac{1}{\Gamma(1-p)} \int_0^t (t-\tau)^{-p} \left(\int_0^\tau \ddot{x}(s)\mathrm{d}s \right) \mathrm{d}\tau \\
&= \frac{1}{\Gamma(2-p)} \int_0^\tau \ddot{x}(s)(t-s)^{1-p}\mathrm{d}s,
\end{aligned} \tag{3.3.6}$$

其中, 对任意的 $0 < p < 1$, 相应的加速度记忆核函数 $\gamma_\alpha(s)$ 为

$$\gamma_\alpha(s) = \frac{(t-s)^{1-p}}{\Gamma(2-p)}, \quad 0 < p < 1. \tag{3.3.7}$$

1984 年, Torvik 和 Bagley[31] 发现阶数 $p = 1.5$ 的分数阶微分可用于描述 Stokes 第二问题, 该方法不借助任何经验主义, 即可对沿自身表面作简谐振动的半无限平板在黏性介质中的运动行为进行建模. 这就表明, 分数阶微分不仅能够对黏弹性介质中的复杂阻尼特性进行描述, 并且能够对特定真实物理过程中黏性系统的行为进行刻画. 因此, 迫切需要对阶数 $1 < p < 2$ 的分数阶系统展开研究.

由 (3.3.4) 式, 当 $1 < p < 2$ 时, 关于加速度的记忆核函数为

$$\gamma_\alpha(s) = \frac{|t-s|^{1-p}}{\Gamma(2-p)}, \quad 1 < p < 2. \tag{3.3.8}$$

因此, 可将记忆核函数的阶数扩展为

$$\gamma_\alpha(s) = \frac{|t-s|^{1-p}}{\Gamma(2-p)}, \quad 0 < p < 2. \tag{3.3.9}$$

如图 3-3-1 所示, 不同阶数 p 下的记忆核函数具有完全不同的表现形式. 当 $0 < p < 1$ 时, 距离当前时刻越近的历史加速度, 对阻尼项的贡献越小; 当 $1 < p < 2$ 时, 情况却恰恰相反; 当 $p = 1$ 时, 核函数 γ_α 退化为常值函数, 表明阻尼项对历史加速度具有记忆权重完全相同.

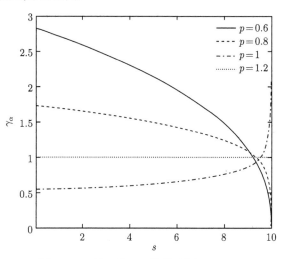

图 3-3-1　核函数 γ_α 的曲线图 $(t = 10)$

2. 系统的稳态响应振幅

双简谐信号驱动下, 具有棘齿势的过阻尼分数阶系统可表示如下:

$$\begin{smallmatrix} C \\ 0 \end{smallmatrix} D_t^p x(t) + \frac{\mathrm{d}V(x)}{\mathrm{d}x} = f\cos(\omega t) + g\cos(\Omega t), \tag{3.3.10}$$

其中, $0 < p < 2$, ω 和 Ω 分别代表较低的简谐信号频率和较高的简谐信号频率, 满足 $\omega \ll \Omega$, f 和 g 不能同时为 0. 另一方面 $V(x)$ 代表系统的势函数, 且 $V'(x) = \cos(ax) + \frac{\Delta}{2}\cos(2ax)$, 其中 Δ 代表势函数的非对称程度, a 代表势函数的频率. 特别地, $\Delta = 0$ 对应着对称势函数. 图 3-3-2 给出了 $a = 1$ 时不同 Δ 下势函数 $V(x)$ 的曲线图.

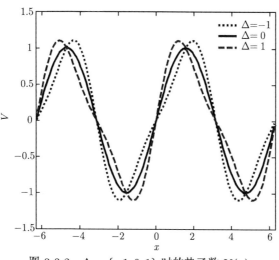

图 3-3-2　$\Delta = \{-1, 0, 1\}$ 时的势函数 $V(x)$

根据快慢变量分离法 [37], 假设 $x(t) = X(t) + \Psi(t, \Omega t)$, 其中 $X(t)$ 代表周期为 $2\pi/\omega$ 的慢变量, $\Psi(t)$ 代表 "快" 时间 $\tau = \Omega t$ 下周期为 2π 的周期函数. 将 $x(t) = X(t) + \Psi(t)$ 代入 (3.3.10) 式并对其取平均可得

$$\begin{cases} \dfrac{\mathrm{d}^p X}{\mathrm{d}t^p} + \langle\cos(a\Psi)\rangle\cos(aX) - \langle\sin a\Psi\rangle\sin(aX) + \dfrac{\Delta}{2}\langle\cos(2a\Psi)\rangle\cos(2aX) \\[2mm] -\dfrac{\Delta}{2}\langle\sin(2a\Psi)\rangle\sin(2aX) = f\cos(\omega t), \\[2mm] \dfrac{\mathrm{d}^p \Psi}{\mathrm{d}t^p} + (\cos(a\Psi) - \langle\cos(a\Psi)\rangle)\cos(aX) - (\sin(a\Psi) - \langle\sin(a\Psi)\rangle)\sin(aX) \\[2mm] +\dfrac{\Delta}{2}(\cos(2a\Psi) - \langle\cos(2a\Psi)\rangle)\cos(2aX) \\[2mm] -\dfrac{\Delta}{2}(\sin(2a\Psi) - \langle\sin(2a\Psi)\rangle)\sin(2aX) = g(\Omega t). \end{cases} \tag{3.3.11}$$

Ψ 自身的演化方程可简化近似为

$$\frac{\mathrm{d}^p\Psi}{\mathrm{d}t^p} = g\cos(\Omega t). \tag{3.3.12}$$

由分数阶微分的相关理论 [3] 可得

$$\Psi = \mu\cos(\Omega t + \phi), \tag{3.3.13}$$

其中

$$\mu = \frac{g}{\Omega^p}, \quad \phi = -\frac{p\pi}{2} + n\pi \quad (n = 1, 2). \tag{3.3.14}$$

由于 Ψ 是快时间下的快变简谐周期函数, 故 X 的演化方程中包含 Ψ 的部分按其周期取平均可得 [38]

$$\langle\cos(a\Psi)\rangle = \frac{1}{T}\int_0^T \cos(a\Psi(\tau))\mathrm{d}\tau = J_0(a\mu), \tag{3.3.15}$$

$$\langle\sin(a\Psi)\rangle = 0, \tag{3.3.16}$$

其中, $J_0(a\mu)$ 代表零阶 Bessel 函数, 且由此可得

$$\frac{\mathrm{d}^p X}{\mathrm{d}t^p} + J_0(a\mu)\cos(aX) + \frac{\Delta}{2}J_0(2a\mu)\cos(2aX) = f\cos(\omega t). \tag{3.3.17}$$

(3.3.17) 式可以理解为粒子在如下有效势场中的快运动部分:

$$V_{\mathrm{eff}} = J_0(a\mu)\sin(aX) + \frac{\Delta}{2}J_0(2a\mu)\sin(2aX). \tag{3.3.18}$$

由 (3.3.18) 式可知, V_{eff} 的最小值的位置 X^* 与参数 μ, Δ, a 的取值有关. 又由于 V_{eff} 是周期函数, 且当 $J_0(a\mu) \neq 0$ 时周期为 $2\pi/a$, 当 $J_0(a\mu) = 0$ 时周期为 π/a, 不妨假设 $X^* \in [-\pi/a, \pi/a]$. 偏差变量 $Y = X - X^*$ 的运动方程为

$$\frac{\mathrm{d}^p Y}{\mathrm{d}t^p} + J_0(a\mu)\cos(aY + aX^*) + \frac{\Delta}{2}J_0(2a\mu)\cos(2aY + 2aX^*) = f\cos(\omega t). \tag{3.3.19}$$

忽略掉 (3.3.19) 式非线性项并作简单的化简后可得如下线性近似方程:

$$\frac{\mathrm{d}^p Y}{\mathrm{d}t^p} + MY = f\cos(\omega t), \tag{3.3.20}$$

其中

$$M = -aJ_0(ag/\Omega^p)\sin(aX^*) - a\Delta J_0(2ag/\Omega^p)\sin(2aX^*), \tag{3.3.21}$$

(3.3.20) 式的解析解为

$$Y = \lambda\cos(\omega t + \varphi), \tag{3.3.22}$$

其中

$$\lambda = \frac{f}{\sqrt{S}}, \quad S \equiv \omega^{2p} + M^2 + 2M\omega^p\cos\left(\frac{p\pi}{2}\right). \tag{3.3.23}$$

3. 系统稳态响应振幅的振动共振行为

1) 关于高频输入信号的振动共振

由 (3.3.14) 式和 (3.3.21) 式可得

$$M = -aJ_0(a\mu)\sin(aX^*) - a\Delta J_0(2a\mu)\sin(2aX^*) = M(\mu), \tag{3.3.24}$$

由 (3.3.23) 式可得

$$\lambda = \frac{f}{\sqrt{\omega^{2p} + M^2 + 2M\omega^p \cos\left(\dfrac{p\pi}{2}\right)}} = \lambda(M). \tag{3.3.25}$$

由复合函数理论可得

$$\lambda = \lambda(M) = \lambda(M(\mu)) = \lambda\left(M\left(\frac{g}{\Omega^p}\right)\right), \tag{3.3.26}$$

这就表明: 高频输入信号的频率 Ω 和幅度 g 以 $M\left(\dfrac{g}{\Omega^p}\right)$ 的整体形式对系统输出响应振幅 λ 产生影响. 因而, 只需要分析幅度 g 对系统振动共振行为的影响, 频率 Ω 产生的影响完全类似. 为简化分析过程, 不失一般性, 假设 $\Delta = 0$, $a = 1$, 从而 $M = |J_0(\mu)|$ 且 $0 \leqslant M \leqslant 1$.

系统响应振幅 λ 达到极值当且仅当满足以下三个条件之一:

$$\frac{\mathrm{d}\lambda}{\mathrm{d}g} = 0, \quad M = 0, \quad \text{或 } M = 1. \tag{3.3.27}$$

进一步

$$\frac{\mathrm{d}\lambda}{\mathrm{d}g} = \frac{\mathrm{d}\lambda}{\mathrm{d}S}\frac{\mathrm{d}S}{\mathrm{d}M}\frac{\mathrm{d}M}{\mathrm{d}g} = -\frac{f}{2}S^{-\frac{3}{2}}\left(2M + 2\omega^p\cos\left(\frac{p\pi}{2}\right)\right)\frac{\mathrm{d}M}{\mathrm{d}g}, \tag{3.3.28}$$

这就表明, $\dfrac{\mathrm{d}\lambda}{\mathrm{d}g} = 0$ 当且仅当 $\dfrac{\mathrm{d}S}{\mathrm{d}M} = 2M + 2\omega^p\cos\left(\dfrac{p\pi}{2}\right) = 0$ 或 $\dfrac{\mathrm{d}M}{\mathrm{d}g} = 0$.

令 M_0 表示 S 作为 M 的函数时的极值点, 也即满足 $\left.\dfrac{\mathrm{d}S}{\mathrm{d}M}\right|_{M=M_0} = 0$, 从而

$$M_0 = -\omega^p\cos\left(\frac{p\pi}{2}\right), \tag{3.3.29}$$

由此可得, λ 达到其极值点当且仅当 M 作为 g 的函数满足以下几个条件之一:

$$M(g) = M_0, \quad \frac{\mathrm{d}M}{\mathrm{d}g} = 0, \quad M(g) = 0, \quad \text{或 } M(g) = 1, \tag{3.3.30}$$

由此, 可得以下结论:

(1) 当 $0 < p \leqslant 1$ 时, $M_0 \leqslant 0$, 故 λ 在 $M(g) = 0$ 时取得最小值, 在 $M(g) = 1$ 时取得最大值. 图 3-3-3(a) 给出了该结论的一个具体示例.

(2) 当 $1 < p < 2$ 时, $M_0 > 0$, 有以下两条结论成立:

(a) 若 $\omega > \left(-\cos\left(\dfrac{p\pi}{2}\right)\right)^{\frac{1}{p}}$, 则 $M_0 > 1$, λ 在 $M(g) = 1$ 时取得最大值, 在 $M(g) = 0$ 时取得最小值. 图 3-3- 3(b) 给出了该结论的一个具体示例.

(b) 若 $\omega \leqslant \left(-\cos\left(\dfrac{p\pi}{2}\right)\right)^{\frac{1}{p}}$, 则 $M_0 \leqslant 1$, λ 在 $M(g) = M_0$ 时取得最大值, 在 $M(g) = 0$ 或 $M(g) = 1$ 时取得最小值. 图 3-3-3(c) 给出了该结论的一个具体示例.

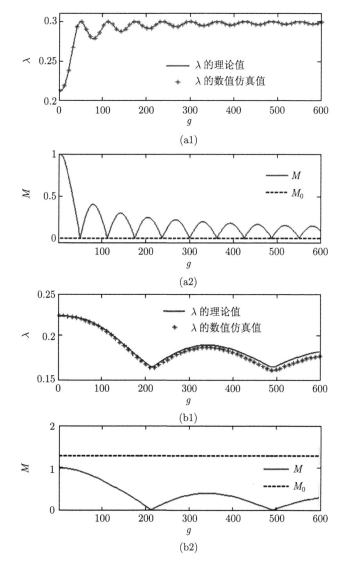

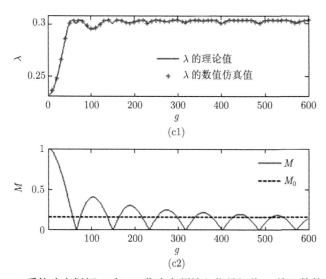

图 3-3-3 系统响应振幅 λ 和 M 作为高频输入信号幅值 g 的函数的曲线图.
$f = 0.3, \Omega = 20, \Delta = 0, a = 1.$ (a) $\omega = 1, p = 1$; (b) $\omega = 1.5, p = 1.5$; (c) $\omega = 1, p = 1.1$

2) 关于低频输入信号的振动共振

由 (3.3.23) 式可知, 系统响应振幅 λ 与低频输入信号幅值 f 呈线性关系, 故仅需分析 λ 关于低频输入信号频率 ω 的振动共振行为. 研究发现, 当 $0 < p \leqslant 1$ 时, λ 随着 ω 的增加而单调递减; 当 $1 < p < 2$ 时, λ 随着 ω 的增加表现出单峰共振行为. 图 3-3-4 给出了本结论的一个具体示例.

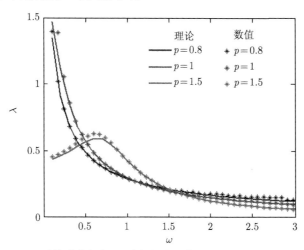

图 3-3-4 系统响应振幅 λ 随低频输入信号频率 ω 的变化曲线图.
$f = 0.3, \Omega = 20, g = 100, a = 1, \Delta = 0$ (彩插扫书后二维码)

3) 关于势函数频率的振动共振

由 M 和 M_0 的表达式 (3.3.21), (3.3.29) 可知, 它们的取值与势函数频率 a 和分数阶阶数 p 有关. 从而, M 的极值点的分布与 λ 的振动共振行为都将受到这两个参数的影响. 图 3-3-5 给出了 M 随 a 的变化曲线图, 该曲线图表明, M 的取值随着 a 的增大而不断振荡, 其振荡频率和极值点 M_0 的取值均受到分数阶阶数 p 的影响. 若 M 与 M_0 的曲线有交叉, 也即存在 a 使得 $M(a) = M_0$, 则这些 a 都是 λ 的最大值点, 具体结果见图 3-3-6 中 $p = 1, 1.2, 1.5$ 的情况, 且 M 达到极值的同时 λ 也将达到极值, 具体结果见图 3-3-6 中 $p = 0.8$ 的情况.

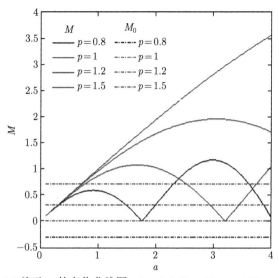

图 3-3-5　M 关于 a 的变化曲线图. $f = 0.3, \Omega = 20, g = 100, \omega = 1, \Delta = 0$

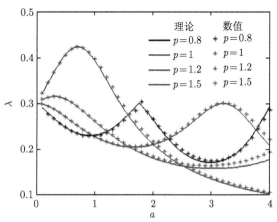

图 3-3-6　λ 关于 a 的变化曲线图. $f = 0.3, \Omega = 20, g = 100, \omega = 1, \Delta = 0$

4) 关于空间非对称程度的振动共振

图 3-3-7 给出了 λ 关于 Δ 的变化曲线图, 该曲线图表明 λ 的取值关于 Δ 对称. 故不妨假设 $\Delta > 0$, 令 $M_{\max}$ 和 $M_{\min}$ 分别表示 M 作为 Δ 的函数的最大值和最小值, 则以下结论成立:

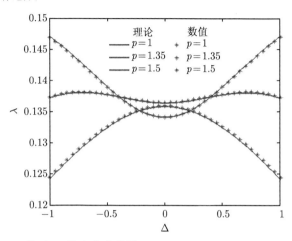

图 3-3-7 λ 关于 Δ 的变化曲线图. $f = 0.3, \Omega = 20, g = 10, \omega = 2, a = 1$

(1) 当 $M_{\min} \geqslant M_0$ 时, λ 随 Δ 的增大而单调递增 (如图中 $p = 1$ 的情况);

(2) 当 $M_{\min} < M_0 < M_{\max}$ 时, λ 随 Δ 的增大表现出单峰共振行为 (如图中 $p = 1.35$ 的情况);

(3) 当 $M_{\max} \leqslant M_0$ 时, λ 随 Δ 的增大而单调递减 (如图中 $p = 1.5$ 的情况).

4. 系统分数阶阶数对振动共振行为的影响

综上所述, 当 $M = M_0$ 或者 M 达到其极值时, 系统响应振幅 λ 都将达到其极值. 进一步, 对于第一种情况 (也即 $M = M_0$ 时), 若 λ 的极值点存在, 则这些极值点必为最大值点; 对于第二种情况 (也即 M 达到其极值时), 若 λ 的极值点存在, 则这些极值点可能为最大值点, 也可能为最小值点. 由于 M 和 M_0 的取值均与分数阶阶数 p 有关, 故 p 对系统的振动共振行为有着至关重要的影响.

图 3-3-8 给出了随着 p 的增大 λ 的极值点位置 $g^*, \omega^*, a^*, \Delta^*$ 的变化曲线图, 其中红色曲线代表第一种情况下的极值点位置, 黑色曲线代表第二种情况下的极值点位置. 由图 3-3-8(a) 和 (c) 可知, 当 $0 < p < 1$ 时, λ 关于 g 和 a 存在大量的第二类极值点, 且数量随着 p 的增大而增大. 也就是说, 对于任意给定的 $p \in (0, 1)$, λ 关于 g 和 a 存在一系列极值点. 然而, 关于参数的振动频率将随着 p 的增大而减小, 并且当 $p > 1$ 时, 第一类极值点开始出现, 且将成为 λ 的最大值点. 图 3-3-8(b) 给出了 λ 的极值点位置 ω^* 的分布情况. 当 $p < 1$ 时, λ 不存在极值点, 也即 λ 关于 ω

单调变化; 当 $p > 1$ 时, 第一类极值点开始出现, 这就引发了 λ 关于 ω 的共振行为. 图 3-3-8(d) 给出了 λ 的极值点位置 Δ^* 的分布情况. 当 $p < 1$ 时, λ 在 $\Delta = 0$ 处有唯一的极值点, 也即 λ 仅在系统取对称势函数时达到极值; 当 $p > 1$ 时, 第一类极值点开始出现, 这就意味着, 对于系统响应幅值 λ 而言, 存在最优的非对称势函数.

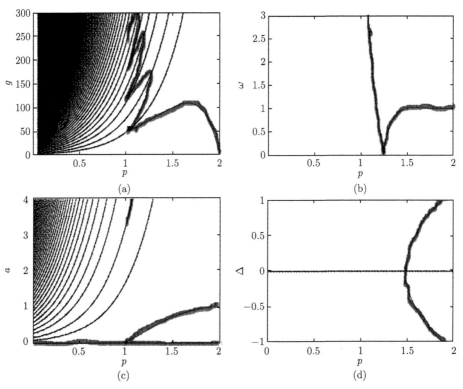

图 3-3-8　λ 的极值点位置 g^*, ω^*, a^*, Δ^* 关于 p 的变化曲线图

粗线代表第一类极值点位置, 细线代表第二类极值点位置

小结　本节从理论分析和数值仿真两方面展开对分数阶多稳态系统振动共振行为的研究. 研究结果表明, 当 $1 < p < 2$ 且 $\omega \leqslant \left(-\cos\left(\dfrac{p\pi}{2}\right) \right)^{-\frac{1}{p}}$ 时, 系统响应振幅关于高频输入信号幅值和频率均具有多个峰值点, 然而, 当 $1 < p < 2$ 时, 系统响应振幅关于低频输入信号频率展现出单峰共振行为. 另一方面, 在不同的系统阶数下, 系统响应振幅随着系统势函数的非对称程度增大有可能单调变化, 也可能非单调变化. 特别地, 在某些情形下 (如 $p = 1.35$ 时), 存在最优的非对称势函数使得系统响应幅值达到最大.

3.3.2 含分数阶内、外阻尼 Duffing 振子的振动共振

1. 系统模型

关于振动共振的一个最新研究进展是 Yang 和 Zhu 在文献 [39] 中讨论了具有分数阶外阻尼项的 Duffing 振子的振动共振现象. 本节将讨论更一般的情况, 在经典的整数阶 Duffing 系统中同时引入分数阶加速度项和分数阶阻尼项, 即考虑如下分数阶 Duffing 系统:

$$\frac{\mathrm{d}^p x}{\mathrm{d}t^p} = -\delta \frac{\mathrm{d}^q x}{\mathrm{d}t^q} - \omega_0^2 x - \beta x^3 + f\cos(\omega t) + F\cos(\Omega t), \tag{3.3.31}$$

其中, 参数满足 $\beta > 0$, $f \ll F$, $\omega \ll \Omega$, $\mathrm{d}^p x/\mathrm{d}t^p$ 和 $\mathrm{d}^q x/\mathrm{d}t^q$ 分别表示分数阶加速度项和分数阶阻尼项, $p \in [1,2]$, $q \in [0,2]$. 特别地, 当 $p=2, q=1$ 时, 系统为传统的欠阻尼 Duffing 系统; 当 $p=0, q=1$ 时, 系统为传统的过阻尼 Duffing 系统, 对它们的振动共振现象的分析可以参考文献 [37].

分数阶 Duffing 系统 (3.3.31) 的势函数为 $V(x) = \omega_0^2 x^2/2 + \beta x^4/4$, 当 $\omega_0^2 < 0$ 时, $V(x)$ 是一个双势阱函数; 当 $\omega_0^2 > 0$ 时, $V(x)$ 是一个单势阱函数.

2. 系统振幅增益

由快慢变量分离方法, 不妨设 $x(t) = X(t) + \Psi(t)$. 其中 $X(t)$ 是以 $2\pi/\omega$ 为周期的慢变量, $\Psi(t)$ 是 "快" 时间变量 $\tau = \Omega t$ 的以 2π 为周期的快变量, 并且 $\Psi(t)$ 对时间 τ 的平均为 0, 满足

$$\overline{\Psi(t,\tau)} \equiv \frac{1}{2\pi} \int_0^{2\pi} \Psi(t,\tau)\mathrm{d}\tau = 0. \tag{3.3.32}$$

将 $x(t) = X(t) + \Psi(t)$ 代入方程 (3.3.31) 并对方程两边取平均可分别得到慢、快变量所满足的微分方程:

$$\frac{\mathrm{d}^p X}{\mathrm{d}t^p} + \delta \frac{\mathrm{d}^q X}{\mathrm{d}t^q} + \omega_0^2 X + \beta\left(X^3 + 3X\overline{\Psi^2} + \overline{\Psi^3}\right) = f\cos(\omega t), \tag{3.3.33}$$

$$\frac{\mathrm{d}^p \Psi}{\mathrm{d}t^p} + \delta \frac{\mathrm{d}^q \Psi}{\mathrm{d}t^q} + \omega_0^2 \Psi + \beta\left(3X^2\Psi + 3X(\Psi^2 - \overline{\Psi^2}) + \Psi^3 - \overline{\Psi^3}\right) = F\cos(\Omega t), \tag{3.3.34}$$

其中, $\overline{\Psi^k} = \frac{1}{2\pi} \int_0^{2\pi} \Psi^k(t,\tau)\mathrm{d}\tau$.

由于 $\Psi(t)$ 是一个快速变化的量, 我们可以假设 $\dot{\Psi} \gg \Psi^2, \Psi^3$. 因此在方程 (3.3.34) 中略去和 Ψ^2, Ψ^3 有关的非线性项后, 并对此方程线性化, 可得到快变量 $\Psi(t)$ 所满足的线性方程为

$$\frac{\mathrm{d}^p \Psi}{\mathrm{d}t^p} + \delta \frac{\mathrm{d}^q \Psi}{\mathrm{d}t^q} + \omega_0^2 \Psi = F\cos(\Omega t). \tag{3.3.35}$$

不妨设 $\Psi(t) = \dfrac{F}{\mu_{p,q}} \cos(\Omega t + \theta_{p,q})$, 代入 (3.3.35) 并利用公式

$$\frac{\mathrm{d}^\alpha \cos(\Omega t + \theta)}{\mathrm{d}t^\alpha} = \Omega^\alpha \cos(\Omega t + \theta + \alpha\pi/2), \tag{3.3.36}$$

化简可得

$$\mu_{p,q} = \sqrt{(A_{p,q})^2 + (B_{p,q})^2}, \quad \theta_{p,q} = -\arctan\frac{B_{p,q}}{A_{p,q}}, \tag{3.3.37}$$

其中

$$A_{p,q} = \omega_0^2 + \Omega^p \cos\left(\frac{p\pi}{2}\right) + \delta\Omega^q \cos\left(\frac{q\pi}{2}\right),$$
$$B_{p,q} = \Omega^p \sin\left(\frac{p\pi}{2}\right) + \delta\Omega^q \sin\left(\frac{q\pi}{2}\right). \tag{3.3.38}$$

又由快变量的表达式可得 $\overline{\Psi^2} = F^2/(2\mu_{p,q}^2), \overline{\Psi^3} = 0$, 代入方程 (3.3.33) 可得慢变量 $X(t)$ 所满足的方程为

$$\frac{\mathrm{d}^p X}{\mathrm{d}t^p} + \delta\frac{\mathrm{d}^q X}{\mathrm{d}t^q} + C_{p,q}(F)X + \beta X^3 = f\cos(\omega t), \tag{3.3.39}$$

其中, $C_{p,q}(F) = \dfrac{3\beta F^2}{2(\mu_{p,q})^2} + \omega_0^2$.

方程 (3.3.39) 的有效势场势函数为

$$V_{F,p,q}(x) = C_{p,q}(F)x^2/2 + \beta x^4/4, \tag{3.3.40}$$

因此, 方程 (3.3.39) 也可以理解为粒子在其有效势场 $V_{Fp,q}(x)$ 中所做的受迫振动.

当 $f = 0$ 时, 若 $C_{p,q}(F) = 0$, 即 $F = F_{p,q} = \left[\dfrac{2(\mu_{p,q})^2 |\omega_0^2|}{3\beta}\right]^{1/2}$ 时, 方程 (3.3.39) 只有一个平衡点 $X_0^* = 0$; 若 $C_{p,q}(F) \neq 0$, 即 $F \neq F_{p,q}$ 时, 方程 (3.3.39) 有三个平衡点: $X_0^* = 0, X_\pm^* = \pm\sqrt{-C_{p,q}(F)/\beta}$. 因此, $F_{p,q}$ 实际上是系统 (3.3.39) 的一个分岔点, 而它的取值不仅和高频周期信号的幅值 F 有关, 也和分数阶加速度项的阶数 p 及分数阶阻尼项的阶数 q 有关. 也就是说, 随着高频周期信号的幅值 F、分数阶加速度项的阶数 p 以及分数阶阻尼项的阶数 q 的改变, 系统有效势场的平衡点会从三个变为一个. 从下面的讨论中, 将看到此类系统的振动共振现象和这里的有效势场的形状密切相关.

设 $Y = X - X^*$ 并代入方程 (3.3.39) 后有

$$\frac{\mathrm{d}^p Y}{\mathrm{d}t^p} + \delta\frac{\mathrm{d}^q Y}{\mathrm{d}t^q} + \omega_{p,q}^2(F)Y + 3\beta X^* Y^2 + \beta Y^3 = f\cos(\omega t), \tag{3.3.41}$$

这里, $\omega_{p,q}^2(F) = C_{p,q}(F) + 3\beta(X^*)^2$. 当 $t \to \infty, \omega \to 0$ 时, 可以得到方程 (3.3.41) 的近似线性方程的解析解为

$$Y = fQ_{p,q}\cos(\omega t + \Phi_{p,q}), \tag{3.3.42}$$

这里幅值增益 $Q_{p,q}$ 和相位 $\Phi_{p,q}$ 的解析表达式分别为

$$Q_{p,q}(F) = \frac{1}{\sqrt{\left[\omega_{p,q}^2(F) + \Delta_{p,q}\right]^2 + \left[\Delta_{p,q}\right]^2}},$$
$$\Phi_{p,q}(F) = -\arctan\left[\frac{\Delta_{p,q}}{\omega_{p,q}^2(F) + \Delta_{p,q}}\right],$$

$$\tag{3.3.43}$$

其中

$$\Delta_{p,q} = \omega^p \cos\left(\frac{p\pi}{2}\right) + \delta\omega^q \cos\left(\frac{q\pi}{2}\right). \tag{3.3.44}$$

3. 系统幅值增益的振动共振行为

下面, 分两种情况讨论系统幅值增益 Q 的振动共振现象.

1) 当原势函数为双势阱函数

此时, $\omega_0^2 < 0$, 原系统 (3.3.31) 的势函数 $V(x) = \omega_0^2 x^2/2 + \beta x^4/4$ 是一个双势阱函数. 而系统 (3.3.39) 的**有效势场势函数** $V_{Fp,q}(x) = C_{p,q}(F)x^2/2 + \beta x^4/4$ 的形状则受到高频信号幅值 F、分数阶阶数 p 和 q 的影响, 势函数 $V_{Fp,q}(x)$ 的图像如图 3-3-9 所示. 此时, 系统有一个分岔点 $F_{p,q} = \left[\dfrac{2\left(\mu_{p,q}\right)^2 |\omega_0^2|}{3\beta}\right]^{1/2}$, 即有如下两种情况:

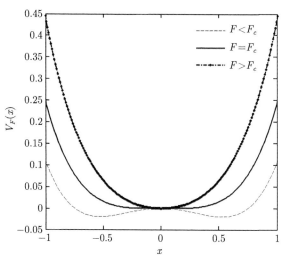

图 3-3-9 当 $\omega_0^2 < 0$ 时, 系统 (3.3.39) 的势函数

(1) 当 $F < F_{p,q}$ 时, 势函数 $V_{F,p,q}(x)$ 是一个双稳势函数, 系统 (3.3.39) 有一个不稳定的平衡点 X_0^* 和两个稳定的平衡点 $X_\pm^*$, 系统的输出响应中的慢变量将围绕平衡点 $X_\pm^*$ 振动, 此时 $\omega_{p,q}^2(F) = C_{p,q}(F) + 3\beta(X^*)^2 = -2C_{p,q}(F)$;

(2) 当 $F \geqslant F_{p,q}$ 时, 势函数 $V_{F,p,q}(x)$ 是一个单稳势函数, 系统 (3.3.39) 只有

一个稳定的平衡点 X_0^*, 系统的输出响应中的慢变量将围绕平衡点 X_0^* 振动, 此时 $\omega_{p,q}^2(F) = C_{p,q}(F) + 3\beta(X^*)^2 = C_{p,q}(F)$.

由于分数阶阶数 p 和 q 均包含在分岔点 $F_{p,q}$ 的系数 $\mu_{p,q}$ 中, 因此, 当高频信号幅值 F 的大小取定时, 分数阶阶数 p 和 q 的取值也会通过改变分岔点的值而改变新系统的稳定平衡点的个数.

由 (3.3.43) 式可知, 系统幅值响应增益 $Q_{p,q}(F)$ 的表达式为

$$Q_{p,q}(F) = \frac{1}{\sqrt{\left[\omega_{p,q}^2(F) + \Delta_{p,q}\right]^2 + \left[\Delta_{p,q}\right]^2}}, \tag{3.3.45}$$

其中

$$\omega_{p,q}^2(F) = \begin{cases} -2C_{p,q}(F), & F < F_{p,q}, \\ C_{p,q}(F), & F \geqslant F_{p,q}. \end{cases} \tag{3.3.46}$$

对 F 求导可得

$$\frac{\mathrm{d}Q_{p,q}(F)}{\mathrm{d}F} = \begin{cases} \dfrac{6\beta F}{\left(u_{p,q}\right)^2} \left(S_{p,q}(F)\right)^{-3/2} \left[-\dfrac{3\beta F^2}{\left(u_{p,q}\right)^2} - 2\omega_0^2 + \Delta_{p,q}\right], & F < F_{p,q}, \\ \dfrac{3\beta F}{\left(u_{p,q}\right)^2} \left(S_{p,q}(F)\right)^{-3/2} \left[-\dfrac{3\beta F^2}{2\left(u_{p,q}\right)^2} - \omega_0^2 - \Delta_{p,q}\right], & F \geqslant F_{p,q}. \end{cases} \tag{3.3.47}$$

因此, 当 $F > 0$ 时, $Q_{p,q}(F)$ 的极值点可能出现在 $F = F_{p,q}$ 处, 也可能出现在 $\mathrm{d}Q_{p,q}(F)/\mathrm{d}F = 0$ 处, 即满足

$$-\frac{3\beta F^2}{\left(u_{p,q}\right)^2} - 2\omega_0^2 + \Delta_{p,q} = 0, \quad F < F_{p,q} \tag{3.3.48}$$

或者

$$-\frac{3\beta F^2}{2\left(u_{p,q}\right)^2} - \omega_0^2 - \Delta_{p,q} = 0, \quad F \geqslant F_{p,q}. \tag{3.3.49}$$

于是, 当 $\Delta_{p,q} > 2\omega_0^2$ 时, 方程 (3.3.48) 有正根:

$$F_{\mathrm{VR}}^{(1)} = \left[\frac{\left(u_{p,q}\right)^2}{3\beta}\left(\Delta_{p,q} - 2\omega_0^2\right)\right]^{1/2}; \tag{3.3.50}$$

当 $\Delta_{p,q} < -\omega_0^2$ 时, 方程 (3.3.49) 有正根:

$$F_{\mathrm{VR}}^{(2)} = \left[-\frac{2\left(u_{p,q}\right)^2}{3\beta}\left(\Delta_{p,q} + \omega_0^2\right)\right]^{1/2}. \tag{3.3.51}$$

通过判断 $\mathrm{d}Q_{p,q}(F)/\mathrm{d}F$, $F_{\mathrm{VR}}^{(1)}$, $F_{\mathrm{VR}}^{(2)}$ 以及 $F_{p,q}$ 的取值大小, 可以得到系统幅值响应增益 $Q_{p,q}(F)$ 的共振特性一共有下面三种情形.

情形 1 当 $2\omega_0^2 < \Delta_{p,q} < 0$ 时, $Q_{p,q}(F)$ 在 $F_{\mathrm{VR}}^{(1)}$, $F_{\mathrm{VR}}^{(2)}$ 两处分别取到极大值:

$$Q_{\max}^{(1)} = 1/|\omega^p\sin(p\pi/2) + \delta\omega^q\sin(q\pi/2)|, \tag{3.3.52}$$

且 $F_{\mathrm{VR}}^{(1)} < F_{p,q} < F_{\mathrm{VR}}^{(2)}$, 此时系统将存在双峰振动共振现象;

情形 2 当 $\Delta_{p,q} \leqslant 2\omega_0^2$ 时, $Q_{p,q}(F)$ 只在 $F = F_{\mathrm{VR}}^{(2)}$ 处取到极大值 $Q_{\max}^{(1)}$, 此时系统将存在单峰振动共振现象;

情形 3 当 $\Delta_{p,q} \geqslant 0$ 时, $Q_{p,q}(F)$ 在 $F = F_{p,q}$ 处取到极大值:

$$Q_{\max}^{(2)} = 1/\Big([\omega^p\cos(p\pi/2) + \delta\omega^q\cos(q\pi/2)]^2 + [\omega^p\sin(p\pi/2) + \delta\omega^q\sin(q\pi/2)]^2\Big), \tag{3.3.53}$$

此时系统将存在单峰振动共振现象.

可以看到, 分数阶阶数 p,q 的取值决定了判别式 $\Delta_{p,q}$ 的取值, 而 $\Delta_{p,q}$ 的取值最后决定了系统响应的幅值增益 $Q_{p,q}(F)$ 的共振特性 (即极值点个数). 为了给读者一个更直观的认识, 绘制了 p,q 的取值与共振特性情形 1—情形 3 的关系 (图 3-3-10(a)), 并且 $(p,q) \in R_i$ 分别对应情形 $i(i = 1, 2, 3)$ 的情况, 其他参数取定为 $\omega_0^2 = -0.015, \omega = 0.1, \delta = 2$.

从图 3-3-10(a) 中可以看到, 当 $p = 2, q = 1$ 时, 有 $(p,q) \in R_2$, 即对于传统的欠阻尼 Duffing 振子系统, 只会出现情形 1 所对应双峰共振现象; 当 $p = 0, q = 1$ 时, 有 $(p,q) \in R_3$, 即对于传统的过阻尼 Duffing 振子系统, 只会出现情形 3 所对应的单峰共振现象, 这和文献 [38] 中的分析是一致的.

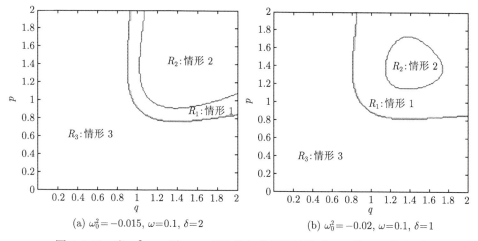

(a) $\omega_0^2 = -0.015$, $\omega = 0.1$, $\delta = 2$　　　(b) $\omega_0^2 = -0.02$, $\omega = 0.1$, $\delta = 1$

图 3-3-10　当 $\omega_0^2 < 0$ 时, p, q 的取值与共振特性情形 1—情形 3 的关系

当 $p = 2$, 而 q 在 $[0,2]$ 上取值时, 即对于带有分数阶阻尼项的欠阻尼 Duffing 振子系统, 则会出现情形 1—情形 3 所对应的 3 种振动共振现象, 这和文献 [39] 中的分析是一致的. 当 p,q 取值均为 $[0,2]$ 内的任一分数时, 带有分数阶加速度项和分数阶阻尼项的分数阶 Duffing 系统则可能出现情形 1 所对应的双峰共振以及情形 2 和情形 3 所对应两种形式的单峰共振现象.

此外, 不同的 $\omega_0^2, \omega, \delta$ 的取值会改变区域 $R_i(i = 1, 2, 3)$ 的范围, 例如, 当其他参数取定为 $\omega_0^2 = -0.02, \omega = 0.1, \delta = 1$ 时, 图 3-3-10(b) 给出了 p,q 的取值与共振特性情形 1—情形 3 的关系, 此时, 当 $p = 2, q \in [0,2]$ 时, 即对于带有分数阶阻尼项的欠阻尼 Duffing 振子系统, 则不会再出现情形 2 所对应的单峰共振现象.

图 3-3-11 给出了当 $p = 1.4$ 时, 系统响应的幅值增益 Q 作为 F 和 q 的函数的解析结果, 其他参数取定为 $\omega_0^2 = -0.8, \omega = 1, \Omega = 5, \delta = 1, \beta = 2, f = 0.5$. 可以看到随着分数阶阶数 q 的增加, 系统的振动共振由单峰共振逐渐转化为双峰共振. 这是有别于文献 [39] 的仅带有分数阶阻尼项的 Duffing 系统的另一类现象. 在文献 [39] 中, 即 $p = 2$, 随着分数阶阻尼项的阶数 q 的增加, 分数阶 Duffing 系统的振动共振由单峰共振逐渐转化为双峰共振, 后再次转化为单峰共振.

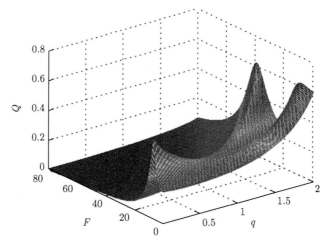

图 3-3-11　分数阶 Duffing 系统响应的幅值增益 Q 作为 F 和阶数 q 的函数的曲面, $p = 1.4$

图 3-3-12 (a) 和 (b) 则给出了当 p,q 取值给定时, 分别用解析方法和数值模拟方法绘制的系统响应幅值增益 Q 作为 F 的函数的解析结果和数值仿真结果曲线的比较结果. 其他参数同图 3-3-11. 可以看到, 本节给出的解析结果和数值模拟结果基本一致. 当 $p = 1.4, q = 0.9$ 时, 有 $\Delta_{p,q} \geqslant 0$, 此时 Q 在 $F = 5$ 处取得最大值; 当 $p = 1.4, q = 1.3$ 时, 有 $2\omega_0^2 < \Delta_{p,q} < 0$, 此时 Q 在 $F = 7$ 和 $F = 17.5$ 两处取得最大值.

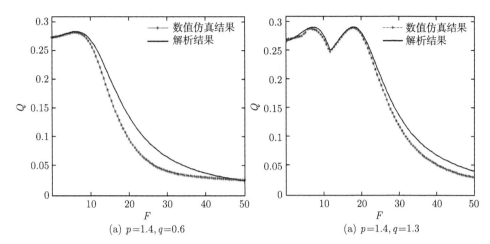

图 3-3-12 分别用数值方法和解析方法得到的 Q 作为 F 函数的曲线比较

图 3-3-13 给出了当 $p = 1.1$ 时, 系统响应幅值增益 Q 作为 F 和 q 的函数的解析结果, 其他参数取定为 $\omega_0^2 = -0.8, \omega = 1, \Omega = 5, \delta = 1, \beta = 2, f = 0.5$. 可以看到随着分数阶阶数 q 的增加, Q 作为 F 的函数由单调递减函数逐渐转化为具有一个单峰的非单调曲线, 即系统一开始并没有振动共振现象, 而后随着 q 的增加而出现了单峰振动共振现象. 这也是有别于文献 [39] 的仅带有分数阶阻尼项的 Duffing 系统的另一类现象.

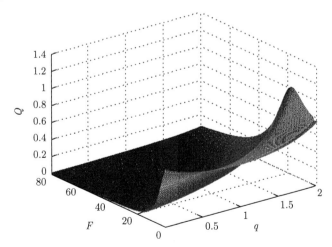

图 3-3-13 分数阶 Duffing 系统响应幅值增益 Q 作为 F 和阶数 q 的函数的曲面, $p = 1.1$

2) 当原势函数为单势阱函数

此时, $\omega_0^2 > 0$, 原系统 (3.3.31) 的势函数 $V(x) = \omega_0^2 x^2/2 + \beta x^4/4$ 是一个单势阱

函数且只有一个平衡点 X_0^*. 并且对任意的 F 有 $C_{p,q}(F) = \dfrac{3\beta F^2}{2\left(u_{p,q}\right)^2} + \omega_0^2 > 0$ 成立, 于是 $\omega_{p,q}^2(F) \equiv C_{p,q}(F)$. 因此, 系统 (3.3.39) 的势函数 $V_{F,p,q}(x)$ 始终是一个单稳势函数, 其图像如图 3-3-14 所示.

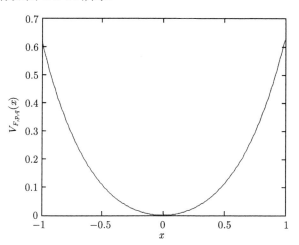

图 3-3-14　当 $\omega_0^2 < 0$ 时, 系统 (3.3.39) 的势函数

此时

$$Q_{p,q}(F) = \frac{1}{\sqrt{\left[C_{p,q}(F) + \Delta_{p,q}\right]^2 + \left[\Delta_{p,q}\right]^2}}, \tag{3.3.54}$$

对其求导可得

$$\frac{\mathrm{d}Q_{p,q}(F)}{\mathrm{d}F} = \frac{3\beta F}{\left(u_{p,q}\right)^2}\left(S_{p,q}(F)\right)^{-3/2}\left[-\frac{3\beta F^2}{2\left(u_{p,q}\right)^2} - \omega_0^2 - \Delta_{p,q}\right]. \tag{3.3.55}$$

因此, $Q_{p,q}(F)$ 的极值取值可以有如下两种情形:

情形 1　当 $\Delta_{p,q} < -\omega_0^2$ 时, 系统将在 $F = F_{\mathrm{VR}}^{(2)}$ 处出现单峰振动共振, 其中, $F_{\mathrm{VR}}^{(2)}$ 的取值由 (3.3.51) 式给出.

情形 2　当 $\Delta_{p,q} \geqslant -\omega_0^2$ 时, 系统不存在振动共振现象.

这里也绘制了 p, q 的取值与共振特性情形 1 和情形 2 的关系, 如图 3-3-15 所示, 其中 $(p,q) \in R_i$ 分别对应情形 $i(i = 1, 2)$ 的情况. 其他参数取定为 $\omega_0^2 = -0.01, \omega = 0.2, \delta = 2$. 从图 3-3-15 中可以看到, 当 $p = 2, q = 1$ 时, 有 $(p,q) \in R_1$, 即对于传统的欠阻尼 Duffing 振子系统会出现单峰共振现象, 这和文献 [37] 中的分析是一致的; 当 $p = 0, q = 1$ 时, 有 $(p,q) \in R_2$, 即对于传统的过阻尼 Duffing 振子系统不会出现振动共振现象; 当 p, q 取值均为 0 与 2 之间的任一分数时, 带有分数阶加速度项和分数阶阻尼项的分数阶 Duffing 系统则可能出现单峰共振或者无共振现象. 同样地, 不同的 $\omega_0^2, \omega, \delta$ 的取值会改变区域 $R_i(i = 1, 2)$ 的范围.

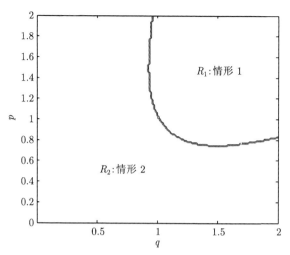

图 3-3-15　当 $\omega_0^2 > 0$ 时, p, q 的取值与共振特性情形 1 和情形 2 的关系

图 3-3-16 给出了当 $p = 1.3$ 时, 系统响应幅值增益 Q 作为 F 和 q 的函数的解析结果, 其他参数取定为 $\omega_0^2 = 0.02, \omega = 1, \Omega = 5, \delta = 1, \beta = 1, f = 0.5$. 可以看到随着分数阶阻尼项的阶数 q 的增加, 系统由没有振动共振逐渐变为具有单峰振动共振.

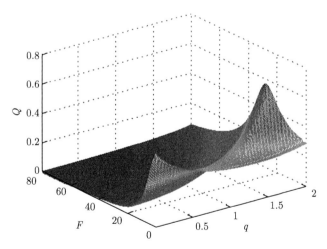

图 3-3-16　对于给定的 $\omega_0^2 = 0.02, \omega = 1, \Omega = 5, \delta = 1, \beta = 1, f = 0.5$, 分数阶 Duffing 振子系统响应幅值增益 Q 作为 F 和阶数 q 的函数的曲面, $p = 1.3$

图 3-3-17(a) 和 (b) 则给出了当 p, q 取值给定时, 分别用解析方法和数值模拟方法绘制的系统响应幅值增益 Q 作为 F 的函数的解析结果和数值仿真结果曲线的比较结果. 其他参数取值同图 3-3-16. 可以看到, 本节给出的解析结果和数值模

拟结果非常吻合. 当 $p = 1.3, q = 0.5$ 时, 有 $\Delta_{p,q} > -\omega_0^2$, Q 是 F 的单调递减的函数; 当 $p = 1.3, q = 1.1$ 时, 有 $\Delta_{p,q} < -\omega_0^2$, 此时 Q 在 $F = 7$ 处取得最大值.

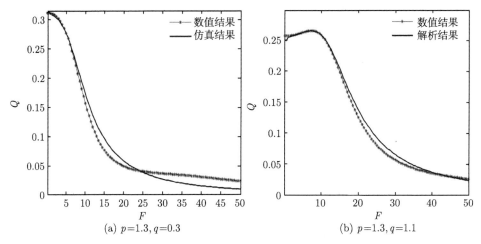

(a) $p=1.3, q=0.3$　　　　　　　　　　　　　(b) $p=1.3, q=1.1$

图 3-3-17　给定的 $\omega_0^2 = 0.02, \omega = 1, \Omega = 5, \delta = 1, \beta = 1, f = 0.5$, 分别用数值方法和解析方法得到的 Q 作为 F 的函数的曲线比较

小结　本节将分数阶内、外两种阻尼力同时引入整数阶 Duffing 振子, 讨论了高频周期信号和低频周期信号诱发的振动共振现象, 并研究了分数阶阶数对上述现象的影响. 解析分析和数值结果均表明, 分数阶 Duffing 振动动力系统中仍然存在振动共振现象, 而分数阶导数的引入则导致了系统有效势函数的改变, 从而引发了比整数阶 Duffing 系统更丰富的振动共振现象.

参 考 文 献

[1] 刘延柱, 陈立群, 陈文良. 振动力学 [M]. 北京: 高等教育出版社, 1998.

[2] 陈文, 孙洪广, 李西成, 等. 力学与工程问题的分数阶导数建模 [M]. 北京: 科学出版社, 2010.

[3] Podlubny I. Fractional Differential Equations[M]. San Diego: Academic Press, 1999.

[4] 蔡峨. 粘弹性力学基础 [M]. 北京: 北京航空航天大学出版社, 1989.

[5] Raja M A Z, Khan J A, Qureshi I M. Solution of fractional order system of Bagley-Torvik equation using evolutionary computational intelligence[J]. Mathematical Problems in Engineering, 2011, 2: 232.

[6] Dalir M, Bashour M. Applications of fractional calculus [J]. Applied Mathematical Sciences, 2010, 4: 1021.

[7] Mainardi F. Fractional relaxation-oscillation and fractional diffusion-wave phenomena [J]. Chaos, Solitons & Fractals, 1996, 7: 1461.

[8] Kobelev V, Romanov E. Fractional Langevin equation to describe anomalous diffusion [J]. Progress of Theoretical Physics Supplement, 2000, 139: 470.

[9] Lutz E. Fractional Langevin equation [J]. Physical Review E, 2001, 64: 051106.

[10] Burov S, Barkai E. Fractional Langevin equation: Overdamped, underdamped, and critical behaviors [J]. Physical Review E, 2008, 78: 31112.

[11] Soika E, Mankin R, Ainsaar A. Resonant behavior of a fractional oscillator with fluctuating frequency [J]. Physical Review E, 2010, 81: 011141.

[12] Soika E, Mankin R. Response of a fractional oscillator to multiplicative trichotomous noise [J]. WSEAS Transactions on Biology and Biomedicine, 2010, 7: 21.

[13] 高仕龙, 钟苏川, 韦鹍, 等. 过阻尼分数阶 Langevin 方程及其随机共振 [J]. 物理学报, 2012, 61: 32-37.

[14] 钟苏川, 高仕龙, 韦鹍, 等. 线性过阻尼分数阶 Langevin 方程的共振行为 [J]. 物理学报, 2012, 61: 46-54.

[15] 胡岗. 随机力与非线性系统 [M]. 上海: 上海科技教育出版社, 1994.

[16] 包景东. 反常统计动力学导论 [M]. 北京: 科学出版社, 2012.

[17] Mason T G, Weitz D A. Optical measurements of frequency-dependent linear viscoelastic moduli of complex fluids[J]. Physical Review Letters, 1995, 74: 1250.

[18] Golding I, Cox E C. Physical nature of bacterial cytoplasm[J]. Physical Review Letters, 2006, 96: 098102.

[19] Banks D S, Fradin C. Anomalous diffusion of proteins due to molecular crowding[J]. Biophysical Journal, 2005, 89: 2960.

[20] Guigas G, Kalla C, Weiss M. Probing the nanoscale viscoelasticity of intracellular fluids in living cells[J]. Biophysical Journal, 2007, 96: 316-323.

[21] Hong Q. Fractional Brownian Motion and Fractional Gaussian Noise[M]. New York: Springer, 2003.

[22] Shapiro V E, Loginov V M. "Formulae of differentiation" and their use for solving stochastic equations[J]. Physica A, 1978, 91: 563-574.

[23] Deng W H. Numerical algorithm for the time fractional Fokker-Planck equation[J]. Journal of Computational Physics, 2007, 227: 1510-1522.

[24] Deng W H, Barkai E. Ergodic properties of fractional Brownian-Langevin motion[J]. Physical Review E, 2009, 79: 011112.

[25] 邓伟华, 李灿. 数值模拟 [M]. 里耶卡: InTech, 2012.

[26] Dykman M I, McClintock P V, Smelyanski V N, et al. Optimal paths and the prehistory problem for large fluctuations in noise-driven systems [J]. Physical Review Letters, 1992, 68: 2718.

[27] Wang J, Cao L, Wu D J. Stochastic multiresonance for periodically modulated noise in a single-mode laser [J]. Chinese Physics Letters, 2003, 20: 1217-1220.

[28] 靳艳飞, 徐伟, 李伟, 等. 具有周期信号调制噪声的线性模型的随机共振[J]. 物理学报, 2005, 54: 2562-2567.

[29] 张路, 钟苏川, 彭皓, 等. 乘性二次噪声驱动的线性过阻尼振子的随机共振[J]. 物理学报, 2012, 61: 43-49.

[30] Hilfer R. Applications of fractional calculus in physics[J]. World Scientific, 2000, 21: 1021.

[31] Torvik P J, Bagley R L. On the appearance of the fractional derivative in the behavior of real materials[J]. Journal of Applied Mechanics, 1984, 51: 294-298.

[32] 王在华, 胡海岩. 含分数阶导数阻尼的线性振动系统的稳定性 [J]. 中国科学 (G 辑: 物理学力学天文学), 2009, 39(10): 1495-1502.

[33] Tofighi A. The intrinsic damping of the fractional oscillator[J]. Physica A, 2003, 329: 29-34.

[34] Ryabov Y E, Puzenko A. Damped oscillations in view of the fractional oscillator equation[J]. Physical Review B, 2002, 66: 184201.

[35] Achar B N N, Hanneken J W, Clarke T. Response characteristics of a fractional oscillator[J]. Physica A, 2002, 309: 275-288.

[36] Gao S L, Zhong S C, Wei K. Overdamped fractional Langevin equation and its stochastic resonance[J]. Acta Physica Sinica, 2012, 61: 100502.

[37] Baltanas J P, Lopez L, Blechman I I. Experimental evidence, numerics, and theory of vibrational resonance in bistable systems[J]. Physical Review E, 2003, 67: 066119.

[38] Rajasekar S, Abirami K, Sanjuan M A F. Novel vibrational resonance in multistable systems[J]. Chaos, 2011, 21: 033106.

[39] Yang J H, Zhu H. Vibrational resonance in Duffing systems with fractional-order damping[J]. Chaos, 2012, 22: 13112.

第4章 Brown 马达定向输运

4.1 定向输运概述

无系统外合力的定向输运系统, 能够从涨落 (噪声) 或非定向外界驱动力中吸收能量转化为定向运动能量, 在物理和生物领域被各自赋予具有专业色彩的名称: 分别被称为棘齿系统和分子马达; 前者表明了定向输运的 "定向运动" 特性, 后者则对各种生命活动诸如 DNA 复制、细胞内物质输运以及肌肉收缩等均由分子马达提供动力的这一科学事实提供了动态形象的表达. 此类定向输运可用 Brown 马达 (Brownian motor) 模型进行刻画. 此方面的研究不仅有助于理解生物、物理、化学等领域的输运过程 [1-7], 而且可以为人工粒子 (如人工纳米机器等) 的控制问题提供适用的理论方法 [8-10].

本章主要介绍单个 Brown 马达定向输运相关的研究成果. 4.1 节将介绍定向输运相关基础理论; 4.2 节介绍分数阶单个 Brown 马达定向输运方面的研究成果; 4.3 节介绍单个 Brown 马达在二维非对称周期时移波状通道中的定向输运.

4.1.1 Fokker-Planck 方程

第 1 章中介绍的 Langevin 方程是对粒子运动建立的随机微分方程, 通过方程的解来描述粒子动力学轨道的统计性质; 另一方面, 可通过 Fokker-Planck 方程 [11-13], 研究系统转移概率密度函数或分布函数随时间的演化. 本节从 Langevin 方程出发, 推导其对应的 Fokker-Planck 方程.

1. Kramers-Moyal 展式

考虑一维情况, 粒子在时间 t、位置 x 处的概率 $p(x,t)$ 由以下方程描述:

$$p(x,t+\tau) = \int p(x,t+\tau\,|\,x',t)p(x',t)\mathrm{d}x', \qquad (4.1.1)$$

其中, $p(x,t+\tau\,|\,x',t)$ 为时间间隔 τ 内粒子由 x' 跃迁到 x 的跃迁概率. 当 τ 足够小, x 变化足够小时, 有

$$p(x,t+\tau\,|\,x',t) = \int \delta(y-x)p(y,t+\tau\,|\,x',t)\mathrm{d}y. \qquad (4.1.2)$$

由 δ 函数性质, 将 δ 函数展开:

$$\delta(y-x) = \delta(x'-x+y-x') = \sum_{n=0}^{\infty} \frac{(y-x')^n}{n!} \left(\frac{\partial}{\partial x'} \right)^n \delta(x-x')$$

$$= \sum_{n=0}^{\infty} \frac{(y-x')^n}{n!} \left(-\frac{\partial}{\partial x}\right)^n \delta(x-x'). \quad (4.1.3)$$

将 (4.1.3) 式代入 (4.1.2) 式得

$$p(x,t+\tau\,|x'\,,t) = \sum_{n=0}^{\infty} \frac{1}{n!} \left(-\frac{\partial}{\partial x}\right)^n \int (y-x')^n p(y,t+\tau\,|x'\,,t)\mathrm{d}y\delta(x-x')$$

$$= \left[1 + \sum_{n=1}^{\infty} \frac{1}{n!} \left(-\frac{\partial}{\partial x}\right)^n M_n(x,t,\tau)\right] \delta(x-x'), \quad (4.1.4)$$

其中 M_n 为 n 阶矩. 将 (4.1.4) 式代入 (4.1.1) 式可得

$$p(x,t+\tau) - p(x,t) = \frac{\partial p(x,t)}{\partial t}\tau + O(\tau^2)$$

$$= \sum_{n=1}^{\infty} \frac{1}{n!} \left(-\frac{\partial}{\partial x}\right)^n \int \delta(y-x)M_n(x,t,\tau)p(x',t)\mathrm{d}x'$$

$$= \sum_{n=1}^{\infty} \left(-\frac{\partial}{\partial x}\right)^n \frac{M_n(x,t,\tau)}{n!}p(x,t), \quad (4.1.5)$$

取 τ 的一次项, 得到 Kramers-Moyal 展式:

$$\frac{\partial p(x,t)}{\partial t} = L_{\mathrm{KM}}p(x,t), \quad (4.1.6)$$

L_{KM} 为 Kramers-Moyal 算子:

$$L_{\mathrm{KM}} = \sum_{n=1}^{\infty} \left(-\frac{\partial}{\partial x}\right)^n a^n(x,t), \quad (4.1.7)$$

其中 $M_n(x,t,\tau)/n! = a^n(x,t)\tau + O(\tau^2)$.

2. Fokker-Planck 方程的导出

考虑过阻尼情况下一维 Langevin 方程的斯特林 (Stirling) 积分形式:

$$x(t+\tau) - x(t) = \int_t^{t+\tau} [f(x(t'),t') + \xi(t')]\mathrm{d}t', \quad (4.1.8)$$

其中, $f(x(t'),t')$ 为外部驱动力, $\xi(t')$ 为强度为 D 的 Gauss 白噪声, 即满足: $\langle\xi(t')\rangle = 0$, $\langle\xi(t)\xi(t')\rangle = D\delta(t-t')$. 将 $f(x(t'),t')$ 在 $x(t)$ 处作 Taylor 展开:

$$f(x(t'),t') = f(x(t),t') + f'_x(x(t),t')(x(t')-x(t)) + \cdots \quad (4.1.9)$$

代入 (4.1.8) 式得

$$x(t+\tau) - x(t) = \int_t^{t+\tau} f(x(t),t')\mathrm{d}t' + \int_t^{t+\tau} f'_x(x(t),t')(x(t')-x(t))\mathrm{d}t' + \cdots$$

$$+ \int_t^{t+\tau} \xi(t')\mathrm{d}t'. \tag{4.1.10}$$

将

$$x(t') - x(t) = \int_t^{t'} f(x(t), t'')\mathrm{d}t'' + \int_t^{t'} \xi(t'')\mathrm{d}t'' \tag{4.1.11}$$

代入 (4.1.10) 式得

$$x(t+\tau) - x(t) = \int_t^{t+\tau} f(x(t), t')\mathrm{d}t' + \int_t^{t+\tau} f'_x(x(t), t')\mathrm{d}t' \int_t^{t'} f(x(t), t'')\mathrm{d}t''$$
$$+ \int_t^{t+\tau} f'_x(x(t), t')\mathrm{d}t' \int_t^{t'} \xi(t'')\mathrm{d}t'' + \cdots + \int_t^{t+\tau} \xi(t')\mathrm{d}t'. \tag{4.1.12}$$

由 $\xi(t')$ 为 Gauss 白噪声, 其关于时间的关联为 0, 可得各阶矩:

$$M_1(x, t, \tau) = \langle x(t+\tau) - x(t) \rangle = f(x, t)\tau + O(\tau^2), \tag{4.1.13}$$

$$M_2(x, t, \tau) = \langle (x(t+\tau) - x(t))^2 \rangle = D\tau + O(\tau^2), \tag{4.1.14}$$

$$\cdots\cdots$$

$$M_n(x, t, \tau) = \langle (x(t+\tau) - x(t))^n \rangle = 0, \quad n > 2. \tag{4.1.15}$$

将各阶矩代入 (4.1.6) 式和 (4.1.7) 式, 得

$$\frac{\partial p(x, t)}{\partial t} = -\frac{\partial}{\partial x}[f(x, t)p(x, t)] + \frac{D}{2}\frac{\partial^2}{\partial x^2}p(x, t), \tag{4.1.16}$$

即得与过阻尼 Langevin 方程等价的 Fokker-Planck 方程.

4.1.2 热力学棘齿理论

对噪声 (热涨落) 的利用一直受到广泛关注, 将随机的无序的运动涨落转化为有用的功是人们孜孜以求的梦想. 现已发现噪声的各种促进作用, 如本书第 2 章与第 3 章所述的随机共振、噪声促进扩散及噪声诱导斑图生成等. 在热力学中, 人们曾产生过各种精巧的设计, 但大多因对热力学第二定律曲折而隐蔽的违背而失败; 然而, 1912 年 Smoluchowski 提出的假想实验 [14], 却在后来由 Feynman [15] 将其进行合乎热力学第二定律的扩展和推广, 发展至今形成一个经典的模型. 对棘齿系统的研究为噪声的利用提供了新途径, 为了解和分析远离平衡态的耗散系统提供了方法与思路, 同时为解释 Brown 马达的定向输运现象提供了基础. 本小节将介绍几类经典棘齿模型.

1. Smoluchowski 棘齿

Smoluchowski 所提出的假想实验可用棘齿模型描述, 其示意图如图 4-1-1 所示: 棘齿被轴对称地固定在轴的一端, 轴的另一端轴对称固定翼轮, 轴的中央轴对称固定一圆盘, 圆盘边缘绕绳, 绳的一端固定在圆盘上, 另一端悬挂负荷. Smoluchowski 棘齿的工作原理为: 将整个装置浸放于热平衡气体中, 并令其可自由绕轴转动. 气体中的运动分子对翼轮叶片产生随机碰撞, 由于棘齿为非对称锯齿, "棘爪" 可使棘齿不发生倒转, 因此, 随机碰撞的涨落和棘齿对于涨落的 "选择性", 整个棘齿系统将绕轴定向转动, 从而可将轴中央的负荷提起 (做功), 由此实现 "单源热机": 从单一热源吸收热量转化为功.

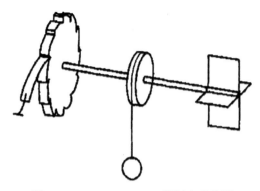

图 4-1-1   Smoluchowski 假想实验装置

事实上, Smoluchowski 假想实验系统虽然存在非对称性, 但其违反热力学第二定律, 是永动机的一种, 是不能实现的. 问题的核心在于所假设的翼轮的工作. 气体分子的涨落发生在小尺度, 棘爪必须做得足够小和柔软, 才能分辨一个确定的涨落, 从而在一个涨落确定方向发生转动. 但是, 如此小尺度的棘爪也必定要面临热力学涨落, 整个系统都处于同一温度的热库中, 平衡态使得系统非对称效应被抵消.

考虑一维 Brown 粒子在周期势 $V(x)$ 中的运动, 在过阻尼情况下, 其 Langevin 方程为

$$\gamma \dot{x}(t) = -V'(x(t)) + \xi(t), \tag{4.1.17}$$

其中 $V(x) = V_0 \left[\sin\left(\dfrac{2\pi x}{L}\right) + \dfrac{1}{4}\sin\left(\dfrac{4\pi x}{L}\right) \right]$ 是周期为 L 的非对称势, $\xi(t)$ 是 Gauss 白噪声, 满足 $\langle \xi(t) \rangle = 0$, $\langle \xi(t)\xi(t') \rangle = 2\gamma k_{\mathrm{B}} T \delta(t - t')$. 相应的 Fokker-Planck 方程为

$$\frac{\partial p(x,t)}{\partial t} = \frac{\partial}{\partial x}\left[\frac{V'(x)}{\gamma} p(x,t) \right] + \frac{k_{\mathrm{B}} T}{\gamma} \frac{\partial^2}{\partial x^2} p(x,t). \tag{4.1.18}$$

将其写为如下主方程:

$$\frac{\partial p(x,t)}{\partial t} + \frac{\partial J(x,t)}{\partial x} = 0, \tag{4.1.19}$$

其中 $J(x,t)$ 为概率流:

$$J(x,t) \equiv \langle \dot{x}(t)\delta(x - x(t)) \rangle = -\left[\frac{V'(x)}{\gamma} + \frac{k_B T}{\gamma} \frac{\partial}{\partial x} \right] p(x,t), \tag{4.1.20}$$

则粒子运动速度 $\langle \dot{x}(t) \rangle$ 为

$$\langle \dot{x}(t) \rangle = \int_{-\infty}^{+\infty} J(x,t)\mathrm{d}x = \frac{\mathrm{d}}{\mathrm{d}t} \int_{-\infty}^{+\infty} x p(x,t)\mathrm{d}x. \tag{4.1.21}$$

考虑具有周期边界条件的 Fokker-Planck 方程, 此时系统存在定态分布 $P_{st}(x)$ 且解唯一, 定态分布为

$$P_{st}(x) = \frac{1}{Z} \mathrm{e}^{-V(x)/k_B T}, \tag{4.1.22}$$

其中 $Z = \int_0^L \mathrm{e}^{-V(x)/k_B T}\mathrm{d}x$. 可见定态分布具有 Boltzmann 的形式, 所以粒子运动速度为零, 即 $\langle \dot{x}(t) \rangle = 0$.

上述结果直接说明了 Smoluchowski 假想实验的棘齿系统是不能实现的, 不会出现自发热变功的情况, 其关键就在于系统处于平衡态 [16-20]; 这也就是当前人们集中关注于 "远离平衡态" 研究的主要原因之一.

2. Feynman 棘齿

上述平衡态下的棘齿系统, 由于处于同一温度环境中, 不能形成优先的运动方向, 即没有定向输运. Feynman 进一步将平衡态下的棘齿系统扩展成非平衡态下的棘齿系统, 即棘齿和翼轮分别处于不同温度的气体之中, 称为 Feynman 棘齿, 如图 4-1-2 所示.

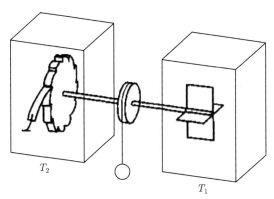

图 4-1-2 棘齿与翼轮处于不同温度气体的 Feynman 棘齿装置

设 $x(t)$ 为棘齿转动的角度, $h(t)$ 为棘爪的高度 (方向与 $x(t)$ 方向垂直), 类似于 Smoluchowski 棘齿, Feynman 棘齿的 Langevin 方程为

$$\gamma_1 \dot{x}(t) = -\frac{\partial V(x,h)}{\partial x} + \xi_1(t), \tag{4.1.23}$$

$$\gamma_2 \dot{h}(t) = -\frac{\partial V(x,h)}{\partial h} + \xi_2(t), \tag{4.1.24}$$

$\xi_1(t)$, $\xi_2(t)$ 为两个热源的随机力, 故可设为相互独立的 Gauss 白噪声, 即满足

$$\langle \xi_{1,2}(t) \rangle = 0, \quad \langle \xi_i(t)\xi_j(s) \rangle = 2\gamma_i k_{\mathrm{B}} T_i \delta_{ij} \delta(t-s), \quad i,j = 1,2.$$

上述方程可用数值模拟方法求解, 结果表明: 当 $T_1 \neq T_2$ 时, 可观察到棘齿的定向转动, 且转动方向取决于热源温度 T_1 与 T_2 的相对大小, $T_1 > T_2$ 与 $T_1 < T_2$ 的转动方向相反.

3. 波动势棘齿模型

在波动势棘齿模型中, 外界能量的输入使得势函数由 $V(x,t)$ 变为 $A(t)V(x,t)$, 其中调制函数 $A(t)$ 既可以是一个确定的函数也可以是一个随机过程 [21], 闪烁棘齿、开关 (on-off) 棘齿、行波势棘齿都是其特例.

以开关棘齿为例来说明波动势棘齿模型的工作原理. 在图 4-1-3 中, 棘齿势随机地处于开 (on) 和关 (off) 两种状态, 当棘齿势处于开状态时, 马达以最大概率集中于最小势点 x_0 处 (下排), 而当棘齿势处于关闭状态时马达自由扩散. 然后, 当棘齿势重新处于开状态时, 在扩散的作用下, 除了 x_0 处以外马达还将以一定的概率集中到相邻的最小势点 $x_0 \pm L$ 处 (上排阴影处), 由于势函数的空间对称破缺, 模型就可以产生定向流, 其方向为势最低点附近 "坡道" 较短的方向, 即破缺势 "坡度" 较大的方向. 这种机制对慢变化的波动势都适用.

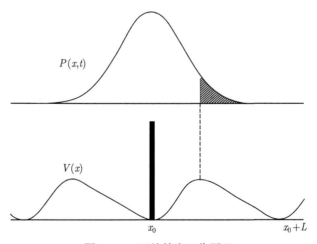

图 4-1-3 开关棘齿工作原理

在波动势棘齿模型中, 棘齿势的空间对称破缺以及调制函数 $A(t)$ 的慢变化是两个关键性因素, 二者对棘齿的定向输运都是不可或缺的: 前者为马达提供了输运方向, 而调制函数的慢变化则保证了马达有充足的时间自由扩散到超过相邻势垒的

位置, 为定向流的产生提供可能. 而对于快变化的调制函数, 如白噪声等的研究表明, 对于相同破缺方向的基本棘齿势 $V(x)$, 虽然模型仍然能够产生定向流, 但定向流的方向与具体的棘齿势取法密切相关, 不存在固定的流向 [21,22].

4. 倾斜势棘齿

在倾斜棘齿模型中, 外界能量的输入使得势函数发生倾斜, 即 $V(x,t)$ 变为 $V(x,t) - xF(t)$, 从而使得马达能够沿着倾斜方向自然地 "滚落"(图 4-1-4) 下来, 产生定向流, 因而势函数是否对称破缺不是关键因素. 倾斜棘齿模型的工作机制与导致势函数发生倾斜的外力的统计性质密切相关. 在无偏的前提下, 外力的奇数阶 (三阶及以上) 高阶矩是模型产生定向流的关键. 如果外力具有不恒为零的奇数阶高阶矩或高阶相关函数, 则称其具有时间非对称性, 或时间对称破缺 [23,24], 可见时间对称破缺是一种统计非对称 [25]. Gauss 白噪声是统计对称的, 因而作为外力是时间对称的.

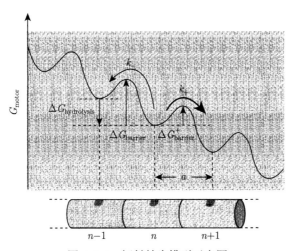

图 4-1-4　倾斜棘齿模型示意图

图中曲线显示了肌动马达沿肌动蛋白丝的自由能面变化, n 表示肌动蛋白丝上的离散结合点位

5. 周期二分力棘齿

周期二分力棘齿模型既可以是确定性的 [26], 也可以是随机的 [27-29]. 外界能量的输入使得周期二分力 $F(t)$ 在开、关两种状态间切换 (图 4-1-5). 当马达缺乏对称破缺时, 不存在定向流, 但可能出现远强于正常扩散的大范围扩散 [30]; 而当马达具有空间或时间非对称性时, 即使缺乏空间非对称性也可以出现定向输运 [23].

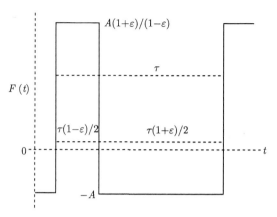

图 4-1-5　周期二分力棘齿示意图

6. 周期三分力棘齿

　　周期三分力棘齿模型是周期二分力棘齿模型的推广 [30], 即在周期二分力的两段非零取值之间插入一段零值 (图 4-1-6). 周期三分力棘齿模型的输运行为与周期二分力棘齿模型有很大的不同: 如果模型缺乏空间、时间对称破缺, 则其扩散行为强于二分力棘齿模型; 而当模型空间或时间对称破缺时, 模型定向流的方向不仅与模型两种对称破缺因素相关, 而且还与零值时间的长短密切相关, 适当的参数条件下定向流将出现逆转甚至消失. 由于零值时间的存在, 马达在每次越过势垒后将会在势最低点附近长期停留、振荡, 在此过程中外力及势场的作用将被抵消, 马达在一定程度上回复到初始状态 (假设初始时刻马达位于势最低点), 当新的驱动周期开始后, 马达将从初始状态附近开始运动.

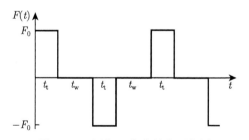

图 4-1-6　周期三分力棘齿示意图

　　因此, 对于周期二分力棘齿模型和周期三分力棘齿模型而言, 当模型完全对称时二者均不会出现定向流而只有大范围扩散行为; 当模型仅存在时间非对称性时, 二者均可产生稳定的定向流, 并且无须势函数的空间对称破缺; 而当模型同时具有时间、空间非对称性时, 定向流的方向由这二者间的竞争或协作结果共同决定.

4.2 分数阶 Brown 马达定向输运

目前关于 Brown 马达的定向输运取得了大量的研究成果, 但大多数研究关注的仍是整数阶系统 [1,5,8,14,15,31-42]. 经典牛顿力学认为空间、时间没有起点与终点, 处处连续, 由此导出的物理量, 如速度、加速度和力均可由整数阶微分算子来定义, 从而物理现象的演化可用整数阶微分方程来描述 [43,44], 这种研究模式和方法是基于绝对时间、空间及欧几里得几何的假设, 在相关领域的研究中也已取得巨大成功; 然而, 许多物理、生物过程以及黏弹性材料 (橡胶、血液、肌腱、肌肉等) 均具有 "记忆性" "整数阶" 的局限性逐渐体现出来: Richardson[45] 于 1926 年指出湍流的速度场不可微, 这或许正是经典牛顿力学一直未能完全解决湍流问题的一个重要原因; 又如, 许多黏弹性材料的应力松弛是非指数型的, 具有 "记忆性", 传统的微分本构模型不能准确地描述其力学行为 [46]; 近年来引起广泛关注的 "反常" 扩散是湍流 [47,48]、软物质热传导与电子输运 [49] 等各种复杂现象的共性, 而 "反常" 之所以反常, 本质上是其本构关系不服从各种标准 "梯度" 律 (如流体、渗流、扩散方面达西律 (Darcy's law)、Newton 黏性、Fick 扩散等)[44,50], 这些现象涉及物理、力学过程的记忆性、遗传性、路径依赖性和全局相关性.

特别地, 作为经典整数阶 Langevin Brown 马达模型的生物学基础, 理想稀溶液假设 [53] 假定细胞内部的大分子的浓度低至彼此之间既不存在直接碰撞, 也不存在长距离相互作用, 并且细胞内部各处是同质的. 但是, 当人们借助先进技术, 以更高的时间、空间精度来观察细胞的内部环境时, 才发现其所具有的极端拥挤与异质性等非理想特征与理想稀溶液根本不同, 而与黏弹性介质比较相似. 因此, 鉴于整数阶 Langevin 模型不能很好地描述 Brown 马达的真实噪声整流工作机制, 人们迫切需要以细胞内部环境的非理想性为基础建立新的 Brown 马达运动模型.

为了刻画幂律现象的非局部、路径或历史依赖性, 人们尝试建立新的数学工具和方法, 从刻画作用的时间整数阶变化率的求导运算开始, 各种分数阶微积运算的理论方法研究已处于蓬勃发展之中.

整数阶时间导数以及距离导数、路径导数、测度导数等, 由局部极限所定义, 仅包含了 "历史趋势充分近期发展的结果" 却并不包含 "历史趋势" 及其发展过程本身, 不适合描述历史依赖过程; 而分数阶微分算子实际是微分–积分算子, 其定义中的积分已经充分体现了系统的历史依赖性, 是对具有记忆性的过程进行建模的有力数学工具 [51-54]. 因此, 分数阶微积分近年来得到了迅速发展并广泛应用于物理、化学、生物、材料、医学、信号和图像处理等科学中 [55-58], 它能更为准确地描述材料的黏弹性性质和阻尼行为, 刻画各类粒子在黏弹性材料中运动的 "记忆性" 现象, 为研究相应的物理、生物等过程建立更为精确的模型 [59,60].

分数阶微积运算具有非常强大的刻画能力, 但因此也是很自然地, 其解析求解方法发展目前尚属甚为薄弱. 不过, 计算能力和计算方法的迅猛发展, 却也为这个问题从数值分析和实际解决的角度, 以类似于实验物理的方式, 提供了充分的条件. 因而, 以仿真为主要手段研究分数阶输运模型, 不仅充分可行、普遍采用, 而且在相当数量情形下甚至是唯一的方式, 因而也是第 4 章与第 5 章所主要采用的方式. 本节以分数阶微积运算为基础, 建立了相应分数阶 Brown 马达输运模型, 对相应模型进行数值求解, 主要关注分数阶 Brown 马达输运性质.

4.2.1   分数阶类 Langevin 分子马达

本小节以幂律阻尼核函数刻画非理想环境对分子马达的阻尼作用, 从而在模型中以分数阶导数刻画阻尼力, 以无偏类 Langevin 力 (噪声) 刻画 ATP 水解释对的水解/释能/反应应对分子马达的驱动作用, 同时以空间周期势函数刻画分子马达的自由能面, 在低温极限下建立分数阶类 Langevin 分子马达运动模型; 以数值分析的方式研究分数阶阶数、势函数的空间对称性, 以及类 Langevin 噪声对模型输运行为的影响.

4.2.1.1   分数阶类 Langevin 模型

1. 类 Langevin 力 (噪声)

类 Langevin 力 (噪声) 由混沌映射生成, 具体而言, 是以混沌序列 $\{y_j\}_{j=0}^{\infty}$ 作为强度的一列时间冲击的叠加的时间尺度化, 尺度因子视具体的混沌映射而定[61], 如帐篷映射及 Logistic 映射为 $\tau^{1/2}$, 而 Bernoulli 映射则为 τ 等. 具体地, Logistic 映射生成的类 Langevin 力为

$$L_\tau(t) = s\tau^{1/2} \sum_{j=0}^{\infty} y_j \delta(t - j\tau), \tag{4.2.1}$$

而 Bernoulli 映射生成的类 Langevin 力为

$$L_\tau(t) = s\tau \sum_{j=0}^{\infty} y_j \delta(t - j\tau), \tag{4.2.2}$$

这里 τ 为噪声的输入周期, s 为噪声强度.

对类 Langevin 力 (噪声) 及类 Langevin 棘齿模型的研究始于 1987 年 Beck 等[62] 对 Langevin 方程

$$dy = -\gamma y dt + \sigma dW(t) \tag{4.2.3}$$

与类 Langevin 方程

$$dy = -\gamma y dt + dS_\tau(t), \quad S_\tau(t) = \tau^{\frac{1}{2}} \sum_{n=0}^{[t/\tau]} \eta_n \tag{4.2.4}$$

关系的研究, 这里 $[x]$ 为 x 的整数部分, $\{\eta_n\}$ 为平稳随机序列, $W(t)$ 为规范化 Wiener 过程, 其形式导数 $\xi(t) = \sigma\dfrac{\mathrm{d}W(t)}{\mathrm{d}t}$ 就是 Gauss 白噪声, $\langle \xi(t) \rangle = 0$, $\langle \xi(t)\xi(t') \rangle = \sigma^2\delta(t - t')$,

$$\sigma^2 = E(y_0^2) + 2\sum_{j=1}^{\infty} E(y_0 y_j) < \infty. \tag{4.2.5}$$

注意这里的 σ 是由混沌映射决定的, 而 $S_\tau(t)$ 为序列 $\{\eta_n\}$ 的积累量的时间尺度化, 其形式导数

$$L_\tau(t) = \frac{\mathrm{d}S_\tau(t)}{\mathrm{d}t} = \tau^{\frac{1}{2}}\sum_{n=0}^{\infty} \eta_n\delta(t - n\tau) \tag{4.2.6}$$

就是类 Langevin 力 (噪声). 以上两个方程还可以改写为

$$\ddot{x}(t) + \gamma\dot{x}(t) = \xi(t), \tag{4.2.7}$$

$$\ddot{x}(t) + \gamma\dot{x}(t) = L_\tau(t). \tag{4.2.8}$$

2. 分数阶类 Langevin 模型

考虑处于非理想环境中的单位质量的线动分子马达在外势场 $V(x,t)$ 和类 Langevin 噪声 $L_\tau(t)$ 共同作用下的运动, 环境对分子马达的阻尼作用由幂律阻尼核函数 $\eta(t) = t^{-\alpha}(0 < \alpha < 1)$ 所描述. 在低温极限下, 令分数阶 Langevin 模型中的 $F(x,t) = L_\tau(t) - \dfrac{\partial V(x,t)}{\partial x}$, 则马达质心位置 $x(t)$ 的时间演化可用方程

$$_\gamma D_*^\alpha x(t) = L_\tau(t) - \frac{\partial V(x,t)}{\partial x}, \quad 0 < \alpha \leqslant 1 \tag{4.2.9}$$

来刻画, 这里的 D_*^α 为 α 阶时间分数阶微分算子, 而模型

$$_\gamma D_*^\alpha x(t) = L_\tau(t), \quad 0 < \alpha \leqslant 1, \tag{4.2.10}$$

则描述了马达的扩散, 称模型 (4.2.9)—(4.2.10) 为分数阶类 Langevin 模型.

4.2.1.2 空间对称破缺棘齿模型

为研究空间周期势函数的对称破缺对分子马达定向输运的影响, 在模型 (4.2.9) 中取周期 $L = 2$ 的对称破缺势

$$V(x,t) = 0.454d\left(\cos(\pi x) + \frac{A}{4}\sin(2\pi x)\right), \tag{4.2.11}$$

从而

$$U(x,t) = \frac{\partial V(x,t)}{\partial x} = 0.454\pi d\left(-\sin(\pi x) + \frac{A}{2}\cos(2\pi x)\right), \tag{4.2.12}$$

并取 Bernoulli 映射生成的噪声 $L_\tau(t) = s\tau \sum\limits_{j=0}^{\infty} y_j \delta(t-j\tau)$, 并且不失一般性取 $x_0 = 0$,

这里的参数 $A \in [-2, 2]$ 刻画了势函数的破缺程度: 当 $A = 0$ 时 $V(x, t)$ 为对称势函数; 当 $A > 0$ 时, 在势 $V(x, t)$ 最低点附近向右的坡度要小于向左的坡度, 称其为右向破缺势; 而当 $A < 0$ 时, 在势 $V(x, t)$ 最低点向右的坡度大于向左的坡度, 称其为左向破缺势 (图 4-2-1). 此外, 势垒高度是 d, A 的函数, 但对于固定的 A 有 $\Delta V \propto d$, 从而 d 可以表征势垒高度的变化.

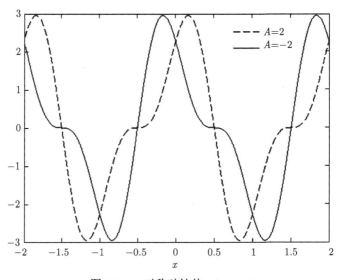

图 4-2-1   对称破缺势, $A = \pm 2$

由于模型是空间对称破缺的, 根据 Curie 原则, 一般情形下将有定向流出现, 而本节关注重点是模型参数, 特别是势破缺程度 A 对于模型定向流的影响, 即定向流的稳定性.

图 4-2-2 显示了定向流对于 d 的依赖性, 模型参数 $\gamma = 100$, $\alpha = 0.8$, $\tau = 0.5$, $s = 80$. 易见, ① 当势函数空间对称破缺时, 模型将出现定向流, 且定向流的方向与势函数的破缺方向相反, 而当势函数对称时则没有定向流; ② 定向流非常微弱, 并且随着势垒高度的不断增加, 定向流迅速出现老化, 说明此时马达已经不能越过势垒; ③ 尽管势函数 $V(x, t)$ 完全不具有空间上的对称性, 但定向流仍然表现出高度的对称性, 因而这种对称性的来源只能是类 Langevin 噪声的时间对称性. 这就表明对分数阶 Langevin 棘齿模型而言势函数的空间对称破缺不是定向流产生的关键.

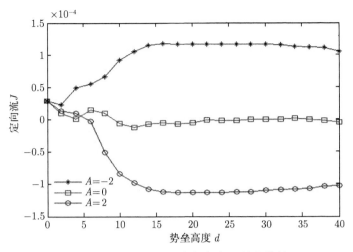

图 4-2-2   定向流对于势垒高度 d 的依赖性

图 4-2-3 显示了定向流对噪声强度 s 的依赖性, 模型参数为 $\gamma = 100$, $d = 5$, $\tau = 0.5$, $\alpha = 0.8$. 易见定向流不但微弱, 而且随着噪声强度的增加还出现了逆转, 表现出明显的不稳定性, 并且对于不同的势破缺方向, 定向流显示出明显的对称性, 而这种对称性只能源自噪声的时间对称性.

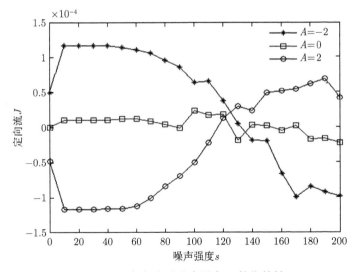

图 4-2-3   定向流对噪声强度 s 的依赖性

图 4-2-4 显示了定向流对噪声输入周期 τ 的依赖性, 模型参数为 $\gamma = 100$, $\alpha = 0.8$, $d = 5$, $s = 80$. 易见定向流不但微弱, 而且随着 τ 的增加还出现逆转, 表现出明显的不稳定性, 并且对不同的势破缺方向, 定向流也显示出明显的对称性, 而

这种对称性也源自噪声的时间对称性.

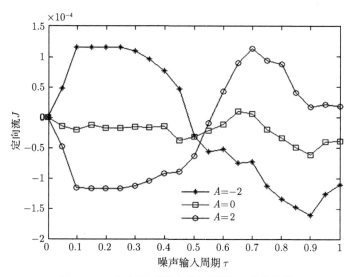

图 4-2-4　定向流对噪声输入周期 τ 的依赖性

图 4-2-5 显示了定向流对于分数阶阶数 α 的复杂依赖性, 模型参数为 $\gamma = 100$, $d = 10$, $\tau = 0.5$, $s = 80$. 易见, 随着 α 的增加定向流出现逆转, 而且不同的 A 定向流依然显现出明显的对称性. 由于分数阶 α 刻画了细胞内部环境的非理想性对分子马达的阻尼作用, 随着 $\alpha \to 1$ 定向流自然应该单调增加, 但出现逆转却是不应该的, 因而只能推测这是噪声驱动的随机性和对称性的体现.

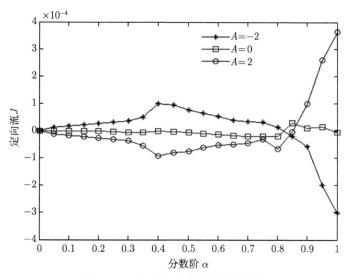

图 4-2-5　定向流对分数阶的依赖性

图 4-2-6 显示了定向流对势破缺程度 A 的依赖性, 模型参数为 $\gamma = 100, \alpha = 0.8,$ $\tau = 0.5, d = 5$. 易见定向流是相当微弱的, 而且对不太大的噪声强度 s, 定向流与势破缺程度是相反的, 并显现出明显的对称性, 同时随着破缺方向的改变定向流自然地出现逆转, 从而说明势破缺方向的变化可以逆转定向流的方向; 但对于太大的 s, 势垒的作用几乎可以忽略, 因而此时定向流的方向是随机的.

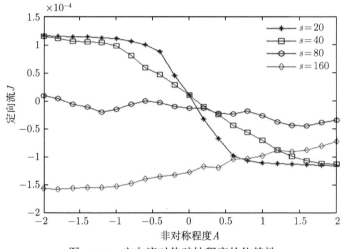

图 4-2-6 定向流对势破缺程度的依赖性

综上, 对于空间对称破缺的分数阶类 Langevin 棘齿模型, 可以得出如下几点结论:

(1) 定向流与势函数的对称破缺方向是相反的, 即马达倾向于沿着相对势最低点最短的路径跨越势垒.

(2) 定向流不但微弱, 而且很容易发生逆转, 换句话说就是定向流对于参数的变化是不稳定的. 一方面应归因于时间对称噪声的随机性, 另一方面也说明势函数的空间对称破缺并不足以产生稳定的定向流.

(3) 定向流具有明显的对称性. 势函数的空间对称破缺, 这只能归因于噪声的对称性.

因此, 可以看到, 离开了噪声的对称破缺, 虽然势函数的空间对称破缺可以产生定向输运, 但却不能保证定向流的稳定性. 鉴于真实环境中的分子马达能够以几乎确定的方式定向行走, 因此更倾向于认为空间对称破缺棘齿不大可能解释分子马达的真实噪声整流机制.

4.2.1.3 时间对称破缺棘齿模型

本小节讨论类噪声的时间对称破缺对模型定向流的影响 [63], 不失一般性在模

型 (4.2.9) 中取如下周期 $L = 2$ 的对称势函数:

$$V(x) = -(d/2)\cos(\pi x), \tag{4.2.13}$$

从而 $U(x) = (\pi d/2)\sin(\pi x)$, 势垒高度 $\Delta V = d$. 另外, 取 Logistic 映射生成的类 Langevin 噪声 $L_\tau(t) = s\tau^{1/2} \sum\limits_{j=0}^{\infty} y_j \delta(t - j\tau)$, 并设马达初始位置 $x_0 = 0$, $\gamma = 100$.

首先研究势垒高度 d 对定向流的影响, 模型参数取值分别为 $\alpha = 0.8$, $\tau = 0.5$. 如图 4-2-7 所示, 在各噪声强度下, 定向流 J 对势垒高度 d 的依赖为单峰函数, 太低或太高的势垒都将抑制定向流的强度, 因而存在一个最优的 d 使得模型的定向流达到最大. 出现这种现象的原因可归结为如下两点:

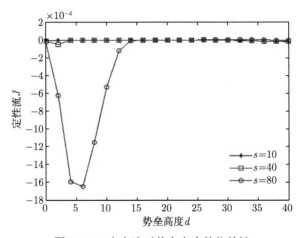

图 4-2-7 定向流对势垒高度的依赖性

(1) 无偏类 Langevin 噪声的时间非对称性, 即噪声对马达的驱动在两个方向上存在差异. 而这又可归因于混沌映射两个不稳定不动点分布的非对称性.

(2) 势函数对噪声驱动的选择性. 对于太低的势垒, 噪声的双向驱动使得马达在两个方向都可以跨越势垒, 而对于太高的势垒, 噪声的驱动无法使得马达沿任何方向越过势垒, 这两种情况下定向流都将趋于消失. 而对于适中的势垒, 马达在噪声的驱动下可以双向运动, 但由于在不同方向上噪声的驱动存在差异, 因而马达在一个方向有更大的可能越过势垒, 定向流正是马达在两个方向上的运动相互抵消之后的净流, 因而对称势情形下定向流的方向总是与噪声较强驱动的方向一致, 换言之, 定向流正是由时间对称破缺噪声引起的马达在两个方向上不同势垒跨越能力的体现.

其次考虑定向流对噪声强度 s 的依赖, 模型参数分别为 $\tau = 0.5$, $d = 10$, 模拟结果见图 4-2-8. 易见定向流 J 对噪声强度 s 的依赖为单峰函数, 即对于太小或太

大的噪声强度 s, 定向流都将趋于减小, 其原因是太小强度的噪声无法在任何方向上驱动马达越过势垒, 而太大强度的噪声又使得马达能够双向越过势垒, 此时势函数的选择作用趋于消失, 从而导致趋于消失的定向流; 而对于适中的噪声强度, 在噪声的非对称驱动和势函数选择作用的共同作用下, 定向流出现, 进而存在一个最优的噪声强度 s 使得定向流达到最大.

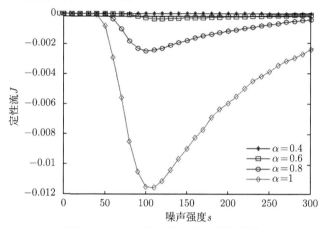

图 4-2-8   定向流对噪声强度的依赖性

下面讨论定向流对噪声输入周期 τ 的依赖, 模型参数为 $d = 10, s = 80$. 如图 4-2-9 所示, 各分数阶情形下模型定向流对噪声输入周期 τ 的依赖性仍然为单峰函数, 即对于较小的 τ 定向流趋于消失, 而随着 τ 的增大定向流先单调增加然后趋于减小, 因而存在最优的 τ 使得定向流最大化. 由噪声的定义 $L_\tau(t) = s\tau^{1/2} \sum_{j=0}^{\infty} y_j \delta(t - j\tau)$, 可将 $s\tau^{1/2}$ 视为噪声的有效强度, 因而对于固定的噪声强度 s, 当 $\tau \to 0$ 时有效强

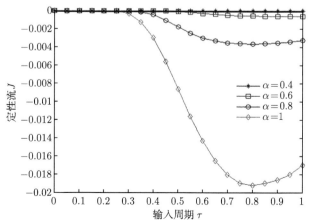

图 4-2-9   定向流对噪声输入周期 τ 的依赖性

度也趋于零, 而随着 τ 增大有效强度也随之增大. 由之前的讨论, 较小有效强度的噪声无法驱动马达越过势垒, 而较大有效强度的噪声则可以驱动马达双向跨越势垒, 两种情况下都将得到趋于消失的定向流; 而对于适中的有效强度, 在时间非对称噪声和势函数选择作用的共同作用下定向流得以出现, 且当势垒恰好能够完全抑制噪声的正向驱动时定向流将最大化.

　　值得注意的是, 综合定向流对噪声强度 s 及输入周期 τ 的单峰依赖性可见, 作为外噪声源的类 Langevin 噪声 $L_\tau(t)$ 对马达的驱动作用与确定性周期三分力较为类似 [23,28,30], 而明显不同于 Gauss 色噪声.

　　最后讨论定向流对于分数阶的依赖性, 模型参数取值为 $d = 10$, $s = 80$. 如图 4-2-10 所示, 在各噪声输入周期 τ 情形下定向流 J 对分数阶 α 的依赖是单调的, 且当 $\alpha \to 0$ 时定向流趋于零. 由于分数阶 α 刻画了细胞内环境的非理想程度, 当分数阶 $\alpha \to 1$ 时细胞内部环境趋近理想稀溶液, 粒子所受到的环境的阻尼作用逐渐减小, 从而定向流随着分数阶的增大而单调增加. 模型定向输运行为与细胞内环境的非理想程度的一致性再次表明, 分数阶 α 作为细胞内部环境非理想性的刻画是合理的. 由细胞内部环境的异质性, 轨道上不同的位置有不同的非理想性, 从而有不同的分数阶 α, 进而导致了马达行走的非均匀性.

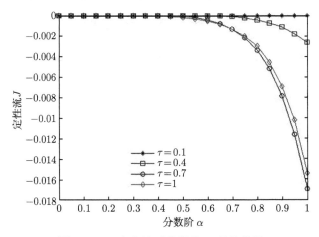

图 4-2-10　定向流对分数阶 α 的依赖性

　　综上, 对于时间对称破缺噪声对模型定向流的影响, 可得到如下的结论.

　　(1) 噪声的时间对称破缺是定向流产生的外在条件, 而势函数对噪声驱动的选择作用是内在条件, 二者均为必要条件, 缺一不可;

　　(2) 存在适当的模型参数使得定向流最大化: 对于固定的细胞内部环境 (即分数阶) 和噪声, 存在适当的势垒高度使得定向流最大化, 而对于固定的细胞内部环境及势函数, 则存在适当的噪声强度和噪声输入周期的组合使得定向流最大化;

(3) 对于固定的势函数和噪声, 细胞内部环境对定向流的影响是单调的, 且环境的变化不会导致定向流的逆转;

(4) 定向流的稳定性, 即在各参数情形下均不会出现逆转.

4.2.1.4 空–时对称破缺棘齿模型

同时具有空间和时间对称破缺性的棘齿模型能更为真实地刻画非理想性环境中的分子马达的噪声整流机制 [64]. 为此, 在模型 (4.2.9) 中取

$$V(x,t) = 0.454d \left(\cos(\pi x) + \frac{A}{4} \sin(2\pi x) \right), \quad (4.2.14)$$

并取 Logistic 映射生成的类 Langevin 噪声 $L_\tau(t) = s\tau^{1/2} \sum_{j=0}^{\infty} y_j \delta(t - j\tau)$.

图 4-2-11 显示了各非对称势情形下定向流对 d 的依赖性, 模型参数分别为 $\alpha = 0.8$, $s = 80$, $\tau = 0.5$. 对比图 4-2-7 和图 4-2-11 可见, 在各非对称势情形下, 定向流 J 对 d 的依赖性也是单峰函数, 与对称势情形并无本质区别, 但在左向破缺势 ($A = -2$) 情形下已经可以观察到流逆转现象出现, 其原因可归结为以下三点:

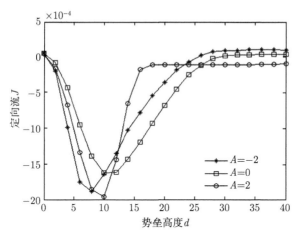

图 4-2-11   定向流对势垒高度 d 的依赖性

(1) 势垒的存在可以使得噪声的局部相关驱动得到凸显, 从而使得噪声的驱动与周期三分力较为类似;

(2) 通过对空间对称破缺棘齿模型的研究表明, 对于空间对称破缺势, 类 Langevin 噪声驱动下的马达倾向于沿着相对势低点最短的路径而不是沿势作用较小的方向跨越势垒;

(3) 通过对时间对称破缺棘齿模型的研究表明, 时间对称破缺的类 Langevin 噪声倾向于驱动马达沿着与映射的两个不稳定不动点中绝对值较大的那个不动点符

号一致的方向跨越势垒. 具体到 Logistic 映射生成的类 Langevin 噪声就是马达倾向于向左跨越势垒.

这样, 对于同时具有时间对称破缺和空间对称性的棘齿模型而言, 时间和空间破缺因素的作用将形成竞争与协作. 具体而言, 在 Logistic 映射生成的类 Langevin 噪声驱动马达倾向于左向跨越势垒的前提下, 左向破缺势 ($A < 0$) 情形下空间对称破缺势使得马达倾向于向右越过势垒, 二者间竞争便决定了流的方向, 从而在适当的参数条件下定向流出现逆转是很正常的, 定向流的出现和逆转都是时间非对称噪声与空间非对称势函数相互竞争的结果. 反之, 右向破缺势 ($A > 0$) 情形下空间对称破缺势使得马达倾向于向左越过势垒, 二者间的协作使得模型的负向流产生叠加, 自然更不会出现逆转.

图 4-2-12 显示了各非对称势情形下定向流对噪声强度 s 的依赖性, 模型参数取值为 $\alpha = 0.8, d = 5, \tau = 0.5$. 对比图 4-2-8 和图 4-2-12 可见, 各非对称势情形下定向流 J 对噪声强度 s 的依赖性为单峰函数, 这与对称势情形相同; 在左向破缺势 ($A = -2$) 情形下, 对于较小的噪声强度 s 定向流出现逆转, 而随着 s 的增大定向流的逆转现象则趋于消失; 对称势和右向破缺势情形下定向流无逆转出现. 究其原因, 首先, 定向流对噪声强度 s 的单峰函数依赖的原因与对称势情形是相同的; 其次, 在左向破缺势情形下, 时间对称破缺噪声与空间对称破缺势函数的竞争导致了定向流的出现和逆转; 最后, 右向破缺势情形下, 噪声与势函数的协作导致了负向流的产生, 并且无流逆转现象出现.

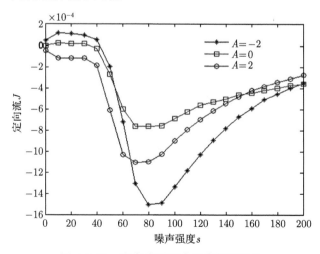

图 4-2-12   定向流对噪声强度的依赖性

图 4-2-13 显示了各非对称势情形下定向流对噪声输入周期 τ 的依赖性, 模型参数取值为 $\alpha = 0.8, d = 5, s = 80$. 对比图 4-2-9 和图 4-2-13 可见, 各非对称势情

形下定向流 J 对噪声输入周期 τ 的依赖性也是单峰函数, 与对称势情形一致, 且在左向破缺势 ($A = -2$) 情形下明显可见流逆转现象出现. 与图 4-2-12 的解释类似, 这种现象可以用有效噪声强度概念并结合空间对称破缺势与时间对称破缺噪声间的竞争与协作来进行解释.

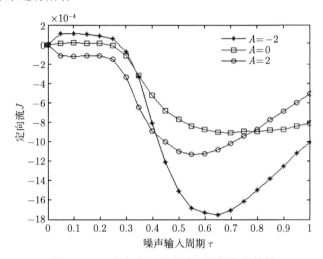

图 4-2-13　定向流对噪声输入周期的依赖性

图 4-2-14 显示了各势函数破缺情形下定向流对分数阶 α 的依赖性, 模型参数取值为 $s = 80, d = 5, \tau = 0.5$. 对比图 4-2-10 和图 4-2-14 可见, 各非对称势情形下定向流 J 对分数阶 α 的依赖性也是单调函数, 与对称势情形相同. 由于对该现象的解释与对称势情形是完全相同的, 此处也不再重复.

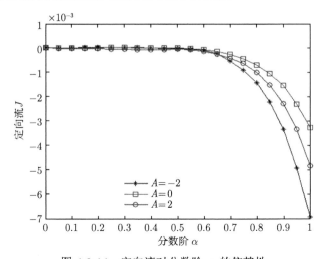

图 4-2-14　定向流对分数阶 α 的依赖性

最后, 图 4-2-15 显示了定向流对势函数破缺程度 A 的依赖性, 模型参数取值分别为 $d=5$, $\alpha=0.8$, $\tau=0.5$. 如图 4-2-15 所示, 首先, 对于较小的噪声强度 ($s=20$, 40), 随着势函数破缺方向的改变定向流的方向出现逆转; 其次, 对于较大的噪声强度 ($s=80,160$), 定向流的方向不随势函数破缺方向的改变而变化; 再次, 对于过大的噪声强度 ($s=160$) 定向流反而受到抑制; 最后, 对于较大的噪声强度, 势函数破缺方向虽然不能改变定向流的方向, 但明显影响其大小 ($s=80$). 如前所述, 定向流的出现和逆转可归因于空间对称破缺势函数与时间对称破缺噪声间的竞争与协作, 而在较大的噪声强度下定向流所受到的抑制则是这种作用趋于消失的体现.

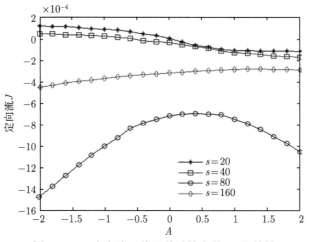

图 4-2-15   定向流对势函数破缺参数 A 依赖性

综上, 对于空–时对称破缺棘齿模型而言, 由于空间对称破缺与时间对称破缺的竞争, 适当条件下定向流将出现并可能出现逆转, 而当这两者是协作关系时, 各参数条件下均不会出现流逆转. 值得注意的是, 该机制是相当稳定的.

4.2.2   涨落作用下周期驱动的分数阶过阻尼棘轮模型的混沌输运

由于确定性惯性棘齿的混沌与定向输运反向流之间可能存在密切联系, 定向输运中的混沌现象越来越受到学者重视 [65-67]. 本小节关注确定性棘齿的混沌特性, 也关注噪声的作用, 考虑分数阶过阻尼随机棘齿 (即含噪声影响的确定性棘齿), 尤其是对应的确定性棘齿处于混沌状态的随机棘齿的输运性质, 进而讨论过阻尼分数阶马达反向输运的可能机理 [68].

1. 周期驱动的过阻尼分数阶分子马达模型

本小节考虑过阻尼情形下的分数阶 Langevin 方程:

$$_{0}^{C}D_{t}^{p}x(t) = -\frac{\partial V(x,t)}{\partial x} + \sqrt{2D}\xi(t). \tag{4.2.15}$$

取势函数为空间非对称势:

$$U(x) = U_0 \left[\sin \left(\frac{2\pi x}{L} \right) + \frac{\alpha}{4} \sin \left(\frac{4\pi x}{L} \right) \right], \quad \alpha > 0, \qquad (4.2.16)$$

其中, L 是势函数周期, U_0 反映了势垒高度, α 反映了势的不对称性, 当且仅当 $\alpha = 0$ 或 $\alpha \to \infty$, $U(x)$ 是对称势函数. 当 $U_0 = 4$, $L = 1$ 时, $U(x)$ 的示意图如图 4-2-16 所示.

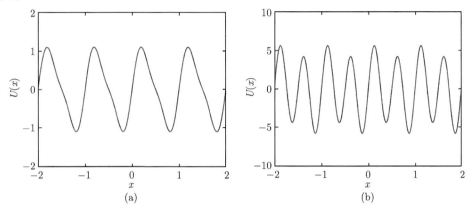

图 4-2-16　不同 α 对应的空间不对称势函数. (a) $\alpha = 1$; (b) $\alpha = 20$

进一步, 如图 4-2-17(a) 所示, 定义 $U(x)$ 的不对称度为

$$\Delta = S_2 - S_1 = \int_{x_1}^{x_2} (U(x) - U_{\min}(x)) \mathrm{d}x - \int_{x_0}^{x_1} (U(x) - U_{\min}(x)) \mathrm{d}x, \qquad (4.2.17)$$

其中, x_0, $x_2 = L + x_0$ 是相邻两个势垒最低点, x_1 是 x_0 与 x_2 之间的势垒最高点, $U_{\min}(x) = \min_x \{U(x)\}$. 图 4-2-17(b) 给出了不对称度 Δ 与参数 α 的关系: 当 α 增加时, 势函数 $U(x)$ 的不对称度近乎线性增加.

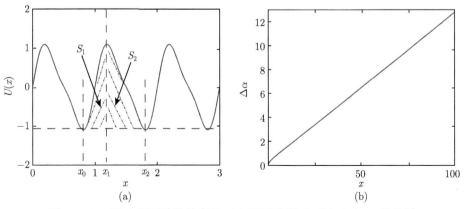

图 4-2-17　$U(x)$ 不对称性的度量. (a) 不对称度 Δ; (b) Δ 与 α 的关系

于是在外加周期函数 $A\cos(\omega t)$ 驱动下的过阻尼分数阶 Langevin 方程可以写为

$$\,_0^C D_t^p x(t) = -\frac{\partial U(x)}{\partial x} + A\cos(\omega t) + \sqrt{2D}\xi(t), \tag{4.2.18}$$

其中, A 是驱动强度, ω 是驱动函数的频率. 方程 (4.2.18) 去掉噪声项即得到与之对应的确定性棘轮系统:

$$\,_0^C D_t^p x(t) = -\frac{\partial U(x)}{\partial x} + A\cos(\omega t). \tag{4.2.19}$$

为叙述方便, 也称确定性棘轮系统 (4.2.19) 为 "确定性系统", 式 (4.2.18) 为随机棘轮系统.

2. 仿真与讨论

系统 (4.2.18) 为分数阶非线性随机微分方程, 理论求解较困难, 考虑其数值求解. 根据分数阶导数的 Grunwald-Letnikov 定义, 可以得到该方程的差分格式:

$$x_n = -\sum_{k=1}^{n-1} (-1)^k \begin{pmatrix} p \\ k \end{pmatrix} x_{n-k} - T_s^p U'(x_{n-1}) + T_s^p A\sin(\omega t_n) + T_s^p \sqrt{2D}\xi_n, \tag{4.2.20}$$

其中, T_s 是采样时间; $t_k = T_s(k-1), k=1,2,\cdots,n; x_k = x(t_k); \xi_k = \xi(t_k); \begin{pmatrix} p \\ k \end{pmatrix} = \dfrac{\Gamma(p+1)}{\Gamma(p-k+1)k!}$. 将上式中的噪声项 $T_s^p \sqrt{2D}\xi_n$ 去掉, 即得确定性系统 (4.2.19) 对应的差分格式.

方程 (4.2.20) 中分数阶 Gauss 色噪声 ξ_n 通过分数差分序列模拟:

$$(1-B)^d \xi_n = a_n \quad \left(d = \frac{1-p}{2}, \quad 0 < p < 1\right), \tag{4.2.21}$$

其中, a_n 是 Gauss 白噪声; B 是延迟算子, 即 $B^k \xi_n = \xi_{n-k}, B^k c = c, c$ 是一个常数, 且 $(1-B)^d = \sum_{k=0}^{\infty} (-1)^k \begin{pmatrix} d \\ k \end{pmatrix} B^k$.

采用 Monte-Carlo 方法, 取 200 次仿真的平均值作为粒子的平均位移. 又由于粒子的平均速度为 $v = \langle \dot{x} \rangle = \lim_{t\to\infty} \langle x(t) \rangle / t$, 因此用 $\langle x(t) \rangle / t$ (t 充分大) 近似粒子的平均输运速度 v. 仿真时, 取采样时间 $T_s = 0.005$s, 仿真时间 $T = 10$s, 空间势周期 $L = 1$, 驱动频率 $\omega = 2\pi$, 驱动强度 $A = 0.1$.

1) 势的不对称程度对输运速度的影响

参数 α 刻画了势的不对称程度, 取 $p = 0.78, U_0 = 4$ 时, 不同噪声强度下分子马达的平均输运速度 v 与 α 的关系. 如图 4-2-18 所示, 易见 $\alpha = 0$ 时, 由于没有时间或空间不对称性的破缺, 马达不会形成定向流; α 较小时, $U(x)$ 的不对称程度较弱, 由于介质的记忆性, 阻尼力对粒子的影响大于势场力, 粒子更容易反向运动, 形成反向流; 而随着 α 的增大, 势场力对粒子的影响将会逐渐占主导地位. 因此粒子更易于沿着势场的倾斜方向运动, 进而形成正向流. 当然, α 取值过大时,

$$U(x) \approx \frac{\alpha}{4} U_0 \sin \frac{4\pi x}{L},$$

近似为一个周期为 $L/2$ 的对称势函数, 马达不会出现定向流.

图 4-2-18 还可以观察到, 在一定的范围内, 噪声强度越大, 反向流开始出现的参数 α 越小, 例如, 噪声强度 $D = 2.5$ 时, 马达 (随机棘轮) 在 $\alpha \approx 1.25$ 开始出现反向流, 而 $D = 0$ 时 (即确定性棘轮), 在 $\alpha \approx 1.75$ 才开始出现反向流. 这表明不具有反向流的确定性棘轮也能导致马达反向输运, 当然具有反向流的确定性棘轮系统更能促使随机棘轮反向输运 (如 $\alpha = 2$).

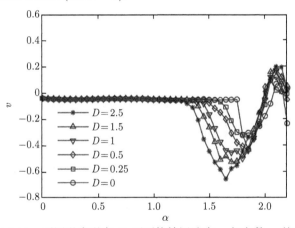

图 4-2-18　不同噪声强度 D 下平均输运速度 v 与参数 α 的关系

2) 势垒高度对输运速度的影响

参数 U_0 刻画了不对称势的势垒高度. U_0 越大, 势垒高度越大. 图 4-2-19 给出了固定 $p = 0.78, \alpha = 0.5$ 时, 不同噪声强度下马达的输运速度与参数 U_0 的关系. 由图 4-2-19(a) 可以发现: 由于介质的记忆性, 当 U_0 取值较小时, 阻尼力对粒子的影响大于势场力, 此时更容易形成反方向的粒子流; 当 U_0 取值较大时, 势场力逐渐起到主导作用, 粒子更容易形成正向流; 当然, 当 U_0 过大时, 势场力对粒子的作用远远大于热涨落的作用, 热涨落不足以使 Brown 粒子越过势垒最高点, 马达不会形成定向流. 图 4-2-19(b) 是图 4-2-19(a) 中 $4.5 < U_0 < 6$ 的部分. 由图 4-2-19 (b) 亦可发现, 在合适的参数下, 噪声强度越大, 随机棘轮更容易出现反向流 (开始出现反向流的势垒高度越小). 这也说明随机棘轮出现反向流并不必然地要求确定性棘轮也出现反向流.

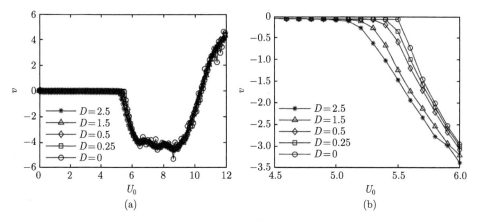

图 4-2-19　不同噪声强度 D 下棘轮的平均输运速度 v 与参数 U_0 的关系

(a) $0 \leqslant U_0 \leqslant 12$; (b) $4.5 \leqslant U_0 \leqslant 6$

3) 介质记忆性对输运速度的影响

阶数 p 刻画了介质的记忆性, p 越小, 阻尼核衰减得越慢, 历史速度对现在的影响越大. 图 4-2-20 给出了固定 $U_0 = 4, \alpha = 0.5$ 时, 不同噪声强度下马达的输运速度与模型阶数 p 的关系. 图 4-2-20(a) 表明, 随着 p 的减小, 阻尼核函数 $\gamma(\cdot)$ 衰减得越慢, 历史速度对现在的影响越大, Brown 粒子受到的阻尼力也较大, 粒子的正向输运速度就会变小, 甚至足够长的 "记忆性" 能促使粒子反向越过势垒, 形成反向定向流. 图 4-2-20(b) 是图 4-2-20(a) 中 $0.65 < p < 0.75$ 的部分. 由图 4-2-20(b) 也可以观察到, 在合适的参数下, 随着 p 的减小, 噪声强度越大, 随机棘轮出现反向流更容易. 这也表明随机棘轮出现反向流并不必然地要求确定性棘轮也出现反向流.

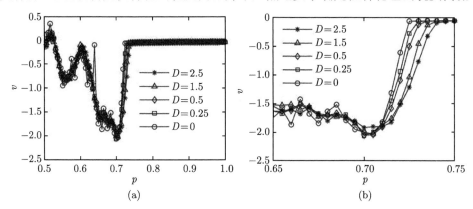

图 4-2-20　不同噪声强度 D 下棘轮的平均输运速度 v 与阶数 p 的关系

(a) $0.5 \leqslant p \leqslant 1$; (b) $0.65 \leqslant p \leqslant 0.75$

上述数值模拟的结果表明: 随机棘轮出现反向流并不必然地要求对应的确定

性棘轮系统也出现反向流. 其原因可以归结为两方面: 一是热涨落 (噪声) 的作用, 因为热涨落使得 Brown 粒子更容易翻越势垒, 进而形成定向运动; 二是可能更重要的原因是确定性棘轮系统具有的某种性质, 因为一个显然的事实是, 并不是任何确定系统在噪声作用下都会形成反向流, 比如极端的特例定常稳定系统 $\dot{x} = 0$. 换言之, 过阻尼分数阶分子马达的反向输运存在这样一类可能的机理: 确定性棘轮系统的某种性质 (后文会说明这种性质是混沌) 与噪声的作用能导致分子马达反向输运.

4) 确定系统的混沌对马达输运速度的影响

图 4-2-21 给出了 $U_0 = 4, \alpha = 0.5$ 时, 随着模型阶数 p 的变化, 确定性棘轮系统的轨道 p 与随机棘轮的输运速度 v 之间的关系. 由图 4-2-21(b) 可见, 随着 p 的减小 (即反向流更易于发生的方向), 确定性棘轮系统 ($D = 0$) 从 $p = p_D \approx 0.7215$ 开始出现反向流, 而随机棘轮 ($D = 1.5$) 从 $p = p_M \approx 0.7360$ 开始就出现反向流. 因此不具有反向流的确定性棘轮系统在噪声作用下也可以实现反向输运; 而由图 4-2-21(a) 还可以发现, 当 $0.7 < p < p_D$ 时, 确定性棘轮反向输运, 而在此之前, 即当 $p > p_D$ 时, 确定性棘轮会经历一个倍周期分岔导致的混沌状态; 进一步, 图 4-2-21(c) 给出了用 Wolf 法计算的确定性棘轮系统轨道的最大 Lyapunov 指数, 发现在阶数 $p_D < p < p_M$ 时, 最大 Lyapunov 指数均大于 0, 即当 $p_D < p < p_M$ 时, 确定性棘轮的轨道是混沌的. 以上的分析说明具有混沌轨道的分数阶确定性棘轮系统在噪声的作用下即可实现反向输运.

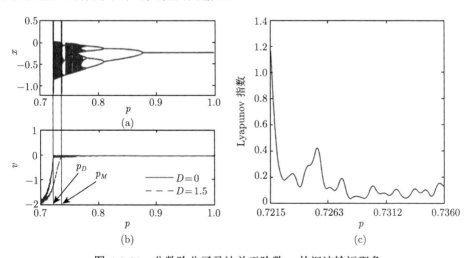

图 4-2-21 分数阶分子马达关于阶数 p 的混沌输运现象

(a) 确定系统的分岔图; (b) 输运速度; (c) 确定系统轨道的最大 Lyapunov 指数

进一步, 考察随机棘轮的轨道. 仿真时, 固定模型阶数 $p = 0.73$ 驱动强度 $A = 1$ 以及 $U_0 = 4, \alpha = 0.5$. 图 4-2-22(a) 为确定性棘轮系统的轨道, 图 4-2-22 (b) 为

对应的随机棘轮 (其中噪声项的噪声强度 $D = 1.5$) 500 次仿真的平均位移. 如图 4-2-22(a) 所示, 确定性棘轮在这一组参数下的轨道是混沌的; 如图 4-2-22(b) 所示, 在噪声强度 $D = 1.5$ 的噪声作用下, Brown 粒子反向运动. 这也说明具有混沌轨道的确定性棘轮系统在噪声作用下可以实现反向输运.

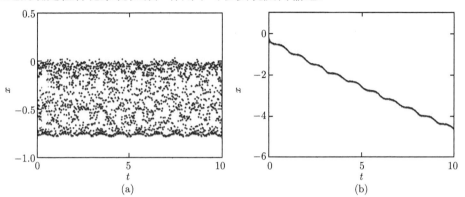

图 4-2-22　确定性棘轮与随机棘轮的轨道. (a) 确定性棘轮; (b) 随机棘轮

4.2.3　对称驱动力与系统非对称性对分数阶 Brown 马达输运的影响

本小节利用过阻尼分数阶 Langevin 方程刻画粒子在记忆性介质中的复杂输运行为, 研究外加驱动力频率和幅度、系统记忆性和对称性及热浴涨落对分数阶输运行为的影响 [70].

4.2.3.1　对称外加驱动力及噪声强度对分数阶 Brown 马达输运行为的影响

1. 输运模型与机理

考虑过阻尼分数阶 Langevin 方程:

$$_{0}^{C}D_t^{\alpha}x(t) = F(x,t) + \sqrt{2D}\xi(t) \quad (0 < \alpha < 1). \tag{4.2.22}$$

通常在研究 Brown 粒子的输运状态时, $F(x,t)$ 主要包括非对称的周期势场力 $-V'(x)$ 及外加驱动力 $y(t)$, 即 $F(x,t) = -V'(x) + y(t)$, 其中 [69]

$$V(x) = -\frac{1}{2}\sin(2\pi x) - \frac{\Delta}{8}\sin(4\pi x),$$

$$y(t) = A\sin(\omega t), \tag{4.2.23}$$

Δ 为对称性参数, A 为周期力幅度, ω 为周期力的角频率. 本小节主要考虑非对称势场下对称外加驱动力对 Brown 马达输运行为的影响, 因此假定固定形式的非对称势场, 即 $\Delta = 1$. D 为噪声强度, $\xi(t)$ 为零均值 Gauss 白噪声, 即满足: $\langle\xi(t)\rangle = 0, \langle\xi(t)\xi(s)\rangle = \delta(t-s)$.

此时, Brown 粒子在时刻 t 受到的阻尼力大小为

$$\frac{1}{\Gamma(1-\alpha)} \int_0^t (t-\tau)^{-\alpha} \dot{x}(\tau) \mathrm{d}\tau, \tag{4.2.24}$$

即 t 时刻的阻尼力是时段 $[0,t]$ 内的速度关于阻尼核 $\gamma(t) = \dfrac{|t|^{-\alpha}}{\Gamma(1-\alpha)}$ 的加权平均. 当阶数 $\alpha \to 1$ 时, 系统的记忆性变差, 核函数 $\gamma(t)$ 的衰减加快, 这意味着历史速度对当前阻尼力贡献减少; 而当阶数 α 降低时, 系统的记忆性增强, 历史速度对当前阻尼力贡献增强.

在势场力固定的情况下, 当驱动力频率 ω 较小时, Brown 粒子将受到一个持续时间较长, 并且方向固定的驱动力, 则粒子在这一段时间内具有相同运动方向的概率较大, 而此时粒子受到的分数阶阻尼力是之前各时刻速度的加权, 运动方向的一致将使得加权后的阻尼力对粒子定向输运起到阻碍作用, 粒子输运平均流速 v 也将减小, 甚至当这种记忆性增强到某一程度时, 促使粒子反向跃过势垒, 形成定向输运反向流.

当驱动力频率 ω 增大达到一定大小后, 外加驱动力正负符号变化较快, 粒子运动速度方向也呈现较快频率的变化, 那么当系统存在一定记忆性时, 该段时间内不同方向速度加权产生的当前阻尼力得到相互抵消, 这也将促进了 Brown 粒子的正向输运过程. 但随着外加驱动力频率 ω 继续增加, 粒子受到正负力作用的持续时间均很短, Brown 粒子定向输运行为也即将消失.

2. 数值仿真与讨论

对分数阶 Brown 马达的研究过程, 即求解一个过阻尼的分数阶 Langevin 方程, 由于该方程为分数阶随机微分方程, 并且是非 Markov 的, 因此要寻求其解析解, 或者将其转化为 Fokker-Planck 方程来求解都是非常困难的. 另一方面, 分数阶随机微分方程的数值模拟 [71] 已有效用于实际问题的解决, 故考虑将模型转化为离散模型, 利用分数阶差分法 [57] 进行数值模拟, 公式为

$$x(t_j) = -\sum_{i=1}^{j-1} (-1)^i \begin{pmatrix} \alpha \\ i \end{pmatrix} x(t_{j-1}) + (\Delta t)^{\alpha} \left[-\frac{\mathrm{d}V(x)}{\mathrm{d}x} + y(x_j) + \sqrt{2D}\xi(t_{j-1}) \right], \tag{4.2.25}$$

其中, Δt 为采样步长. $t_j = (j-1)\Delta t, j = 1, 2, \cdots, n$; $\begin{pmatrix} p \\ i \end{pmatrix} = \dfrac{\Gamma(\alpha+1)}{\Gamma(\alpha-i+1)i!}, i = 1, 2, \cdots, j-1$.

由于 Brown 马达本质上是将能量转化为机械能, 从而粒子表现为定向运动, 为了很好的研究外加驱动力作用下粒子的输运特性, 考虑系统的平均流速 v, 主要方

法有两种, 一种是长时平均, 另一种是系综平均. 这里采用第二种方法, 其定义如下 [59]:

$$v = \left\langle \lim_{t \to \infty} \frac{x(t) - x(t_0)}{t - t_0} \right\rangle, \tag{4.2.26}$$

其中, t_0, t 分别代表输运过程的初始时刻和终止时刻时间. $\langle \cdot \rangle$ 代表多次计算求平均值. 由于每次数值模拟输运行为总时长 T 有限, T 需取得足够大使得 Brown 马达达到稳定的输运状态. 应用 Monte Carlo 方法, 取仿真次数 $N = 1000$ 仿真实验的平均值作为粒子的平均流速, 即用

$$\frac{1}{N} \sum_{i=1}^{N} \frac{x(T) - x(t_0)}{T - t_0} \tag{4.2.27}$$

代替平均流速 v, T 为仿真总时间, 采样步长为 0.005 s, 角频率 $\omega = 1$.

图 4-2-23 给出了平均流速与仿真时间 T 的关系, 可以看出, 对于分数阶 Brown 马达在非对称势中的输运行为, 仿真时间 T 选取 150 s 比较恰当.

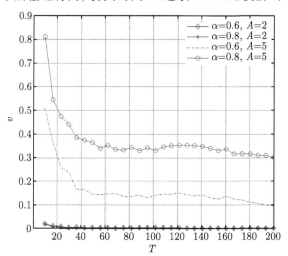

图 4-2-23   仿真时间 T 对平均流速的影响

固定外加驱动力幅度 $A = 2$ 时, 图 4-2-24 展示了不同噪声强度 D 下, 在不同记忆性介质中, Brown 马达在棘齿势下的输运轨迹.

从图 4-2-24(a) 中可以看出, 对于不同阶数 α 的系统, 即不同记忆性, 在没有噪声驱动时, 粒子均不能产生定向输运流; 随着噪声强度 D 增大, 如图 4-2-24(b) 所示, 此时阶数较低时 $\alpha = 0.6$, 即系统记忆性较强, 噪声开始促使粒子跃过势垒, 但噪声强度 D 仍不能使粒子长时间在下一个势阱中逗留, 很快又回到原来的势阱中, 阶数较高时 $\alpha = 0.8$, 即系统记忆性较弱, 粒子跃过势垒仍然很困难; 随噪声强度 D 继续增大, 粒子开始持续性的跃过势垒, 如图 4-2-24(c) 所示, 在不同阶数 α 下, 分

别形成定向输运反向流和定向输运正向流; 从图 4-2-24(d) 可以看出, 当噪声强度 $D = 50$ 时, 噪声开始阻碍粒子的规律性运动, 不能再使得粒子持续性跃过势垒, 但与整数阶情况是不同的, 粒子输运轨迹没有出现类似噪声的无规律形式, 而是具有一定周期的波动.

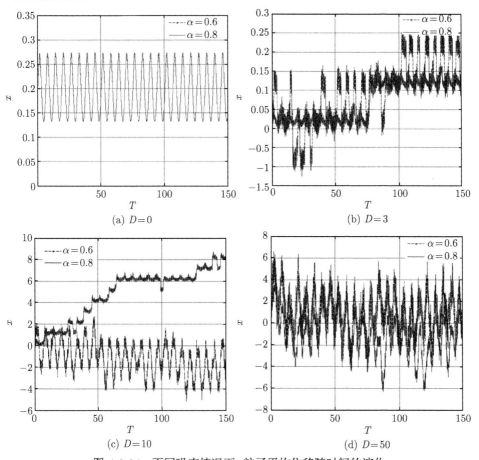

图 4-2-24 不同噪声情况下, 粒子平均位移随时间的演化

固定外加驱动力幅度 $A = 2$, 图 4-2-25 给出了在棘齿势下不同记忆性参数 α 的 Brown 马达平均流速 v 随噪声强度 D 变化的曲线图. 从图 4-2-25 中发现, 当系统记忆性较差时, 即 $\alpha = 0.8$, 与整数阶情况类似, 存在一个临界噪声强度 D_0, 使得 $0 < D < D_0 = 4$ 时, 噪声及小幅度外加驱动力不能促使粒子发生定向输运现象; 但与整数阶情况不同的是, 所需的临界噪声强度 D_0 相应下降, 如果系统的记忆性继续增强, 即 $\alpha = 0.6$, 可以明显看出, 弱噪声已经促使粒子发生了定向输运, 并且由于系统的强记忆性, 产生了定向输运反向流. 从图 4-2-25(a) 和 (b) 还可以看出, 随噪声强度 D 的增加, 粒子输运平均流速 v 分别出现正向上的广义随机共振及反向

上的广义随机共振, 即在噪声强度 $D = 10$ 附近, 平均流速 v 在不同阶数 α 下达到正向极大值和负向极大值.

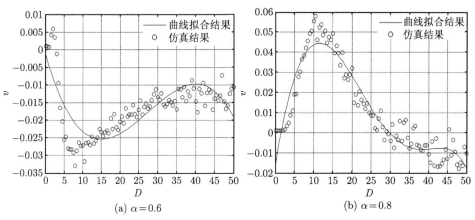

(a) $\alpha = 0.6$ (b) $\alpha = 0.8$

图 4-2-25 不同阶数 α 下, 平均流速 v 与噪声强度 D 关系 $v(D)$

图 4-2-26 给出了在固定噪声强度 $D = 0.5$ 时, 粒子平均流速 v 在不同阶数 α 下随外加驱动力幅度 A 的变化关系. 与整数阶情况相同, 系统需要一个临界的外加驱动力幅度 A_0 才可以产生定向运动, 当 A 大于临界幅度 A_0 时, 随 A 的增加, 平均流速 v 出现 "共振" 曲线, 即随 A 的增加, 平均流速 v 出现先增加后减小的现象; 并且记忆性抑制了最大平均流速, 即随阶数 α 的减小, $v(A)$ 曲线的最大值也减小. 说明: 在小频率外加驱动力作用下, 随着系统的记忆性增强, 即阶数 α 降低, 历史同向速度对当前阻尼力贡献增强, 阻尼力也随之增大, 致使定向输运的速度开始减缓, 这与前面的分析情况是相吻合的. 当 $A > 5$ 时, 整数阶情况出现的递减阶梯也由于系统具有了记忆性而随之消失.

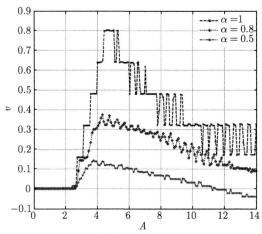

图 4-2-26 不同阶数 α 下, 平均流速 v 与外加驱动力幅度 A 的关系 $v(A)$

对于不同幅度的外加驱动力, 图 4-2-27 给出了平均流速 v 与阶数 α 的变化关系曲线. 在外加驱动力强度较弱时 $(A = 0,1)$, 小周期力不足以使得单个粒子跃过势垒, 粒子只能在单个势阱内徘徊, 即使较强的记忆性能致使历史速度对当前阻尼力贡献增加, 但也不足以使粒子反向跃过势垒形成定向输运流.

在受到较强的外加驱动力时, 周期力致使单个粒子跃过势垒. 若系统的记忆性较差, 即阶数 $\alpha \to 1$, 存在正的定向流出现; 但当 $\alpha \to \alpha_0 (\alpha_0$ 为 $v(\alpha)$ 与横坐标交点所对应的阶数, 如图 4-2-27), 系统记忆性的增强导致粒子运动的阻尼力增大, 阻碍了粒子的定向运动, 平均流速 v 开始减小并趋于 0; 随着阶数 α 继续下降, 阻尼力促使粒子反向跃过势垒, 出现定向输运反向流, 并在负方向上出现共振峰. 对于不同幅度的外加驱动力, 当外加驱动力幅度 $A = 5$ 时, 存在较大的正向平均流速, 同样验证了图 4-2-26 的结论, 说明系统在固定阶数时, 存在一个使 Brown 粒子平均流速极大的 A. 并且对于具有较大正向平均流速的 $v(\alpha)$, 要促使系统产生定向输运反向流的阻尼力也应更大, 因此, 系统所需的记忆性也应更强, 即对阻尼力有实质贡献的历史时间要更长, 也就是 $v(\alpha)$ 曲线对应更小的 α_0.

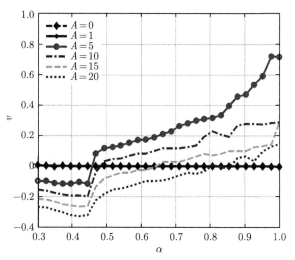

图 4-2-27 不同周期力幅度下, 粒子链平均流速 v 与阶数 α 的关系 $v(\alpha)$

固定外加周期驱动力幅度 $A = 5$ 及噪声强度 $D = 0.5$, 在系统记忆性不同的情况下, 图 4-2-28 给出了 Brown 粒子平均流速 v 与外加驱动力频率 ω 的变化关系曲线. 当驱动力频率 ω 较小时, 系统的记忆性是阻碍粒子定向运动的, 即随阶数的增加, 粒子的平均流速 v 随之减小. 从图 4-2-28 还能发现, 当外加驱动力频率 $\omega = 10$ 时, 在记忆性系统下 Brown 粒子具有相比整数阶系统更大的输运平均流速 v, 这也是与之前分析相一致的.

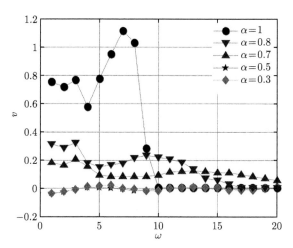

图 4-2-28 平均流速 v 与外加驱动力频率 ω 的关系

对于单粒子的定向输运行为, 本小节主要研究了外加驱动力、系统记忆性、涨落强度对输运状态的影响, 得到以下结论:

(1) 系统的记忆性即系统的阶数, 对粒子的输运方向及输运速度 v 有显著影响, 当其他参数固定时, 系统适当的记忆性将致使粒子出现定向输运反向流;

(2) 当系统记忆性相同时, 平均流速 v 随涨落强度变化的关系曲线 $v(D)$ 表明: 记忆性系统会出现正向或反向广义随机共振现象;

(3) 当系统记忆性相同时, 平均流速 v 随外加驱动力幅度变化的关系曲线 $v(A)$ 表明: 粒子输运平均流速随外加驱动力幅度的增加出现广义共振现象, 并且随系统记忆性增强, $v(A)$ 曲线的极大值减小;

(4) 当外加驱动力频率 ω 较小时, 系统的记忆性阻碍了粒子的定向运动, 当外加驱动力频率较大时, 在记忆性系统下 Brown 粒子具有更大的输运平均流速.

4.2.3.2 系统非对称性对分数阶 Brown 马达输运行为的影响

4.2.3.1 小节主要研究了系统记忆性、涨落强度、外加驱动力对输运性质的影响, 但在过阻尼情况下, 阻尼力还可以理解为 $F(x,t) + \sqrt{2D}\xi(t)$, 其中 $F(x,t)$ 是与系统对称性参数 Δ 是密切相关的, 因此阻尼力不仅与系统记忆性 (即分数阶阶数 α)、外加驱动力幅度 A 和频率 ω 有关, 同时还由对称性参数 Δ 决定 [70].

在 4.2.3.1 小节的基础上, 为了研究典型外加驱动力频率 ω 下不同对称性参数 Δ 对平均流速 v 的影响, 本小节主要选取外加驱动力频率较小情况 (即 $\omega = 1$) 与外加驱动力较频率较大情况 (即 $\omega = 10$) 进行对比研究.

数值仿真计算公式仍采用 4.2.3.1 节分数阶差分法, 其计算公式如 (4.2.25) 式, 仿真参数均固定外加周期驱动力幅度 $A = 5$ 及噪声强度 $D = 0.5$, 本小节主要研究粒子受系统对称性参数 Δ 及系统阶数 α 相互影响所产生的复杂输运行为.

在外加驱动力频率 ω 不同的情况下, 图 4-2-29 给出了 Brown 粒子平均流速 v 与对称性参数 Δ 及系统阶数 α 的关系. 平均流速 v 关于 $\Delta = 0$ 平面是反对称, 这与整数阶情况相同, 但在记忆性系统情况下, 当 $\Delta > 0$ 时, 出现了负向流; 当 $\Delta < 0$ 时, 出现了正向流.

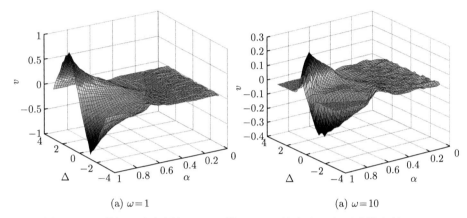

(a) $\omega = 1$ · · · · · · · · · · · · (a) $\omega = 10$

图 4-2-29 外加驱动力频率 ω 不同情况下, 平均流速 v 与对称性参数 Δ 及
系统阶数 α 的关系

针对不同阶数情况, 将平均流速 v 关于对称性参数 Δ 的曲线取出, 得到图 4-2-30. 因为平均流速 v 关于 $\Delta = 0$ 平面是反对称的, 所以后面的研究只讨论了 Δ 大于 0 的情况. 在外加驱动力频率较小时 (即 $\omega = 1$), 当阶数 α 为 1, 0.8, 0.7 的情况下, Brown 粒子平均流速 v 出现了正向上的共振曲线, 即存在某一优化对称性参数 Δ 使系统达到正向极大平均流速, 同时, 随着阶数 α 的下降, 即系统记忆性增加, 粒子运动受到的阻尼力也随之增加, 致使不同阶数所对应的 $v(\Delta)$ 曲线 (平均流速关于对称性参数的曲线) 正向极大值减小, 甚至当阶数达到 0.5 时, 产生了定向输运反向流, 更出现了反向上的共振曲线; 当阶数降低到 0.3 的情况下, Brown 粒子的定向输运现象也随之消失, 因此系统阶数在 0.3—0.5 内存在使得输运速度反向最大的最优阶数, 后面也将详细研究该最优阶数与系统对称性参数的关系.

在外加驱动力频率较大时 (即 $\omega = 10$), 当阶数 α 为 1, 0.8, 0.7 的情况下, 出现了小频率外加驱动力情况下一样的现象 —— 正向上的共振曲线, 但与小频率驱动情况不同的是, 达到正向最大平均流速所对应的对称性参数 Δ 随着阶数 α 的降低反而增加, 并且阶数为 0.8 时所对应的曲线最大值明显大于整数阶情况, 说明当较大驱动力频率 $\omega = 10$ 时, 系统记忆性 ($\alpha = 0.8$) 与系统对称性 ($\Delta = 1$) 共同作用将促使 Brown 粒子产生极大输运平均流速, 即记忆性对粒子输运起到了积极作用. 当 $0 < \Delta < 0.5$ 时, 即系统对称性较弱时, 系统记忆性此时阻碍了粒子的定向输运,

而当 $\Delta > 0.5$ 时, 适当的记忆性可以促进 Brown 粒子定向输运, 这是外加驱动力频率较低时不会发生的. 因此, 系统记忆性对粒子输运速度 v 是促进还是阻碍, 不仅依赖于外加驱动力频率, 还与对称性参数的选取密切相关.

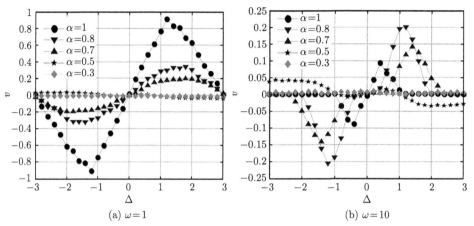

图 4-2-30　在外加驱动力频率 ω 不同情况下, 平均流速 v 与对称性参数 Δ 的关系

在外加驱动力频率 ω 不同情况下, 图 4-2-31 给出了平均流速 v 与系统阶数 α 的关系图. 当外加驱动力频率较小时 (即 $\omega = 1$), 当 $\alpha \to \alpha_0$ (α_0 为 $v(\alpha)$ 与横坐标交点所对应的阶数, 如图 4-2-31(a) 所示) 时, 系统的记忆性增强导致粒子运动的阻尼力增强, 平均流速 v 减小并趋于 0; 随着阶数 α 继续降低, 出现定向输运反向流, 并在负方向上出现一个共振峰值. 在外加驱动力频率较大的情况下 (即 $\omega = 10$), 当 Δ 为 0.5, 1 时, 平均流速 v 随阶数 α 的降低出现了正向上的广义共振曲线; 而 Δ 为 2.6 时, 平均流速 v 出现了反向共振曲线, 说明当对称性参数较大时, 分数阶阻尼力使得粒子输运反向.

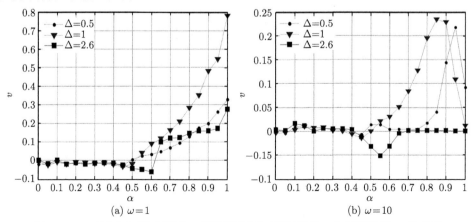

图 4-2-31　在外加驱动力频率 ω 不同情况下, 平均流速 v 与系统阶数 α 的关系

选取外加驱动力频率 $\omega = 10$, 图 4-2-32 给出了对称性参数 Δ 分别为 1 和 2.6 时, Brown 粒子平均位移的时间演化. 可以看出, 当 $\Delta = 1$, Brown 粒子在阶数 $\alpha = 0.85$ 时具有正的最大流速; 当 $\Delta = 2.6$, Brown 粒子在阶数 $\alpha = 0.55$ 时具有负的最大流速.

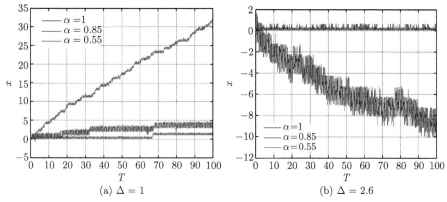

图 4-2-32   在对称性参数 Δ 不同的情况下, 粒子平均位移随时间的演化

图 4-2-33 给出了在对称性参数 Δ 不同的情况下, Brown 粒子平均流速 v 与系统阶数 α 的关系图. 随着阶数 α 递减, 粒子平均流速反向时 (即 $v(\alpha)$ 曲线从正值变为负值时) 所对应的阶数 α 及负向共振时所对应的阶数 α 只与对称性参数 Δ 有关, 与外加驱动力频率 ω 是无关联的, 而 ω 却以确定的方式影响 $v(\alpha)$ 曲线的形状. 当 $\Delta = 1$ 时, 若外加驱动力频率小于 5, $v(\alpha)$ 随着 α 的降低而单调递减并最终反向, 并出现负向共振, 此时记忆性阻碍了粒子的定向输运行为; 若外加驱动力频率大于 10, 随着 α 的降低, 平均流速 v 先出现正向共振, 再出现负向共振. 而当 $\Delta = 2.6$ 时, 只要外加驱动力频率小于 2, 记忆性便开始阻碍粒子运动, $v(\alpha)$ 曲线随着阶数 α 的降低而单调递减并最终反向, 再出现负向共振; 当外加驱动力频率为 5 时, 随着 α 的降低, 输运速度 v 先出现正向共振, 再负向共振; 当外加驱动力频率大于 10

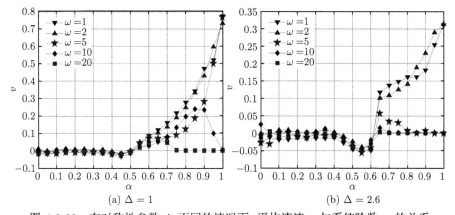

图 4-2-33   在对称性参数 Δ 不同的情况下, 平均流速 v 与系统阶数 α 的关系

时, 平均流速 v 随着阶数 α 的降低只出现负向共振.

图 4-2-34、图 4-2-35 分别给出了在外加驱动力频率 ω 不同的条件下, 反向后最大平均流速 v 及反向后最大平均流速所对应阶数 α 与对称性参数 Δ 的关系, 从图 4-2-34 中观察到, 随着对称性参数 Δ 的增加, 粒子具有更大的反向输运平均流速 v, 并且所对应的系统阶数 α 随对称性参数 Δ 的变换单调增加, 不同频率 ω 所对应的曲线相互重叠, 即负向共振时所对应的阶数与外加驱动力频率 ω 是无关联的, 与之前的结论相同.

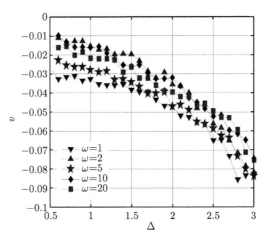

图 4-2-34   反向后最大平均流速 v 与对称性参数 Δ 的关系

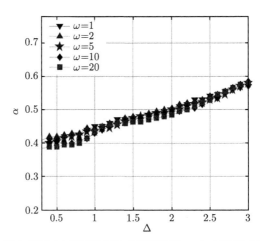

图 4-2-35   反向后最大平均流速所对应的阶数 α 与对称性参数 Δ 的关系

本小节主要研究了 Brown 粒子在记忆性参数 α、对称性参数 Δ 及其他参数相互作用下产生的复杂输运现象. 可得到如下结论:

(1) 在固定外加驱动力幅度 A 及噪声强度 D 的情况下, 首先通过对对称性参数–平均流速曲线 $v(\Delta)$ 的研究, 观察到 Brown 粒子平均流速 v 无论整数阶情况还是分数阶情况均关于 $\Delta = 0$ 是反对称. 当受到小频率的外加驱动力激励时, 随着阶数 α 降低, 对称性参数–平均流速曲线 $v(\Delta)$ 所对应的正向最大流速相应下降. 然而, 当受到较高频率的外加驱动力激励时, 适当的阶数 α 更有利于粒子的输运, 此时, 记忆性对粒子输运起到了积极作用, 并且不同记忆性系统所达到正向最大平均流速所对应的对称性参数 Δ 是不同的.

(2) 针对不同的外加驱动力频率 ω, 对反向后最大平均流速 v 所对应阶数 α 与对称性参数 Δ 的关系进行了详细研究, 发现 Brown 粒子形成定向输运反向流与其系统记忆性及对称性参数密切相关, 反向后最大平均流速所对应的阶数 α 随对称性参数 Δ 的增加而单调递增. 最后通过对阶数–平均流速曲线 $v(\alpha)$ 的研究, 发现外加驱动力频率 ω 只以确定的方式影响曲线的形状, 即在小频率 ω 的外加驱动力作用下, 记忆性通常阻碍粒子的输运行为, 当记忆性达到一定值后反向, 并在负向上形成广义共振峰, 而受到较高频率 ω 的外加驱动力作用是, 阶数 α 的下降可以促使 $v(\alpha)$ 曲线只存在负向共振或者先产生正向共振, 然后再形成负向共振.

4.2.4 时间非对称外力驱动分数阶 Brown 马达的定向输运

本小节主要关注外力作用下分数阶 Brown 马达系统的复杂输运现象, 选取时间平均为零且在两值间变化的周期非对称力作为外部驱动力 [72].

1. 模型

考虑作用于系统上的外力总效果为零时产生定向输运的可能性. 在分数阶过阻尼 Langevin 方程 (4.2.28) 中选取 $F(t)$[26] ((4.2.29) 式, 图 4-2-36) 作为外部驱动力:

$$\,^{C}_{0}D^{p}_{t}x(t) = F(x,t) + \sqrt{2D}\xi(t), \qquad (4.2.28)$$

$$F(t) = \begin{cases} F_{+}, & t \in [nT_{1}, nT_{1}+t_{0}), \\ -F_{-}, & t \in [nT_{1}+t_{0}, (n+1)T_{1}), \end{cases} \quad n \in \mathbb{Z}, \qquad (4.2.29)$$

其中, T_{1} 为外力的周期, F_{+}, F_{-} 为外力幅度, 取值为常数且满足: $F_{-} = \dfrac{1-\lambda}{1+\lambda}F_{+}$, $t_{0} = \dfrac{1-\delta}{2}T_{1}, \delta \in (0,1)$ 为度量 $F(t)$ 非对称性的一个指标, 例如若固定 F_{+} 的取值, 则 δ 越大 (小于 1), F_{-} 的值越小, 外力的正、负方向的幅度相差越大, 此时外力时间非对称性越强. 特别地, $\delta = 0$ 时 $F(t)$ 退化为对称外力. 以下均统称 δ 为非对称因子.

由 (4.2.29) 式及图 4-2-36 容易得到, $F(t)$ 是周期的:

$$F(t+T_{1}) = F(t),$$

满足时间非对称性:

$$F(t) \neq F(-t), \quad F\left(t \pm \frac{T_1}{2}\right) \neq -F(t),$$

且一个周期内时间平均作用力为零, 即

$$\int_{t}^{t+T_1} F(t')\,\mathrm{d}t = 0,$$

称这样的力为时间非对称的确定性周期力.

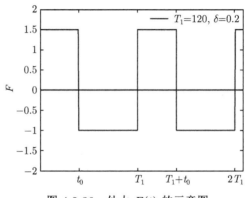

图 4-2-36   外力 $F(t)$ 的示意图

对于典型的非平衡耗散系统, 作为内部条件的势函数的存在是不可或缺的, 这里在不影响问题本质的情况下, 选取余弦函数 $V(x) = d\sin(x)$ 作为对称周期势场函数 (图 4-2-37), 其中 d 为势垒高度, 则势场函数的导数数值上即为粒子所受的势场力: $f(x) \triangleq -\dfrac{\mathrm{d}V(x)}{\mathrm{d}x} = -d\sin(x)$, 负号代表粒子运动方向.

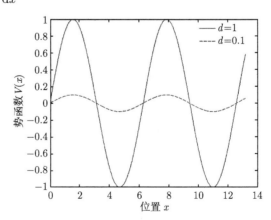

图 4-2-37   不同势垒高度下对称周期势函数示意图

此时, 方程 (4.2.28) 中的系统所受外力 $F(x, t) = -d\sin(x) + F(t)$, 即势场力与外部周期力之和. 于是, 可得到在对称周期势场下, 周期性时间非对称外力驱动的分数阶过阻尼 Brown 马达输运模型为

$$^C_0 D^p_t x(t) = -d\sin x + F(t) + \sqrt{2D}\xi(t), \qquad (4.2.30)$$

其中, $F(t) = \begin{cases} F_+, & t \in [nT_1 + t_0, (n+1)T_1), \\ -F_-, & t \in [nT_1 + t_0, (n+1)T_1), \end{cases}$ $n \in \mathbb{Z}$, D 为噪声强度, $\xi(t)$ 为零均值 Gauss 白噪声, 即满足: $\langle\xi(t)\rangle = 0, \langle\xi(t)\xi(s)\rangle = \delta(t - s)$.

2. 数值仿真与讨论

本小节仍考虑将模型转化为离散模型, 利用分数阶差分法 [57] 数值模拟 (4.2.30), 其数值计算公式为

$$x(t_j) = -\sum_{i=1}^{j-1} (-1)^i \begin{pmatrix} p \\ i \end{pmatrix} x(t_{j-i}) + h^p \left[-d\sin(x_{j-1}) + F(t_j) + \sqrt{2D}\xi(t_{j-1})\right],$$
$$(4.2.31)$$

其中, h 为采样步长. $t_j = (j-1)h, j = 1, 2, \cdots, n; \begin{pmatrix} p \\ i \end{pmatrix} = \dfrac{\Gamma(p+1)}{\Gamma(p-i+1)i!}, i = 1, 2, \cdots, j-1$. 系统的平均流速 v 定义为

$$v = \left\langle \lim_{t\to\infty} \frac{x(t) - x(t_0)}{t - t_0} \right\rangle,$$

其中, t_0, t 分别代表输运过程的初始时刻和终止时刻时间, $\langle\cdot\rangle$ 代表多次求平均. 用

$$J \approx \frac{1}{N} \sum_{i=1}^{N} \frac{x(T) - x(t_0)}{T - t_0}$$

模拟平均流速, 其中, N 为仿真次数, T 为仿真总时间. 若无特别说明, 本小节仿真中参数取值如下: $N = 100, T = 700, d = 1.3, \delta = 1/2, F_+ = 1.5, T_1 = 120, D = 0.1$. 为方便计算, 所有物理量已作无量纲化处理.

本小节主要讨论当系统参数适当匹配时出现宏观上可观测的非零定向流的可能性. 图 4-2-38(a) 显示了不同势垒高度下 Brown 马达的长时平均运动曲线, 可以发现周期的非对称驱动外力使得粒子始终处于非平衡状态, 在周期空间势场的协作与竞争下模型发生对称破缺, 从而使得 Brown 马达越过势垒, 形成宏观上可观测的稳定非零流. 特别地, 势垒高度 $d = 0$ 时, 定向流 $J = 0$, 即仅有时间非对称的外力不足以引起模型定向流的出现; 当势垒高度较高, 即 $d \gg 1$ 时, Brown 马达无法越过势垒而被钉扎, 此时系统定向流仍为零 $J = 0$; 研究发现流和势垒高度并不满足单调关系, 例如, 当 d 取 0.9 和 1.3 时的定向流比 d 取 0.5 和 1.5 时大, 这暗示

着两者之间具有复杂的关系. 图 4-2-38(b) 给出了模型定向流对势垒高度的依赖性,
这里外力非对称因子分别等于 1/3, 1/5, 1/2. 当势垒太低时 Brown 马达双向跨越
势垒, 而势垒过高时 Brown 马达几乎无法从任何方向越过势垒, 由于噪声的无偏性
和外力的零均值性, 这两种情况下都无法产生稳定的定向流; 而对于适中的势垒高
度, 势垒对马达的适当阻碍作用使得其较容易从非对称外力较强的方向越过势垒,
从而使得时间非对称外力两个方向上对 Brown 马达驱动的差异表现出来, 从而形
成定向的粒子流.

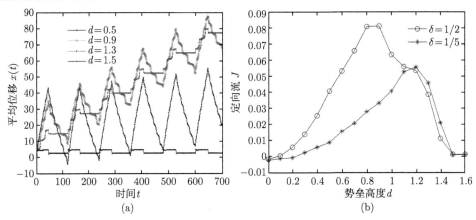

图 4-2-38　系统定向输运与势垒高度的关系. (a) 不同势垒高度下 d 平均位移 $x(t)$ 随时间演
化过程; (b) 不同非对称外力因子 δ 下 Brown 马达定向流 J 与势垒高度 d 的关系

　　既然本模型中时间非对称外力的影响不可忽视甚至起着决定性的作用, 接下来
将具体分析其对模型定向流的影响, 仿真结果如图 4-2-39 所示, 这里分数阶阶数分
别为 0.67, 0.88, 0.95, 势垒高度 $d = 1.0$. 易见在对称周期势场下, 当 $\delta = 0$, 即外力时
间对称时, 模型始终处于对称状态, Brown 马达受到实际有效力为零, 从而无法越过

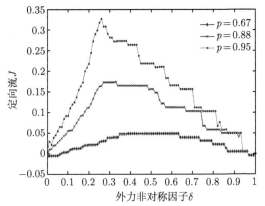

图 4-2-39　不同分数阶阶数下定向流与外力非对称因子的关系

势垒产生定可观测的稳定非零流, 而当 $\delta \to 1$ 时, $t_0 \to 0$, 这意味着正向的力虽然作用于系统, 但时间太短同样不能使得 Brown 马达越过势垒, 在无偏噪声的作用下模型的定向流将减弱; 除去上述两种极端情况, 发现系统正负两个方向其实都有定向流的产生, 但宏观上整体是单向的, 且与外力时间破缺的方向一致. 因此, 模型的定向流对外力非对称因子的依赖仍表现为单峰函数.

图 4-2-40 显示了模型定向流对噪声强度 D 的依赖性, 此时, 分数阶阶数分别为 $0.71, 0.88, 1, d = 1.5$. 易见, 较小或较大的噪声强度都不利于粒子的定向运动, 这是因为在对称周期势下, 较小的噪声对 Brown 马达的驱动在两个方向上的差异难以使得马达从较弱的驱动的方向越过势垒产生非零流, 而较大的噪声使得粒子的运动更趋于无规律的扩散, 从而使得模型的定向流减弱; 而在适当的噪声强度调制下, 噪声对于模型定向流的出现起着积极的作用, 系统定向流反映了粒子所处势场力与时间对称破缺外力协同竞争的结果. 因此, 模型的定向流对噪声强度的依赖表现为单峰函数.

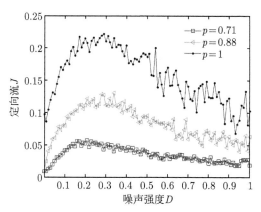

图 4-2-40 不同分数阶阶数下定向流与噪声强度的关系

最后考虑模型的定向流与分数阶阶数的关系, 这里的势垒高度分别为 $0.5, 0.9, 1.25, 1.5$, 结果如图 4-2-41 所示. 由图 4-2-41 可知, 在各势垒高度情形下, 定向流 J 对分数阶阶数 p 的依赖性是单调函数, 这从数值模拟角度证实分数阶 p 可以很好地刻画非均匀介质的幂率记忆性, 即随着分数阶阶数的增大, 马达所处环境更接近理想的均匀介质, 系统记忆性减弱, 所受阻尼作用随之减小, 从而定向流随着分数阶阶数的增大而单调增大.

数值模拟结果表明: 首先, 对称周期势下, 时间对称破缺的外力作用于过阻尼系统, 即使没有噪声, 模型在参数的适当匹配下仍能出现定向流; 其次, 除了分数阶阶数外, 其他参数对模型定向流的影响都表现为非单调关系, 即出现了广义随机共振现象; 最后, 即使在缺乏空间非对称、模型所受外力总效果为零的情形下, 模型仍然可已出现丰富多样的输运现象, 因而时间对称破缺外力已足以引起模型的定向输运.

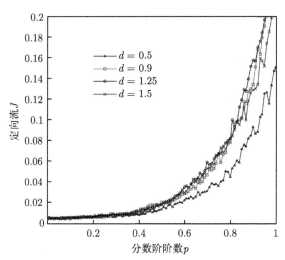

图 4-2-41   不同势垒高度下定向流与分数阶阶数的关系

4.2.5   双频驱动下分数阶过阻尼马达在空间对称势中的定向输运

由于周期势中的定向输运现象在输运控制、细小颗粒分离及分子泵等问题中均有广阔的应用前景, 而以双频信号作为输入的系统在物理、工程、医学和生物等领域具有十分普遍的应用, 因此双频简谐激励下 Brown 马达的定向输运问题引起了学者们的广泛关注. 目前大多数研究中, 分数阶阻尼阶数的讨论范围并未统一, 分为基于介质阻尼对速度的幂律记忆而提出的范围 $p \in (0,1)$[60,73-75] 和基于可用于描述 Stokes 第二问题的分数阶 Torvik-Bagley 方程 ($p = 1.5$) 而设定的范围 $p \in (1,2)$[76-78] 两大类, 对于第二类范围的研究则主要集中于相关领域的数学理论分析及数值算法, 还有部分文献直接将阶数范围取为 $(0,2)$ 对相关分数阶系统进行研究而并未涉及具体物理意义. 基于此, 本节从阻尼对历史加速度记忆的角度出发, 解释了阶数 $p \in (0,2)$ 的物理意义, 并具体分析了阶数对阻尼记忆特性的影响机理.

1. 分数阶阻尼

在很多物理和生化环境中, 粒子受到的具有幂律记忆性的阻尼力为 [73]

$$F_d = \frac{1}{\Gamma(1-p)} \int_0^t (t-\tau)^{-p} \dot{x}(\tau) d\tau, \quad 0 < p < 1, \tag{4.2.32}$$

而根据 Caputo 分数阶导数的定义 [57]

$${}_0^C D_t^p x(t) = \frac{1}{\Gamma(n-p)} \int_0^t (t-\tau)^{n-1-p} x^{(n)}(\tau) d\tau, \quad n-1 < p < n, \tag{4.2.33}$$

恰有

$$F_d = {}_0^C D_t^p x(t), \quad 0 < p < 1. \tag{4.2.34}$$

由于速度也可看作对历史加速度的等权记忆, 因此 $0 < p < 1$ 时的阻尼力亦可看作对历史加速度的记忆, 故有

$$F_d = \frac{1}{\Gamma(1-p)} \int_0^t (t-\tau)^{-p} \ddot{x}(\tau) \mathrm{d}\tau = \frac{1}{\Gamma(1-p)} \int_0^t (t-\tau)^{-p} \left(\int_0^\tau \ddot{x}(s) \mathrm{d}s \right) \mathrm{d}\tau$$

$$= \frac{1}{\Gamma(2-p)} \int_0^t \ddot{x}(s)(t-s)^{1-p} \mathrm{d}s, \tag{4.2.35}$$

因此, $0 < p < 1$ 时阻尼力关于加速度的阻尼核函数 $\gamma_a(s)$ 为

$$\gamma_a(s) = \frac{(t-s)^{1-p}}{\Gamma(2-p)}, \quad 0 < p < 1, \tag{4.2.36}$$

其中, t 为当前时刻.

此外, Torvik 于 1984 年在没有引入经验假设的前提下, 通过理论推导发现分数阶阻尼阶数 $p = 1.5$ 的分数阶微分方程, 可以用来描述 Stokes 第二问题, 即无限大平板受平面内方向简谐力驱动所引起的周围纯黏性液体的稳态振荡运动问题[79]. 这充分表明分数阶阶数不仅可用来刻画黏弹性介质的复杂阻尼特性, 在适当参数下还具有描述简单阻尼特性介质中特定物理过程的能力. 由此引发了学者们对于 $p \in (1,2)$ 情况的讨论. 根据 (4.2.33) 式可知, 当 $1 < p < 2$ 时, 关于加速度的幂律阻尼核函数

$$\gamma_a(s) = \frac{1}{\Gamma(2-p)} |t-s|^{1-p}, \quad 1 < p < 2. \tag{4.2.37}$$

综上, 对于 $p \in (0,2)$ 的分数阶阻尼可统一看作对历史加速度的记忆, 相应的阻尼核函数为

$$\gamma_a(s) = \frac{1}{\Gamma(2-p)} |t-s|^{1-p}, \quad 0 < p < 2. \tag{4.2.38}$$

当 $0 < p < 1$ 时, 距离当前时刻 t 越近的加速度对当前时刻阻尼的贡献越小; 当 $p = 1$ 时, 对历史加速度为等权记忆; 当 $1 < p < 2$ 时, 距离当前时刻 t 越近的加速度对当前时刻阻尼的贡献越大. 图 4-2-42 给出了当前时刻 $t = 10\mathrm{s}$ 时阻尼核函数 $\gamma_a(s)$ 随历史时刻 s 的变化.

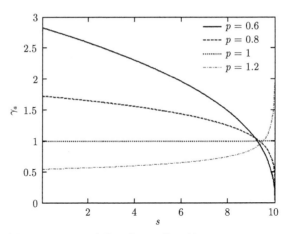

图 4-2-42   不同阶数下的阻尼核函数 $\gamma_a(s)$ $(t = 10$ s$)$

2. 模型

双频简谐激励下分数阶过阻尼分子马达在空间对称势中输运模型为

$$\frac{\mathrm{d}^p x}{\mathrm{d}t^p} + V_0 \sin(x) = E_1 \cos(\omega_1 t) + E_2 \cos(\omega_2 t), \tag{4.2.39}$$

其中 p 为分数阶阶数且 $0 < p < 2$, E_1 和 E_2 分别为双频简谐激励的振幅且不同时为零, ω_1 和 ω_2 分别为双频简谐激励的频率, V_0 为空间势深.

3. 输运机理分析

双频驱动力使得粒子始终处于非平衡状态, 当 ω_2 是 ω_1 的有理数倍时, 双频外驱动力是周期函数, 在一个周期内外力的均值为零, 但在 $\omega_1 \neq \omega_2$ 时双频叠加使得正负极值不相等, $\hat{S}_a$ 对称性发生破缺 [26,36], 与空间势场力的竞争引发定向输运.

图 4-2-43(a) 和 (b) 分别为参数取为 $E_1 = 10, E_2 = 5, \omega_1 = 1, \omega_2 = 2$ 和 $E_1 = 10, E_2 = 5, \omega_1 = 1, \omega_2 = 2.5$ 时外驱动力 $E = E_1 \cos(\omega_1 t) + E_2 \cos(\omega_2 t)$ 和粒子位移随时间的演化图, 分数阶阶数 $p = 1$, 势深 $V_0 = 10$, 图中黑虚线表示空间势垒位置, 黑实线表示空间势阱位置. 从图 4-2-43 中可以看到在外力达到最值时粒子在外力的协助下翻越势垒发生跃迁, 外力引发系统 $\hat{S}_a$ 对称破缺导致粒子左右翻越势垒的能力不同 (图 4-2-43(a)) 或翻越次数不同 (图 4-2-43(b)), 导致定向输运.

当 ω_2 是 ω_1 的无理数倍时, 双频简谐驱动力 E 不是周期函数, 但由于无理数可用有理数逼近, 因此在一段时间内, 可用某周期函数作为 E 的逼近, 利用有理数情形理论进行分析.

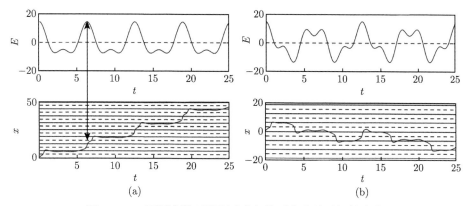

图 4-2-43 不同参数下外驱动力与粒子位移随时间的演化.

(a) $E_1 = 10, E_2 = 5, \omega_1 = 1, \omega_2 = 2$; (b) $E_1 = 10, E_2 = 5, \omega_1 = 1, \omega_2 = 2.5$

4. 数值仿真与讨论

本节采用分数阶差分法对方程 (4.2.39) 进行数值求解 [57], 计算公式为

$$x\left(t_j\right) = h^p\left[-V_0 \sin x\left(t_{j-1}\right) + E_1 \cos\left(\omega_1 t_i\right) + E_2 \cos\left(\omega_2 t_i\right)\right] - \sum_{i=1}^{j-1}(-1)^i \begin{pmatrix} p \\ i \end{pmatrix} x\left(t_{j-i}\right),$$

$$(4.2.40)$$

其中 h 为采样步长, $t_{j-1} = (j-1)h$, $j = 1, \cdots, n$, $\begin{pmatrix} p \\ i \end{pmatrix} = \dfrac{\Gamma(p+1)}{\Gamma(p-i+1)}$. 并选用分子马达的平均速度来描述定向输运现象:

$$\bar{v} = \lim_{t \to \infty} \frac{x(t) - x(t_0)}{t - t_0}, \tag{4.2.41}$$

其中, t 与 t_0 分别表示仿真开始和结束时刻. 由于实际仿真时长 T 有限, 当 T 取得足够大使得分子马达已经达到稳定的输运状态时, 上式可用有限的 T 来近似, 即

$$\bar{v} \approx \frac{x(T) - x(t_0)}{T - t_0}. \tag{4.2.42}$$

由于仿真过程会分析不同的简谐激励频率对输运速度的影响, 若仿真时长 T 取为固定, 则当粒子所受的简谐激励力频率发生变化时, 粒子在仿真时间内所受简谐激励力的周期数不一致, 这会导致某些参数下粒子在仿真结束时尚未达到稳定的输运状态. 为避免该问题, 将仿真时长 T 取为简谐激励力周期的函数, 不妨取为第一个简谐激励力周期 T_1 的 n 倍, 来比较 $0 \sim nT_1$ 时间段内粒子的平均输运速度, 即

$$\bar{v} \approx \frac{x(nT_1) - x(t_0)}{nT_1 - t_0}. \tag{4.2.43}$$

实际仿真中 n 取为 30, 方程求解中的采样步长 h 取为 $\dfrac{1}{200\omega_1}$.

1) 定向输运速度与空间势深的关系

将双频驱动力选定为 $E = 10\cos(t) + 5\cos(2t)$, 分析输运速度 $\bar{v}$ 与势深 V_0 的依赖关系, 仿真结果如图 4-2-44 所示. 当 V_0 很小或很大时在任何 p 值下均无输运现象, 输运速度 $\bar{v}$ 随着 V_0 的增大出现了广义共振现象且某些阶数下输运速度出现阶梯状变化. 这是因为势深很小时, 粒子在外力驱动下能够无障碍地来回翻越势垒, 粒子做周期运动, 无定向输运现象; 当势深逐渐增加到能够阻碍粒子的运动时, 由于外力的 $\hat{E}_{sh}$ 对称性缺失 [26,36], 粒子会产生定向输运, 势深的大小决定了单次跃迁翻越的势垒数, 由于粒子跃迁时间很短, 跃迁后停留在势阱中, 故粒子的位移总是空间势周期的整数倍, 导致输运速度呈阶梯状变化, 而对于阻尼记忆较强的情况, 粒子在外力作用下并非每次都能成功跃迁, 降低了输运速度, 阶梯状变化消失; 当势深过大时, 粒子被束缚在势阱附近而无法翻越势垒, 粒子将在稳定点附近做周期运动, 也无定向输运. 而对于固定的势深 V_0, 输运速度随阶数 p 的增加而增大.

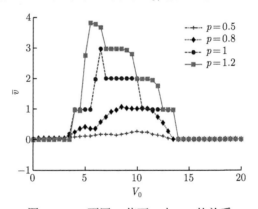

图 4-2-44 不同 p 值下 $\bar{v}$ 与 V_0 的关系

2) 定向输运速度与外驱动力频率的关系

保持外驱动力在周期内的波形不变来分析外驱动力的频率对输运速度的影响. 令 $E = 10\cos(\omega_0 t) + 5\cos(2\omega_0 t)$, 此时外驱动力的频率为 ω_0, 在不同的 ω_0 下比较粒子输运速度. 仿真中势深 $V_0 = 10$, 仿真结果如图 4-2-45 所示. 从图 4-2-25 中可以看到, 当 ω_0 很大时输运现象消失. 这是由于若 ω_0 比较小, 外力振荡导致 $\hat{S}_a$ 对称性破缺, 引发定向输运. 当 ω_0 增大到一定程度后, 外力振荡频率十分快速, 使得粒子在一个势场周期内经历多个周期的外力, 粒子尚未翻越势垒就已经反向, 定向输运现象消失. 图 4-2-25 还表明存在输运现象时, 某些分数阶阶数下的输运速度与外力频率 ω_0 存在正比例关系, 为进一步分析, 在图 4-2-46 中给出了阶数 $p = 1$ 和 $p = 0.8$ 的情况中不同 ω_0 下粒子位移随时间的演化. 可以得出以下结论: 对于阻尼记忆性不太强的情况 (如 $p = 1$ 和 $p = 1.2$), 粒子在外力达到极值时翻越势垒后, 之后便停留在势阱内等待下一跃迁, 而翻越势垒所用时间远远小于势阱中的停留时间 (图 4-2-46 (a)), 故粒子在势阱停留的时间与 ω_0 近似呈反比例关系, 平均速度因而线性增加. 但对于阻尼力记忆性较强的情况 (如 $p = 0.8, p = 0.5$), 历史加速度的强记忆阻碍了粒子的跃迁, 粒子成功跃迁的次数减少 (图 4-2-46 (b)), 平均速度减小, 线性关系消失 (图 4-2-45).

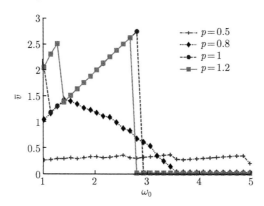

图 4-2-45　不同 p 值下 $\bar{v}$ 与 ω_0 的关系

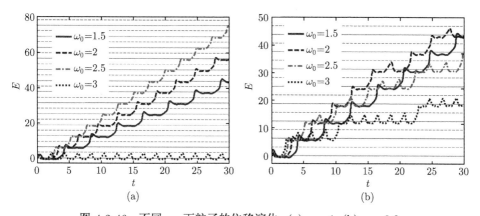

图 4-2-46　不同 ω_0 下粒子的位移演化. (a) $p = 1$; (b) $p = 0.8$

3) 定向输运速度与外驱动力波形的关系

为分析不同的外驱动力波形对定向输运的影响, 将外力取为 $E = 10\cos(t) + 5\cos(2\omega_2 t)$, 分析输运速度与 ω_2 的关系. 如图 4-2-47 所示. 从图中可以看出, 当 $\omega_2 = 0$ 时, $E = 10\cos(t) + 5$, 外力关于时间的均值不等于零, 因此是单方向偏置力, E_1, E_2 及 V_0 取适当值时粒子会发生定向输运; 随着 ω_2 的增加, E 出现振荡且引发系统 $\hat{S}_a$ 对称性破缺, 导致输运现象产生. 定向输运速度及方向对外力波形十分敏感;

当 ω_2 很大时, 外力对粒子的作用主要体现在低频 $E_1 \cos(\omega_1 t)$ 上, 而单频简谐激励的对称性使得粒子从正负方向翻越势垒的能力相同, 故此时不存在定向输运现象.

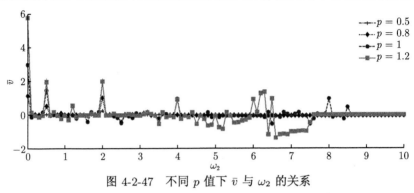

图 4-2-47   不同 p 值下 $\bar{v}$ 与 ω_2 的关系

4) 定向输运速度与分数阶阶数的关系

将粒子位移、速度和分数阶阻尼力进行对比来分析分数阶阶数对输运现象的影响, 图 4-2-48~图 4-2-51 分别是不同外驱动力下的仿真结果, 其中图 4-2-48 和图 4-2-50 中的黑实线表示空间对称势的势阱, 而黑虚线表示空间对称势的势垒.

图 4-2-48 给出了 $\omega_2 = 2$ 时不同阶数下粒子位移随时间的演化, 图 4-2-49(a) 和 (b) 分别给出了阶数 $p = 1$ 和 $p = 0.5$ 时在时间段 $30 \sim 40\mathrm{s}$ 粒子位移、阻尼力和外驱动力变化的对应关系. 当外力达到正极值时, 粒子在外力作用下翻越势垒发生跃迁. 对于阶数 $p = 0.8$, $p = 1$ 和 $p = 1.2$ 的情况, 在外力达到下一个正极值前, 粒子无力反向跃迁而停留在势阱周围, 粒子的单向跃迁引发了定向输运现象; 对于 $p = 0.5$ 的情况, 粒子出现反向跃迁, 因而降低了整体输运速度. 这是因为当分数阶阶数较小时, 对历史加速度的记忆较强, 粒子正向跃迁时受到的介质阻尼力衰减较慢, 粒子正向跃迁的能力受到抑制 (如 $p = 0.8$); 当外力达到负极值时, 若阻尼力仍未衰减至零, 则会与反向的外力叠加, 从而促进了粒子的反向跃迁 (如 $p = 0.5$).

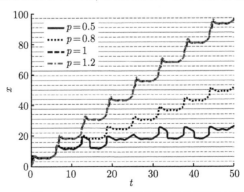

图 4-2-48   当 $\omega_2 = 2$ 时不同阶数下粒子位移随时间的演化

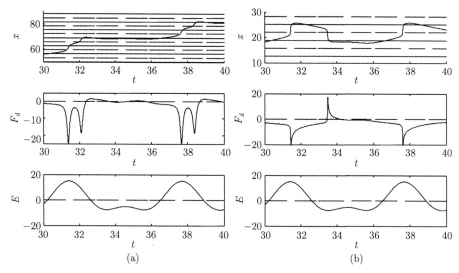

图 4-2-49 当 $\omega_2 = 2$ 时粒子位移、阻尼力外驱动力随时间的演化. (a) $p = 1$; (b) $p = 0.5$

图 4-2-50 给出了 $\omega_2 = 2.5$ 时不同阶数下粒子位移随时间的演化, 当 $p = 0.5$ 和 $p = 1.2$ 时, 粒子均无定向输运现象; $p = 0.8$ 和 $p = 1$ 时粒子发生输运. 图 4-2-51 (a), (b) 和 (c) 分别给出了阶数 $p = 0.5$, $p = 1$ 和 $p = 1.2$ 时在时间段 30s ~ 50s 粒子位移、阻尼力和外驱动力的变化. 由于 $\omega_2 = 2.5$ 时对应的外驱动力在周期内有两处负的最大值点和一个正的最大值点, 且正负最值的大小差别很小, 粒子在这些点处均能发生跃迁; 当 $p = 0.8$ 和 $p = 1$ 时, 粒子在外力周期内正向跃迁一次而反向跃迁两次, 导致了定向输运现象 (图 4-2-51(b)). 当阶数很小时, 阻尼力对历史加速度的记忆很强, 前次跃迁积累下的阻尼力促进了下一次的反向跃迁 (图 4-2-51(a)); 当阶数很大时, 粒子对加速度的差记忆使得粒子具有很强的灵动性 (图 4-2-51(c)); 这两种情况下粒子在周期内的正反跃迁次数相同, 无输运现象.

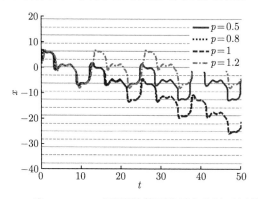

图 4-2-50 当 $\omega_2 = 2.5$ 时不同阶数下粒子位移随时间的演化

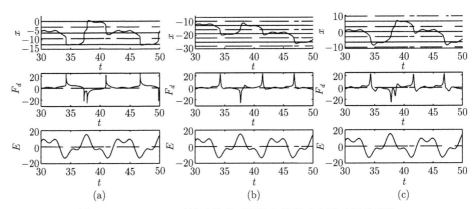

图 4-2-51　$\omega_2 = 2$ 时粒子位移、阻尼力外驱动力随时间的演化.

(a) $p = 0.5$; (b) $p = 1$; (c) $p = 1.2$

综上分析, 输运速度及方向对外力波形十分敏感, 在某些外力波形下, 阻尼的记忆性甚至可以促进粒子的反向跃迁, 从而诱发丰富的输运现象.

4.3　二维非对称周期时移波状通道中的粒子定向输运

4.1 节和 4.2 节主要介绍了一维单个分数阶 Brown 马达无边界情形的定向输运问题, 本节将讨论二维情况下非对称周期时移波状通道中的单粒子输运问题. 目前大部分关于通道中粒子的输运问题是在静态边界的情形下研究的, 而时变通道在实际情况中却更广泛地存在: 在生物方面, 已有研究发现很多情形下构成通道的蛋白分子 (通道蛋白) 的内在自由度是引发粒子定向输运的必要条件 [80]; 在物理方面, 通道自身的运动引起处于其内部的粒子定向输运更是始终被赋予重大关注的问题 [80]. 时变通道中的粒子输运问题的研究显然具有重要价值和意义. 因此, 本节建立二维非对称周期时移波状通道中粒子定向输运系统的数学模型, 分析该模型的输运机理, 利用数值仿真算法讨论输运速度与通道参数及噪声强度的关系.

1. 数学模型

二维 Brown 粒子的过阻尼定向输运数学模型可由如下 Langevin 方程表出:

$$\begin{cases} \gamma \dot{x}(t) = \xi_x(t), \\ \gamma \dot{y}(t) = \xi_y(t), \end{cases} \tag{4.3.1}$$

其中, x, y 分别表示二维空间位置坐标, t 表示时间, ξ_x, ξ_y 分别表示粒子在 x 和 y 方向所受的 Gauss 白噪声, 均值均为零, 相关函数满足 $\langle \xi_i(t) \xi_j(t') \rangle = 2\delta_{ij}(t - t')$, $i, j = x, y$, γ 为阻尼系数.

二维周期时移波状通道的上边界 $B_1(x,t)$ 和下边界 $B_2(x,t)$ 的表达式如下:

$$\begin{cases} B_1(x,t) = \sin\left[\omega\left[x + m(t)\right]\right] + b, \\ B_2(x,t) = -\sin\left[\omega\left[x + m(t)\right]\right] - b, \end{cases} \tag{4.3.2}$$

其中, ω 表示通道的空间周期, b 表示通道横截面最窄处的半宽度,

$$m(t) = a\left[\sin(2\pi ft) + \frac{\delta}{4}\sin(4\pi ft)\right]$$

表示通道时移规律, a, δ, f 分别表示通道的时移参数. 具体来说, a 控制通道边界在 x 轴单方向移动的最大距离, δ 控制通道在 x 轴正向移动的对称程度, f 表示通道移动频率. 当粒子与通道边界发生作用时, 假定粒子关于边界沿镜面反射方向被反弹, 运动速率不变.

满足 (4.3.2) 式的通道在任意固定时刻下均具有空间对称性质, 在时变周期驱动力下沿 x 轴方向做周期运动. $t = 0$ 时的二维波状空间对称通道如图 4-3-1 所示. 图 4-3-2 给出了通道中初始时刻 $t = 0$ 时处于 $x = 0$ 的点 (即 $x(0) = 0$ 的点) 在不同时移规律 $m(t)$ 下其 x 坐标随时间的变化情况. 从图 4-3-2 可见, 当 $\delta = 0$ 时通道沿 x 轴正向与负向的移动情况完全一致, 当 $\delta \neq 0$ 时通道的正负向运动规律不一致: 当 $\delta = 1$ 时通道沿 x 轴正向移动的时间比沿负向移动的时间短, 反之亦然. 但任何情况下通道在周期整数倍时间内的移动位移始终为零, 即通道做无偏时移运动.

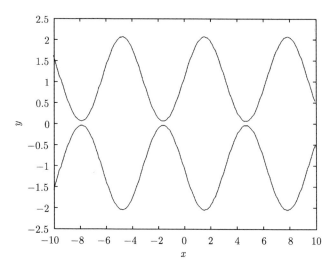

图 4-3-1　$t = 0$ 的二维波状对称通道示意图

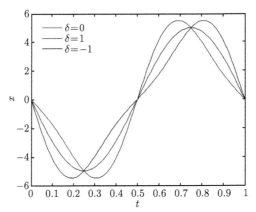

图 4-3-2 $x(0) = 0$ 点 x 轴位置坐标随时间的变化

2. 数值仿真与讨论

为研究二维时移波状通道中 Brown 粒子的输运性质, 选用 Brown 粒子的平均速度来描述粒子的运动, 即

$$v = \left\langle \lim_{t \to \infty} \frac{x(t) - x(t_0)}{t - t_0} \right\rangle, \tag{4.3.3}$$

其中, t 和 t_0 分别为终止时刻和初始时刻, $\langle \cdot \rangle$ 为统计平均, 在仿真实验中, 用

$$\frac{1}{N} \sum_{i=1}^{N} \frac{x(T) - x(t_0)}{T - t_0}$$

代替平均速度, 其中 N 为仿真次数, T 为仿真总时间.

1) 输运机理分析

令 $\omega = 1, f = 1, a = 5, D = 10, \gamma = 1$, 图 4-3-3 中粗实线表示 500 次仿真中粒子 x 轴方向平均位移随时间的变化, 细实线表示通道初始时刻最窄处的 x 轴坐标随时间的变化, 虚线表示通道初始时刻最宽处的 x 轴坐标随时间的变化. 通过分析可以

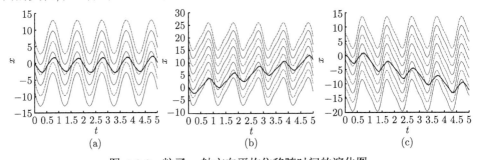

图 4-3-3 粒子 x 轴方向平均位移随时间的演化图.

(a) $\delta = 0$; (b) $\delta = 1$; (c) $\delta = -1$

发现, 当通道 x 轴正 (负) 向移动时, 粒子在通道边界的束缚下, 整体上同样会沿 x 轴正 (负) 向运动. 当 $\delta = 0$ 时, 通道正负方向的移动情况一致, 粒子在通道时移周期内向正负两方向的移动位移基本相同, 整体无输运现象; 当 $\delta = 1$ 时, 系统整体表现为正向输运流; 反之亦然.

图 4-3-4 分别给出了不同对称度 δ 下粒子 x 轴和 y 轴位置随时间变化的概率密度函数 $f_x(x,t)$ 和 $f_y(y,t)$ 的等值图, 横坐标分别表示 x 轴和 y 轴的位置坐标, 纵坐标表示时间, 颜色深浅表示概率密度值. 从图 4-3-4(a)~(c) 中可以看到, 粒子在 x 轴方向的分布随时间而逐渐振荡发散; $\delta = 0$ 时粒子分布始终以 $x = 0$ 为中心做振荡变化, 系统无输运现象; $\delta = 1$ 时粒子分布整体向 x 轴正向移动, 系统出现正向流; $\delta = -1$ 时系统出现负向流. 这与图 4-3-3 的仿真结果是吻合的. 从图 4-3-4(d)~(f) 中可以看到, 粒子在 y 轴方向的位置分布随时间的变化会发生周期性地发散和集中; 在单位振荡周期内, $\delta = 0$ 时的粒子分布会出现两次较高程度的集中, $\delta = 1$ 或 $\delta = -1$ 时的粒子分布只会一次较高程度的集中和两次小程度的集中. 在任意时刻 t, 粒子位置 y 轴坐标的概率密度函数 $f_y(y,t)$ 始终关于 $y = 0$ 对称且在 $y = 0$ 处达到最大值, 故 $f_y(0,t)$ 可以衡量任意时刻粒子分布在 y 轴的集中程度, $f_y(0,t)$ 的值越大, 该时刻粒子在 y 轴的分布越集中, 反之亦然. $y = 0$ 处的概率密度 $f_y(0,t)$ 随时间的变化如图 4-3-5 所示.

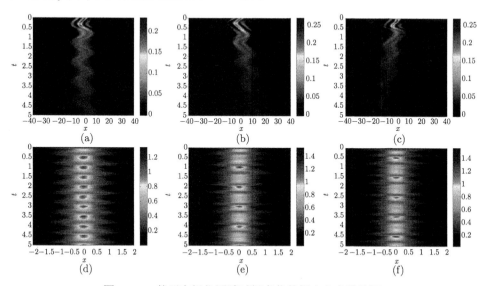

图 4-3-4   粒子空间位置随时间变化的概率密度等值图.

(a) ~ (c) 分别为 $\delta = 0, 1, -1$ 时粒子位置 x 轴概率密度函数 $f_x(x,t)$ 等值图; (d) ~ (f) 分别为
$\delta = 0, 1, -1$ 时粒子位置 y 轴坐标概率密度函数 $f_y(y,t)$ 等值图

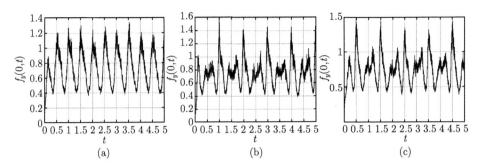

图 4-3-5　粒子位置在 $y = 0$ 处随时间变化的概率密度曲线 $f_y(0, t)$.

(a) $\delta = 0$; (b) $\delta = 1$; (c) $\delta = -1$

图 4-3-6 给出了通道沿 x 轴移动速度 $\dot{m}$ 及其绝对值 $|\dot{m}|$ 随时间的变化规律. 将图 4-3-5 和图 4-3-6 对比后可以发现, 粒子在 y 轴分布的集中程度与 $|\dot{m}|$ 随时间的变化规律基本一致: 通道运动越快, 粒子在 y 轴的分布越集中; 通道运动越慢, 粒子在 y 轴的分布越发散.

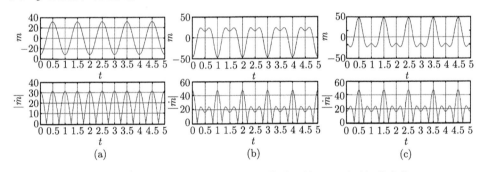

图 4-3-6　通道沿 x 轴移动速度 $\dot{m}$ 及其绝对值 $|\dot{m}|$ 随时间的变化.

(a) $\delta = 0$; (b) $\delta = 1$; (c) $\delta = -1$

进一步分析可知, 当 $\delta = 0$ 时通道在单位振荡周期内正负最大移动速度绝对值相同, 粒子在通道正负向移动时的 y 轴分布一致; 当 $\delta = 1$ 时通道在单位振荡周期内负向最大移动速度绝对值大于正向最大移动速度绝对值, 粒子在通道负向移动时的 y 轴分布更集中, 反之亦然, 这说明通道非对称振荡运动 $(\delta \neq 0)$ 会导致粒子在通道正负向移动时 y 轴的分布不同. 由于粒子在 y 轴的集中情况会直接影响通道边界对粒子的束缚影响, 集中程度越高, 边界束缚越弱, 故通道的非对称正负移动将导致粒子沿 x 轴正负方向的扩散情况的不一致, 由此引发定向流. 具体来说, 当 $\delta = 1$ 时通道正向最大移动速度绝对值小于负向最大移动速度绝对值, 故粒子在通道正向运动时在 y 轴的分布更为发散, 受边界束缚影响更大, 粒子正向流强于负向流, 系统整体表现为正向输运; $\delta = -1$ 情形的讨论类似.

2) 通道参数对输运速度的影响

图 4-3-7 给出了其他参数保持不变 $(b = 1.05, a = 5, f = 1, \omega = 1, \gamma = 1)$ 的情况下不同噪声强度下粒子平均速度 v 与对称参数 δ 的关系. 从图 4-3-7 可见, 当 $D = 0$ 时, 系统没有定向流出现; 当 $D \neq 0$ 时, 粒子平均速度与对称参数基本呈正比例关系. $\delta = 0$ 时整体无定向流; $\delta > 0$ 时定向流方向为正; $\delta < 0$ 时定向流方向为负. 图 4-3-8 给出了 $D = 10$ 时 δ 分别取 $0, 0.5, 1$ 的条件下 $f_y(0, t)$ 随时间的演化, $f_y(0, t)$ 可刻画粒子在 y 轴分布的集中程度. 从图 4-3-8 中可以看到, 当 $\delta > 0$ 时, 由通道非对称时移引起的粒子 y 轴分布的非对称性随着 δ 的增大而增大. 该非对称性越大, 通道分别沿正负向运动时粒子受到边界的束缚影响差异越大, 导致系统整体的定向输运速度越大.

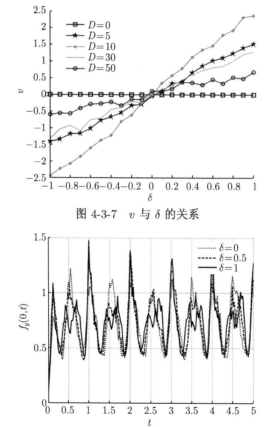

图 4-3-7 v 与 δ 的关系

图 4-3-8 不同 δ 下 $f_y(0, t)$ 随时间的演化

图 4-3-9 给出了其他参数保持不变 $(b = 1.05, a = 5, D = 10, \delta = 1)$ 的情况下不同空间频率 ω 下粒子平均速度与通道时间频率 f 的关系. 可以看出, 对于适当固定的 ω, 粒子流速度随 f 的增大而先增后减, 出现广义共振峰, 即对于固定的

空间频率, 存在最优时间频率使得输运速度达到最大. 为了分析相同周期倍时间内图 4-3-10 给出了当 $\omega = 5$ 时 f 分别取 60, 30, 10 的条件下 $f_y(0,t)$ 随 t 的演化. 从图 4-3-10 可见, 当 $f = 10$ 时相同时间内粒子在 y 轴中心区域集中–发散变化次数较少, 整体集中程度较低; 当 $f = 60$ 时相同时间内粒子分布在 y 轴中心区域集中–发散变化的次数较多, 整体集中程度较高.

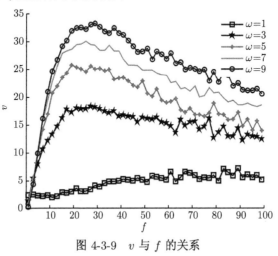

图 4-3-9 v 与 f 的关系

给定时间内粒子分布在 y 轴中心区域集中–发散变化的次数决定了粒子受通道净单向推动的次数; 粒子分布在 y 轴中心区域的整体集中程度决定了粒子受边界的影响程度. 从图 4-3-10 可以看出, 通道时间频率 f 越大, 给定时间内粒子分布在 y 轴中心区域集中–发散变化的次数越多, 因而粒子受通道净单向推动的次数越多, 有助于定向输运; 但与此同时, 粒子在 y 轴中心区域的整体集中程度越高, 边界对

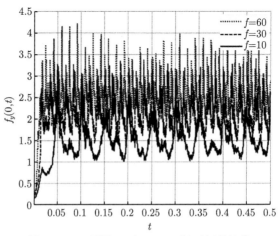

图 4-3-10   不同 f 下 $f_y(0,t)$ 随时间的演化

其运动的影响越弱, 有碍于定向输运. 因此, 综合考虑以上两种影响, 过小的时间频率 f 会导致相同时间内粒子受通道净单向推动次数较少, 输运速度较低; 过大的时间频率 f 会导致粒子在 y 轴中心区域的整体集中程度过高, 输运速度同样较低; 只有当 f 取适当值时系统输运速度达到最大值.

图 4-3-11 给出了其他参数保持不变 $(a = 5, f = 1, D = 10, \delta = 1)$ 的情况下不同通道空间频率 ω 下粒子平均速度 v 与通道宽度参数 b 的关系. 从图 4-3-11 可见, 对于固定的空间频率 ω, 粒子平均速度随着通道宽度的增大而降低. 图 4-3-12 给出了 $\omega = 1$ 时 b 分别取 1.05, 1.2, 2 的条件下 $f_y(0, t)$ 随时间的演化.

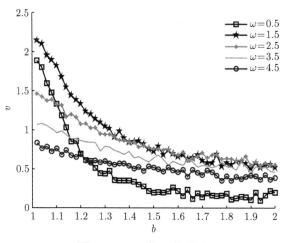

图 4-3-11 v 与 b 的关系

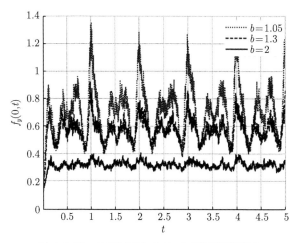

图 4-3-12   不同 b 下 $f_y(0, t)$ 随时间的演化

图 4-3-13 给出了其他参数保持不变 $(a = 5, f = 1, D = 10, \delta = 1)$ 的情况下不

同通道宽度参数 b 下粒子平均速度 v 与通道空间频率 ω 的关系. 可以看出, 对于固定的 b, 粒子流速度随 ω 的增大而先增后减, 出现广义共振峰, 即存在最优空间频率使得输运速度达到最大. 同样地, 通过对粒子在 y 轴分布的集中程度进行分析. 图 4-3-14 给出了 $b = 1.02$ 时 ω 分别取 0.05, 0.2, 0.5, 0.7, 2, 3 的条件下 $f_y(0, t)$ 随时间的演化. 当 ω 较小时单个时间周期 $(T = 1\mathrm{s})$ 内粒子分布只会出现一次极大值; 随着 ω 的增大, 单个时间周期内粒子分布逐渐分化出多个极大值.

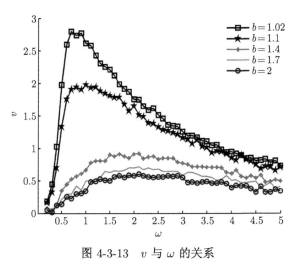

图 4-3-13 v 与 ω 的关系

若 $\omega = 0.5, 0.7$ (图 4-3-14(b)), 当通道变向时, 受单侧边界推动至通道 $y = 0$ 附近的粒子可以在该时间周期内扩散至通道另侧, 即同一时间周期内粒子会受到两侧边界的推动作用, 该作用的非对称性将引发定向输运.

当通道空间频率 ω 很小时 (图 4-3-14(a)) 对应的通道空间周期很大, 当通道变向时, 只有极少部分粒子能够在该时间周期内从通道一侧运动到通道另侧并受通道非对称推动产生定向运动, 大部分粒子将只受单侧通道边界的影响在其所在的通道空间周期内交替做束缚和扩散运动, 故系统输运速度很小. 此外, 由于同一个通道空间周期内不同 x 轴位置的粒子受不同侧边界的影响, 其 y 轴分布会同时产生集中–发散和发散–集中这两种相反的变化, 外力的非对称性将导致集中和发散的变化率有所不同, 整体上导致在单个外力时间周期内粒子 y 轴分布只出现一次集中.

当空间频率 ω 较大时 (图 4-3-14(c) 中 $\omega = 2, 3$), 粒子在单个外力时间周期内具备穿越多个通道空间周期的能力, 因而粒子分布在 y 轴中心区域发生多次集中且每次集中程度均较充分, 粒子分布的非对称性较弱, 导致整体输运速度较小.

当空间频率 ω 进一步增大时, 更多的粒子会陷于狭窄的通道缝隙中而随通道一起做周期无偏运动, 能够运动到通道中心区域的粒子较少, 输运速度进一步降低.

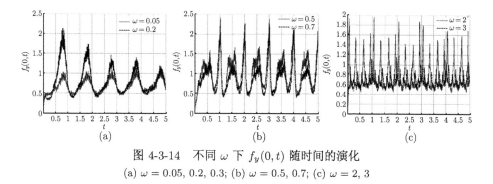

图 4-3-14　不同 ω 下 $f_y(0,t)$ 随时间的演化

(a) $\omega = 0.05, 0.2, 0.3$; (b) $\omega = 0.5, 0.7$; (c) $\omega = 2, 3$

3) 噪声强度对输运速度的影响

图 4-3-15 给出了当 $a = 5, f = 1, \omega = 1, \gamma = 1$ 时不同空间对称性下粒子平均速度 v 与噪声强度 D 的关系. 从图 4-3-15 可见, 当通道为空间非对称情形时, 粒子平均速度随噪声强度先增后减, 表现出类似于随机共振的现象, 且粒子流所能达到的最大速度随通道非对称程度的增加而增大. 这是因为当噪声足够小时, 粒子运动比较微弱, 很难连续穿越通道窄处, 故基本上均随振荡通道在初始位置附近做振荡运动; 当噪声逐渐增加时, 粒子的运动逐渐加剧, 粒子出现在通道内各位置的可能性增大, 与振荡通道发生协同作用并发生输运; 当噪声足够大时, 通道对粒子运动的影响不再起主要作用, 由于噪声的分布是对称的, 故粒子定向流现象逐渐减弱, 甚至消失.

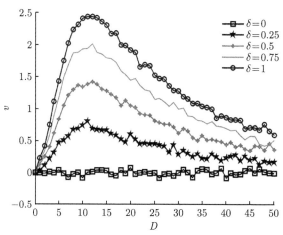

图 4-3-15　粒子平均速度 v 与噪声强度 D 的关系

参 考 文 献

[1]　Reimann P. Brownian motors: Noisy transport far from equilibrium[J]. Physics Reports, 2002, 361: 57-265.

[2] Astumian R D. Thermodynamics and kinetics of a Brownian motor[J]. Science, 1997, 276: 917-922.

[3] Parrondo J M R, De Cisneros B J. Energetics of Brownian motors: A review[J]. Applied Physics A, 2002, 75: 179-191.

[4] Astumian R D, Hanggi P. Brownian motors. Physics Today, 2002, 55: 33-39.

[5] Ai B Q, He Y F, Zhong W R. Particle diode: Rectification of interacting Brownian ratchets[J]. Physial Review E, 2011, 83: 051106.

[6] Zhang H W, Wen S T, Zhang H T, Li Y X, Chen G R. Particle diode: Rectification of interacting Brownian ratchets[J]. Chinese Physics B, 2012, 21: 078701.

[7] Gao T F, Liu F S, Chen J C. Feedback control in a coupled Brownian ratchet[J]. Chinese Physics B, 2012, 21: 020502.

[8] Hanggi P, Marchesoni F. Artificial Brownian motors: Controlling transport on the nanoscale[J]. Reviews of Modern Physics, 2009, 81: 387.

[9] Li F G, Xie H Z, Liu X M, Ai B Q. The influence of a phase shift between the top and bottom walls on the Brownian transport of self-propelled particles[J]. Chaos, 2015, 25: 033110.

[10] Wu J C, Chen Q, Wang R, Ai B Q. Feedback control of an ensemble of self-propelled particles[J]. Physica A. 2015, 428: 273-278.

[11] Fokker A D. Die mittlere Energie rotierender elektrischer Dipole im Strahlungsfeld [J]. Annalen Der Physik, 1914, 348(5): 810-820.

[12] Planck M. Sitzungsber. Preuss. Akad. Wiss [J]. Phys. Math. Kl, 1917, 325: 3.

[13] Risken H. The Fokker-Planck Equation [M]. New York: Springer, 1984.

[14] Smoluchowski M. Experimentell nachweisbare, der üblichen Thermodynamik widersprechende Molekularphänomene [J]. Physik. Zeitschr., 1912: 1069-1080.

[15] Feynman R P, Leighton R B, Sands M. The Feynman Lectures. Vol. 2 [M]. Boston: Addison-Wesley, 1964.

[16] Parrondo J M R, Español P. Criticism of Feynman's analysis of the ratchet as an engine [J]. American Journal of Physics, 1996, 64(9): 1125-1130.

[17] Magnasco M O, Stolovitzky G. Feynman's ratchet and pawl[J]. Journal of Statistical Physics, 1998, 93(3-4): 615-632.

[18] Jarzynski C, Mazonka O. Feynman's ratchet and pawl: An exactly solvable model[J]. Physical Review E, 1999, 59(6): 6448.

[19] Sakaguchi H. A Langevin simulation for the Feynman ratchet model[J]. Journal of the Physical Society of Japan, 1998, 67(3): 709-712.

[20] Hondou T, Takagi F. Irreversible operation in a stalled state of Feynman's ratchet[J]. Journal of the Physical Society of Japan, 1998, 67(9): 2974-2976.

[21] Reimann P. Current reversal in a white noise driven flashing ratchet[J]. Physics Reports, 1997, 290: 149-155.

[22] Luczka A, Bartussek R, Hanggi P. White-noise-induced transport in periodic struc-
     tures[J]. Europhysics Letters, 1995, 31(8): 431-436.

[23] Chialvo D R, Millonas M M. Asymmetric unbiased fluctuations are sufficient for the
     operation of a correlation ratchet[J]. Physics Letters A, 1995, 209(1): 26-30.

[24] Chialvo D R, Dykman M I, Millonas M M. Fluctuation-induced transport in a periodic
     potential: noise versus chaos[J]. Physical Review Letters, 1997, 78(8): 1605.

[25] Hänggi P, Bartussek R, Talkner P, Luczka J. Noise-induced transport in symmetric
     periodic potentials: White shot noise versus deterministic noise[J]. Europhysics Letters,
     1996, 35: 315-317.

[26] Zheng Z G, Li X W. Biased motion in a symmetric periodic potential by breaking
     temporal symmetry[J]. Communications in Theoretical Physics, 2001, 36: 151-156.

[27] Ajdari A, Mukamel D, Peliti L, Prost J. Rectified motion induced by ac forces in periodic
     structures[J]. Journal De Physique I, 1994, 4: 1551-1561.

[28] Liu F Z, Li X W, Zheng Z G. Brownian ratchet driven by a rocking forcing with broken
     temporal symmetry[J]. Communications in Theoretical Physics, 2003, 39: 174-176.

[29] Gang H, Daffertshofer A, Haken H. Diffusion of periodically forced Brownian particles
     moving in space-periodic potentials[J]. Physical Review Letters, 1996, 76(26): 4874-
     4877.

[30] Schreier M, Reimann P, Hänggi P, Pollak E. Giant enhancement of diffusion and particle
     selection in rocked periodic potentials[J]. Europhysics Letters, 1998, 44: 416-422.

[31] Wang H, Bao J. Cooperation behavior in transport process of coupled Brownian
     motors [J]. Physica A: Statistical Mechanics and Its Applications, 2005, 357(3): 373-382.

[32] Wang H, Bao J. The roles of ratchet in transport of two coupled particles [J]. Physica
     A: Statistical Mechanics and Its Applications, 2004, 337(1): 13-26.

[33] Chen H, Zheng Z. Deterministic collective directional transport in one-dimensional flash-
     ing ratchet potentials [J]. Modern Physics Letters B, 2011, 25(14): 1179-1192.

[34] Bao J. Transport in a flashing ratchet in the presence of anomalous diffusion [J]. Physics
     Letters A, 2003, 314(3): 203-208.

[35] Fendrik A J, Romanelli L, Reale M V. Currents in defective coupled ratchets [J]. Physical
     Review E, 2012, 85: 041149.

[36] 郑志刚. 耦合非线性系统的时空动力学与合作行为 [M]. 北京: 高等教育出版社, 2004.

[37] Qian M, Wang Y, Zhang X J. Stochastic resonance and ratchets: Two closely related
     phenomena in Brownian motors [J]. Chinese Physics Letters, 2003, 20: 810.

[38] Astumian R D, Bier M. Fluctuation driven ratchets: Molecular motors[J]. Physical
     Review Letters, 1994, 72: 1766.

[39] Ai B Q, He Y F, Zhong W R. Transport in periodic potentials induced by fractional
     Gaussian noise[J]. Physical Review E, 2012, 82: 061102.

[40]   Yang M C, Ripoll M. Brownian motion in inhomogeneous suspensions. Physical Review E, 2013, 87: 062110.

[41]   Simon M S, Sancho J M, Lindenberg K. Transport and diffusion of overdamped Brownian particles in random potentials[J]. Physical Review E, 2013, 88: 062105.

[42]   Gao T F, Zheng Z G, Chen J C. Directed transport of coupled Brownian ratchets with time-delayed feedback[J]. Chinese Physics B, 2013, 22: 080502.

[43]   徐明瑜, 谭文长. 中间过程、临界现象 —— 分数阶算子理论、方法、进展及其在现代力学中的应用 [J]. 中国科学: G 辑, 2006, 36(3): 225-238.

[44]   Chen W. Time–space fabric underlying anomalous diffusion [J]. Chaos, Solitons & Fractals, 2006, 28(4): 923-929.

[45]   Richardson L F. Atmospheric diffusion shown on a distance-neighbour graph[J]. Proc. R. Soc. London, Ser. A., 1926.

[46]   Schiessel H, Friedrich C, Blumen A. Applications to problems in polymer physics and rheology[J]. Applications of fractional calculus in physics, 2000, 376.

[47]   Sokolov I M, Klafter J, Blumen A. Ballistic versus diffusive pair dispersion in the Richardson regime[J]. Physical Review E, 2000, 61(3): 2717.

[48]   Chen W. A speculative study of 2/3-order fractional Laplacian modeling of turbulence: Some thoughts and conjectures[J]. Chaos: An Interdisciplinary Journal of Nonlinear Science, 2006, 16(2): 023126.

[49]   Scher H, Montroll E W. Anomalous transit-time dispersion in amorphous solids[J]. Physical Review B, 1975, 12(6): 2455.

[50]   马红孺, 陆坤权. 软凝聚态物质物理学 [J]. 物理, 2000, 29(9): 516-524.

[51]   Gorenflo R, Mainardi F, Moretti D, et al. Discrete random walk models for space–time fractional diffusion [J]. Chemical Physics, 2002, 284(1): 521-541.

[52]   Rossikhin Y A, Shitikova M V. Applications of fractional calculus to dynamic problems of linear and nonlinear hereditary mechanics of solids[J]. Applied Mechanics Reviews, 1997, 50(1): 15-67.

[53]   John Ellis R, Minton A P. Cell biology: Join the crowd[J]. Nature, 2003, 425(6953): 27-28.

[54]   谢和平. 分形–岩石力学导论 [M]. 北京: 科学出版社, 1996.

[55]   Miller K S, Ross B. An Introduction to the Fractional Calculus and Fractional Differential Equations[M]. New York: John Wiley & Sons, 1993.

[56]   Samko S G, Kilbas A A, Maričev O I. Fractional Integrals and Derivatives[M]. Yverdon: Gordon and Breach Science Publisher, 1993.

[57]   Podlubny I. Fractional Differential Equations: An Introduction to Fractional Derivatives, Fractional Differential Equations, to Methods of Their Solution and Some of Their Applications[M]. San Diego: Academic Press, 1998.

[58] Chen W, Holm S. Fractional Laplacian time-space models for linear and nonlinear lossy media exhibiting arbitrary frequency power-law dependency[J]. The Journal of the Acoustical Society of America, 2004, 115(4): 1424-1430.

[59] 包景东. 反常统计动力学导论 [M]. 北京: 科学出版社, 2012.

[60] 白文斯密, 彭皓, 屠浙, 等. 分数阶 Brown 马达及其定向输运现象 [J]. 物理学报, 2012, 61(21): 64-69.

[61] Hilgers A, Beck C. Approach to Gaussian stochastic behavior for systems driven by deterministic chaotic forces[J]. Physical Review E, 1999, 60(5): 5385.

[62] Beck C, Roepstorff G. From dynamical systems to the Langevin equation[J]. Physica A: Statistical Mechanics and Its Applications, 1987, 145(1): 1-14.

[63] 周兴旺, 林丽烽, 马洪, 等. 时间非对称分数阶类 Langevin 棘齿 [J]. 物理学报, 2014, 63(1): 82-87.

[64] 周兴旺, 林丽烽, 马洪, 等. 空时非对称分数阶类 Langevin 棘齿 [J]. 物理学报, 2014, 63(16): 33-39.

[65] Tarasov V E. Fractional Dynamics: Applications of Fractional Calculus to Dynamics of Particles Fields and Media[M]. Beijing: Higher Education Press, 2010.

[66] Jung P, Kissner J G, Hänggi P. Regular and chaotic transport in asymmetric periodic potentials: Inertia ratchets[J]. Physical Review Letters, 1996, 76: 3436.

[67] Family F, Larrondo H A, Zarlenga D G, Arizmendi C M. Chaotic dynamics and control of deterministic ratchets[J]. Journal of Physics: Condensed Matter, 2005, 17(47): S3719.

[68] 刘德浩, 任芮彬, 杨博, 等. 涨落作用下周期驱动的分数阶过阻尼棘轮模型的混沌输运现象 [J]. 物理学报, 2015, 64(22): 68-75.

[69] He Y F, Ai B Q. Enhancement of the longitudinal transport by a weakly transversal drive[J]. Physical Review E, 2010, 81:021110.

[70] 王飞, 谢天婷, 邓翠, 等. 系统非对称性及记忆性对布朗马达输运行为的影响 [J]. 物理学报, 2013, 63: 25-32.

[71] 包景东. 经典和量子耗散系统的随机模拟方法 [M]. 北京: 科学出版社, 2009.

[72] 任芮彬, 刘德浩, 王传毅, 等. 时间非对称外力驱动分数阶布朗马达的定向输运 [J]. 物理学报, 2015, 64(9): 243-249.

[73] 高仕龙, 钟苏川, 韦鹃, 等. 过阻尼分数阶 Langevin 方程及其随机共振 [J]. 物理学报, 2012, 61(10): 32-37.

[74] 赖莉, 周薛雪, 马洪, 等. 分数阶布朗马达在闪烁棘齿势中的合作输运现象 [J]. 物理学报, 2013, 62(15): 48-54.

[75] 王飞, 邓翠, 屠浙, 等. 耦合分数阶布朗马达在非对称势中的输运 [J]. 物理学报, 2013, 62(4): 37-42.

[76] 陈文, 孙洪广, 李西成. 力学与工程问题的分数阶导数建模 [M]. 北京: 科学出版社, 2010.

[77] Hilfer R. Applications of Fractional Calculus in Physics[M]. Singapore: World Scientific, 2003.

[78] 沈淑君, 刘发旺. 解分数阶 Bagley-Torvik 方程的一种计算有效的数值方法 [J]. 厦门大学学报 (自然科学版), 2004, 43: 306.

[79] Torvik P J. A variational approach to the dynamics of structures having mixed or discontinuous boundary conditions[J]. Journal of Applied Mechanics, 1984, 51(4): 831-836.

[80] Fleishman D, Filippov A, Urbakh M. Directed molecular transport in an oscillating symmetric channel[J]. Physical Review E, 2004, 69: 011908.

第 5 章　Brown 马达合作输运

5.1　整数阶 Brown 马达合作输运

随着单分子技术的发展, 对单个 Brown 马达的研究已较成熟. 然而, 更为自然也更为显然的是, 在定向输运中更主要的作用是由个体之间、个体与系统之间的耦合作用而协同产生的; 多个 Brown 马达间的合作不仅可以主导定向输运的性质, 在某些情况下, 耦合作用甚至是产生定向输运的必要条件. 这就是耦合 Brown 马达的合作输运问题.

合作定向输运是近年来分子马达研究的重要领域之一. 近二十年里, 在对耦合 Brown 马达的研究中, 发现粒子间的耦合现象能够促使粒子链有更快的平均流速[1,2]、在对称周期势下粒子链也能产生定向输运[3,4], 而外加驱动力的频率对粒子链的运动方向也有一定影响[5] 等. 随着分子操纵技术的持续发展, 耦合 Brown 马达的定向输运问题已经开始受到物理、数学、化学和生物学等不同学科领域的高度关注. 在化学方面, A. Vadakkepatt 等应用 Frenkel-Kontorova 模型研究了链状分子十六烷的输运现象[6]; 在生物学中的大分子马达研究中, M. Nishikawa 等发现稍大的分子马达实际上具有如多头肌动蛋白马达这样的多自由度的复杂内部结构, 这样的分子马达间通过相互作用、相互耦合便能产生更为复杂的输运现象[7,8], 这些现象、结论均揭示了粒子间相互作用对输运状态的影响, 因此有必要对 Brown 马达合作输运行为进行深入研究.

目前, 对耦合系统的合作定向输运研究大多集中于简谐耦合情形, 而对于非对称耦合情形的研究相对较少[9-17]. 本节考虑不受外力和噪声驱动的非对称耦合粒子链在棘齿势中的运动, 建立相应的数学模型, 并以粒子链平均速度为考察对象研究系统的确定性定向输运现象[18].

1. 非对称耦合粒子链在棘齿势中确定性输运模型

不受外力和噪声驱动的 N 个最近邻耦合粒子在周期势场中的运动可由如下非线性微分方程来刻画:

$$\dot{x}_i = -\frac{\partial V(x_i)}{\partial x_i} + g(x_{i+1}, x_i, x_{i-1}), \quad i = 1, 2, \cdots, N, \tag{5.1.1}$$

其中, x_i 为第 i 个粒子的位移, $V(x)$ 为周期势函数, $g(x_{i+1}, x_i, x_{i-1})$ 为第 i 个粒子的最近邻耦合函数.

本节研究一种特殊的非对称耦合情形, 即单向耦合, 它广泛存在于神经网络的信号传输、交通流等许多现象之中 [19], 选取如下形式的单向耦合函数:

$$g(x_{i+1}, x_i, x_{i-1}) = k(x_{i+1} - x_i - a), \tag{5.1.2}$$

其中, k 为耦合系数, a 为粒子间弹簧自由长度. 并选取如下正弦形式的棘齿势:

$$V(x) = -\frac{1}{2}U_0\left[\sin(2\pi x/L) + \frac{1}{4}\sin(4\pi x/L)\right], \tag{5.1.3}$$

其中, L 为周期势的空间周期, U_0 为势垒高度. 棘齿势的示意图如图 5-1-1 所示.

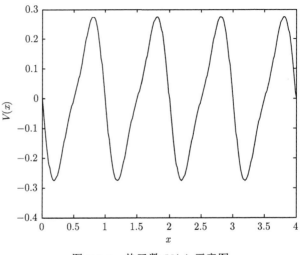

图 5-1-1 势函数 $V(x)$ 示意图

2. 仿真与讨论

在宏观上, 粒子链平均速度反映了粒子链的整体运动趋势, 故本节以粒子链平均速度为考察对象. 下面, 通过数值仿真研究在没有外力和噪声驱动情况下, 处于棘齿势中的非对称耦合粒子链的确定性定向输运现象, 以及耦合强度 k、势垒高度 U_0 和弹簧自由长度 a 等系统参数对定向输运速度 v 的影响. 粒子链平均速度定义 [20] 为

$$v = \frac{1}{N}\sum_{j=1}^{N}v_j = \lim_{T\to\infty}\frac{1}{N}\sum_{j=1}^{N}\int_0^T \dot{x}_j(t)\mathrm{d}t, \tag{5.1.4}$$

式中, T 为仿真时间. 在数值仿真中选取仿真采样步长为 $\Delta t = 0.01\mathrm{s}$, 仿真时间为 $T = 50\mathrm{s}$, 粒子数为 $N = 10$, 若无特别说明, 取耦合系数 $k = 10$, 势垒高度 $U_0 = 0.5$, 弹簧自由长度 $a = 0.2$.

1) 粒子链位移

图 5-1-2 给出了不同参数下各粒子位移 $x_i(t)$ 随时间的演化. 从图 5-1-2 中可以看到, 粒子链的运动表现出对系统内部参数具有复杂依赖性, 并且在不受外部确定性力或随机力驱动的情况下, 通过各粒子之间的非对称耦合及具有空间反演非对称性的棘齿势的共同作用, 粒子链仍能往同一方向运动, 即产生了确定性定向输运现象, 甚至还能形成反向定向流.

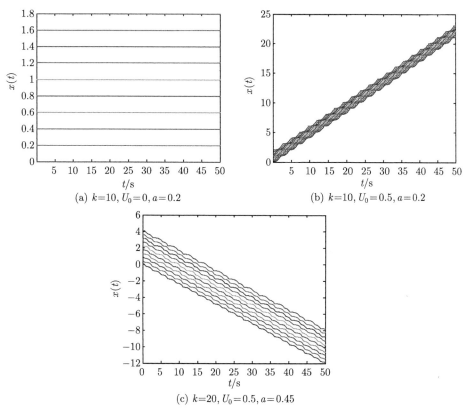

图 5-1-2 不同参数下的粒子链位移图

2) 粒子链平均速度与各系统参数的关系

图 5-1-3 给出了在不同势垒高度下粒子链平均速度 v 与耦合系数 k 的关系. 在棘齿势存在的情况下 (即 $U_0 \neq 0$), 弱耦合 (如 $k = 0$, $k = 1$) 的系统无法产生定向流, 而适当强度的耦合则可以促使粒子链越过势垒而形成定向运动; 另一方面, 在棘齿势消失的情况下 (即 $U_0 = 0$), 不论粒子之间的耦合系数有多大, 都无法促使粒子链形成定向输运. 可见, 粒子之间适当强度的耦合与系统内部的棘齿势是粒子链在无外部驱动力的情况下产生定向流的两个必不可少的重要因素.

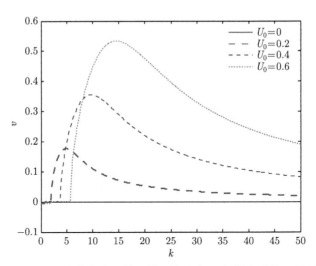

图 5-1-3　不同势垒高度下粒子链平均速度 v 与耦合系数 k 的关系

　　进一步考察势垒高度固定不变的情况, 可以观察到粒子链平均速度随耦合系数的增大出现了非单调变化, 即出现了广义共振现象, 且存在最佳耦合系数使得粒子链平均速度达到最大. 具体来说, 当耦合系数很小时, 由于系统没有外部驱动力, 故粒子链无法越过势垒, 因而不能形成定向输运. 特别地, 当 $k = 0$ 时, 粒子间没有相互作用, 即各个粒子相互独立, 这时系统就等价于单粒子系统. 当耦合系数足够大时, 粒子链平均速度随耦合系数的增大而迅速增大; 但当耦合系数过大时, 粒子间的相互作用就会变成对粒子的束缚, 使得粒子链平均速度反而减小. 特别地, 当耦合系数 $k \to \infty$ 时, 系统的动力学行为相当于单粒子在有效势

$$V_{\text{eff}}(x) = \frac{1}{N}\sum_{i=1}^{N} V(x + ia) \tag{5.1.5}$$

中的运动 [19]. 在后面的讨论中, 主要研究耦合系数 k 为有限值的情况下, 由粒子间相互作用而引起的确定性定向输运.

　　由图 5-1-3 可知, 随着势垒高度的增大, 共振曲线整体右移, 同时峰值流速也相应提高, 这是因为粒子链获得了更大的势能, 并通过系统的非线性作用将其转化为定向运动的能量; 另一方面, 恰能形成粒子链定向输运的耦合系数阈值也相应增大, 这是因为粒子链需要借助更强的耦合才能使其越过更高的势垒而形成定向流.

　　图 5-1-4 给出了不同耦合系数下粒子链平均速度 v 与势垒高度 U_0 的关系. 可以看到, 耦合系数越大, 能够促使系统形成定向输运的势垒高度变化范围也越大. 此外, 当耦合系数为零时 $(k = 0)$, $v(U_0)$ 曲线是一条恒为零的水平直线, 即此时粒子链由于没有内部相互作用力的驱动而无法产生定向流; 当耦合系数较小时 (如 $k = 5, k = 10$), 粒子链平均速度具有随势垒高度的增大而呈先增后减的趋势, 即系

统存在广义共振现象, 但随着势垒高度的进一步增大, 粒子链将无法越过高势垒而迫使定向输运现象消失, 即出现了钉扎现象; 当耦合系数较大时 (如 $k = 20, k = 30$), 在图中的势垒变化范围内, 粒子链平均速度则是单调递增的.

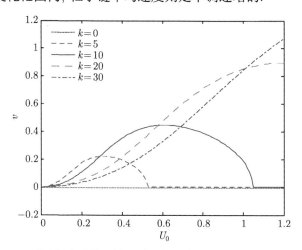

图 5-1-4　不同耦合系数下粒子链平均速度 v 与势垒高度 U_0 的关系

模型 (5.1.1) 所刻画的系统存在两个空间尺度: 弹簧自由长度 a 和棘齿势空间周期 L, 二者的合作与竞争可以导致复杂的输运行为. 图 5-1-5 给出了不同弹簧自由长度下粒子链平均速度 v 与势垒高度 U_0 的关系. 可以看到, 不同的弹簧自由长度对应着不同的 $v(U_0)$ 曲线, 弹簧自由长度不仅影响粒子链的定向输运速度 (如 $a = 0.3$ 和 $a = 0.4$), 同时还影响粒子链的定向输运方向 (如 $a = 0.2$ 和 $a = 0.45$), 并且在反向流方向也存在着广义共振现象.

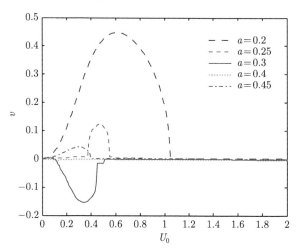

图 5-1-5　不同弹簧自由长度下粒子链平均速度 v 与势垒高度 U_0 的关系

图 5-1-6 给出了不同耦合系数下粒子链平均速度 v 与弹簧自由长度 a 的关系. 可以看到, 图 5-1-6 中所有曲线都具有关于 $a = 0.5$ 近似反对称的特点, 即 $v(a) \approx -v(1-a)$, 这里不完全相等是因为棘齿势是空间反演非对称的. 当弹簧自由长度 $a \in [0, 0.5]$ 时, 粒子链以正向的定向流为主, 而当 $a \in [0.5, 1]$ 时, 则以反向的定向流为主. 但在某些耦合系数下 (如 $k = 20, k = 30$), 却可以在 $a = 0.5$ 附近区域看到相反情况, 即在 $[0, 0.5]$ 内出现反向流, 而在 $[0.5, 1]$ 内出现正向流.

考虑弹簧自由长度 $a \in [0, 0.5]$ 的情形, 粒子链平均速度 v 关于弹簧自由长度 a 是非单调变化的, 即存在共振峰, 并且在 a 的部分区域内还存在钉扎现象, 故类似于 $v(k)$ 和 $v(U_0)$, 弹簧自由长度 a 也可作为一个优化参数使得定向流速度 v 最大. 此外, 随着耦合系数 k 的逐渐增大, $v(a)$ 曲线由单峰共振逐渐变为存在反向流现象的多峰共振.

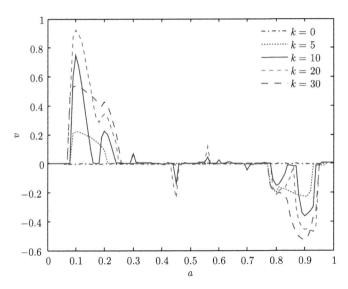

图 5-1-6   不同耦合系数下粒子链平均速度 v 与弹簧自由长度 a 的关系

3. 结论

本节研究了不受外力和噪声驱动的非对称耦合粒子链在棘齿势中的确定性定向输运现象, 以及系统参数对粒子链平均速度的影响. 数值仿真结果表明:

(1) 在粒子间的非对称耦合及具有空间反演非对称的棘齿势的共同作用下, 粒子链可以在没有外部作用力 (包括确定性力和随机力) 驱动的情况下产生定向输运, 并在适当参数条件下形成反向定向流;

(2) 粒子链平均速度关于各系统参数 (耦合系数、势垒高度、弹簧自由长度) 具有非单调变化的特点, 即存在最佳参数使得定向输运速度达到最大;

(3) 在其他参数固定的情况下, 粒子链平均速度关于弹簧自由长度的变化曲线 $v(a)$ 关于 $a = 0.5$ 具有近似反对称的特点, 并且随着耦合系数 k 的逐渐增大, $v(a)$ 曲线由单峰共振逐渐变为存在反向流现象的多峰共振.

5.2 分数阶 Brown 马达合作输运

目前关于 Brown 马达合作输运取得了大量研究成果, 如 5.1 节中讨论的非对称耦合行为, 但大多数研究关注的仍是整数阶系统 [20-40]. 然而, 许多物理、生物过程以及黏弹性材料均具有 "记忆性", 整数阶动力系统在刻画这些过程时, 其局限性越来越突出. 特别地, 在一些远离平衡的复杂系统中, 弛豫为关于时间的幂律衰减, Langevin 方程中的阻尼速度不再适用. 处理上述局限的核心是引入分数阶微积分, 把轨道的历史贡献进来, 将通常的阻尼速度改为分数阶速度, 即位置的分数阶导数 [41]. 由于分数阶微积分具有时间记忆性以及长程空间相关性, 近年来得到了迅速发展并广泛应用于黏弹性材料、反常扩散和输运机制的研究中 [41,42]. 本节将讨论几类分数阶 Brown 马达合作输运行为.

5.2.1 分数阶非对称耦合系统在对称周期势中的定向输运

本小节以分数阶微积分为工具刻画系统的幂律记忆性, 在没有外力且周期势具有空间反演对称性的情况下, 对非对称耦合粒子链的运动建立了分数阶模型, 并研究了其定向输运性质 [43].

1. 模型

N 个耦合粒子在周期势场中的运动可由如下过阻尼 Langevin 方程描述:

$$\int_0^t \gamma(t - \tau)\dot{x}_i(\tau)\mathrm{d}\tau = -\frac{\partial W(x_i)}{\partial x_i} + \frac{1}{2}(\varepsilon + r)(x_{i+1} - x_i - a)$$
$$-\frac{1}{2}(\varepsilon - r)(x_i - x_{i-1} - a) + \sqrt{2D}\xi_i(t),$$
$$i = 1, 2, \cdots, N, \tag{5.2.1}$$

其中, $x_i(t)$ 为第 i 个粒子的位移, $\gamma(t)$ 为阻尼核函数, $W(x)$ 为势函数, ε 为扩散耦合强度, r 为梯度耦合强度, a 为粒子间自由距离, D 为噪声强度, $\xi_i(t)$ 为相互独立的零均值 Gauss 白噪声, 满足

$$\langle \xi_i(t) \rangle = 0, \quad \langle \xi_i(t)\xi_j(s) \rangle = \delta_{ij}\delta(t - s), \tag{5.2.2}$$

阻尼核函数建模为幂律函数:

$$\gamma(t) = \frac{1}{\Gamma(1-\alpha)}|t|^{-\alpha}, \quad 0 < \alpha < 1. \tag{5.2.3}$$

其中, α 为刻画记忆性强弱的系统参数, 其值越小, $\gamma(t)$ 衰减得越慢, 即对历史速度的记忆性越强. 结合 Caputo 分数阶微积分的定义 [44]:

$$_0^C D_t^\alpha x(t) = \frac{1}{\Gamma(1-\alpha)}\int_0^t (t-\tau)^{-\alpha}\dot{x}(\tau)\mathrm{d}\tau, \quad 0 < \alpha < 1 \tag{5.2.4}$$

可得到与模型 (5.2.1) 相对应的分数阶系统:

$$_0^C D_t^\alpha x_i(t) = -\frac{\partial W(x_i)}{\partial x_i} + \frac{1}{2}(\varepsilon+r)(x_{i+1}-x_i-a) - \frac{1}{2}(\varepsilon-r)(x_i-x_{i-1}-a)$$
$$+ \sqrt{2D}\xi_i(t), \quad i = 1,2,\cdots,N, \quad 0 < \alpha < 1. \tag{5.2.5}$$

非对称耦合情形下, 令 $\varepsilon = r = k(k$ 为耦合强度), 此时耦合成为单向耦合, 它在神经网络的信号传输、交通流等许多现象中都存在 [19]. 采用周期边界条件, 并选取势函数为具有空间反演对称性的周期势, 即 $W(x) = -d\cos(x)$, 其中 d 为势垒高度, 势函数的示意图如图 5-2-1 所示.

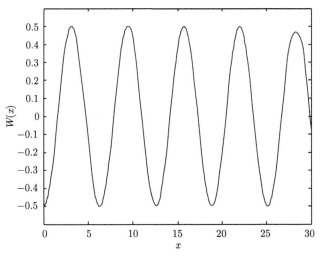

图 5-2-1　对称周期势 $W(x)$

于是, 模型 (5.2.5) 可简化为

$$_0^C D_t^\alpha x_i(t) = -d\sin x_i + k(x_{i+1}-x_i-a) + \sqrt{2D}\xi_i(t),$$
$$i = 1,2,\cdots,N, \quad 0 < \alpha < 1, \tag{5.2.6}$$

$$x_0 = x_N - Na, \quad x_{N+1} = x_1 + Na. \tag{5.2.7}$$

$\delta = \dfrac{a}{2\pi} \in [0, 1]$ 称为阻挫, 它描述了势函数的周期 2π 与弹簧自由长度 a 之间的失配.

耦合系统的粒子链定向输运速度可表示为

$$v = \lim_{t \to \infty} \frac{1}{N} \sum_{i=1}^{N} \frac{x_i(t) - x_i(t_0)}{t - t_0}, \tag{5.2.8}$$

其中, t_0 和 t 分别为粒子运动的初始时刻和终止时刻. 粒子链平均速度能从宏观上反映粒子链的整体运动趋势, 故以此为考察对象, 通过数值仿真来研究分数阶耦合系统在对称周期势中的合作定向输运现象, 以及阶数 α、势垒高度 d、耦合强度 k 和噪声强度 D 等系统参数对定向输运速度 v 的影响.

2. 数值仿真与分析

采用分数阶差分法[45] 对由模型 (5.2.6), (5.2.7) 所刻画的粒子链耦合定向输运系统进行数值仿真, 并取仿真采样步长为 $\Delta t = 0.01$s, 仿真时间为 $T_s = 100$ s, 粒子间自由长度为 $a = 0.4\pi$. 若无特别说明, 粒子数为 $N = 10$, 周期势势垒高度为 $d = 1$, 耦合强度为 $k = 1$, 系统阶数为 $\alpha = 0.9$, 阻挫 $\delta = 0.2$.

1) 无噪声情形 ($D = 0$)

(1) 粒子链位移.

图 5-2-2 给出了系统在阶数不同 (分别为 $\alpha = 1$, $\alpha = 0.9$, $\alpha = 0.7$) 而保持其余系统参数不变时, 粒子链在一定时间内的位移图, 由此来初步观察与分析阻尼记忆性对粒子链运动的影响. 从图 5-2-2 中可以看到, 在这一组参数下, 整数阶系统和分数阶系统均能够产生粒子链的定向运动, 此外, 粒子链的运动速度随着阶数的减小而减小, 即阻尼记忆性阻碍了粒子运动. 特别地, 粒子链在 $\alpha = 0.7$ 的定向运动明显弱于在 $\alpha = 0.9$ 时, 前者速度约为后者的 $1/3$.

图 5-2-3 给出了系统在耦合强度不同 (分别为 $k = 0.4$, $k = 1$, $k = 10$) 而保持其余系统参数不变时, 粒子链在一定时间内的位移图, 由此来初步观察与分析非对称耦合强度对粒子链运动的影响. 从图 5-2-3 中可以看到, 在上述三个耦合强度下, 粒子链均形成了定向流. 其中, 当 $k = 0.4$ 时, 粒子链在粒子之间微弱的耦合作用以及系统记忆性、周期势等的综合作用下, 随着时间推移而整体向一个方向一致运动, 并且, 它们会在每个势阱内 "逗留" 一段时间, 直至足够下一次 "翻越" 势垒. 当 $k = 1$ 时, "逗留" 时间明显缩短, 这一耦合强度使得粒子之间的合作更为默契, 定向运动的速度也因此而增大. 若进一步加大耦合, 反而会成为粒子的一种 "束缚", 即当 $k = 10$ 时, 粒子链整体沿着同一方向均匀而缓慢地运动.

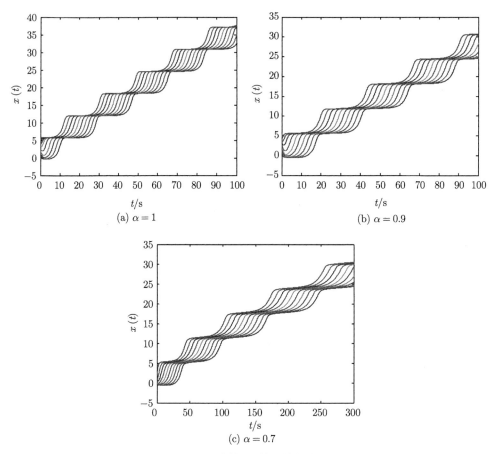

图 5-2-2　不同阶数下, 粒子链位移图 $x(t)$.

其他参数: $N = 10$, $\delta = 0.1$, $d = 1$, $k = 1$

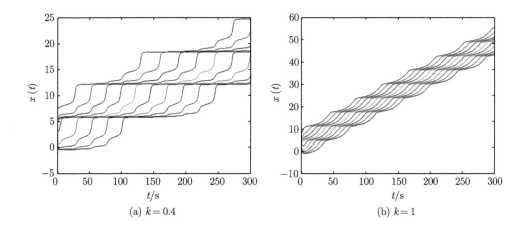

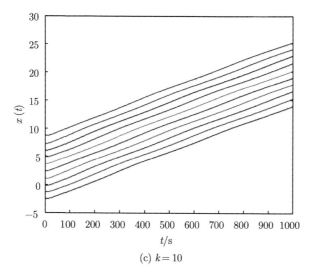

图 5-2-3　不同耦合强度下, 粒子链位移图 $x(t)$.

其他参数: $N=10$, $\delta=0.2$, $\alpha=0.9$, $d=1$

(2) 粒子链平均速度与阶数的关系.

图 5-2-4 给出了不同耦合强度 (图 5-2-4(a)) 和不同势垒高度 (图 5-2-4(b)) 下, 粒子链平均速度关于系统阶数变化的曲线 $v(\alpha)$. 从图 5-2-4(a) 可以看到, 在耦合强度适当大的情况下 (如 $k=1$), 在不同系统阶数下均能观察到粒子链的非零定向流, 并且当系统阶数较小时, 粒子链还存在反向流现象; 随着系统阶数的逐渐增大, 粒子链平均速度随之增大, 其输运方向也由负向转为正向. 这是因为较大的系统阶数意味着较弱的阻尼力记忆性, 从而使得粒子在势阱中的驻留时间减少, 即定向流速度增大. 在耦合强度较小的情况下 (如 $k=0.2$), 粒子链的反向流现象将随着系统阶数的增大而逐渐消失.

可见, 粒子之间的耦合作用是促使粒子链产生定向输运的一个重要因素, 系统阶数则通过阻尼力来影响定向输运速度. 当然, 耦合强度也并不是越大越好, 即在系统阶数固定的情况下, 粒子链平均速度关于耦合强度是非单调变化的.

在图 5-2-4(b) 中也可以看到类似的现象, 即粒子链的定向流速度随着阶数的增大而增大, 并且在强记忆性系统条件下, 粒子链还是反向运动的. 此外, 对于正向的定向流而言, 势垒高度并不是单调地影响输运速度, 比如在图中, $d=2$ 时的流速比 $d=0.2$ 和 $d=5$ 都要大. 这是因为, 过小的势垒高度, 使得粒子链只能够获得微弱的势能, 而无法实现定向运动; 而过大的势垒高度, 则成为粒子链定向运动前进的障碍.

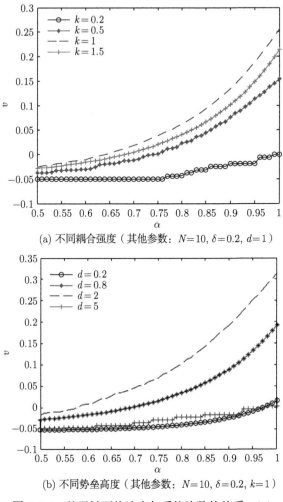

(a) 不同耦合强度（其他参数：$N=10, \delta=0.2, d=1$）

(b) 不同势垒高度（其他参数：$N=10, \delta=0.2, k=1$）

图 5-2-4   粒子链平均速度与系统阶数的关系 $v(\alpha)$

(3) 粒子链平均速度与耦合强度的关系.

图 5-2-5 给出了不同阶数 (图 5-2-5(a)) 及不同势垒高度 (图 5-2-5(b)) 下粒子链平均速度 v 随耦合强度 k 变化的曲线 $v(k)$. 从图 5-2-5 可以看到, 在其他参数固定的情况下, 分数阶非对称耦合系统存在关于耦合强度 k 的共振峰, 即粒子链平均速度具有随着耦合强度的增大而呈先快速增大后缓慢减小的趋势, 也即存在一个适当的耦合强度 k, 使得此时粒子链定向输运速度达到最大值. 可见, 粒子之间的耦合作用可以促使粒子链定向输运加速, 但是过强的耦合反而会束缚粒子, 从而削弱粒子链定向运动.

此外, 从图 5-2-5(a) 还可以看到: ① 在相同耦合强度下, 系统阶数越大, 粒子链平均速度也越大; ② 当耦合强度 k 很小时 (如 $k = 0.1$), 整数阶系统没有发生定向输运, 而分数阶系统则存在微弱的反向流现象.

从图 5-2-5(b) 则可以看到, 随着势垒高度 d 的增大, 粒子链平均速度的共振峰位置 (即最佳耦合强度) 向右偏移, 即当势垒高度变大时, 粒子需要更强的耦合作用才能帮助其他粒子越过更高的势垒.

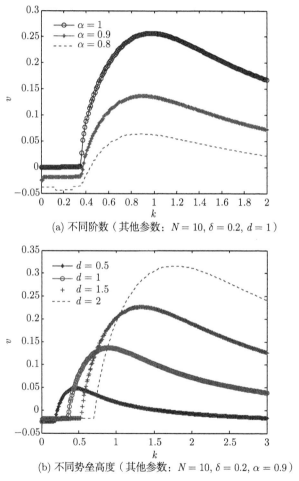

(a) 不同阶数 (其他参数: $N = 10, \delta = 0.2, d = 1$)

(b) 不同势垒高度 (其他参数: $N = 10, \delta = 0.2, \alpha = 0.9$)

图 5-2-5 粒子链平均速度与耦合强度的关系 $v(k)$

(4) 粒子链平均速度与势垒高度的关系.

图 5-2-6 给出了不同阶数 (图 5-2-6(a))、不同耦合强度 (图 5-2-6(b)) 以及不同阻挫 (图 5-2-6(c)) 下粒子链平均速度 v 随势垒高度 d 变化的曲线 $v(d)$. 从图 5-2-6 可以看到: ① 在其他参数固定的情况下, 粒子链平均速度关于势垒高度具有非单

调变化的特点, 即粒子链平均速度随着势垒高度的增大而先缓慢增大后快速减小; ② 系统存在临界的势垒高度 d_c, 当势垒高度增大到一定程度时, 即当 $d > d_c$ 时, 定向流速度 $v = 0$, 系统发生了钉扎现象.

此外, 从图 5-2-6(a) 可以看到, 当势垒高度给定时, 系统阶数越高, 粒子链平均速度越大, 但共振峰位置基本不变, 即最佳势垒高度与系统阶数无关. 另一方面, 当势垒高度过高时, 整数阶系统的定向输运现象将消失, 而分数阶系统的粒子链则有反向流出现. 从图 5-2-6(b) 可以看到, 随着耦合强度的增大, 粒子链定向流速的共振峰位置向右偏移, 即当耦合强度较大时, 粒子链需要更强的势场力才能达到最大平均速度. 从图 5-2-6(c) 可以看到, 当阻挫 δ 较小时, 粒子链正向运动, 当阻挫 δ 较大时粒子链做反向运动, 并且在这一方向也有共振行为, 即存在最佳的势垒高度, 使得反向流速度最大.

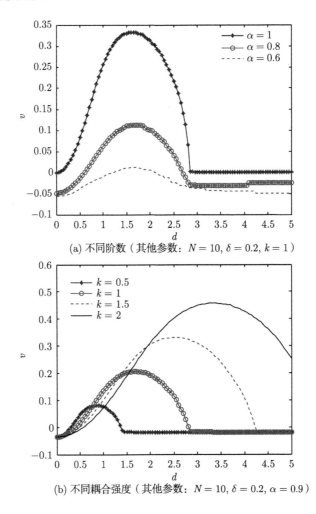

(a) 不同阶数 (其他参数: $N = 10$, $\delta = 0.2$, $k = 1$)

(b) 不同耦合强度 (其他参数: $N = 10$, $\delta = 0.2$, $\alpha = 0.9$)

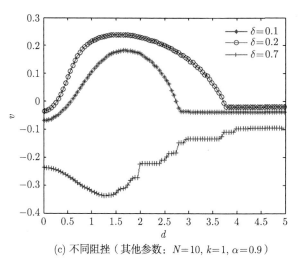

(c) 不同阻挫 (其他参数: $N=10$, $k=1$, $\alpha=0.9$)

图 5-2-6 粒子链平均速度与势垒高度的关系 $v(d)$

(5) 粒子链平均速度与阻挫的关系.

图 5-2-7 给出了不同势垒高度下粒子链平均速度 v 与阻挫 δ 的关系曲线 $v(\delta)$. 可以看到: ① 当势垒消失时, 即 $d=0$ 时, 粒子链无法形成定向流; ② 当系统存在非零的势垒时, 即 $d \neq 0$ 时, 粒子链可以做定向运动, 并且对应于每一个确定的势垒高度, 速度-阻挫曲线表现出了关于 $\delta=0.5$ 近似反对称的特点, 即有关系式: $v(\delta) \approx -v(1-\delta)$, 当阻挫 $\delta \in [0,0.5]$ 时, 粒子链以正向的定向流为主, 而当 $\delta \in [0.5,1]$ 时, 则以反向的定向流为主; ③ 在固定阻挫时, 随着势垒高度的增大, 定向流速度呈现出先增大后减小的趋势, 如当 $\delta=0.1$ 时, $d=1.5$ 对应的速度大于 $d=0.5$ 和 $d=2.5$ 对应的速度.

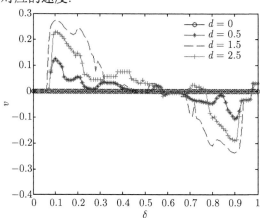

图 5-2-7 不同势垒高度下粒子链平均速度 v 与阻挫 δ 的关系曲线 $v(\delta)$.

其他参数: $N=10$, $k=1$, $\alpha=0.9$

此外, 若考虑阻挫 $\delta \in [0, 0.5]$ 的情形, 还可以看到, 粒子链平均速度 v 关于阻挫 δ 是非单调变化的, 即存在共振峰, 并且还可发现多峰共振的现象.

故类似于 $v(k)$ 和 $v(d)$, 阻挫 δ 也可作为一个优化参数调节定向流速度 v, 甚至改变定向流的方向.

2) 白噪声情形 $(D \neq 0)$

(1) 粒子链位移.

图 5-2-8 为不同噪声强度下粒子链的位移图. 可以看到, 当系统存在白噪声扰动时, 粒子链仍能形成定向流, 并且在一定范围内, 定向流速度对噪声强度不敏感, 但是当噪声过大时, 粒子则将主要受到噪声控制而使其集体效应减弱.

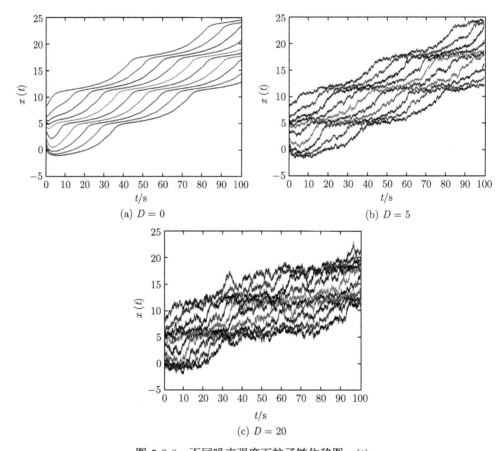

图 5-2-8   不同噪声强度下粒子链位移图 $x(t)$.

其他参数: $N = 10$, $k = 1$, $d = 1$, $\alpha = 0.9$, $\delta = 0.2$

图 5-2-9 为不同阻挫下粒子链的位移图. 受到一定强度的白噪声干扰, 在不同

阻挫条件下系统可以观察到正向的定向运动和反向的定向运动等不同现象. 特别地, 当 $\delta = 0.5$ 时, 系统将出现静止状态, 即不考虑初始状态的影响, 粒子链中的每个粒子最终会停留在某一固定位置附近做单纯的小幅度随机运动.

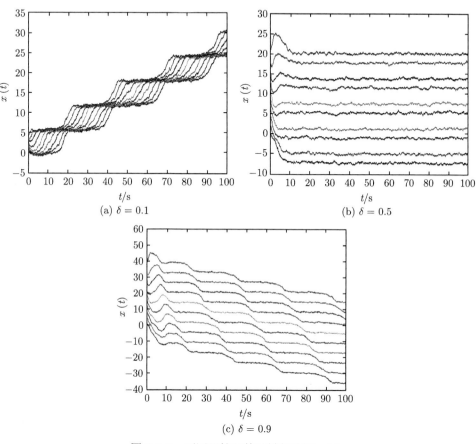

图 5-2-9 不同阻挫下粒子链位移图 $x(t)$.

其他参数: $N = 10$, $k = 1$, $d = 1$, $\alpha = 0.9$, $D = 4$

(2) 粒子链平均速度与噪声强度的关系.

图 5-2-10 给出了在不同阶数 (图 5-2-10(a)) 及不同耦合强度 (图 5-2-10(b)) 下, 粒子链平均速度 v 随噪声强度 D 变化的曲线 $v(D)$. 可以看到, 在适当系统参数下, 当系统存在噪声时, 粒子链平均速度在某一定值附近随机波动, 该值为在无噪声时粒子链平均速度. 可见, 分数阶非对称耦合系统对噪声具有一定的免疫性, 即噪声在一定强度范围内对系统定向输运速度影响较小.

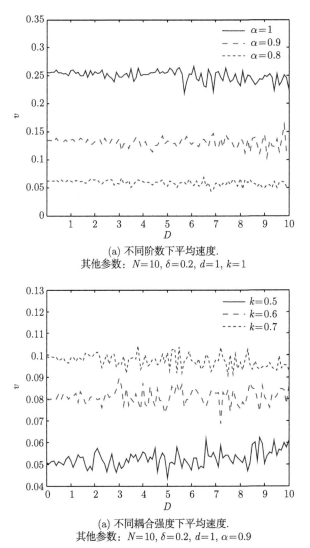

(a) 不同阶数下平均速度.
其他参数：$N=10, \delta=0.2, d=1, k=1$

(a) 不同耦合强度下平均速度.
其他参数：$N=10, \delta=0.2, d=1, \alpha=0.9$

图 5-2-10　粒子链平均速度与噪声强度的关系 $v(D)$

(3) 粒子链平均速度与其他参数的关系.

图 5-2-11 给出了不同噪声强度下, 粒子链平均速度分别与系统阶数 (图 5-2-11(a))、耦合强度 (图 5-2-11(b)) 和势垒高度 (图 5-2-11(c)) 的关系. 可以看到, 在系统存在噪声的情况下, 分数阶非对称耦合系统也能形成非零定向流, 且此时粒子链平均速度随着耦合强度和势垒高度的变化而出现广义随机共振现象, 关于系统阶数的变化则仍是单调的, 与无噪声情形的结果类似.

此外还可以看到, 粒子链平均速度与系统阶数的变化曲线 $v(\alpha)$ 几乎不受噪声

的影响 (图 5-2-11(a)), 出现了某种意义上的免疫现象. 而在耦合强度或势垒高度较大的情况下, 粒子链平均速度对噪声不再免疫. 如图 5-2-11(b) 所示, 当耦合强度 $k > 1$ 时, 无噪声时粒子链平均速度最大, 而当系统存在噪声时, 粒子链平均速度随噪声强度增大而减小, 即在强耦合情况下, 噪声会抑制粒子链的定向输运; 又如图 5-2-11(c) 所示, 当势垒高度 $d > 2$ 时, 适当强度的噪声则会促进粒子链定向输运. 可见, 对于分数阶非对称耦合系统而言, 噪声对粒子链定向输运的影响 (免疫、抑制或促进), 不但可以预判从而加以针对性利用, 而且还可以通过其与系统其他参数之间的相互关联、按预定目标预先加以有效控制和运用.

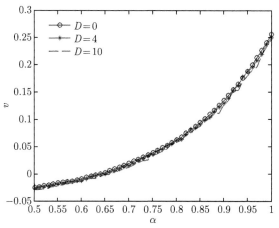

(a) 粒子链平均速度随系统阶数的变化 $v(\alpha)$.
其他参数: $N=10, \delta=0.2, k=1, d=1$

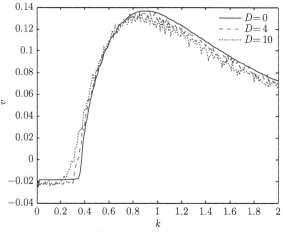

(b) 平均速度随耦合强度的变化 $v(k)$.
其他参数: $N=10, \delta=0.2, d=1, \alpha=0.9$

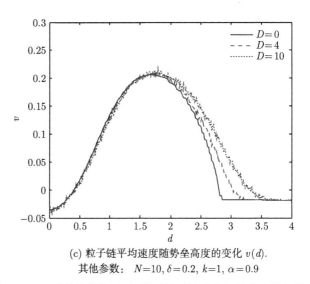

(c) 粒子链平均速度随势垒高度的变化 $v(d)$.
其他参数: $N=10$, $\delta=0.2$, $k=1$, $\alpha=0.9$

图 5-2-11 不同噪声强度下, 粒子链平均速度与其他参数的关系

5.2.2 分数阶 Brown 马达在闪烁棘齿势中的合作输运

本节以分数阶微积分为基础, 建立了分数阶简谐耦合粒子在闪烁棘齿势场中的
输运模型, 讨论粒子链定向输运现象, 通过数值仿真模拟分析了模型参数对粒子链
平均位移和平均速度的影响 [46].

1. 分数阶简谐耦合粒子模型

首先考虑整数阶简谐耦合粒子在闪烁棘齿场中的输运 [28], 模型如图 5-2-12 所
示. 所有粒子处于周期为 L 的非对称棘齿势 $W(x)$ 中, 对单个粒子而言, 棘齿势独
立闪烁 (开关), 分别为 W_{on} 与 W_{off}. 这些粒子均附着在一个可自由伸缩的弹簧上,
粒子间自由间距即弹簧自由长度为 a. 粒子间近邻耦合强度为 k. 在噪声驱动下, 考
虑过阻尼的 Langevin 方程 [28]:

$$\gamma \dot{x}_i = k(x_{i+1} - 2x_i + x_{i-1}) - h_i(t)\frac{\partial W(x_i)}{\partial x_i} + \sqrt{2D}\xi_i(t), \quad i = 2, \cdots, N-1. \quad (5.2.9)$$

采用周期边界条件, 即假设 $x_{N+1} = x_1 + Na$, $x_0 = x_N - Na$, 将其代入 (5.2.9) 式可
得第 1 个与第 N 个粒子运动方程为

$$\gamma \dot{x}_1 = k(x_2 - 2x_1 + x_N - Na) - h_1(t)\frac{\partial W(x_1)}{\partial x_1} + \sqrt{2D}\xi_1(t), \quad (5.2.10)$$

$$\gamma \dot{x}_N = k(x_1 - 2x_N + x_{N-1} + Na) - h_N(t)\frac{\partial W(x_N)}{\partial x_N} + \sqrt{2D}\xi_N(t). \quad (5.2.11)$$

其中, $x_i(i = 1, \cdots, N)$ 为第 i 个粒子位移, γ 为阻尼系数, 系统棘齿势的闪烁由
$h_i(t)$ 控制, D 为噪声强度, $\xi_i(t)$ 为 Gauss 白噪声, 满足: $\langle \xi_i(t) \rangle = 0$, $\langle \xi_i(t)\xi_j(t') \rangle = \delta_{ij}\delta(t - t')$.

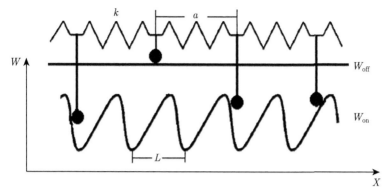

图 5-2-12 简谐耦合系统在闪烁棘齿场中的 Brown 马达输运模型

为刻画非均匀介质, 特别是具有记忆性的黏弹性材料对粒子速度的记忆性 [47-49], 在上述整数阶模型中, 将阻尼项改写为 $\int_0^t \gamma(t-\tau)\dot{x}_i(\tau)\mathrm{d}\tau$, 粒子运动方程可记为

$$\int_0^t \gamma(t-\tau)\dot{x}_i(\tau)\mathrm{d}\tau = k(x_{i+1}-2x_i+x_{i-1}) - h_i(t)\frac{\partial W(x_i)}{\partial x_i} + \sqrt{2D}\xi_i(t), \quad i=2,\cdots,N-1,$$
(5.2.12)

其中, $\gamma(t)=\dfrac{1}{\Gamma(1-\alpha)}\,|t|^{-\alpha}$, 结合 Caputo 分数阶微积分定义 [44]

$$ {}_0^C D_t^\alpha x(t) = \frac{1}{\Gamma(1-\alpha)}\int_0^t (t-\tau)^{-\alpha}\dot{x}(\tau)\mathrm{d}\tau, \quad 0<\alpha<1 $$
(5.2.13)

可得简谐耦合系统的分数阶 Brown 马达输运模型:

$$ {}_0^C D_t^\alpha x_i = k(x_{i+1}-2x_i+x_{i-1}) - h_i(t)\frac{\partial W(x_i)}{\partial x_i} + \sqrt{2D}\xi_i(t), $$

$$ i=2,\cdots,N-1, \quad 0<\alpha<1. $$
(5.2.14)

下面的讨论仍采用周期边界条件, 即

$$ {}_0^C D_t^\alpha x_1 = k(x_2 - 2x_1 + x_N - Na) - h_1(t)\frac{\partial W(x_1)}{\partial x_1} + \sqrt{2D}\xi_1(t), $$
(5.2.15)

$$ {}_0^C D_t^\alpha x_N = k(x_1 - 2x_N + x_{N-1} + Na) - h_N(t)\frac{\partial W(x_N)}{\partial x_N} + \sqrt{2D}\xi_N(t). $$
(5.2.16)

选用 $W(x)$ 为正弦棘齿势, $h_i(t)$ 为闪烁函数, 分别表述如下:

$$ W(x) = -\frac{1}{2}U_0\left[\sin(2\pi x/L) + \frac{1}{4}\sin(4\pi x/L)\right], $$
(5.2.17)

其中, L 是势场的空间周期, U_0 是正弦棘齿势的峰值高度;

$$h_i(t) = h(t) = \begin{cases} 1, & n\tau \leqslant t < n\tau + \tau_{\text{on}}, \\ 0, & n\tau + \tau_{\text{on}} \leqslant t < (n+1)\tau, \end{cases} \tag{5.2.18}$$

其中, τ_{on} 是势存在的时间, τ_{off} 是势消失的时间, 闪烁周期为 $\tau = \tau_{\text{on}} + \tau_{\text{off}}$. $W(x)$ 和 $h(t)$ 的函数图像如图 5-2-13 所示.

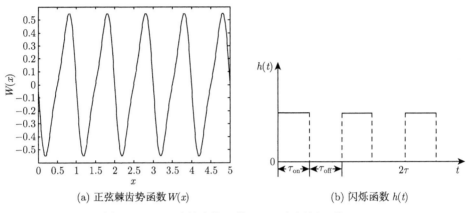

(a) 正弦棘齿势函数 $W(x)$　　　　　　　　　　(b) 闪烁函数 $h(t)$

图 5-2-13　正弦棘齿势函数 $W(x)$ 与闪烁函数 $h(t)$

2. 数值仿真与讨论

为了模拟方程 (5.2.14)—(5.2.16) 所刻画的 Brown 粒子运动, 仍采用分数阶差分法 [45], 其数值计算公式如下:

$$\begin{aligned} x_i(t_j) = T_s^\alpha \bigg\{ & k \left[x_{i+1}(t_{j-1}) - 2x_i(t_{j-1}) + x_{i-1}(t_{j-1}) \right] \\ & - h_i(t_{j-1}) \frac{\partial W(x_i)}{\partial x_i} + \sqrt{2D}\xi_i(t_{j-1}) \bigg\} \\ & - \sum_{l=1}^{j-1} (-1)^l \binom{\alpha}{l} x_i(t_{j-l}), \end{aligned} \tag{5.2.19}$$

其中, T_s 是采样时间, $t_j = (j-1)T_s$, $j = 1, 2, \cdots, n$, $\dbinom{\alpha}{l} = \dfrac{\Gamma(\alpha+1)}{\Gamma(\alpha-l+1)l!}$, 由于主要关注粒子的合作输运现象, 为此仍选用粒子链平均速度描述粒子的运动:

$$V = \lim_{t \to \infty} \frac{1}{N} \sum_{i=1}^{N} \frac{x_i(t) - x_i(t_0)}{t - t_0}, \tag{5.2.20}$$

这里, N 为粒子数, t 和 t_0 分别为数值仿真起始和终止时间. 在仿真实验中, 用 $V = \dfrac{1}{N} \sum\limits_{i=1}^{N} \dfrac{x_i(t) - x_i(t_0)}{t - t_0}$ (t 充分大) 近似表示 V. 采样时间 $T_s = 0.005$ s, 仿真时间为 50 s, 粒子数 $N = 10$. 如无特别说明, 正弦棘齿势峰值高度 $U_0 = 5.5$, 空间周期

$L = 1$, 闪烁周期为 1.6s, 其中势存在时间 $\tau_{\text{on}} = 0.8$s, 耦合系数 $k = 1$, 噪声强度 $D = 0.5$.

1) 粒子链平均位移

当正弦棘齿势开启时, 大部分粒子被棘齿势束缚在势阱底部, 其粒子间距小于无势场时粒子的平均间距; 当势关闭时, 各粒子自由扩散, 由于简谐耦合作用相互远离, 将恢复到无势场时的平衡状态, 经过势消失时间 τ_{off} 后, 粒子在空间的分布被展宽; 当正弦棘齿势重新开启时, 粒子将落回势阱中, 由于势的不对称性 (图 5-2-13 (a)), 粒子落入棘齿势 x 轴负向一端的概率将高于落入其 x 轴正向一端的概率. 因此, 随着棘齿势的不停开关, 从整体上看, 粒子将实现沿 x 轴负方向的定向运动.

另一方面, 在所讨论的分数阶模型中, 第 i 个粒子在 t 时刻所受阻尼力为 $\dfrac{1}{\Gamma(1-\alpha)} \displaystyle\int_0^t (t-\tau)^{-\alpha} \dot{x}_i(\tau) \mathrm{d}\tau$, 即为粒子速度 $\dot{x}_i(t)$ 在时间 $[0, t]$ 内关于幂律记忆性阻尼核函数 $\gamma(t)$ 的加权和. α 越小 $\gamma(t)$ 衰减越慢, 记忆性越强, 即第 i 个粒子的历史速度对 t 时刻阻尼力影响越大, 将使第 i 个粒子所受阻尼力越大, 即导致定向运动速度越小. 进一步, 当阻尼力足够大时, 将促使粒子反向越过势垒, 形成与整数阶反向的定向流, 即沿 x 轴正方向的定向运动.

图 5-2-14 给出了在不同阶数情况下 $N=10$ 个粒子的平均位移 $x(t) = \dfrac{1}{N} \displaystyle\sum_{i=1}^{N} x_i(t)$ 随时间的变化关系. 从图 5-2-14 中可以看到, 当 $\alpha = 1$, 即模型退化为整数阶时, 在非对称正弦棘齿势的作用下粒子链形成了负向的定向流; 随着 α 的减小 (图 5-2-14(b), (c)), 粒子所受阻尼力增大, 粒子链负向流的速度减慢; 当 α 进一步减小时, 进一步增大的阻尼力使粒子反向越过势垒, 形成了正向的定向流, 且速度明显快于负向流速度.

2) 阶数固定时, 粒子链平均速度与系统其他参数的关系

图 5-2-15 给出了在阶数固定情况下, 粒子链平均速度作为不同系统参数的函数与各参数的关系. 通过该图可看到粒子链平均速度对不同参数的依赖性, 也能更好地分析各参数对分数阶简谐耦合粒子合作输运的影响.

首先, 考虑 V 为耦合强度 k 的函数 (图 5-2-15(a)), 当 $\alpha = 1$ 时, 粒子链始终保持负向运动, 当 $k < 2$ 时, 速度有较快的增长; 当 $k > 2$ 时速度并无明显变化. 当 $\alpha = 0.69, 0.7, 0.71$ 时, 由前面分析可知, 在阻尼力作用下粒子链实现了正向运动, 随着耦合强度的增强, 粒子间相互作用增大, 粒子链运动更为协调, 故平均流速增大, 但随着耦合强度进一步增强, 各粒子被束缚在一起, 限制了粒子链的输运速度, 甚至存在一临界耦合强度 k_0, 当 $k > k_0$ 时, 阻尼力不再足以使得粒子越过势垒实现正向运动, 粒子流出现反转. 从图 5-2-15 中可以看到, 正向和反向的输运速度均出现了随耦合强度变化的广义随机共振现象, 即两个方向均存在使得粒子链达到极大平

均速度的最佳 k 值, 且阶数越大, 最佳耦合强度也越大. 由此, 通过分析粒子链平均速度与耦合强度的关系, 可选择相应的耦合强度调整粒子的输运方向及输运速度.

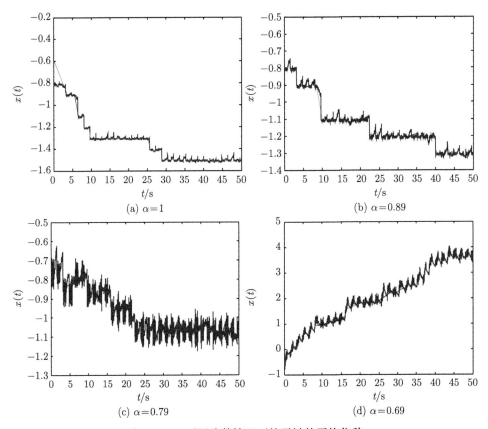

图 5-2-14   不同阶数情况下粒子链的平均位移

图 5-2-15(b) 给出了粒子链平均速度 V 与噪声强度 D 的关系. 当 $\alpha = 1$ 时, 系统无记忆, 粒子链为负向运动, 在 $D < 5$ 时, 速度有明显增长, $D > 5$ 时速度无明显变化, 但随着噪声强度的增大, 速度波动不断加剧. 当 $\alpha = 0.69, 0.71$ 时, 系统具有记忆性, 粒子链为正向运动, 随着噪声强度的增大, 速度波动也不断加剧, 并且对不同的阶数, 平均速度 V 均存在随噪声强度 D 变化的随机共振现象. 进一步, 由于阶数越低, 系统对历史速度记忆性越强, 而历史速度直接受到噪声强度的影响, 故使得平均速度达到极大值的噪声强度明显下降.

最后, 讨论 V 为正弦棘齿势峰值高度 U_0 的函数 (图 5-2-15(c)). 可以看到, U_0 对分数阶系统的影响远大于对整数阶系统的影响. 随着 U_0 的增大, 整数阶系统由于无记忆性, 在其余各参数 (阻尼力、噪声强度、耦合强度) 相对固定情况下, 粒子链平均速度并无明显变化; 分数阶系统当峰值高度较低时 ($U_0 < 5$), 情况与整数阶

类似, 速度并无明显增长, 但在 $U_0 = 5$ 附近, 平均速度明显增长. 这主要是由于峰值高度越大, 在势场空间周期 L 不变的前提下, 势场倾斜度越大, 粒子将以更快的速度落入势阱中. 由于分数阶系统具有记忆性, 当前速度不仅与当前各参数有关, 而且还是历史速度的累积效果, 当 U_0 增大到某一临界值时平均速度将出现一明显跃迁. 但速度的增大并不是无限的, 随着 U_0 继续增大, 势垒高度增加, 粒子越过势垒的概率随之减小, 故输运速度也会逐渐下降.

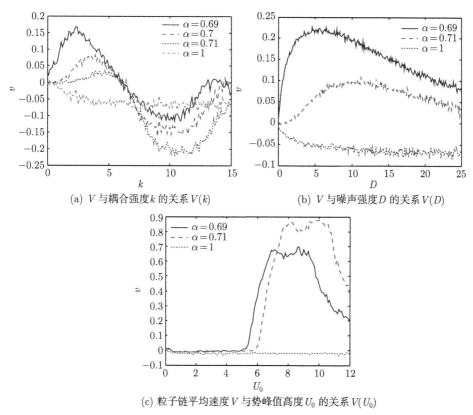

(a) V 与耦合强度 k 的关系 $V(k)$

(b) V 与噪声强度 D 的关系 $V(D)$

(c) 粒子链平均速度 V 与势峰值高度 U_0 的关系 $V(U_0)$

图 5-2-15 阶数固定情况下, 粒子链平均速度 V 与各参数的关系

3) 粒子链平均速度与阶数的关系

图 5-2-16 给出了在不同噪声强度 (图 5-2-16 (a)) 及不同棘齿势峰值高度 (图 5-2-16 (b)) 下粒子链平均速度 V 与阶数 α 的关系. 由于选取的正弦棘齿势在空间上具有周期性, 阻尼力随阶数 α 变化发生振荡, 因此, 在过阻尼情况下, 无论是固定噪声强度还是势场力峰值高度, 粒子链平均速度均相应地发生振荡. 图 5-2-16 (a), (b) 中, 均能观测到明显的两个随阶数 α 变化的共振峰, 并且阶数 α 越小, 对当前阻尼力有实质贡献的历史也就越长, 粒子链所受阻尼力越强, 使得粒子

· 290 · 第 5 章　Brown 马达合作输运

链定向输运速度越慢, 故阶数越小, 共振峰峰值高度越低. 从图 5-2-16 (a) 可以看到, 当 $\alpha < 0.7$ 时, 粒子链保持正向运动, 且噪声强度越大, 输运速度越慢; 当 $\alpha > 0.7$ 时, 噪声的作用使得粒子链产生负向运动, 且随着噪声强度的增大, 粒子链平均速度增大. 从图 5-2-16(b) 可以看到, 在无势场情况下 $(U_0 = 0)$, 粒子链并未发生定向运动, 势场力存在时, 无论势场峰值高低, 粒子链均在某一阶数 α 后由正向运动转变为负向运动, 但其速度远慢于正向运动时的速度. 当粒子链保持正向运动时, 棘齿势峰值高度越大, 粒子链极大平均速度就越大, 且达到极大值的阶数 α 越大.

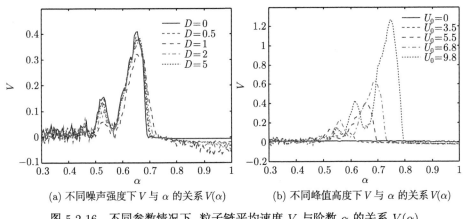

(a) 不同噪声强度下 V 与 α 的关系 $V(\alpha)$　　　(b) 不同峰值高度下 V 与 α 的关系 $V(\alpha)$

图 5-2-16　不同参数情况下, 粒子链平均速度 V 与阶数 α 的关系 $V(\alpha)$

3. 结论

针对分数阶简谐耦合粒子在开关棘齿势场中的输运模型, 利用分数阶差分法求得模型数值解. 数值分析结果表明:

(1) 系统阶数不仅可影响粒子链定向输运速度的大小, 还可改变其方向, 使系统出现与整数阶情况方向相反的定向输运现象, 且随着阶数的变化定向输运速度将出现振荡与广义随机共振现象;

(2) 在阶数固定情况下, 随着粒子间耦合强度的增大系统也会出现反向流, 并在两个方向均出现广义随机共振;

(3) 粒子链定向输运速度同样受到噪声强度与棘齿势峰值高度的影响, 并随参数变化出现广义随机共振.

5.2.3　分数阶 Frenkel-Kontorova 模型的定向输运

本节应用分数阶 Frenkel-Kontorova 模型研究粒子链在黏性介质中的定向输运现象. 利用数值仿真模拟并讨论粒子链在分数阶阶数和其他参数相互作用下的复杂输运现象 [47].

1. 模型

在黏性介质中, 耦合粒子链受到的阻尼力具有记忆性, 并以加权的方式表现为阻尼核函数 $\gamma(t)$, 此时 Frenkel-Kontorova 模型为

$$\int_0^t \gamma(t-\tau)\dot{x}_i(\tau)\mathrm{d}\tau = k(x_{i+1}-2x_i+x_{i-1})-V'(x_i)+y_i(t)+\sqrt{2D}\xi_i(t), \quad i=1,2,\cdots,N.$$
$$(5.2.21)$$

选取幂律阻尼核函数:

$$\gamma(t) = \frac{1}{\Gamma(1-\alpha)}|t|^{-\alpha}, \quad 0<\alpha<1, \tag{5.2.22}$$

根据 Caputo 分数阶微积分的定义, 模型可记为

$$
{}_0^C D_t^\alpha x_i(t) = k(x_{i+1}-2x_i+x_{i-1})-V'(x_i)+y_i(t)+\sqrt{2D}\xi_i(t),
$$
$$
i=1,2,\cdots,N \quad (0<\alpha<1), \tag{5.2.23}
$$

称上式为分数阶 Frenkel-Kontorova 模型 [47], 简称为分数阶 FK 模型, 其中

$$V(x) = -\frac{1}{2}\sin(2\pi x) - \frac{\Delta}{8}\sin(4\pi x), \tag{5.2.24}$$

$y(t)=A\sin(\omega t)$, Δ 为对称性参数, A 为周期力幅度, ω 为周期力的角频率, 不失一般性, 均考虑固定形式的非对称势场, 即 $\Delta=1$, D 为噪声强度, $\xi_i(t)$ 为 Gauss 白噪声, 满足: $\langle \xi_i(t) \rangle = 0$, $\langle \xi_i(t)\xi_j(t') \rangle = \delta_{ij}\delta(t-t')$.

2. 噪声强度及耦合作用对输运行为的影响

为了模拟方程 (5.2.23) 所刻画的粒子运动, 采用分数阶差分法 [45]. 采样步长 $\Delta t = 0.005$ s, 仿真时间取 150 s, 粒子数 $N=10$, 角频率 $\omega=1$, 粒子间自由长度 a 不显含于上式, 取 $\beta=0.5$, 选取周期边界, 基于实际情况, 考虑 $k>0$ 的情况.

固定 $A=1.6, k=3$, 图 5-2-17 展示了粒子链平均流速 $v=\lim\limits_{T\to\infty}\frac{1}{N}\sum\limits_{j=1}^{N}\int_0^T \dot{x}_j(t)\mathrm{d}t$ 随噪声强度 D 的变化关系图. 当系统不具有记忆性时, 即系统阶数 $\alpha=1$, 方程为整数阶情况, 粒子链平均流速 v 随噪声强度 D 的变化在正向上产生了广义随机共振现象. 随着系统的记忆性增强到 $\alpha=0.8$ 时, 此时系统具有较弱的记忆性, 可以观察到与无记忆系统情况相同的现象; 但当噪声强度较弱时 (即 $D<8$), 记忆性系统具有较无记忆情况更大的平均流速 v, 这主要是由于小频率的外加驱动力驱动, 记忆性对粒子链的输运起到了积极作用; 而当系统记忆性继续增强, 达到阶数 $\alpha=0.6$ 时, 粒子链平均流速 v 随噪声强度 D 的增加在负向上产生了广义随机共振现象.

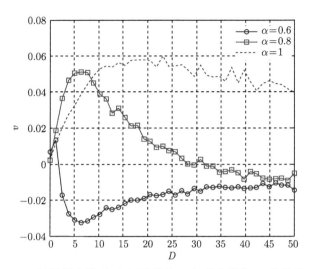

图 5-2-17　阶数固定情况下, 平均流速 v 与噪声强度 D 的关系 $v(D)$

接下来, 基于图 5-2-17 仿真结果, 当噪声强度在 $D = 5$ 附近时, 粒子具有较快的输运速度, 因此固定 $D = 5$. 图 5-2-18 给出 α 分别为 0.6 及 0.8 时, 各粒子平均位移 $\langle x_i(t) \rangle$ 随时间演化过程, 可以发现, 当 $\alpha = 0.6$ 时粒子链整体向负方向运动, 而 $\alpha = 0.8$ 时粒子链整体开始向正方向运动. 这同样证实了以下结论: 系统的记忆性对粒子链输运方向有显著影响.

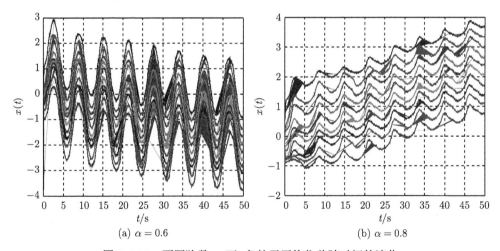

(a) $\alpha = 0.6$　　　　　　　　　　　　　　　(b) $\alpha = 0.8$

图 5-2-18　不同阶数 α 下, 各粒子平均位移随时间的演化

对耦合粒子链的研究, 耦合强度 k 对输运状态的影响起着重要作用, 因此固定噪声强度 $D = 0.1$ 及外加驱动力幅度 $A = 2.3$, 选取不同的记忆性参数, 即系统阶数 α, 得到平均流速 v 与耦合强度 k 的关系, 如图 5-2-19 所示. 当 $\alpha = 0.8$ 时, 弱记

忆性系统与无记忆性情况类似, 粒子链平均流速 v 在正向上产生了广义共振曲线. 随着系统记忆性增强, 即阶数 α 下降到 0.5, 系统产生了反向流, 并且发现粒子链平均流速 v 随耦合强度 k 的增加, 在负向上产生广义共振曲线, 即在 $k \approx 3$ 时, 粒子链存在极大负向平均流速. 这组曲线表明: 耦合能够促使粒子链形成统一跃迁; 但当耦合强度较大时, 所有粒子由于刚性被束缚在一起, 各部分受到的作用被相互抵消, 限制了粒子链的输运. 因此适当的耦合强度才有助于使粒子链达到输运速度的极值.

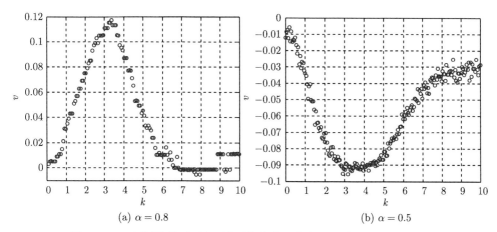

(a) $\alpha = 0.8$　　　　　　　　　　　　(b) $\alpha = 0.5$

图 5-2-19　不同阶数下, 粒子链平均流速 v 与耦合强度 k 的关系 $v(k)$

对于不同外加驱动力强度 A 和不同大小的耦合强度 k, 图 5-2-20 给出了粒子链平均流速 v 随系统阶数 α 的变化关系曲线. 受到相同微弱周期驱动 $(A = 0,1)$ 的粒子由于耦合作用 (即 $k > 0$), 促使各粒子在同一时刻所受阻尼力具有较大的同向分量, 再加上随机噪声的激励作用, 只要当系统记忆性足够强, 粒子链在这种合作作用下便将形成定向输运反向流, 这是在单粒子输运时会发生的. 当受到外加驱动力幅度较强时, 结论与单粒子在记忆性介质中的输运情况相同, 但对于相同的外加驱动力幅度 A, α_0 也会随着耦合强度 k 的增加而增加 (α_0 为使得粒子链平均流速负向达到最大的最优阶数).

本节主要考虑了粒子链在记忆性介质中所产生的复杂输运行为, 着重讨论了系统噪声、耦合强度、系统记忆性对输运状态的影响, 得到以下结论:

(1) 系统的记忆性, 即系统的阶数 α, 对粒子链的运动状态有显著影响, 在保持其他参数不变的条件下, 阶数 α 变化将导致粒子链平均流速产生广义随机共振现象, 甚至出现定向输运反向流;

(2) 平均流速 v 随噪声强度 D 的关系曲线 $v(D)$ 表明: 记忆性系统出现极大平均流速 v 所对应的噪声强度 D 较之整数阶系统要更小; 并且在噪声强度较弱的情

况下, 较之无记忆系统, 记忆性系统具有更快平均流速 v;

(3) 平均流速 v 随耦合强度 k 的关系曲线 $v(k)$ 表明: 平均流速 v 会随耦合强度 k 的变化出现广义共振, 当系统记忆性较弱, 即阶数 α 较大时, 粒子链平均流速出现产生 v 正向广义共振; 而当系统记忆性较强, 即阶数 α 较小时, 粒子链平均流速出现产生 v 负向广义共振.

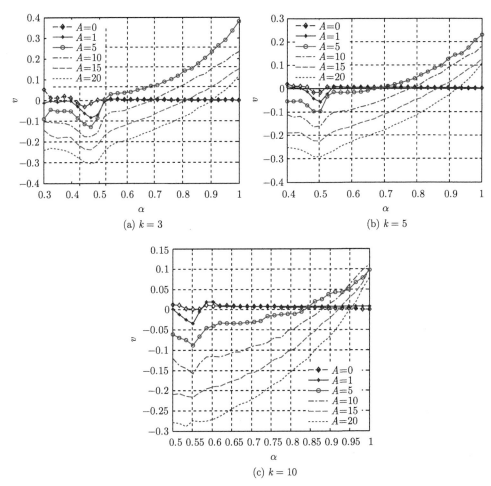

(a) $k = 3$ (b) $k = 5$

(c) $k = 10$

图 5-2-20   不同耦合强度和周期力幅度下, 粒子链平均流速 v 与阶数 α 的关系 $v(\alpha)$

3. 外加驱动力及粒子间自由长度对输运行为的影响

上节内容中, 讨论了耦合强度对分数阶耦合 Brown 马达输运行为的影响, 在本节内容中, 基于以上研究结论, 固定粒子链的耦合强度 $k = 1$, 着重研究无记忆系统 (即 $\alpha = 1$) 及弱记忆系统 (即 $\alpha = 0.8$) 环境下, 外加驱动力 (包括外加驱动力幅度

A、频率 ω) 与不显含于分数阶 Frenkel-Kontorova 方程的粒子间自由长度 β 对耦合粒子链合作输运行为的影响 [48].

先固定外加噪声强度 $D = 0.5$, 图 5-2-21 和图 5-2-22 分别给出了具有不同粒子间自由长度 β 的耦合粒子链在无记忆环境及弱记忆环境中平均流速 v 与外加驱动力幅度 A 的关系曲线.

可以观察到, 在无记忆系统环境下: 当外加驱动力频率较小时, 即 $\omega = 1$, 粒子链输运平均流速 v 随外加驱动力幅度 A 的增加出现了广义共振曲线; 随着外加驱动力频率 ω 的继续增加, 即 $\omega = 5, 10$, 平均流速 v 出现了广义多峰共振曲线, 并且此时外加驱动力频率 ω 直接影响峰的数目. 粒子间自由长度 β 的不同并不会改变峰出现的位置, 即受到相同频率 ω 的外加驱动力作用时下, 当粒子链具有不同的自由长度 β 时, $v(A)$ 曲线极值点所对应的外加驱动力幅度 A 是完全相同的, 而粒子间自由长度 β 只改变了 $v(A)$ 曲线峰的宽度及高度. 当 β 为周期势长度一半时, 即 $\beta = L/2 = 0.5$, 峰的宽度明显要宽于 $\beta = L = 1$ 时, 这也意味着, 当 $\beta = L$ 时, $v(A)$ 曲线更容易出现 "钉扎" 区域 (即粒子不产生输运, $v(A) \approx 0$), 这里以 $\omega = 5$ 为例, $A = 6.5$ 和 $A = 8.5$ 分别出现了 $v(A)$ 曲线的两个极大值点, 当 $\beta = L/2$ 时, 区间 $[6.5, 8.5]$ 内并未出现 "钉扎" 现象, 而当 $\beta = L$ 时, 由于 $v(A)$ 曲线峰的宽度明显变窄, 所以 $v(A)$ 曲线在 $[6.5, 8.5]$ 内出现了较宽 "钉扎" 区域.

当耦合粒子链在弱记忆系统环境下输运时: 大部分现象与无记忆系统是类似的, 而此时, 记忆性则是以特定的形式改变 $v(A)$ 曲线峰的位置和数目. 特别地, 当外加驱动力频率较大时, 即 $\omega = 5, 10$, 随着系统记忆性的增加, 峰的数目也明显增多, 并且适当的记忆性也有助于系统摆脱 "钉扎".

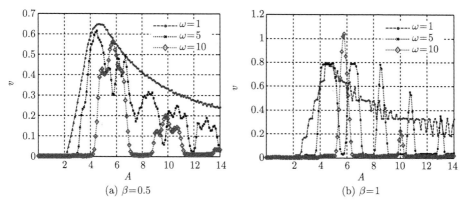

(a) $\beta=0.5$ (b) $\beta=1$

图 5-2-21 无记忆系统环境下, 粒子链平均流速 v 与外加驱动力幅度 A 的关系 $v(A)$

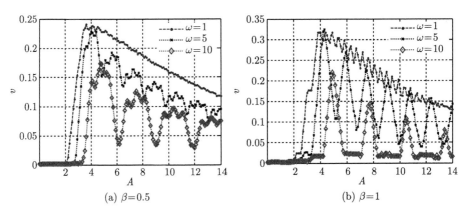

图 5-2-22   弱记忆系统环境下, 粒子链平均流速 v 与外加驱动力幅度 A 的关系 $v(A)$

根据图 5-2-21 和图 5-2-22, 不难发现, 粒子链平均流速 v 与外加驱动力幅度 A 的关系 $v(A)$ 存在很强的波动规律性, 因此下面将几个典型的外加驱动力幅度 A 来分析系统记忆性及外加驱动力频率 ω 对耦合粒子链输运行为的影响. 不失一般性, 这里主要考虑在 $v(A)$ 曲线的其中一个较宽的波动周期 (考虑无记忆系统时, $\beta = L/2$, $\omega = 5, 10$ 时的第一个峰, 如图 5-2-21(a) 所示) 上选取它的两个波谷及波峰所对应的 A 值 $(A = 3, 6, 8)$.

图 5-2-23 给出了无记忆系统及弱记忆性系统下, 粒子链平均流速 v 与外加驱动力频率 ω 的关系. 当外加驱动力幅度较小时, 即 $A = 3$, 从图 5-2-23(a) 和图 5-2-23(b) 均可以看出, 随着外加驱动力频率从 1 增加到 10, 粒子链平均流速 v 下降到 0, 还可以观察到, $v(\omega)$ 在 $\beta = L$ 情况下衰减明显早于 $\beta = L/2$, 并且无记忆系统下衰减速度明显快于弱记忆性情况; 当外加驱动力幅度增加到 $A = 6, 8$ 时, $v(\omega)$ 曲线出现了明显的快速波动, 即当外加驱动力幅度 A、频率 ω、粒子间自由长度 β 达到某种关系时, 粒子链存在极大平均流速, 但若参数间的关系稍有破坏, 很可能就打破了这种协调关系, 导致输运速度下降, 甚至促使粒子链停止输运, 即输运速度下降为 0. 这里以无记忆系统情况为例, 观察外加驱动力幅度 $A = 6$、粒子间自由长度 $\beta = L$ 时, 可以发现, 在 $\omega = 11$ 时, 粒子链产生了极大平均流速, 但如果此时将外加驱动力 A 增加到 8(或者将外加驱动力频率增加或减小), 这种输运现象立马消失, 图 5-2-24 给出了此参数情况下粒子链运动轨迹随时间的演化. 从图 5-2-23(c), (e) 和 (d), (f) 的对比还可看出, 系统弱记忆性可以削弱 $v(\omega)$ 曲线极值点的尖锐程度, 即使降低系统对参数的敏感程度. 特别地, 当外加驱动力幅度 $A = 8$ 时, 曲线 $v(\omega)$ 在 $\beta = L$ 情况下出现的尖峰在弱记忆性系统下是没有出现的, 相对无记忆系统, 记忆性使得 $v(\omega)$ 曲线相对平缓, 这是与外加驱动力幅度 A 较小时结论相统一的.

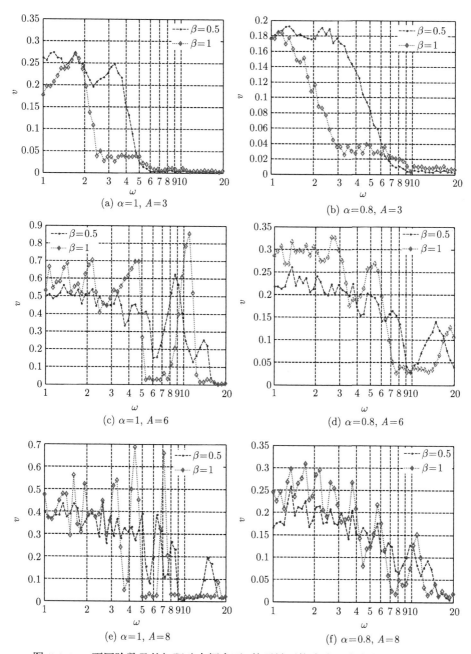

图 5-2-23 不同阶数及外加驱动力幅度下, 粒子链平均流速 v 与外加驱动力频率 ω 的关系 $v(\omega)$

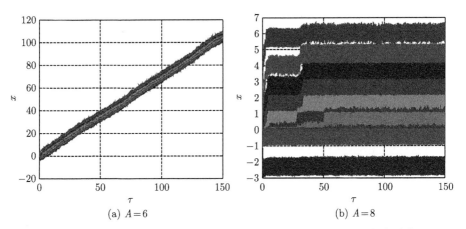

(a) $A=6$　　　　　　　　　　　　　　　　(b) $A=8$

图 5-2-24　无记忆系统下, $\beta = L$, $\omega = 11$, 粒子链平均位移随时间的演化

　　基于上面的研究结论, 这里主要研究外加驱动力频率较小 (即 $\omega = 1$) 及外加驱动力频率较大 (即 $\omega = 5, 10$) 时粒子链平均流速 v 与粒子间自由长度 β 的关系 $v(\beta)$. 从图 5-2-25 可以发现, $v(\beta)$ 曲线均是以 1(即周期势的周期长度 L) 为周期的, 并且曲线 $v(\beta)$ 的极值点均出现在外加周期势场周期长度一半整数倍上, 但不同参数的组合会影响该极值点是极大值点还是极小值点. 以图 5-2-25(a) 为例, 不同 A 的情况下, 当 $A = 3, 6$ 时, $v(0.5)$ 是极小值点; 当 $A = 8$ 时, $v(0.5)$ 是则对应着极大值点.

　　从图 5-2-25(c) 与 (d) 中 $A = 6$ 的对比还可以发现, 系统的弱记忆性能改变 $v(\beta)$ 极大值、极小值出现的位置. 同时, 在无记忆系统中若粒子链存在较快的定向输运时, 系统的弱记忆性会阻碍原本粒子链的输运速度, 但若在本不存在输运的情况下, 系统的弱记忆性可以促使粒子链产生定向输运流, 摆脱 "钉扎", 此性质是与噪声作用类似的, 可以从图 5-2-25(c) 与 (d) 中 $A = 6$ 的曲线对比及图 5-2-25(e) 和 (f) 的对比看出.

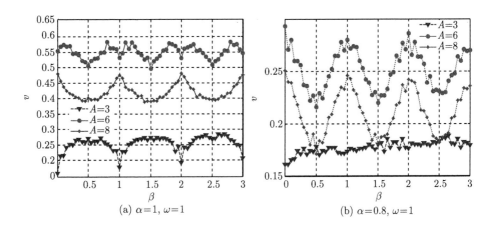

(a) $\alpha=1$, $\omega=1$　　　　　　　　　　　　　(b) $\alpha=0.8$, $\omega=1$

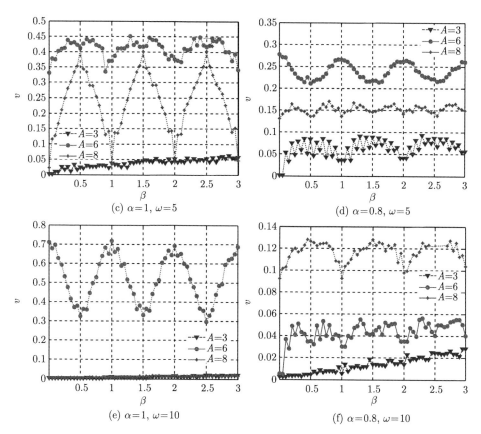

图 5-2-25 不同阶数及外加驱动力频率下, 粒子链平均流速 v 与粒子间自由长度 β 的关系 $v(\beta)$

图 5-2-26 给出了外加驱动力频率 $\omega = 10$、幅度 $A = 8$ 的弱记忆性环境下, 耦合粒子链平均位移的时间演化. 可以看出, 对势场周期 L 取模后余数相同粒子间自由长度 β 虽然不能使粒子链具有更快的输运速度, 但其促使各粒子间的轨迹分得更开, 即各粒子均保持在 β 的间距上向前输运.

固定粒子间自由长度 $\beta = 0.5$, 外加驱动力频率 $\omega = 10$, 本部分主要研究噪声对曲线 $v(A)$ 的影响. 图 5-2-27(a) 和 (b) 给出了粒子链处于不同强度噪声所对应的无记忆环境及弱记忆环境下, 耦合粒子链平均流速 v 与外加驱动力幅度 A 的关系. 可以发现: 随着外加噪声强度 D 的增加, 曲线峰值逐渐减小, 即噪声开始抑制粒子链的输运行为, 无记忆系统与弱记忆性系统均如此; 而本来 "钉扎" 的部分由于噪声作用促使粒子链产生了合作输运行为; 同时, 记忆性也能产生该作用, 但记忆性会使得粒子链当前的运动状态受过去时刻的运动影响, 从而会放大噪声的作用. 因此, 弱记忆系统对噪声的容忍能力要低于无记忆系统, 即在无记忆环境时, 当噪声

强度 $D = 20$ 时, $v(A)$ 曲线仍保持了弱噪声 ($D = 0.5$) 情况下多峰共振的性质; 但在弱记忆环境下, 受到同等强度的噪声激励时, $v(A)$ 曲线所有峰值均因为噪声的抑制作用而消失, 多峰共振也随之退化成单峰共振, 当噪声强度 D 继续增加到 50 时, 粒子链不再产生定向输运行为.

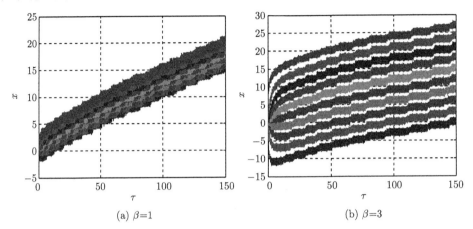

(a) $\beta=1$　　　　　　　　　　　　　　(b) $\beta=3$

图 5-2-26　弱记忆系统下, $\omega = 10$, $A = 8$, 粒子链平均位移随时间的演化

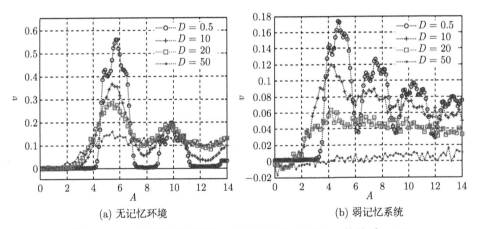

(a) 无记忆环境　　　　　　　　　　　　(b) 弱记忆系统

图 5-2-27　粒子链平均流速 v 与外加驱动力幅度 A 的关系 $v(A)$

图 5-2-28 给出了外加驱动力幅度 $A = 8$ 时, 在不同情况下耦合粒子链平均位移随时间的演化, 可以明显看出, 系统记忆性及外加噪声均使得本来没有输运的粒子链产生了合作定向输运行为, 不同的是, 记忆性产生的输运轨迹要更为有规律, 而噪声促使的定向输运轨迹更为随机; 从图 5-2-28(c) 和 (d) 的对比发现, 记忆性使过去的噪声影响到当前, 在无记忆系统下起到积极作用的噪声此时开始阻碍粒子链的定向输运行为.

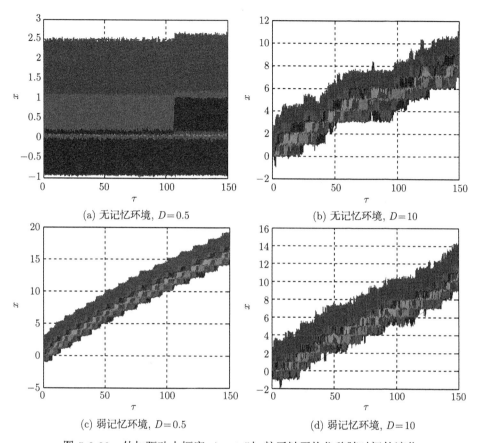

(a) 无记忆环境, $D=0.5$

(b) 无记忆环境, $D=10$

(c) 弱记忆环境, $D=0.5$

(d) 弱记忆环境, $D=10$

图 5-2-28 外加驱动力幅度 $A=8$ 时, 粒子链平均位移随时间的演化

针对外加驱动力及粒子间自由长度 β 对分数阶耦合粒子链复杂输运行为的研究, 得到以下结论:

(1) 在弱噪声环境下, 粒子链平均流速 v 随外加驱动力幅度 A 的关系曲线 $v(A)$ 表明: 在外加驱动力频率较低时, 即 $\omega=1$, $v(A)$ 曲线会出现单峰共振, 系统记忆性会影响主峰的高度、粒子间自由长度 β 会影响曲线的光滑程度; 当外加驱动力频率较大时, 即 $\omega=5,10$, $v(A)$ 曲线会出现多共振, 系统记忆性不仅影响峰的高度, 还能影响峰的数目, 同时外加驱动力频率 ω 也在影响峰的数目, 而粒子间自由长度 β 影响峰的宽度.

(2) 在不同噪声强度下, 粒子链平均流速 v 随外加驱动力幅度 A 的关系曲线 $v(A)$ 表明: 系统记忆性与噪声强度 D 均能促使本来不输运的粒子链产生定向输运行为, 并且由于记忆性放大了噪声影响, 使得记忆系统对噪声的容忍能力要低于无记忆系统.

(3) 在弱噪声环境下, 粒子链平均流速 v 随外加驱动力频率 ω 的关系曲线 $v(\omega)$

表明: 当外加驱动力幅度较小时, 即 $A = 3$, $v(\omega)$ 曲线很快衰减到 0, 并且 $v(\omega)$ 在 $\beta = 1$(即周期势的周期长度 L) 时衰减明显早于 $\beta = 0.5$(即周期势的半周期长度 $L/2$), 无记忆系统下衰减速度明显快于弱记忆性情况; 当外加驱动力幅度增加到 $A = 6, 8$ 时, $v(\omega)$ 曲线出现了明显的快速波动, 即当外加驱动力幅度 A、频率 ω、粒子间自由长度 β 达到某种关系时, 粒子链有极大输运速度, 但参数间的关系稍有破坏, 很可能破坏这种协调关系, 甚至使得链子停止输运.

(4) 弱噪声环境下, 粒子链平均流速 v 随粒子间自由长度 β 的关系曲线 $v(\beta)$ 表明: $v(\beta)$ 曲线均是以 1(即周期势的周期长度 L) 为周期的, 并且曲线的周期极值点几乎都发生在 $\beta = 0.5$(即周期势的半周期长度 $L/2$) 与 $\beta = 1$ 上, 但不同参数的组合会影响该极值点是极大值点还是极小值点.

5.2.4　带反馈的分数阶耦合 Brown 马达的定向输运

闪烁棘齿模型是最为广泛研究的 Brown 马达模型之一, 可以用它来解释分子马达的定向运动 [50-54], 但这些模型对周期势的研究主要采用的是不考虑系统状态的开环控制策略. Francisco J. Cao[55] 提出了依赖于系统状态的闭环反馈控制策略, 随后被广泛地应用于 Brown 马达. 研究发现闭环控制下的最优耦合强度可使 Brown 粒子的平均速度达到最大. 此外, 闭环控制策略不仅可以解释相关生物分子马达的步进机理及高效率, 还可以进一步改进棘轮相关技术为其提供更为广阔的应用前景. 正是由于闭环控制策略在 Brown 棘轮定向输运中的优越性能, 本小节将采用该控制方法, 研究反馈控制对分子马达在拥挤环境下的输运的影响 [56].

1. 带反馈的分数阶过阻尼 Langevin 模型

在对双头分子马达在黏稠性液体输运现象建模时, 首先将每个头部视作一个 Brown 马达, 并考虑闭环控制效应. 在一个可伸缩的弹簧上附着两个 Brown 粒子, 而且两个粒子在弹簧上的附着点之间的距离为 a, 即弹簧的自由长度为 a. 假设两个粒子之间的耦合强度为 k, 采用分数阶过阻尼 Langevin 方程描述双头分子马达的动力学行为

$$ {}^{C}_{0}D^{\alpha}_{t}x_1(t) = h(t)F(x_1(t)) - k(x_1 - x_2 - a) + \xi_1(t), \tag{5.2.25}$$

$$ {}^{C}_{0}D^{\alpha}_{t}x_2(t) = h(t)F(x_2(t)) + k(x_1 - x_2 - a) + \xi_2(t), \tag{5.2.26}$$

其中, k 是耦合强度, a 是弹簧的原长度, $\xi_1(t)$ 和 $\xi_2(t)$ 是均值为零的 Gauss 白噪声, 当系统在 t 时刻时, 粒子 1 和粒子 2 的位置分别为 $x_1(t)$ 和 $x_2(t)$, $F(x_i(t)) = -\dfrac{\mathrm{d}}{\mathrm{d}x_i}U(x_i)$, $U(x_i)$ 为分子马达与其轨道相互作用的势函数, 该势场是一维非对称

的周期势场 (图 5-2-29), 其周期为 $L = 1$, 且可以在两态之间闪烁.

$$U(x_i) = -\frac{U_0}{2\pi}\left[\sin(2\pi x_i) + \frac{1}{4}\sin(4\pi x_i)\right], \tag{5.2.27}$$

$h(t)$ 为控制参数, 其取值只能是 0 或 1. 在研究分子马达的定向运动中, 当 $h(t)$ 取 1 时, 表示分子马达与微管结合, 此时分子马达处在一个非对称的周期势 $U(x)$ 中, 分子马达处于结合态; 当 $h(t)$ 取 0 时, 分子马达不与微管结合, 此时分子马达做自由的扩散运动, 处于分离态. 本节研究反馈势, 关于控制参数 $h(t)$ 的取值满足以下规则: $h(t) = E(f(t))$, 其中

$$f(t) = \frac{1}{2}\left[F(x_1(t)) + F(x_2(t))\right], \tag{5.2.28}$$

$f(t)$ 为加到分子马达上的平均力, $E(f(t))$ 为 Heaviside 函数, 如果 $f(t) \geqslant 0$, $h(t)$ 取为 1, 如果 $f(t) < 0$, $h(t)$ 取为 0, 因此 $h(t)$ 的取值依赖于双头分子马达的位置, 即由于反馈控制的存在, 两个分子马达不再是独立的, 这个非对称势对两个分子马达来说究竟是打开还是闭合的, 完全依赖于它们在上一时刻所处的位置. 本节在讨论分数阶耦合分子马达的输运现象时, 主要考虑的是可控的外噪声, 这个噪声与系统的耗散无关, 且不满足涨落耗散定理, 即 $\xi(t)$ 为分子马达受到的外噪声.

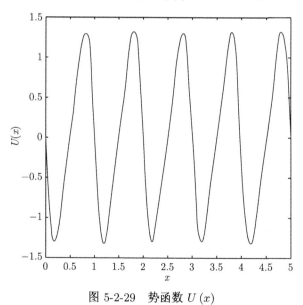

图 5-2-29 势函数 $U(x)$

2. 带反馈的过阻尼分数阶分子马达定向输运机理

本节采用带反馈的正弦棘齿势来研究过阻尼分数阶分子马达的定向输运问题, 根据系统中的双头分子马达受到的棘齿势的合力来控制回路, 这个过程就是通过

监测分子马达每一时刻所在的位置, 并计算出双头分子马达受到的势场合力, 来控制棘齿势的打开与闭合. 当棘齿势作用在分子马达上的合力大于零时就让棘齿势打开, 此时分子马达与轨道结合, 处于结合态 (也称束缚态); 当棘齿势作用在分子马达上的合力为小于零时就让棘齿势关闭, 此时分子马达水解 ATP 后脱离轨道, 处于自由态. 正是分子马达在两态 (束缚态与自由态) 之间的不断变化, 使马达产生宏观的定向运动.

在这样的反馈控制下, 把分子马达位置的变化和分子马达与其轨道之间的作用力的变化对应起来, 双头分子马达便不是独立的, 根据分子马达其上一时刻所在的位置可以确定这个非对称棘齿势究竟是打开还是闭合的, 如果棘齿势是打开的, 从宏观上来讲, 棘齿势将为分子马达提供动量, 从而影响其输运行为.

另一方面, 在本节所讨论的分数阶模型中, 分子马达在 t 时刻所受到阻尼力为 $\frac{1}{\Gamma(1-p)} \int_0^t (t-\tau)^{-\alpha} \dot{x}(\tau) \mathrm{d}\tau$, 也就是说阻尼力是在时段 $[0,t]$ 内的速度关于具有幂律记忆性的阻尼核函数 $\gamma(t)$ 的加权和, 越小的 α 意味着 $\gamma(t)$ 的衰减越慢, 也就意味着对当前阻尼力有更长的贡献历史, 阻尼力也就更强, 由此导致阻尼力对反馈控制下的棘齿势模型的耦合分子马达输运产生重要的影响.

进一步考虑棘齿势的势垒峰值高度对耦合分子马达输运速度的影响: 当分子马达受到的阻尼力较大 (系统阶数较小) 时, 势垒峰值高度对分子马达的输运速度影响较小, 耦合分子马达受到的阻尼力与反馈势所给的作用力的合力起主导地位, 此时阻尼力足够大, 而且此时反馈棘齿势的开关频率较大, 阻尼力与反馈棘齿势给分子马达的势场合力有着竞争合作的关系, 耦合分子马达可以跃过势垒, 形成定向流且速度较大; 当分子马达受到的阻尼力较小 (系统阶数较大) 时, 势垒峰值高度起主导地位, 当分子马达运动到势阱底部时, 分子马达就难以越过势垒, 输运速度也会逐渐变小.

3. 数值模拟与讨论

为了模拟方程 (5.2.25) 和 (5.2.26) 所刻画的分子马达运动, 采用分数阶差分法[45], 其计算公式如下:

$$x_1(t_j) = T_s^\alpha \left\{ -h(f(t_{j-1})) \frac{\partial U(x_1)}{\partial x_1} - k(x_1(t_{j-1}) - x_2(t_{j-1}) - a) + \sqrt{2D}\xi_i(t_{j-1}) \right\}$$
$$- \sum_{l=1}^{j-1} (-1)^l \binom{\alpha}{l} x_1(t_{j-1}), \tag{5.2.29}$$

$$x_2(t_j) = T_s^\alpha \left\{ -h(f(t_{j-1})) \frac{\partial U(x_2)}{\partial x_2} + k(x_1(t_{j-1}) - x_2(t_{j-1}) - a) + \sqrt{2D}\xi_i(t_{j-1}) \right\}$$

$$- \sum_{l=1}^{j-1} (-1)^l \begin{pmatrix} \alpha \\ l \end{pmatrix} x_2 (t_{j-1}), \tag{5.2.30}$$

其中, T_s 为采样时间, $t_j = (j-1) T_s, j = 1, 2, \cdots, n, \begin{pmatrix} \alpha \\ l \end{pmatrix} = \dfrac{\Gamma (\alpha + 1)}{\Gamma (\alpha - l + 1) l!}$. 为了研究双头分子马达在噪声存在时的输运特性, 采用带反馈的棘齿系统的平均速度来描述双头分子马达的定向输运, 即

$$\langle V \rangle = \lim_{T \to \infty} \frac{1}{2T} \sum_{i=1}^{2} \int_0^T \dot{x}_i (t) \mathrm{d}t, \tag{5.2.31}$$

采用 Monte Carlo 方法, 取 M 次仿真实验的平均值作为两个分子马达的平均位移 $\langle x_1 \rangle$, $\langle x_2 \rangle$, 并通过公式 $x = \dfrac{x_1 + x_2}{2}$, 得到两个分子马达质心 x 的平均位移 $\langle x \rangle$. 仿真时间取 100 s, 采样时间间隔取 $T_s = 0.005$ s, 棘齿势的空间周期取 $L = 1$, 如无特别说明, 弹簧长度 $a = 0.62$, 正弦棘齿势的峰值高度 $U_0 = 7.5$, 弹簧的耦合系数 $k = 1.2$, 外噪声的噪声强度 $D = 0.8$.

首先由于是对随机系统进行研究, 即系统是带有噪声的, 考虑系统的稳定性与仿真时间成本就成为一个首要问题, 选取系统阶数为 0.5, 其他参数如上所述, 在不同的仿真次数下得出双头分子马达的平均输运速度随仿真实验次数的变化, 得到图 5-2-30. 从图 5-2-30 中可以看出当仿真次数在 5000 及以上时, 分子马达的速度处于稳定状态, 此时, 可以得到统计学意义上的速度流. 下面如不考虑分子马达的单次输运速度, 并为保证稳定性, 每次的仿真次数均为 8000 次.

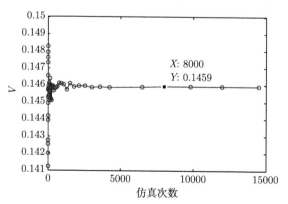

图 5-2-30　仿真次数对输运速度的平均分子马达流的影响

1) 不同系统阶数下反馈棘齿势的开关状态

为了更深入地研究双头分子马达在反馈棘齿势下输运的原因以及更好地阐述此问题, 首先给出系统中带反馈的棘齿势的开关规律随时间的变化关系. 由于双头

分子马达在某些条件下一直处于运动状态, 所以对于单次分子马达的运动其棘齿势的开关频率在一定长度的观测时间段里很高, 因此难以明显地观测出其变化规律. 图 5-2-31 给出了双头分子马达在仿真实验的 8000 次后得到的平均轨道对应的棘齿势的开关情况 ($h(t)$ 取 0 时表示棘齿势关, $h(t)$ 取 1 时表示棘齿势开). 从图 5-2-31(a) 和 (b) 中可以看到, 当系统阶数 α 在 0.4 (此时系统阶数相对而言较小)时, 反馈棘齿势的开关的频率较高, 但当系统阶数 α 为 0.525 时, 反馈棘齿势的开关频率较系统阶数 α 取为 0.4 时高, 并且更为规律; 然而当系统阶数 α 取 0.575(系统阶数较高) 时, 其反馈棘齿势的开关频率有明显的降低, 当系统阶数 α 取到 1 时, 分子马达的开关频率很低, 棘齿势长时间处于开状态或关状态, 由于分子马达所在的位置主导着棘齿势的打开与闭合, 由此可以推出, 棘齿势若开关频率较低 (长时间处于闭合或打开的状态), 双头分子马达则难以越过势垒, 也就是说双头分子马达的输运速度将会减小.

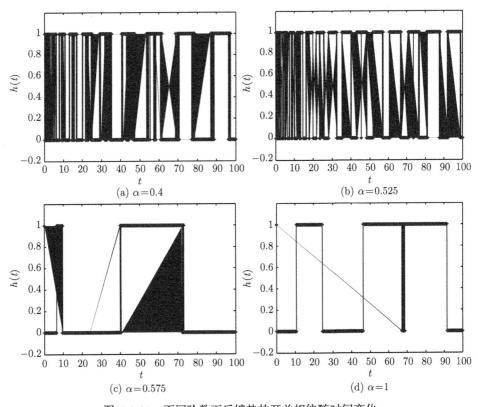

(a) $\alpha=0.4$

(b) $\alpha=0.525$

(c) $\alpha=0.575$

(d) $\alpha=1$

图 5-2-31   不同阶数下反馈势的开关规律随时间变化

由于系统具有记忆性, 由图 5-2-31, 反馈棘齿势的开关频率在起初时较高, 然而随着时间的演变, 反馈棘齿势的开关频率逐渐变低, 但终会趋于稳定. 细胞内部环境是处于极端拥挤的状态, 因此假定细胞内部环境为分数阶 Newton 黏弹性体, 即介质对速度具有幂律记忆性, 因此双头分子马达在起初的运动中产生了 "瞬时弹性" 效应, 但最终反馈棘齿势的开关规律逐渐稳定下来并处于一直较为稳定的状态, 在实验中观察到的现象大多都是处于稳定状态的现象.

2) 不同系统阶数下双头分子马达的平均位移

上一小节中考虑了当系统阶数不同时, 反馈棘齿势的开关规律随时间的变化, 为了更深入地阐述反馈势的开关频率对双头分子马达定向输运的影响, 本小节中将给出双头分子马达在上节中的结果下的平均位移的情况. 图 5-2-32 给出了系统阶数分别为 0.4, 0.525, 0.575, 1 且系统在其他参数不变的情况下每个分子马达的位移 $\langle x_1 \rangle$, $\langle x_2 \rangle$ 及双头分子马达的平均位移 $\langle x \rangle$ 随时间的变化关系. 从图 5-2-32 中可以看到, 当系统阶数 α 为 0.4(较小) 时, 双头分子马达有非零的速度流, 且其运动的方向是正向的; 当系统阶数 α 为 0.525 时, 分子马达的速度流相对规律且较为稳定; 当系统阶数 α 为 0.575 时, 分子马达在越过势垒前会长时间停留在势垒底部; 当系统阶数 α 取值为 1(系统退化为整数阶) 时, 分子马达会更长时间地停留在势阱底部而更难越过势垒.

结合不同系统阶数下反馈棘齿势的开关情况, 可以得到当系统阶数 α 在 0.525 左右时, 系统具有一定的记忆性, 此时反馈棘齿势的开关频率较高而且较为稳定, 此时分子马达的速度流也较大; 当系统阶数 α 在 0.4(较小) 时, 此时分子马达受到的阻尼力较大, 双头分子马达在阻尼力和反馈棘齿势所给的力的竞争下运动, 仍可产生正向的速度流, 其原因在于当反馈棘齿势打开时, 双头分子马达受到的势场合力总是大于零, 而反馈棘齿势的开关频率也较大, 说明双头分子马达总是受到正向的力. 当系统阶数 α 较大时, 反馈棘齿势的开关频率明显较低, 此时占主导地位的是反馈棘齿势的势垒峰值高度, 分子马达在势阱底部越过势垒的概率较低, 分子马达在势阱底部停留较长时间.

图 5-2-32 的内插图为耦合分子马达的 8000 次仿真实验取平均速度的结果, 随着时间的变化先是速率逐渐变小, 但会逐渐趋于稳定值 (直线运动), 这也是双头分子马达在具有记忆性的细胞环境下运动的表现. 并且可以与系统阶数为 1(即忽略分子马达的运动环境具有记忆性这一特点) 对比, 双头分子马达的 8000 次仿真实验得到的平均轨道再取双头马达的平均得到的运动速率更接近匀速, 这也与在理想介质下的模型是相吻合的.

3) 双头分子马达的平均速度随系统阶数的变化关系

图 5-2-33 给出了双头分子马达的平均速度在不同的噪声强度 (图 5-2-33 (a)) 下及不同反馈棘齿势的峰值高度 (图 5-2-33 (b)) 下随系统阶数 α 的变化关系. 从图 5-2-33 (a), (b) 中, 均能观测到分子马达的平均速度随系统阶数 α 的变化有明显的共振峰, 而且当系统阶数 α 在某一数值时, 双头分子马达的平均速度迅速下降,

并在一个较小的值附近达到稳定值, 对比图 5-2-33, 得到此时反馈棘齿势的开关频率较低, 此时占主导地位的是棘齿势的势垒峰值高度, 分子马达会在势阱底部停留较长时间.

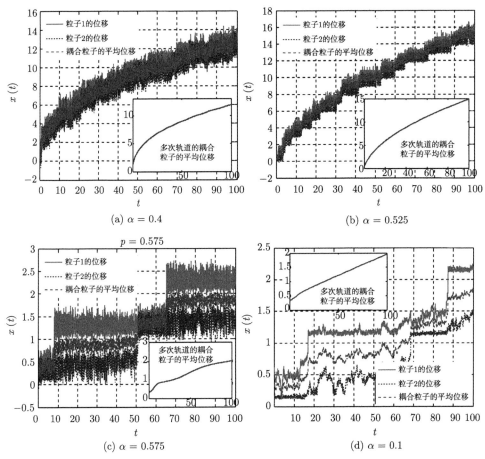

(a) $\alpha = 0.4$

(b) $\alpha = 0.525$

(c) $\alpha = 0.575$

(d) $\alpha = 0.1$

图 5-2-32　不同阶数下分子马达的位移随时间变化

内插图分别为耦合分子马达的 8000 次轨道的平均位移

从图 5-2-33 (a) 可以看出, 噪声的强度越大, 分子马达的输运速度越快, 也就是说噪声可以加大系统中分子马达的输运速度; 图 5-2-33 (b) 可以看出, 在没有棘齿势的情况下 (即 $U_0 = 0$), 分子马达并未发生定向运动, 当棘齿势存在时, 棘齿势峰值高度越高, 分子马达的极大平均速度值就越大, 而且达到极大值的系统阶数 α 越大. 这些都是系统的记忆性产生的阻尼力、系统的反馈势给双头分子马达的作用力与系统的反馈棘齿势峰值高度竞争合作的结果.

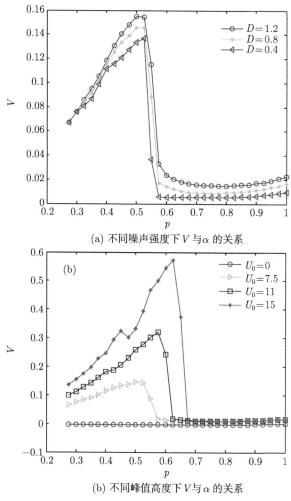

(a) 不同噪声强度下 V 与 α 的关系

(b) 不同峰值高度下 V 与 α 的关系

图 5-2-33 分子马达平均速度 V 与阶数 α 的关系

4) 双头分子马达的平均速度随系统弹簧长度的变化关系

图 5-2-34 给出了不同系统阶数下双头分子马达的平均速度随弹簧长度 a 的变化关系. 从图 5-2-34 中可以发现分子马达平均速度随弹簧长度 a 呈周期性的变化关系, 而且变化周期大致与正弦棘齿势的周期相同, 且分子马达的平均速度随着系统阶数先增大后减小. 当弹簧长度为棘齿势的周期的整数倍时, 分子马达的平均速度达到其最小值; 当弹簧长度为棘齿势的半周期的奇数倍时, 分子马达的平均速度达到其最大值. 值得注意的是, 当阶数为 0.55 时, 平均速度随 a 变化的振幅较大, 这也是由于此时比较敏感的结果.

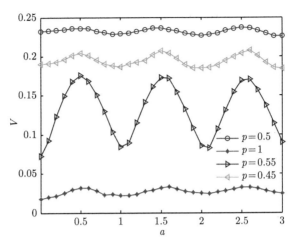

图 5-2-34　分子马达流在不同阶数下随弹簧长度 a 的变化关系

4. 结论

本节在分数阶 Langevin 方程的基础上引入带反馈的非对称棘齿势场中双头分子马达的输运模型, 并利用分数阶差分法求得模型数值解.

数值分析结果表明:

(1) 当系统阶数在一定范围内时, 反馈棘齿势的开关频率较大, 此时分子马达具有较大的速度流; 当系统阶数较大时, 反馈棘齿势的开关频率较小, 此时分子马达的速度流较小.

(2) 固定系统的其他参数时, 分子马达的速度流随系统阶数的变化产生广义随机共振现象.

(3) 分子马达的定向输运速度随系统的弹簧长度呈现周期性的变化, 并且在变化周期大致与正弦棘齿势的周期相同, 且当弹簧长度为正弦棘齿势的周期的整数倍时, 分子马达的输运速度最小; 当弹簧长度为正弦棘齿系统的周期势的半周期的奇数倍时, 分子马达的输运速度最大.

(4) 双头分子马达的定向输运速度还受到反馈棘齿势的峰值高度和噪声强度的影响.

参 考 文 献

[1]　Wang H Y, Bao J D. The roles of ratchet in transport of two coupled particles[J]. Physica A: Statistical Mechanics and Its Applications, 2004, 337: 13-26.

[2]　Csahók Z, Family F, Vicsek T. Transport of elastically coupled particles in an asymmetric periodic potential[J]. Physical Review E, 1997, 55: 5179-5183.

[3] Kumar K V, Ramaswamy S, Rao M. Active elastic dimers: Self-propulsion and current reversal on a featureless track[J]. Physical Review E, 2008, 77: 020102.

[4] van Gehlen S, Evstigneev M, Reimann P. Ratchet effect of a dimer with broken friction symmetry in a symmetric potential[J]. Physical Review E, 2009, 79: 031114.

[5] Ai B Q, He Y F, Zhong W R. Particle diode: Rectification of interacting Brownian ratchets[J]. Physical Review E, 2011, 83: 051106.

[6] Vadakkepatt A, Dong Y L, Lichter S, et al. Effect of molecular structure on liquid slip[J]. Physical Review E, 2011, 84: 066311.

[7] Nishikawa M, Takagi H, Shibata T, et al. Fluctuation analysis of mechanochemical coupling depending on the type of biomolecular motors[J]. Physical Review Letters, 2008, 101: 128103.

[8] Campàs O, Kafri Y, Casademunt J, et al. Collective dynamics of interacting molecular motors [J]. Physical Review Letters, 2006, 97: 038101.

[9] Zhang H W, Wen S T, Chen G R, et al. Two-dimensional model of elastically coupled molecular motors[J]. Chinese Physics B, 2012, 21(3): 038701.

[10] Zhao A K, Li Y X, Zhang H W. Feedback control of two-headed Brownian motors in flashing ratchet potential[J]. Chinese Physics B, 2010, 19(11): 110506.

[11] Guérin T, Prost J, Martin P, Joanny J- F, Coordination and collective properties of molecular motors: Theory[J] .Current Opinion in Cell Biology, 2010, 22(1):14-20.

[12] Savel'ev S, Marchesoni F, Nori F. Controlling transport in mixtures of interacting particles using Brownian motors[J]. Physical Review Letters, 2003, 91(1): 010601.

[13] Veigel C, Schmidt C F. Moving into the cell: Single-molecule studies of molecular motors in complex environments[J]. Nature Reviews Molecular Cell Biology, 2011, 12: 163-176.

[14] Lipowsky R, Klumpp S, Nieuwenhuizen T M. Random walks of cytoskeletal motors in open and closed compartments[J]. Physical Review Letters, 2001, 87: 108101.

[15] Roostalu J, Hentrich C, Bieling P, et al. Directional switching of the kinesin cin8 through motor coupling[J]. Science, 2011, 332(6025): 94-99.

[16] Downton M T, Zuckermann M J, Craig E M, et al. Single-polymer Brownian motor: A simulation study[J]. Physical Review E, 2006, 73: 011909.

[17] Beeg J, Klumpp S, Dimova R, et al. Transport of beads by several kinesin motors[J]. Biophysical Journal, 2008, 94(2): 532-541.

[18] 季袁冬, 屠浙, 赖莉, 等. 非对称耦合粒子链在棘齿势中的确定性定向输运 [J]. 物理学报, 2015, 64(7): 114-118.

[19] 郑志刚. 耦合非线性系统的时空动力学与合作行为 [M]. 北京: 高等教育出版社, 2004.

[20] Reimann P. Brownian motors: Noisy transport far from equilibrium [J]. Physics Reports, 2002, 361(2): 57-265.

[21] Kay E R, Leigh D A, Zerbetto F. Synthetic molecular motors and mechanical machines [J]. Angewandte Chemie International Edition, 2007, 46(1-2): 72-191.

[22] Jülicher F, Ajdari A, Prost J. Modeling molecular motors[J]. Reviews of Modern Physics, 1997, 69(4): 1269.

[23] de Souza Silva C C, de Vondel J V, Morelle M, et al. Controlled multiple reversals of a ratchet effect [J]. Nature, 2006, 440(7084): 651-654.

[24] Wang H, Bao J. Cooperation behavior in transport process of coupled Brownian motors [J]. Physica A: Statistical Mechanics and Its Applications, 2005, 357(3): 373-382.

[25] Chen H, Zheng Z. Deterministic collective directional transport in one-dimensional flashing ratchet potentials [J]. Modern Physics Letters B, 2011, 25(14): 1179-1192.

[26] Bao J. Transport in a flashing ratchet in the presence of anomalous diffusion [J]. Physics Letters A, 2003, 314(3): 203-208.

[27] 程海涛, 何济洲, 肖宇玲. 周期性双势垒锯齿势中温差驱动的布朗热机 [J]. 物理学报, 2012, 61(1): 53-58.

[28] Igarashi A, Tsukamoto S, Goko H. Transport properties and efficiency of elastically coupled Brownian motors[J]. Physical Review E, 2001, 64: 051908.

[29] Reimann P, Hänggi P, Introduction to the physics of Brownian motors[J]. Applied Physics A, 2002, 75: 169-178.

[30] Orlandi J G, Mercader C B, Brugués J, Casademunt J. Cooperativity of self-organized Brownian motors pulling on soft cargoes[J]. Physical Review E, 2010, 82: 061903.

[31] Burada P S, Schmid G, Talkner P, et al. Entropic particle transport in periodic channels[J]. Biosystems, 2008, 93: 16-22.

[32] Li C P, Chen H B, Zheng Z G. Ratchet motion and current reversal of coupled Brownian motors in pulsating symmetric potentials[J]. Frontiers of Physics, 2017, 12: 120502.

[33] Ai B Q, He Y F, Zhong W R. Entropic ratchet transport of interacting active Brownian particles[J]. The Journal of Chemical Physics, 2014, 141: 194111.

[34] Simon M S, Sancho J M, Lindenberg K. Transport and diffusion of overdamped Brownian particles in random potentials[J]. Physical Review E, 2013, 88: 062105.

[35] Singh R K, Noise enhanced stability of a metastable state containing coupled Brownian particles[J]. Physica A: Statistical Mechanics and Its Applications, 2017, 473: 445-450.

[36] Grima R, Yaliraki S N. Brownian motion of an asymmetrical particle in a potential field[J]. The Journal of Chemical Physics, 2007, 127: 084511.

[37] Mateos J L, Alatriste F R. Brownian motors and stochastic resonance[J]. Chaos, 2011, 21: 047503.

[38] Spiechowicz J, Kostur M. Brownian ratchets: How stronger thermal noise can reduce diffusion[J]. Chaos, 2017, 27: 023111.

[39] Branka A C, Das A K, Heyes D M. Overdamped Brownian motion in periodic symmetric potentials. The Journal of Chemical Physics, 2000, 113: 9911.

[40] Linke H, Downton M, Zuckermann M J. Performance characteristics of Brownian motors[J]. Chaos, 2005, 15: 026111.

[41] 包景东. 反常统计动力学导论 [M]. 北京: 科学出版社, 2012.

[42] 白文斯密, 彭皓, 屠浙, 等. 分数阶 Brown 马达及其定向输运现象 [J]. 物理学报, 2012, 61(21): 64-69.

[43] 屠浙, 赖莉, 罗懋康. 分数阶非对称耦合系统在对称周期势中的定向输运 [J]. 物理学报, 2014, 63(12): 46-51.

[44] Podlubny I. Fractional Differential Equations[M], San Diego: Academic Press, 1998.

[45] Petrás I. Fractional-Order Nonlinear Systerms Modeling[M]. Analysis and Simulation (1st Ed.) Beijing: Higher Education Press 2011.

[46] 赖莉, 周薛雪, 马洪, 等. 分数阶布朗马达在闪烁棘齿势中的合作输运现象 [J]. 物理学报, 2013, 62(15): 48-54.

[47] 王飞, 邓翠, 屠浙, 等. 耦合分数阶布朗马达在非对称势中的输运 [J]. 物理学报, 2013, 62(4): 37-42.

[48] Lv W Y, Wang H Q, Lin L F, Wang F, Zhong S C. Transport properties of elastically coupled fractional Brownian motors[J]. Physica A: Statistical Mechanics & Its Applications, 2015, 437: 149-161.

[49] 包景东. 经典和量子耗散系统的随机模拟方法[M]. 北京: 科学出版社, 2009.

[50] Rozenbaum V M, Yang D, Lin S H, et al. Energy losses in a flashing ratchet with different potential well shapes[J]. Physica A: Statistical Mechanics & Its Applications, 2006, 363(363): 211-216.

[51] Dinis L, Parrondo J M R, Cao F J. Closed-loop control strategy with improved current for a flashing ratchet[J]. Europhysics Letters, 2005, 71(4): 536-541.

[52] Lindén M, Tuohimaa T, Jonsson A, Wallin M F. Force generation in small ensembles of Brownian motors[J]. Physical Review E, 2006, 74(2Pt1): 79-97.

[53] Craig E M, Zuckermann M J, Linke H. Mechanical coupling in flashing ratchets[J]. Physical Review E, 2006, 73(1): 88-101.

[54] Lattanzi G, Maritan A. Force dependence of the Michaelis constant in a two-state ratchet model for molecular motors[J]. Physical Review Letters , 2001, 86(6): 1134-1137.

[55] Feito M, Cao F J. Transport reversal in a delayed feedback ratchet[J]. Physica A Statistical Mechanics & Its Applications, 2008, 387: 4553.

[56] 秦天奇, 王飞, 杨博, 等. 带反馈的分数阶耦合布朗马达的定向输运 [J]. 物理学报, 2015, 64(12): 87-94.

第6章 分数阶动力学系统的控制与同步

6.1 引　言

如今, 分数阶微分方程越来越多地被用来描述光学和热学系统、流变学及材料和力学系统 [1]、信号处理和系统识别 [2]、控制理论 [3] 和机器人及其他应用领域中的问题. 同时许多由分数阶微积分来建模的现实世界中的系统也展示出丰富的分数阶动力学行为, 其中包括: 黏弹性材料 [4,5] 和色噪声 [6] 建模、电磁波、电解液的极化 [7]、分数阶分子动力学、自然界中多孔或裂断介质中溶质的反应和扩散 [8] 以及混沌 [2] 等. 尽管分数阶微积分与经典微积分有相同的历史, 且已经有了相当的发展, 但它远没有经典微积分的理论完善. 随着分数阶微积分越来越多地应用在工程技术领域, 其理论研究和应用研究都显得尤为迫切.

针对双参数分数阶非线性 Langevin 方程的初值问题, 在 6.2 节对其解的存在唯一性进行了深入探讨. 通过对线性方程的求解, 将该非线性初值问题转化为一个不动点问题, 进而结合 Leray-Schauder 非线性二择一定理和 Banach 压缩映像原理分别给出了该初值问题的存在、唯一性条件. 在 6.3 节中首先将构造的仅含有一个可调参数的分数阶电阻–电容控制器应用到相同阶数的分数阶混沌系统的控制中, 从而避免了不同阶数的引入所导致的设计复杂性, 验证了分数阶控制器较整数阶控制器更优越的控制性能, 该控制方法简单、普适且抗噪声性强. 随后基于 Lyapunov 稳定理论和 LaSalle 不变集原理, 利用分数阶算子的性质, 提出一种新的控制方法, 并设计出一个新的分数阶控制器. 该控制方法能够应用到所有混沌系统和超混沌系统, 无论该系统是等阶的还是非等阶的. 该控制器为整数阶微分系统的线性控制器的推广, 且结构简单, 易于工程实现. 分数阶混沌和超混沌系统的数值仿真结果证明了方法的正确性和控制器的有效性. 最后, 本章在 6.4 节结合 Rayleigh 振子和 Duffing 类系统, 提出 Rayleigh-Duffing 类系统, 并用 Melnikov 方法来判定系统存在混沌解, 并用三个不同的同步方法 (主动控制技术、状态观测器、非线性状态反馈) 来同步两个分数阶 Rayleigh-Duffing 类系统.

6.2 分数阶 Langevin 方程解的存在唯一性

针对复杂介质中的反常物理现象难以通过传统 Langevin 方程进行准确刻画的客观现实, 本节对双参数分数阶非线性 Langevin 方程初值问题解的存在唯一性进行了深入探讨. 首先, 通过对线性方程的求解, 将非线性初值问题转化为一个不动点问题. 接着, 结合 Leray-Schauder 非线性二择一定义和 Banach 压缩映像原理分别给出了该初值问题的存在、唯一性条件. 这一研究工作为后续数值研究工作的开展提供了一定的理论基础, 在此基础上, 可通过数值模拟对方程解的性质进行深入研究.

6.2.1 分数阶 Langevin 方程解的存在唯一性定理

众所周知, 线性分数阶微分方程可通过 Laplace 变换法进行解析求解, 而大多数非线性分数阶微分方程则只能通过数值仿真方法进行数值求解. 为保证仿真结果的可靠性, 需验证目标方程的解是否存在唯一. 近年来, 非线性分数阶微分方程初边值问题解的存在唯一性受到了学者们的广泛关注 [9-12]. 然而, 对双参数分数阶非线性 Langevin 方程解的存在唯一性的研究还处于起步阶段 [13,14], 相关研究工作主要集中于对边值问题的讨论上, 如 $0 < \alpha$, $\beta \leqslant 1$ 下的 Dirichlet 边值问题与 $0 < \alpha \leqslant 1, 1 < \beta \leqslant 2$ 下的三点边值问题等, 相关初值问题的研究工作还未见报道.

本节主要讨论如下双参数 Langevin 方程初值问题解的存在唯一性:

$$\begin{cases} {}^C D^\beta({}^c D^\alpha + \gamma)x(t) = f(t, x(t)), & 0 < t < 1, \\ x^k(0) = \mu_k, & 0 \leqslant k < l, \\ x^{(\alpha+k)}(0) = \nu_k, & 0 \leqslant k < n. \end{cases} \tag{6.2.1}$$

其中, ${}^C D$ 表示 Caputo 意义下的分数阶微分, $f : [0,1] \times \mathbb{R} \to \mathbb{R}$ 是给定的连续函数, $\gamma \in \mathbb{R}$, $m, n \in \mathbb{N}$, $m - 1 \leqslant \alpha < m$, $n - 1 \leqslant \beta < n$, $l = \max\{m,n\}$. 需要指出的是, 本节对分数阶参数 α 和 β 的取值无任何限制, 因而本节的研究结果具有广泛的适用性.

下面, 本节将通过如下引理来揭示分数阶积分的性质以及它们相互间的关系.

引理 6.2.1[15] 设 $p, q \in \mathbb{R}_+$, $m \in \mathbb{N}_+$, $p \leqslant q$, $n - 1 < p < n$, $r > -1$, $u \in C[0,1]$, $f \in C^{m+n}[0,1]$, 设 ${}^C D^p$ 表示 p 阶 Caputo 分数阶微分, I^p 表示 p 阶 Riemann Liouville 分数阶积分, 则如下关系式成立:

(1) $I^0 := I$, $I^p I^q u(t) = I^q I^p u(t) = I^{p+q} u(t)$;

(2) ${}^C D^0 := I$, ${}^C D^p C = 0$, ${}^C D^p I^p u(t) = u(t)$;

(3) $I^{(p)} t^r = \dfrac{\Gamma(r+1)}{\Gamma(r+1+p)} t^{(r+p)}$, ${}^C D^p t^q = \dfrac{\Gamma(q+1)}{\Gamma(q+1-p)} t^{(q-p)}$;

(4) ${}^C D^p({}^C D^m f(t)) = {}^C D^m({}^c D^p f(t)) = {}^C D^{p+m} f(t)$, 当 $f^s(0) = 0$, $s = n, \cdots, m$.

引理 6.2.2[16] 对任意 $p > 0$, 方程 ${}^C D^p x(t) = 0$ 的解可写为如下的一般

形式:

$$x(t) = c_0 + c_1 t + c_2 t^2 + \cdots + c_{n-1} t^{n-1}, \tag{6.2.2}$$

其中, $n = [p] + 1$, $c_i \in \mathbb{R}$.

最后, 给出 Leray-Schauder 非线性二择一定理以便在后续工作中得到方程 (6.2.1) 解的存在性的相关结论.

定理 6.2.1[17]　设 X 是 Banach 空间, $\mathcal{C} \subset X$ 是该空间中的凸集, U 是 $\mathcal{C}$ 中的开集, 且 $0 \in U$. 令 $T : \bar{U} \to \mathcal{C}$ 是一个连续紧映射, 则以下两个结论有且只有一个成立:

(1) 映射 T 在 U 中有不动点;

(2) 存在 $u \in \partial U$, 使得 $u = \lambda T u$, $\lambda \in (0, 1)$.

本节首先通过引理 6.2.3 将问题 (6.2.1) 解的存在唯一性问题转换为不动点问题, 再借助定理 6.2.1 及压缩映像原理, 给出其存在唯一性条件.

令 $\zeta = C([0, 1], \mathbb{R})$ 表示从 $[0, 1]$ 到 $\mathbb{R}$ 的所有连续函数构成的 Banach 空间, 该空间的模定义为 $\|x\|_0 = \sup\{|x(t)|, t \in [0, 1]\}$.

定义 6.2.1　设 $x \in \zeta$ 且 x 在 $[0, 1]$ 区间上的 Caputo 分数阶微分存在, 则 x 是方程 (6.2.1) 的解当且仅当 x 满足方程 (6.2.1).

为将问题 (6.2.1) 为不动点问题, 首先考虑对应的线性问题:

$$\begin{cases} {}^C D^\beta ({}^C D^\alpha + \gamma) x(t) = \sigma(t), & 0 < t < 1, \\ x^k(0) = \mu_k, & 0 \leqslant k < l, \\ x^{(\alpha+k)}(0) = \nu_k, & 0 \leqslant k < n. \end{cases} \tag{6.2.3}$$

其中, $\sigma \in C[0, 1]$, $m - 1 \leqslant \alpha < m$, $n - 1 \leqslant \beta < n$, $l = \max\{m, n\}$.

引理 6.2.3　初值问题 (6.2.3) 具有唯一解, 相应表达式如下:

$$\begin{aligned} x(t) = &\int_0^t \frac{(t-u)^{\alpha+\beta-1}}{\Gamma(\alpha+\beta)} \sigma(u) \mathrm{d}u - \gamma \int_0^t \frac{(t-u)^{\beta-1}}{\Gamma(\beta)} x(u) \mathrm{d}u \\ &+ \sum_{i=0}^{n-1} \frac{\nu_i + \gamma \mu_i}{\Gamma(\alpha+i+1)} t^{\alpha+i} + \sum_{j=0}^{m-1} \frac{\mu_j}{\Gamma(j+1)} t^j. \end{aligned} \tag{6.2.4}$$

证明

$$ {}^C D^\beta ({}^C D^\alpha + \gamma) x(t) = \sigma(t), $$

$$ ({}^C D^\alpha + \gamma) x(t) = \int_0^t \frac{(t-u)^{\beta-1}}{\Gamma(\beta)} \sigma(u) \mathrm{d}u + \sum_{i=0}^{n-1} a_i t^i, $$

$$ {}^C D^\alpha x(t) = \int_0^t \frac{(t-u)^{\beta-1}}{\Gamma(\beta)} \sigma(u) \mathrm{d}u - \gamma x(t) + \sum_{i=0}^{n-1} a_i t^i, $$

$$x(t) = \int_0^t \frac{(t-u)^{\alpha+\beta-1}}{\Gamma(\alpha+\beta)} \sigma(u)\mathrm{d}u - \gamma \int_0^t \frac{(t-u)^{\alpha-1}}{\Gamma(\alpha)} x(u)\mathrm{d}u$$

$$+ \sum_{i=0}^{n-1} \frac{\Gamma(i+1)}{\Gamma(\alpha+i+1)} a_i t^{\alpha+i} + \sum_{j=0}^{m-1} b_j t^j. \tag{6.2.5}$$

从而初值问题 (6.2.3) 的解可写作

$$x(t) = \int_0^t \frac{(t-u)^{\alpha+\beta-1}}{\Gamma(\alpha+\beta)} \sigma(u)\mathrm{d}u - \gamma \int_0^t \frac{(t-u)^{\alpha-1}}{\Gamma(\alpha)} x(u)\mathrm{d}u$$

$$+ \sum_{i=0}^{n-1} \frac{\Gamma(i+1)}{\Gamma(\alpha+i+1)} a_i t^{\alpha+i} + \sum_{j=0}^{m-1} b_j t^j. \tag{6.2.6}$$

利用方程 (6.2.3) 中的初值条件可得

$$a_k = \frac{\nu_k + \gamma\mu_k}{\Gamma(k+1)}, \quad 0 \leqslant k < n,$$

$$b_k = \frac{\mu_k}{\Gamma(k+1)}, \quad 0 \leqslant k < m. \tag{6.2.7}$$

将 a_k, b_k 的值代入 (6.2.6) 即可得到该初值问题的解 (6.2.4). □

为简单起见, 将 (6.2.4) 式中的最后两项记为 ϕ, 即

$$\phi(t) = \sum_{i=0}^{n-1} \frac{\nu_i + \gamma\mu_i}{\Gamma(\alpha+i+1)} t^{\alpha+i} + \sum_{j=0}^{m-1} \frac{\mu_j}{\Gamma(j+1)} t^j. \tag{6.2.8}$$

由引理 6.2.3 可知, 初值问题 (6.2.1) 可转换为如下的不动点问题:

$$x = Tx. \tag{6.2.9}$$

其中, $T: \zeta \to \zeta$ 定义如下:

$$(Tx)(t) = \int_0^t \frac{(t-u)^{\alpha+\beta-1}}{\Gamma(\alpha+\beta)} f(u, x(u))\mathrm{d}u - \gamma \int_0^t \frac{(t-u)^{\alpha-1}}{\Gamma(\alpha)} x(u)\mathrm{d}u + \phi(t). \tag{6.2.10}$$

显然, 初值问题 (6.2.1) 有解当且仅当算子 T 具有不动点.

定理 6.2.2 假设如下条件成立:

(1) $f: [0,1] \times \mathbb{R} \to \mathbb{R}$ 是连续可微函数;

(2) $|f(t,z)| \leqslant a_1(t) + a_2(t)|z|$, 其中 $a_1, a_2 \in C[0,1]$ 是非负函数,

则初值问题 (6.2.1) 在 $[0,1]$ 上有解的充分条件为

$$A = \sup_{t\in[0,1]} \left(\int_0^t \frac{(t-u)^{\alpha+\beta-1}}{\Gamma(\alpha+\beta)} a_2(u)\mathrm{d}u + \frac{|\gamma|}{\Gamma(\alpha+1)} \right) < 1, \tag{6.2.11}$$

且

$$0 < B = \sup_{t \in [0,1]} \left(\int_0^t \frac{(t-u)^{\alpha+\beta-1}}{\Gamma(\alpha+\beta)} a_1(u) \mathrm{d}u + |\phi(t)| \right) < \infty. \tag{6.2.12}$$

证明　令

$$B_r = \{x \in \zeta : \|x\|_0 < r\},$$

其中

$$r = \frac{B}{1-A} > 0.$$

记 $\mathcal{C} = \bar{B}_r \subset \zeta$.

对 $\forall x \in \bar{B}_r$ 有

$$
\begin{aligned}
\|Tx\|_0 &= \sup_{t \in [0,1]} \left| \int_0^t \frac{(t-u)^{\alpha+\beta-1}}{\Gamma(\alpha+\beta)} f(u, x(u)) \mathrm{d}u - \gamma \int_0^t \frac{(t-u)^{\alpha-1}}{\Gamma(\alpha)} x(u) \mathrm{d}u + \phi(t) \right| \\
&\leqslant \sup_{t \in [0,1]} \left(\int_0^t \frac{(t-u)^{\alpha+\beta-1}}{\Gamma(\alpha+\beta)} |f(u, x(u))| \, \mathrm{d}u \right. \\
&\qquad\qquad \left. + |\gamma| \int_0^t \frac{(t-u)^{\alpha-1}}{\Gamma(\alpha)} |x(u)| \, \mathrm{d}u + |\phi(t)| \right) \\
&\leqslant \sup_{t \in [0,1]} \left(\int_0^t \frac{(t-u)^{\alpha+\beta-1}}{\Gamma(\alpha+\beta)} (a_1(u) + a_2(u) |x(u)|) \mathrm{d}u \right. \\
&\qquad\qquad \left. + |\gamma| \int_0^t \frac{(t-u)^{\alpha-1}}{\Gamma(\alpha)} |x(u)| \, \mathrm{d}u + |\phi(t)| \right) \\
&\leqslant \sup_{t \in [0,1]} \left(\int_0^t \frac{(t-u)^{\alpha+\beta-1}}{\Gamma(\alpha+\beta)} a_1(t) \mathrm{d}u + |\phi(t)| \right) \\
&\qquad + \sup_{t \in [0,1]} \left(\int_0^t \frac{(t-u)^{\alpha+\beta-1}}{\Gamma(\alpha+\beta)} a_2(t) \mathrm{d}u + \frac{|\gamma|}{\Gamma(\alpha+1)} \right) \|x\|_0 \\
&= B + A\|x\|_0 \\
&\leqslant B + Ar \\
&= r,
\end{aligned}
$$

上式表明 $Tx \in \mathcal{C}$. 容易验证 $T : \bar{B}_r \to \zeta$ 是一个连续紧映射.

进一步, 假设 x 是下述特征方程的解:

$$x = \lambda Tx, \quad \lambda \in (0,1). \tag{6.2.13}$$

则容易发现

$$\|x\|_0 = \sup_{t \in [0,1]} \left| \lambda \int_0^t \frac{(t-u)^{\alpha+\beta-1}}{\Gamma(\alpha+\beta)} f(u, x(u)) \mathrm{d}u - \lambda\gamma \int_0^t \frac{(t-u)^{\alpha-1}}{\Gamma(\alpha)} x(u) \mathrm{d}u + \lambda\phi(t) \right|$$

$$< \sup_{t\in[0,1]} \left(\int_0^t \frac{(t-u)^{\alpha+\beta-1}}{\Gamma(\alpha+\beta)} |f(u,x(u))|\,\mathrm{d}u + |\gamma| \int_0^t \frac{(t-u)^{\alpha-1}}{\Gamma(\alpha)}|x(u)|\,\mathrm{d}u + |\phi(t)| \right)$$

$$\leqslant B + A\,\|x\|_0$$

$$\leqslant r. \tag{6.2.14}$$

这表明 $x \notin \partial B_r$. 从而, 由定理 6.2.1 可知, T 在 $\bar{B}_r$ 中具有不动点, 也即初值问题 (6.2.1) 在 $[0,1]$ 区间上至少有一个解. □

下面, 通过压缩映像原理来给出初值问题 (6.2.1) 解的唯一性条件.

定理 6.2.3 假设如下条件成立:

(1) $f : [0,1] \times \mathbb{R} \to \mathbb{R}$ 是连续可微函数;

(2) $|f(t,z_1) - f(t,z_2)| \leqslant c(t)|z_1 - z_2|$, 其中 $c(t)$ 是非负函数,

则初值问题 (6.2.1) 在 $[0,1]$ 上有唯一解的充分条件为

$$\tau = \sup_{t\in[0,1]} \left(\int_0^t \frac{(t-u)^{\alpha+\beta-1}}{\Gamma(\alpha+\beta)} c(t)\mathrm{d}u + \frac{|\gamma|}{\Gamma(\alpha+1)} \right) < 1, \tag{6.2.15}$$

且

$$0 < \eta = \sup_{t\in[0,1]} \left| \int_0^t \frac{(t-u)^{\alpha+\beta-1}}{\Gamma(\alpha+\beta)} f(u,0)\mathrm{d}u + \phi(t) \right| < \infty. \tag{6.2.16}$$

证明 令

$$\mathcal{C} = \{x \in \zeta : \|x\| \leqslant r\},$$

其中

$$r = \frac{\eta}{1-\tau} > 0.$$

对任意 $x \in \bar{B}_r$ 有

$$\|Tx\|_0 \leqslant \|Tx - T0\|_0 + \|T0\|_0$$

$$= \sup_{t\in[0,1]} \left| \int_0^t \frac{(t-u)^{\alpha+\beta-1}}{\Gamma(\alpha+\beta)} (f(u,x(u)) - f(u,0))\mathrm{d}u \right.$$

$$\left. -\gamma \int_0^t \frac{(t-u)^{\alpha-1}}{\Gamma(\alpha)} x(u)\mathrm{d}u \right|$$

$$+ \sup_{t\in[0,1]} \left| \int_0^t \frac{(t-u)^{\alpha+\beta-1}}{\Gamma(\alpha+\beta)} f(u,0)\mathrm{d}u + \phi(t) \right|$$

$$\leqslant \sup_{t\in[0,1]} \left(\int_0^t \frac{(t-u)^{\alpha+\beta-1}}{\Gamma(\alpha+\beta)} |f(u,x(u)) - f(u,0)|\,\mathrm{d}u \right.$$

$$+ |\gamma| \int_0^t \frac{(t-u)^{\alpha-1}}{\Gamma(\alpha)} |x(u)|\,\mathrm{d}u \right)$$

$$+ \sup_{t \in [0,1]} \left| \int_0^t \frac{(t-u)^{\alpha+\beta-1}}{\Gamma(\alpha+\beta)} f(u,0) \mathrm{d}u + \phi(t) \right|$$

$$\leqslant \sup_{t \in [0,1]} \left(\int_0^t \frac{(t-u)^{\alpha+\beta-1}}{\Gamma(\alpha+\beta)} c(u) \, |x(u)| \, \mathrm{d}u + |\gamma| \int_0^t \frac{(t-u)^{\alpha-1}}{\Gamma(\alpha)} \, |x(u)| \, \mathrm{d}u \right)$$

$$+ \sup_{t \in [0,1]} \left| \int_0^t \frac{(t-u)^{\alpha+\beta-1}}{\Gamma(\alpha+\beta)} f(u,0) \mathrm{d}u + \phi(t) \right|$$

$$\leqslant \sup_{t \in [0,1]} \left(\int_0^t \frac{(t-u)^{\alpha+\beta-1}}{\Gamma(\alpha+\beta)} c(t) \mathrm{d}u + \frac{|\gamma|}{\Gamma(\alpha+1)} \right) \|x\|_0$$

$$+ \sup_{t \in [0,1]} \left| \int_0^t \frac{(t-u)^{\alpha+\beta-1}}{\Gamma(\alpha+\beta)} f(u,0) \mathrm{d}u + \phi(t) \right|$$

$$= \tau \, \|x\|_0 + \eta$$

$$\leqslant \tau \, r + \eta$$

$$\leqslant r,$$

也即 $T : \mathcal{C} \to \mathcal{C}$.

令 $x_1, x_2 \in \mathcal{C}$, 则

$$\|Tx_1 - Tx_2\|_0$$

$$= \sup_{t \in [0,1]} |Tx_1(t) - Tx_2(t)|$$

$$= \sup_{t \in [0,1]} \left| \int_0^t \frac{(t-u)^{\alpha+\beta-1}}{\Gamma(\alpha+\beta)} (f(u,x_1(u)) - f(u,x_2(u))) \mathrm{d}u \right.$$

$$\left. - \gamma \int_0^t \frac{(t-u)^{\alpha-1}}{\Gamma(\alpha)} (x_1(u) - x_2(u)) \mathrm{d}u \right|$$

$$\leqslant \sup_{t \in [0,1]} \int_0^t \frac{(t-u)^{\alpha+\beta-1}}{\Gamma(\alpha+\beta)} |f(u,x_1(u)) - f(u,x_2(u))| \, \mathrm{d}u$$

$$+ \sup_{t \in [0,1]} \left(|\gamma| \int_0^t \frac{(t-u)^{\alpha-1}}{\Gamma(\alpha)} |x_1(u) - x_2(u)| \, \mathrm{d}u \right)$$

$$\leqslant \sup_{t \in [0,1]} \int_0^t \frac{(t-u)^{\alpha+\beta-1}}{\Gamma(\alpha+\beta)} c(t) \, |x_1(u) - x_2(u)| \, \mathrm{d}u$$

$$+ \sup_{t \in [0,1]} |\gamma| \left(\int_0^t \frac{(t-u)^{\alpha-1}}{\Gamma(\alpha)} |x_1(u) - x_2(u)| \, \mathrm{d}u \right)$$

$$\leqslant \left(\sup_{t \in [0,1]} \int_0^t \frac{(t-u)^{\alpha+\beta-1}}{\Gamma(\alpha+\beta)} c(t) \mathrm{d}u + \frac{|\gamma|}{\Gamma(\alpha+1)} \right) \|x_1 - x_2\|_0$$

$$\leqslant \tau \, \|x_1 - x_2\|_0.$$

由 $\tau < 1$ 知, T 是压缩映射. $\square$

进一步, 由压缩映像原理可知, T 有唯一的不动点, 也即初值问题 (6.2.1) 有唯一解.

6.2.2 应用举例

下面, 将通过两个例题来简单阐明本节结论的适用性.

例 6.2.1 考虑如下初值问题解的存在性:

$$\begin{cases} {}^C D^{\frac{3}{2}}\left({}^C D^{\frac{1}{2}} - \dfrac{1}{6}\right)x(t) = \mathrm{sgn}(x(t))\mathrm{e}^t + \cos(2tx(t)), & 0 < t < 1, \\ x(0) = 1, \ x'(0) = 2; \quad x^{\frac{1}{2}}(0) = 1, \quad x^{\frac{3}{2}}(0) = 2, \end{cases} \tag{6.2.17}$$

其中, $\alpha = \dfrac{1}{2}, \beta = \dfrac{3}{2}, \gamma = -\dfrac{1}{6}, f(t,x(t)) = \mathrm{sgn}(x(t))\mathrm{e}^t + \cos(2tx(t))$.

解 显然

$$|f(t,x(t))| \leqslant \mathrm{e}^t + 2\,|t|\,|x(t)|,$$

故

$$a_1(t) = \mathrm{e}^t, \quad a_2(t) = 2\,|t|, \quad \phi(t) = \frac{20}{9\sqrt{\pi}}t^{\frac{3}{2}} + \frac{5}{3\sqrt{\pi}}t^{\frac{1}{2}} + 1.$$

进一步

$$A = \sup_{t \in [0,1]}\left(\int_0^t \frac{(t-u)}{\Gamma(2)}2\,|u|\,\mathrm{d}u + \frac{\dfrac{1}{6}}{\Gamma\left(\dfrac{3}{2}\right)}\right) = \frac{2\Gamma(2)}{\Gamma(4)} + \frac{\dfrac{1}{6}}{\Gamma\left(\dfrac{3}{2}\right)} = \frac{1}{3} + \frac{1}{3\sqrt{\pi}} < 1,$$

且

$$0 < B = \sup_{t \in [0,1]}\left(\int_0^t \frac{(t-u)}{\Gamma(2)}\mathrm{e}^u\mathrm{d}u + \frac{20}{9\sqrt{\pi}}t^{\frac{3}{2}} + \frac{5}{3\sqrt{\pi}}t^{\frac{1}{2}} + 1\right) < \frac{\mathrm{e}}{2} + \frac{35}{9\sqrt{\pi}} + 1 < \infty.$$

从而, 由引理 6.2.2 可知, 该初值问题在 $[0,1]$ 区间上有解.

例 6.2.2 考虑如下初值问题解的存在唯一性:

$$\begin{cases} {}^C D^{\frac{1}{4}}({}^C D^{\frac{5}{2}} - 1)x(t) = \dfrac{t}{1+t^2} + \mathrm{e}^{t-1}\arctan(x(t)), & 0 < t < 1, \\ x(0) = 1, \ x'(0) = 2, \ x''(0) = 3; \quad x^{\frac{5}{2}}(0) = 1, \end{cases} \tag{6.2.18}$$

其中, $\alpha = \dfrac{5}{2}, \beta = \dfrac{1}{4}, \gamma = -1, f(t,x(t)) = \dfrac{t}{1+t^2} + \mathrm{e}^{t-1}\arctan(x(t))$.

显然

$$|f(t,z_1) - f(t,z_2)| \leqslant \mathrm{e}^{t-1}\,|\arctan(z_1) - \arctan(z_2)| \leqslant \mathrm{e}^{t-1}\,|z_1 - z_2|.$$

故

$$\gamma(t) = e^{t-1}, \quad \phi(t) = \frac{3}{2}t^2 + 2t + 1.$$

进一步

$$\tau = \sup_{t\in[0,1]} \left(\int_0^t \frac{(t-u)^{\frac{7}{4}}}{\Gamma\left(\frac{11}{4}\right)} e^{u-1} du + \frac{1}{\Gamma\left(\frac{7}{2}\right)} \right) < \frac{1}{\Gamma\left(\frac{15}{4}\right)} + \frac{1}{\Gamma\left(\frac{7}{2}\right)} = 0.5270 < 1,$$

且

$$0 < \eta = \sup_{t\in[0,1]} \left| \int_0^t \frac{(t-u)^{\frac{7}{4}}}{\Gamma\left(\frac{11}{4}\right)} \frac{u}{1+u^2} du + \frac{3}{2}t^2 + 2t + 1 \right| < \frac{1}{\Gamma\left(\frac{15}{4}\right)} + \frac{9}{2} = 4.7261 < \infty.$$

从而, 由引理 6.2.3 可知, 该初值问题在 $[0,1]$ 区间上的解存在唯一.

6.3　分数阶混沌系统的控制

　　分数阶微积分系统克服了整数阶微积分系统理论与工程应用吻合不好的缺点, 特别是分数阶控制器扩展了控制的自由度, 使系统能获得更好的控制性能. 近几年来, 由于分数阶混沌系统和分数阶超混沌系统的控制和同步在物理学科、生物工程、通信技术、信息安全、化学工程等方面的广泛应用, 现已成为非线性系统动力学和控制理论领域中的研究热点. 在这些年, 学者对分数阶混沌系统的控制和同步进行了深入的研究, 已经取得了许多成果 [18-30], 主要的方法有线性和非线性反馈法、脉冲控制法、滑块控制法、非线性观测器法、基于 Lyapunov 稳定定理的方法、基于 Laplace 终值定理的方法、基于分数阶稳定定理的方法等. 例如, 邵仕泉、高心和刘兴文通过建立近似的整数阶模型, 使用状态误差反馈控制策略控制投影同步比例因子达到理想值, 进而实现了两个耦合的分数阶 Chen 系统的混沌投影同步 [18]. Xi 等根据自适应控制理论和脉冲微分方程理论, 利用脉冲控制器实现了分数阶混沌系统和超混沌系统的自适应同步 [19]. Zhong 等基于 Takagi-Sugeno (T-S) 模型和线性矩阵不等式 (LMIs), 实现了分数阶混沌系统的脉冲同步控制 [20]. Srivastava 等利用反馈控制器实现了分数阶 Rabinovich–Fabrikant (R-F) 混沌系统的控制以及同步 [21]. Mohammad 等基于线性矩阵不等式理论, 利用状态反馈控制器实现了分数阶混沌系统的控制 [22]. Li 等基于分数阶动力系统的稳定理论提出了分数阶混沌系统控制和同步的准则 [23]. Wang 等基于 Lyapunov 稳定理论, 利用滑动模块控制器实现了参数未知的分数阶混沌系统的同步 [24]. Razminia, Abolhassan 和 Baleanu, Dumitru 利用滑块模块控制器实现了两个单向耦合的分数阶混沌系统的完全同步 [25]. Hegazi 和 Matouk 基于 Laplace 变换定理, 利用线性控制器实现了分数阶超混沌 Chen 系统的同步 [26]. Chen 等基于分数阶系统的稳定理论, 实现了分数阶混沌系统和超混沌系统的完全同步、反同步、广义投影同步 [27]. Peng 等利用非线性观测器的思想, 通过传递信号实现了分数阶混沌系统的广义投影同步 [28]. Cafagna 和 Grassi 利用非线性观测器法实现了分数阶混沌系统和超混沌 Rössler 系统的投影同步 [29]. Hosseinnia 等利用滑块模块控制法实现了分数阶 Duffing–Holmes 系统的同步 [30]. 这些控制理论和同步方法一般不具有普适性, 有些方法仅适用于一部分分数阶混沌系统. 例如, 脉冲控制和 Laplace 终值定理等方法对分数阶系统要求较强, 缺乏灵活性, 控制器也比较复杂, 使得控制成本太大且物理上难以实现. 分数阶非线性系统的稳定理论和 Lyapunov 稳定理论还不是非常成熟, 一般采用线性化再结合分数阶线性系统稳定理论来处理, 这使得该方法具有一定的局限性. 非线性反馈控制法一般通过设计特定非线性控制器来抵消系统中的非线性项, 再结合分数阶线性系统的稳定定理来实现系统的控制和同步, 这使得该方法缺少一定的普适性.

综上所述, 虽然分数阶混沌系统和超混沌系统的控制和同步研究已经取得了一些成果, 但是还有很多问题需要解决, 如分数阶非线性系统的稳定理论还不够成熟, 缺乏适用于所有分数阶混沌系统稳定性的有效依据; 分数阶的 Lyapunov 直接法也还不能直接应用, 缺少适用于所有分数阶混沌系统的控制理论; 对带有时滞的分数阶非线性系统的同步研究还处于初级阶段; 分数阶混沌系统在各方面的应用有待开发等. 由此可知, 分数阶混沌系统的控制和同步的研究还处在初级阶段, 还有许多问题需要解决.

本节首先介绍几种常见的分数阶控制器, 随后介绍两种基于分数阶控制器的分数阶混沌系统的控制方法.

6.3.1 分数阶控制器

所谓控制器是指通过反馈和控制信息使系统达到预定状态的仪器或装置, 传统的整数阶控制器的动力学描述是整数阶微分方程. 而分数阶控制器的动力学描述为分数阶微分方程, 因此它从属于传统的控制器 [31]. 目前, 对分数阶控制理论的研究还处在起步阶段, 现有的分数阶控制器主要有 4 种, 包括 TID 控制器 [32]、CRONE 控制器 [33]、$PI^\lambda D^\mu$ 控制器 [34-36] 和超前滞后校正补偿器 [37].

1) TID 控制器

TID 控制器将传统的 PID 控制器中的比例环节用一个分数阶环节 $s^{-1/n}$ 代替, 并保留 PID 控制器的积分环节和微分环节. 其结构简单, 参数较少, 调节方便, 具有很强的噪声抑制能力.

2) CRONE 控制器

CRONE 控制器由 Oustaloup 提出, 具有很好的鲁棒性, 因而最早获得了成功的应用, 现已形成了 MATLAB 的 CRONE 控制工具箱, 是分数阶控制器的一种理想选择.

3) $PI^\lambda D^\mu$ 控制器

传统的 PID 控制器是工业系统控制中使用非常广泛的传统控制器, 它的分数阶化–$PI^\lambda D^\mu$ 控制器作为分数阶控制器发展的一个里程碑是由 Podlubny 于 1999 年提出的. 这类控制器结构较为复杂, 参数较多, 有 3 个增益和 2 个阶次参数. 其传递函数可以用下列公式描述:

$$G(s) = K_P + K_I s^{-\lambda} + K_D s^\mu, \quad \lambda, \mu > 0.$$

$PI^\lambda D^\mu$ 控制器的时域输入输出关系为

$$u(t) = K_P e(t) + K_I D^{-\lambda} e(t) + K_D D^\mu e(t),$$

可以看到, 通过改变分数阶阶数 λ, μ 的取值能够演绎出 PID, PI 和 PD 等常规的整数阶控制器, 因此 $PI^\lambda D^\mu$ 能够涵盖整数阶控制器的更具一般形式的控制器, 即具有更大的灵活性. 另外, 近年来的研究也表明, 较传统的 PID 控制器、$PI^\lambda D^\mu$ 控制器可以获得更精确的控制性能.

4) 超前滞后校正补偿器

超前滞后校正补偿器实质上是对整数阶超前和滞后校正器的拓展, 其传递函数可以表示为

$$G(s) = C_0 \left(\frac{1 + s/\omega_1}{1 + s/\omega_2} \right)^\alpha,$$

其中, 控制参数 α 为分数. 虽然超前滞后校正补偿器同样能够获得良好的性能, 但是目前尚缺乏系统的设计方法和参数确定方法, 需要进一步的深入研究.

6.3.2 基于分数阶控制器的分数阶混沌系统控制的一般理论及仿真

6.3.2.1 基于分数阶控制器的分数阶混沌系统控制的一般理论

考虑具有下面形式的分数阶非线性系统:

$$\begin{aligned} D_t^{\boldsymbol{\alpha}} \boldsymbol{x} &= \boldsymbol{f}(\boldsymbol{x}, \boldsymbol{y}), \\ D_t^{\boldsymbol{\beta}} \boldsymbol{y} &= \boldsymbol{g}(\boldsymbol{x}, \boldsymbol{y}), \end{aligned} \tag{6.3.1}$$

这一节中的分数阶导数均表示 Caputo 意义下的分数阶微分. 其中 $\boldsymbol{x} \in \mathbb{R}^n$ 和 $\boldsymbol{y} \in \mathbb{R}^n$ 为状态变量; $\boldsymbol{\alpha} = (\alpha_1, \cdots, \alpha_n)^{\mathrm{T}}$ 和 $\boldsymbol{\beta} = (\beta_1, \cdots, \beta_m)^{\mathrm{T}}$ 为分数阶算子的分

数阶; $\boldsymbol{f} = (f_1, f_2, \cdots, f_n)^{\mathrm{T}}$ 和 $\boldsymbol{g} = (g_1, g_2, \cdots, g_m)^{\mathrm{T}}$ 为连续可微的非线性向量函数. 为了进一步分析和研究该系统, 给出如下假设.

假设 6.3.1 设 $(\boldsymbol{x}^*, \boldsymbol{y}^*)$ 分数阶非线性系统 (6.3.1) 的稳定点, 函数 $\boldsymbol{f}(\boldsymbol{x}, \boldsymbol{y})$ 在 $\boldsymbol{y} = \boldsymbol{y}^*$ 的邻域中是光滑的, 且子系统 $D_t^\alpha \boldsymbol{x} = \boldsymbol{f}(\boldsymbol{x}, \boldsymbol{y}^*)$ 对所有的 $\boldsymbol{x}$ 关于稳定点 $\boldsymbol{x} = \boldsymbol{x}^*$ 是渐近稳定的.

注 对于假设 6.3.1, 系统 (6.3.1) 是非常普遍的, 几乎包含了所有的分数阶混沌系统. 又由于上述假设, 子系统 $D_t^\alpha \boldsymbol{x} = \boldsymbol{f}(\boldsymbol{x}, \boldsymbol{y}^*)$ 对所有的 $\boldsymbol{x}$ 关于稳定点 $\boldsymbol{x} = \boldsymbol{x}^*$ 是渐近稳定的, 所以存在一个 Lyapunov 函数 $V_0(\boldsymbol{x} - \boldsymbol{x}^*)$ 和一个正常数 λ_1, 使函数导数满足 $\dot{V}_0(\boldsymbol{x} - \boldsymbol{x}^*) = (\partial V_0 / \partial (\boldsymbol{x} - \boldsymbol{x}^*)) \dot{\boldsymbol{x}} \leqslant -\lambda_1 \|\boldsymbol{x} - \boldsymbol{x}^*\|^2$. 又因为每一个 $g_i(\boldsymbol{x}, \boldsymbol{y})(i = 1, 2, \cdots, m)$ 是光滑的函数且系统为混沌的 (或超混沌的), 所以存在两个正数 λ_{i1} 和 λ_{i2}, 使得 $\|g_i(\boldsymbol{x}, \boldsymbol{y})\| \leqslant \lambda_{i1} \|\boldsymbol{x}\| + \lambda_{i2} \|\boldsymbol{y}\|$. 这里 $\|\cdot\|$ 也是 1-范数.

本小节介绍一种新的分数阶控制器来完成分数阶混沌和超混沌的控制. 根据假设 6.3.1, 系统 (6.3.1) 由两个系统组成: 一个是渐近稳定的系统, 另一个是发散 (增益) 系统. 在发散子系统添加一个分数阶控制器, 那么控制器能够控制发散子系统渐近稳定到其稳定点, 则稳定的子系统同时也稳定到其稳定点. 因此, 为了控制分数阶非线性系统 (6.3.1) 到其稳定点 $(\boldsymbol{x}^*, \boldsymbol{y}^*)$, 对系统添加下面的分数阶控制器 $\boldsymbol{\varphi}(\boldsymbol{u})$, 则被控的系统为

$$\begin{aligned} D_t^\alpha \boldsymbol{x} &= \boldsymbol{f}(\boldsymbol{x}, \boldsymbol{y}), \\ D_t^\beta \boldsymbol{y} &= \boldsymbol{g}(\boldsymbol{x}, \boldsymbol{y}) + \boldsymbol{\varphi}(\boldsymbol{u}). \end{aligned} \tag{6.3.2}$$

控制函数 $\boldsymbol{\varphi}(\boldsymbol{u})$ 定义如下:

$$\boldsymbol{\varphi}(\boldsymbol{u}) = -\boldsymbol{k}\boldsymbol{u}, \tag{6.3.3}$$

其中, $\boldsymbol{k}$ 为控制参数矩阵, 一般取为对角阵, 且 $\boldsymbol{u}$ 定义为

$$D_t^{1-\beta} \boldsymbol{u} = \boldsymbol{\omega}(\boldsymbol{y} - \boldsymbol{y}^*), \tag{6.3.4}$$

这里 $\boldsymbol{\omega} = \mathrm{diag}(\omega_1, \cdots, \omega_m)$ 为正的对角矩阵. 由于该控制器中有分数阶算子, 故该控制器称为分数阶控制器, 特别地, 当 $\alpha = \beta = 1$ 时, 系统变成了经典的整数阶系统, 控制器也变成经典线性控制器. 因此, 提出的控制器可以看成整数阶系统中线性控制器的推广.

根据 Caputo 分数阶算子的性质, 可得

$$\dot{\boldsymbol{u}} = D_t^1 \boldsymbol{u} = D_t^\beta D_t^{1-\beta} \boldsymbol{u} = \boldsymbol{\omega} D_t^\beta \boldsymbol{y}. \tag{6.3.5}$$

同理, 又 (6.3.4) 式和分数阶算子的性质, 存在一个正数 λ_2, 使得

$$\|\boldsymbol{\omega}(\boldsymbol{y} - \boldsymbol{y}^*)\| \leqslant \lambda_2 \|\boldsymbol{u}\|. \tag{6.3.6}$$

又令 $\omega^* = \min\{|\omega_i|, i = 1, \cdots, m\}$, 则有 $||\boldsymbol{y} - \boldsymbol{y}^*|| \leqslant \lambda_2/\omega^*||\boldsymbol{u}||$. 特别地, 如果 $\boldsymbol{u} = 0$, 则有 $\boldsymbol{y} = \boldsymbol{y}^*$.

定理 6.3.1　　分数阶控制器 (6.3.3) 能够使系统 (6.3.2) 在稳定点 (x^*, y^*) 渐近稳定, 如果控制参数矩阵 $k = \mathrm{diag}(k_1, \cdots, k_m)(k_i > 0, i = 1, \cdots, m)$ 和 $\omega = \mathrm{diag}(\omega_1, \cdots, \omega_m)(\omega_i > 0, i = 1, \cdots, m)$ 满足下面条件:

(1) $k_i \geqslant \lambda_{i2}\lambda_2/\omega^* + m^2\omega_i\lambda_{i1}^2/(4\lambda_1)$;

(2) $(k_i - \lambda_{i2}\lambda_2/\omega^*)(k_j - \lambda_{j2}\lambda_2/\omega^*) \geqslant m^2\lambda_2^2(\omega_i\lambda_{i2} + \omega_j\lambda_{j2})^2/(4\omega_i\omega_j\omega^{*2})$, (6.3.7)

其中 $i = 1, \cdots, m$ 和 $1 \leqslant i < j \leqslant m$.

证明　　不失一般性, 令 $(x^*, y^*) = 0$ 为分数阶混沌 (或超混沌) 系统的稳定点. 如果系统的稳定点 $(x^*, y^*) \neq 0$, 通过简单的坐标变换 $\bar{x} = x - x^*$ 和 $\bar{y} = y - y^*$ 之后再用的方法来证明.

引入这样的 Lyapunov 函数

$$V = \frac{1}{2}u^{\mathrm{T}}u + V_0(x), \tag{6.3.8}$$

根据注和 Caputo 分数阶导数性质, 则可得 V 关于 t 的导数

$$\begin{aligned}
\dot{V} &= \frac{1}{2}\dot{u}^{\mathrm{T}}u + \frac{1}{2}u^{\mathrm{T}}\dot{u} + \dot{V}_0(x) \\
&= u^{\mathrm{T}}\dot{u} + \dot{V}_0(x) \\
&= (u_1, \cdots, u_m)\mathrm{diag}(\omega_1, \cdots, \omega_m)D_t^\beta y + \dot{V}_0(x) \\
&= (\omega_1 u_1, \cdots, \omega_m u_m)(g(x, y) - ku) + \dot{V}_0(x) \\
&= \sum_{i=1}^{m} \omega_i u_i(g_i(x, y) - k_i u_i) + \dot{V}_0(x) \\
&= \sum_{i=1}^{m} \omega_i u_i g_i(x, y) - \sum_{i=1}^{m} \omega_i k_i u_i^2 + \dot{V}_0(x) \\
&\leqslant \sum_{i=1}^{m} \omega_i |u_i| ||g_i(x, y)|| - \sum_{i=1}^{m} \omega_i k_i u_i^2 - \lambda_1 ||x||^2 \\
&\leqslant \sum_{i=1}^{m} \omega_i |u_i|(\lambda_{i1} ||x|| + \lambda_{i2} ||y||) - \sum_{i=1}^{m} \omega_i k_i u_i^2 - \lambda_1 ||x||^2 \\
&\leqslant \sum_{i=1}^{m} \omega_i |u_i|(\lambda_{i1} ||x|| + \lambda_{i2}\lambda_2/\omega^* ||u||) - \sum_{i=1}^{m} \omega_i k_i u_i^2 - \lambda_1 ||x||^2 \\
&= \sum_{i=1}^{m} \omega_i \lambda_{i1} |u_i| ||x|| + \sum_{i=1}^{m} \omega_i \lambda_{i2}\lambda_2/\omega^* |u_i| ||u|| - \sum_{i=1}^{m} \omega_i k_i u_i^2 - \lambda_1 ||x||^2 \\
&= \sum_{i=1}^{m} \omega_i \lambda_{i1} |u_i| ||x|| + \sum_{i=1}^{m}\sum_{j=1}^{m} \omega_i \lambda_{i2}\lambda_2/\omega^* |u_i| |u_j| - \sum_{i=1}^{m} \omega_i k_i u_i^2 - \lambda_1 ||x||^2
\end{aligned}$$

$$= \sum_{i=1}^{m} \omega_i \lambda_{i1} |u_i| \|x\| + \sum_{i \neq j} \omega_i \lambda_{i2} \lambda_2 / \omega^* |u_i| |u_j|$$

$$+ \sum_{i=1}^{m} \omega_i \lambda_{i2} \lambda_2 / \omega^* u_i^2 - \sum_{i=1}^{m} \omega_i k_i u_i^2 - \lambda_1 \|x\|^2$$

$$= \sum_{i=1}^{m} \omega_i \lambda_{i1} |u_i| \|x\| + \sum_{i \neq j} \omega_i \lambda_{i2} \lambda_2 / \omega^* |u_i| |u_j|$$

$$- \sum_{i=1}^{m} (\omega_i k_i - \omega_i \lambda_{i2} \lambda_2 / \omega^*) u_i^2 - \lambda_1 \|x\|^2$$

$$= \sum_{i=1}^{m} \omega_i \lambda_{i1} |u_i| \|x\| + \sum_{i<j} (\omega_i \lambda_{i2} + \omega_j \lambda_{j2}) \lambda_2 / \omega^* |u_i| |u_j|$$

$$- \sum_{i=1}^{m} (\omega_i k_i - \omega_i \lambda_{i2} \lambda_2 / \omega^*) u_i^2 - \lambda_1 \|x\|^2$$

$$\leqslant \sum_{i=1}^{m} \omega_i \lambda_{i1} |u_i| \|x\| + \sum_{i<j} (\omega_i \lambda_{i2} + \omega_j \lambda_{j2}) \lambda_2 / \omega^*$$

$$- \sum_{i<j} 2/m \sqrt{\omega_i k_i - \omega_i \lambda_{i2} \lambda_2 / \omega^*}$$

$$\cdot \sqrt{\omega_j k_j - \omega_j \lambda_{j2} \lambda_2 / \omega^*} |u_i| |u_j|$$

$$- \sum_{i=1}^{m} 2/m \sqrt{\omega_i k_i - \omega_i \lambda_{i2} \lambda_2 / \omega^*} \sqrt{\lambda_1} |u_i| \|x\|$$

$$= - \sum_{i<j} [2/m \sqrt{\omega_i k_i - \omega_i \lambda_{i2} \lambda_2 / \omega^*} \sqrt{\omega_j k_j - \omega_j \lambda_{j2} \lambda_2 / \omega^*}$$

$$- (\omega_i \lambda_{i2} + \omega_j \lambda_{j2}) \lambda_2 / \omega^*] |u_i| |u_j|$$

$$- \sum_{i=1}^{m} (2/m \sqrt{\omega_i k_i - \omega_i \lambda_{i2} \lambda_2 / \omega^*} \sqrt{\lambda_1} - \omega_i \lambda_{i1}) |u_i| \|x\|.$$

可以得到结论 $\dot{V} \leqslant 0$, 如果控制参数矩阵 k 和 ω 满足下列条件:

(1) $\omega_i k_i - \omega_i \lambda_{i2} \lambda_2 / \omega^* \geqslant 0$,

(2) $2/m \sqrt{\omega_i k_i - \omega_i \lambda_{i2} \lambda_2 / \omega^*} \sqrt{\omega_j k_j - \omega_j \lambda_{j2} \lambda_2 / \omega^*} - (\omega_i \lambda_{i2} + \omega_j \lambda_{j2}) \lambda_2 / \omega^* \geqslant 0$,

(3) $2/m \sqrt{\omega_i k_i - \omega_i \lambda_{i2} \lambda_2 / \omega^*} \sqrt{\lambda_1} - \omega_i \lambda_{i1} \geqslant 0$.

对于任意的 $1 \leqslant i \leqslant m$ 和 $1 \leqslant i < j \leqslant m$. 经过计算上面的条件等价于:

$$\begin{cases} (1) \ k_i \geqslant \lambda_{i2} \lambda_2 / \omega^* + m^2 \omega_i \lambda_{i1}^2 / (4\lambda), \\ (2) \ (k_i - \lambda_{i2} \lambda_2 / \omega^*)(k_j - \lambda_{j2} \lambda_2 / \omega^*) \geqslant m^2 \lambda_2^2 (\omega_i \lambda_{i2} + \omega_j \lambda_{j2})^2 / (4\omega_i \omega_j \omega^{*2}), \end{cases} \tag{6.3.9}$$

对于任意的 $1 \leqslant i \leqslant m$ 和 $1 \leqslant i < j \leqslant m$. 因此, 有 $\dot{V} \leqslant 0$. 很显然地, $\dot{V} = 0$ 当且仅

当 $u = 0$(或 $y = 0$) 和 $x = 0$. 因为集合 $E = \{(x, y, u) | \dot{V} = 0\} = \{0\}$ 为发散系统的最大不变集. 根据 LaSalle 不变原理, 就可得到了定理 6.3.1 的结论. □

定理 6.3.1 的分数阶系统具有一般性, 即对于任意阶满足上面条件的分数阶混沌系统都有这样的结论. 特别地, 如果分数阶系统为三维 (3D) 混沌系统或者四维 (4D) 超混沌系统, 具有相同的结论. 当考虑一个 3D 混沌系统, 具有下面形式:

$$D_t^{\alpha} x = f(x, y),$$
$$D_t^{\alpha} y = g(x, y), \tag{6.3.10}$$

其中 $x \in \mathbb{R}^2$ 和 $y \in \mathbb{R}$ 为状态变量; $f = (f_1, f_2)^{\mathrm{T}}$ 和 g 都是连续的非线性函数.

同样的方法, 在系统 (6.3.10) 中添加分数阶控制器 $\varphi(u)$, 则被控的分数阶系统为

$$D_t^{\alpha} x = f(x, y),$$
$$D_t^{\beta} y = g(x, y) + \varphi(u). \tag{6.3.11}$$

控制函数 $\varphi(u)$ 取为 $\varphi(u) = -ku$, 其中 k 为控制参数, 变量 u 为

$$D_t^{1-\beta} u = \omega(y - y^*), \tag{6.3.12}$$

这里 ω 为一个正实数. 对于这个分数阶控制器, 只含有一个变量, 结构非常简单, 根据定理 6.3.1 可得到下面的推论.

推论 6.3.1　只含一个变量的分数阶控制器 (6.3.12) 能够使得三维分数阶混沌系统 (6.3.11) 在稳定点 (x^*, y^*) 渐近稳定, 如果控制参数 $k (k > 0)$ 和 $\omega (\omega > 0)$ 满足下面的条件:

$$k \geqslant \lambda_{12} \lambda_2 / \omega + \omega \lambda_{11}^2 / (4\lambda_1). \tag{6.3.13}$$

证明　根据定理 6.3.1, 当 $n = 3$ 时, 很容易得到该推论. □

如果系统为四维超混沌系统, 具有下面形式:

$$D_t^{\alpha} x = f(x, y),$$
$$D_t^{\alpha} y = g(x, y), \tag{6.3.14}$$

其中, $x \in \mathbb{R}^2$ 和 $y \in \mathbb{R}^2$ 为状态变量; $f = (f_1, f_2)^{\mathrm{T}}$ 和 $g = (g_1, g_2)^{\mathrm{T}}$ 为连续可微的非线性向量函数. 利用同样的方法, 对分数阶非线性系统 (6.3.14) 添加分数阶控制器 $\varphi(u)$, 则得到被控的分数阶系统:

$$D_t^{\alpha} x = f(x, y),$$
$$D_t^{\beta} y = g(x, y) + \varphi(u). \tag{6.3.15}$$

控制函数 $\varphi(u)$ 一般取为 $\varphi(u) = -ku$, 其中 $k = \text{diag}(k_1, k_2)$ 为控制参数矩阵, 且变量 u 定义为

$$D_t^{1-\beta} u = \omega(y - y^*), \tag{6.3.16}$$

这里 $\omega = \text{diag}(\omega_1, \omega_2)$ 为正的对角阵. 因此, 得到下面的推论.

推论 6.3.2 分数阶控制器 (6.3.16) 能够使得四维分数阶系统 (6.3.15) 在其稳定点 (x^*, y^*) 渐近稳定, 如果控制参数矩阵 $k = \text{diag}(k_1, k_2)$ $(k_i > 0, i = 1, 2)$ 和 $\omega = \text{diag}(\omega_1, \omega_2)$ $(\omega_i > 0, i = 1, 2)$ 满足下面条件:

(1) $k_i \geqslant \lambda_{i2}\lambda_2/\omega^* + \omega_i\lambda_{i1}^2/\lambda_1, i = 1, 2,$

(2) $(k_1 - \lambda_{12}\lambda_2/\omega^*)(k_2 - \lambda_{22}\lambda_2/\omega^*) \geqslant \lambda_2^2(\omega_1\lambda_{12} + \omega_2\lambda_{22})^2/(\omega_1\omega_2\omega^{*2}).$ (6.3.17)

证明 根据定理 6.3.1, 当 $n = 4$ 时, 很容易得到该推论. □

本节提出了基于分数阶控制器的分数阶非线性系统控制的一般理论, 把一个分数阶非线性系统 (该系统可以是混沌系统, 也可以是超混沌系统, 或者是更复杂的系统) 分成两部分, 其中一部分为稳定系统, 该系统能够稳定到稳定点; 另一部分称为发散系统或者增强系统, 这是要控制的系统, 对这一部分添加分数阶控制器. 当控制器使得增强系统稳定到稳定点时, 稳定系统同时也稳定到稳定点, 最终实现了整个系统稳定到了稳定点.

6.3.2.2 对三维混沌系统和四维超混沌系统控制的数值仿真

上节提出控制方法在证明时假设稳定点为 $(x^*, y^*) = 0$, 而在实际的应用时, 控制器可以使系统在任意一个稳定点实现渐近稳定. 并且无论该系统为等阶分数阶混沌系统还是非等阶的混沌系统, 该控制器都能适用. 本节利用上节提出的分数阶控制器和控制理论, 分别对三维的分数阶混沌系统和四维超混沌系统进行控制, 它们分别为三维非等阶的分数阶统一混沌系统、三维等阶分数阶 Liu 混沌系统、四维等阶分数阶超混沌 Chen 系统和四维非等阶分数阶超混沌 Lorenz 系统.

本节首先给出两个分数阶混沌系统: 分数阶统一混沌系统和分数阶 Liu 混沌系统, 利用分数阶控制器来实现对其控制.

1. 非等阶分数阶统一混沌系统的控制

分数阶统一混沌系统具有 (1.3.42) 式的形式. 当 $x_2 = x_2^*$ 时, 很容易得到系统的子系统

$$D_t^{\alpha_1} x_1 = (25a + 10)(x_2^* - x_1),$$
$$D_t^{\alpha_3} x_3 = x_1 x_2^* - (a + 8)/3 x_3. \tag{6.3.18}$$

当取参数 $a = 1, (\alpha_1, \alpha_2, \alpha_3) = (0.86, 0.9, 0.94)$ 时, 由方程 (6.3.18) 很容易得到其特征方程所有的根, 其中辐角最小的根为 $\lambda_0 = 1.0214 + 0.0684\sqrt{-1}$, 满足定理 1.2.4,

即 $|\arg\lambda_0| = 0.0668 > \pi/(2M)$, 其中 $M = 50$. 所以, 子系统 (6.3.18) 在其稳定点 $x_1 = x_1^*$ 和 $x_3 = x_3^*$ 为渐近稳定的. 因此, 令 $x = [x_1, x_3]^{\mathrm{T}}$ 和 $y = x_2$, 系统 (1.3.42) 满足假设 6.3.1. 所以, 对系统 (1.3.42) 添加如下分数阶控制器:

$$\begin{aligned}
&D_t^{\alpha_1} x_1 = (25a + 10)(x_2 - x_1), \\
&D_t^{\alpha_2} x_2 = (28 - 35a)x_1 + (29a - 1)x_2 - x_1 x_3 - \varphi(u), \\
&D_t^{\alpha_3} x_3 = x_1 x_2 - (a + 8)/3 x_3,
\end{aligned} \tag{6.3.19}$$

其中, 控制函数 $\varphi(u) = -ku$ 和 $D_t^{1-\alpha_2} u = \omega(x_2 - x_2^*)$. 当控制参数 k 和 ω 满足推论 6.3.1 时, 系统在单个参数控制器的控制下能够稳定到稳定点 x^*.

当取 $x_2^* = -3\sqrt{7}$, 参数 $k = 300$, $\omega = 3$, $u(0) = 0$ 时, 仿真结果显示, 当 $t \to \infty$ 时, 分数阶统一系统稳定到其稳定点 $(-3\sqrt{7}, -3\sqrt{7}, 21)$, 如图 6-3-1 所示. 如果取其他稳定点的 x_2^*, 则控制器能够使系统稳定到其他相应的稳定点.

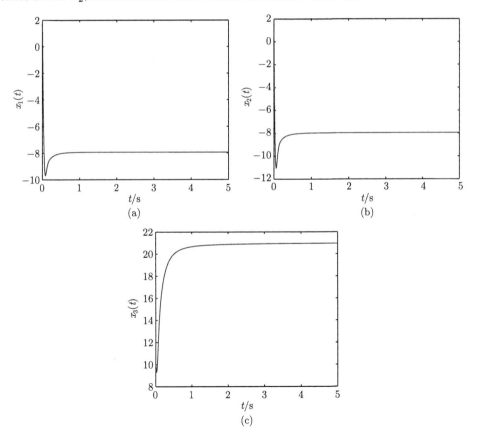

图 6-3-1　(a) 被控的分数阶统一系统的系统变量 x_1, (b) x_2 和 (c) x_3 的演化曲线

2. 分数阶 Liu 混沌系统的控制

分数阶 Liu 混沌系统具有 (1.3.43) 式的形式 (图 6-3-2). 如果取 $x_2 = x_2^*$, 很容易得到系统的二维子系统, 形式如下:

$$\begin{aligned} D_t^{\alpha_1} x_1(t) &= -ax_1 - ex_2^{*2}, \\ D_t^{\alpha_3} x_3(t) &= -cx_3 + mx_1x_2^*. \end{aligned} \tag{6.3.20}$$

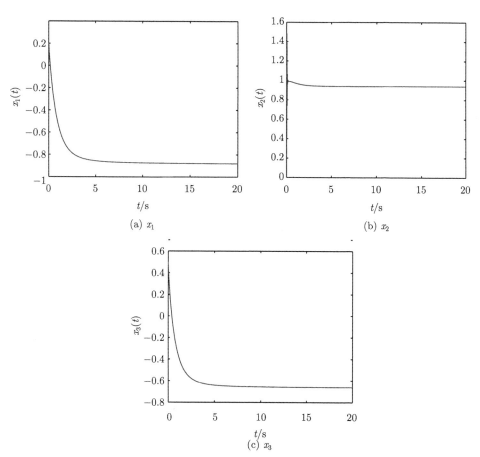

图 6-3-2 被控的分数阶 Liu 系统的系统变量. (a) x_1, (b) x_2, (c) x_3 的演化曲线

显然地, 当取参数 $(\alpha_1, \alpha_2, \alpha_3) = (0.94, 0.94, 0.94)$ 时子系统 (6.3.20) 在稳定点 $x_1 = x_1^*$ 和 $x_3 = x_3^*$ 的 Jacobian 矩阵的特征值分别为 $\lambda_1 = -a < 0$ 和 $\lambda_2 = -c < 0$, 这满足稳定性判定定理 1.2.3, 即 $|\arg(\lambda)| > \pi/2 > \alpha\pi/2$. 所以, 令 $x = [x_1, x_3]^{\mathrm{T}}$ 和 $y = x_2$, 系统 (1.3.43) 满足假设 6.3.1. 因此, 对系统 (1.3.43) 添加控制器则得到下面被控的系统

$$D_t^{\alpha_1} x_1(t) = -ax_1 - ex_2^2,$$
$$D_t^{\alpha_2} x_2(t) = bx_2 - kx_1x_3 - \varphi(u), \tag{6.3.21}$$
$$D_t^{\alpha_3} x_3(t) = -cx_3 + mx_1x_2,$$

其中, 控制函数 $\varphi(u) = -ku$, 且 $D_t^{1-\alpha_2} u = \omega(x_2 - x_2^*)$. 当控制参数 k 和 ω 满足推论 6.3.1 时, 通过单参数的分数阶控制器能够使得系统 (6.3.21) 稳定到稳定点.

当取 $x_2^* = 0.940151$, $k = 50$, $\omega = 1$ 和 $u(0) = 0$ 时, 数值仿真显示, 当 $t \to \infty$ 时, 分数阶 Liu 系统能够渐近稳定到稳定点 $(-0.883883, 0.940151, -0.664787)$, 结果如图 6-3-2 所示. 当改变 x_2^* 的取值, 即取其他的稳定点时, 分数阶 Liu 混沌系统能够稳定到其他相应的稳定点.

接着, 本节利用设计出的控制器和给出的控制方法对四维分数阶超混沌系统进行控制, 主要是对四维的等阶超混沌 Chen 系统和四维非等阶超混沌 Lorenz 系统进行控制, 并进行数值仿真, 证明了方法的正确性和控制器的有效性.

3. 等阶的分数阶超混沌 Chen 系统的控制

等阶的分数阶超混沌 Chen 系统具有 (1.3.34) 的形式. 如果 $x_2 = x_4 = 0$, 则很容易得到系统 (1.3.44) 的二维子系统:

$$D_t^\alpha x_1 = -ax_1,$$
$$D_t^\alpha x_3 = -bx_3. \tag{6.3.22}$$

显然地, 系统 (6.3.22) 关于稳定点 $x_1 = x_3 = 0$ 是渐近稳定的, 因为子系统 (6.3.22) 在稳定点的 Jacobian 矩阵的特征值为 $\lambda_1 = -a < 0$ 和 $\lambda_2 = -b < 0$, 这满足稳定性定理 1.2.1. 所以, 令 $x = [x_1, x_3]^T$ 和 $y = [x_2, x_4]^T$, 分数阶超混沌系统 (6.3.22) 是满足假设 6.3.1. 因此, 对系统 (1.3.44) 添加分数阶控制器, 形式如下:

$$D_t^\alpha x_1 = a(x_2 - x_1) + x_4,$$
$$D_t^\alpha x_2 = dx_1 - x_1x_3 + cx_2 + \varphi_1(u_1),$$
$$D_t^\alpha x_3 = x_1x_2 - bx_3, \tag{6.3.23}$$
$$D_t^\alpha x_4 = x_2x_3 + rx_4 + \varphi_2(u_2),$$

其中, $\varphi_i(u_i) = -k_iu_i (i = 1, 2)$, $D_t^{1-\alpha} u_1 = \omega_1 x_2$, $D_t^{1-\alpha} u_2 = \omega_2 x_4$. 当控制参数 k_1, k_2 和 ω_1, ω_2 满足推论 6.3.2 中的条件时, 分数阶控制器能够控制系统 (6.3.23) 稳定.

当选取参数为 $k_1 = k_2 = 100$, $\omega_1 = \omega_2 = 1$, $u(0) = 0$ 时, 数值仿真结果表明, 当 $t \to \infty$ 时, 分数阶超混沌 Chen 系统渐近趋近于稳定点 $(0, 0, 0, 0)$, 如图 6-3-3 所示.

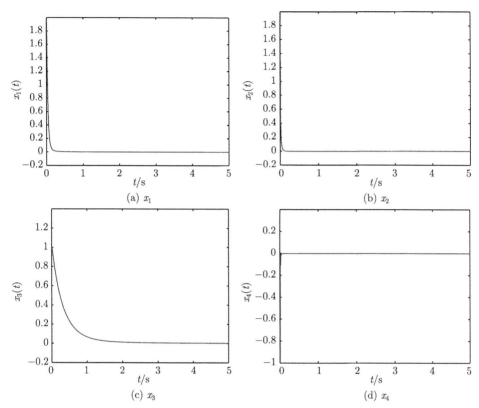

图 6-3-3　被控的分数阶超混沌 Chen 系统的系统变量 (a) x_1, (b) x_2, (c) x_3 和 (d) x_4 的演化曲线

4. 非等阶的分数阶超混沌 Lorenz 系统的控制

非等阶的分数阶超混沌 Lorenz 系统具有 (1.3.46) 的形式. 如果令 $x_2 = x_2^*$ 和 $x_4 = x_4^*$, 很容易得到系统 (1.3.46) 的二维子系统

$$
\begin{aligned}
D_t^{\alpha_1} x_1 &= a(x_2^* - x_1) + x_4^*, \\
D_t^{\alpha_3} x_3 &= x_1 x_2^* - b x_3.
\end{aligned}
\tag{6.3.24}
$$

当取参数 $a = 10, b = 813, c = 28, r = -1, (\alpha_1, \alpha_2, \alpha_3, \alpha_4) = (0.94, 0.96, 0.97, 0.99)$ 时, 根据定理 1.2.4, 可以求出子系统 (6.3.24) 的特征方程的所有根, 其中幅角最小的根为 $\lambda_0 = 1.0096 - 0.0327\sqrt{-1}$, 它是满足定理 1.2.4 中的条件, 即满足 $|\arg\lambda_0| = 0.0324 > \pi/(2M)$, 其中 $M = 100$. 所以, 子系统在稳定点 $x_1 = x_1^*$ 和 $x_3 = x_3^*$ 是渐近稳定的. 因此, 令 $x = [x_1, x_3]^{\mathrm{T}}$ 和 $y = [x_2, x_4]^{\mathrm{T}}$, 则分数阶 Lorenz 系统 (1.3.46) 满足假设 6.3.1. 对分数阶系统 (1.3.46) 添加分数阶控制器, 则得到下面被控的系统

$$
\begin{aligned}
&D_t^{\alpha_1} x_1 = a(x_2 - x_1) + x_4, \\
&D_t^{\alpha_2} x_2 = dx_1 - x_1 x_3 + cx_2 + \varphi_1(u_1), \\
&D_t^{\alpha_3} x_3 = x_1 x_2 - bx_3, \\
&D_t^{\alpha_4} x_4 = x_2 x_3 + rx_4 + \varphi_2(u_2),
\end{aligned}
\tag{6.3.25}
$$

其中, $\varphi_i(u_i) = -k_i u_i (i = 1, 2)$, $D_t^{1-\alpha_2} u_1 = \omega_1 x_2$ 和 $D_t^{1-\alpha_4} u_2 = \omega_2 x_4$. 当控制参数 k_1, k_2 和 ω_1, ω_2 满足推论 6.3.2 中的条件时, 系统 (6.3.25) 在分数阶控制器的控制下达到稳定.

选取稳定点 $x_2^* = 21.626769$ 和 $x_4^* = -204.602390$, 同时选取控制参数 $k_1 = k_2 = 100$, $\omega_1 = \omega_2 = 1$, 初值为 $\boldsymbol{u}(0) = 0$, 数值仿真表明, 当 $t \to \infty$ 时, 分数阶超混沌 Lorenz 系统渐近稳定到稳定点 $(-1.166531, 21.626769, 9.460608, -204.602390)$, 如图 6-3-4 所示. 当取其他稳定点 x_2^* 和 x_4^* 的值时, 分数阶控制器可以控制系统稳定到相应的稳定点.

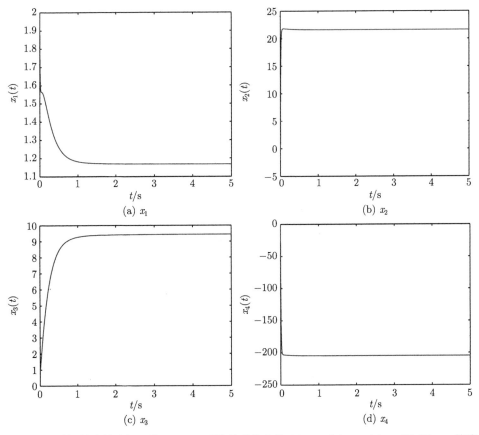

图 6-3-4　被控的分数阶超混沌 Lorenz 系统的系统变量 (a) x_1, (b) x_2, (c) x_3 和 (d) x_4 的演化曲线

6.3.2.3 讨论

对于本节提出的分数阶控制器, 在应用当中主要要考虑两个问题: ① 对分数阶混沌系统的分解, 即分解成两个子系统, 只对增强的子系统进行控制; ② 在控制器的设置中, 控制参数的选取问题. 对于第一个问题, 绝大多数混沌系统都能很容易地分解成两个满足条件的子系统, 也就是说满足的假设 6.3.1; 对于第二个问题, 通过仿真也发现, 对于只要参数满足定理条件的控制器, 都能达到控制系统稳定的目的, 但是不同的控制参数控制的效果不一致. 在仿真过程中, 选取的参数都是通过仿真找到控制效果较好的和形式简单的.

为了证明本节提出的分数阶控制器比经典的控制器更加有效, 利用文献 [38] 中的线性反馈控制器来控制分数阶 Chen 系统稳定到其稳定点 $(-3\sqrt{7}, -3\sqrt{7}, 21)$, 且利用文献 [38] 中的非线性反馈控制器来控制分数阶超混沌 Lorenz 系统稳定到其稳定点 $(1.167, 21.627, 9.461, -204.602)$, 仿真结果分别如图 6-3-5 和图 6-3-6 所示.

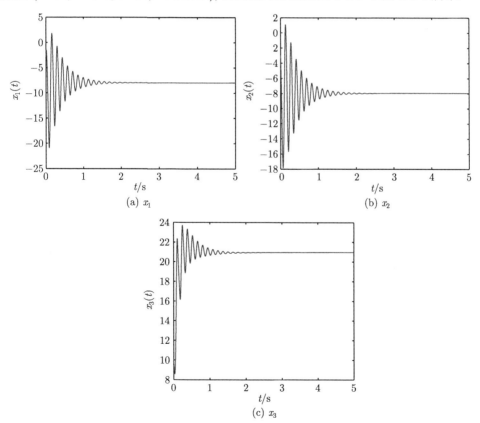

图 6-3-5 被线性反馈控制器控制的分数阶 Chen 系统的系统变量

(a) x_1, (b) x_2 和 (c) x_3 的演化曲线

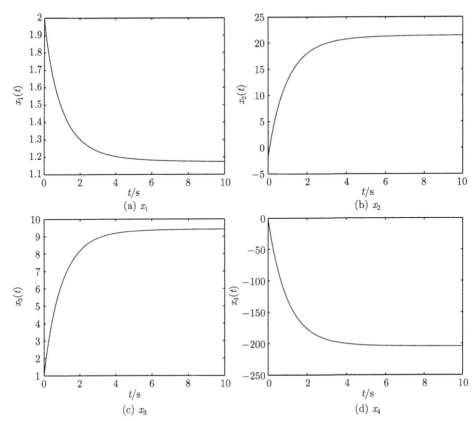

图 6-3-6　被非线性反馈控制器控制的分数阶超混沌 Lorenz 系统的系统变量

(a) x_1, (b) x_2, (c) x_3 和 (d) x_4 的演化曲线

　　结果显示, 当 $t \to \infty$ 时, 分数阶 Chen 系统和分数阶超混沌 Lorenz 系统都渐近稳定到其稳定点. 但是通过图 6-3-3 与图 6-3-5 的比较发现, 分数阶控制器控制系统的状态变量 $x_1(t)$, $x_2(t)$ 和 $x_3(t)$ 稳定到稳定点分别大概需要 0.5 s, 0.5 s 和 1.2 s, 线性反馈控制器在相同的精度下却都需要 2.5 s; 通过图 6-3-4 和图 6-3-6 的比较发现, 分数阶控制器控制系统的状态变量 $x_1(t)$, $x_2(t)$, $x_3(t)$ 和 $x_4(t)$ 稳定到稳定点分别大概需要 1.5 s, 0.2 s, 1.5 s 和 0.2 s, 而非线性反馈控制器在相同的精度下大概需要 6 s. 不仅如此, 也把分数阶控制器和反馈控制器等传统控制器应用到其他的混沌系统或者超混沌系统中, 数值仿真结果也显示, 分数阶控制器比反馈控制器等传统控制器更加有效.

6.3.3　基于分数阶电阻-电容控制器的分数阶混沌控制方法

　　文献 [39] 将改进型的 $\text{PI}^\lambda\text{D}^\mu$ 控制器应用到分数阶混沌系统的控制中, 具有两个可调参数, 且结构简单, 设计方便. 然而将该方法应用到分数阶多涡卷混沌系统的控制中则存在着一定的局限性, 不能控制多涡卷系统到任意期望的平衡点 [39]. 为此, 本节首先提出了一种仅含有一个可调参数的分数阶电阻-电容控制器, 并将其应用到相同阶数的分数阶混沌系统的控制中, 从而避免了不同阶数的引入所导致的设计复杂性.

6.3.3.1 分数阶电阻-电容控制器

传统的电阻-电容控制器 (resistor-capacitor controller, RC) 是工程应用系统中非常常见的一种低通滤波器, 可以将系统状态变量的高频成分过滤而保留低频成分. 它的传递函数的一维表达式通常可以写为

$$G(s) = \frac{K}{\tau s + 1}, \tag{6.3.26}$$

其中, τ 是时间常数, K 是通带增益.

这里将上述整数阶电阻-电容控制器推广到分数阶的情况, 并取定 $K = \tau$, 称为分数阶电阻-电容控制器 (fractional resistor-capacitor controller, FRC), 它的传递函数由下式给出:

$$G_\alpha(s) = \frac{\tau}{\tau s^\alpha + 1} = \frac{1}{s^\alpha + d}, \tag{6.3.27}$$

其中, $\alpha(\alpha \in \mathbf{R}^+)$ 为控制器的阶数, $d = 1/\tau$ 为控制器的控制参数. 特别, 当 $\alpha = 1$ 时, 分数阶 FRC 简化为传统的 RC. 如果 $\alpha > 0$, 这个分数阶控制器是一个低通滤波器并且具备滤除带外噪声的能力. 图 6-3-7 给出了阶数不同的 FRC 的幅度谱, 可以看到, 和传统的 RC($\alpha = 1$) 相比, 阶数满足 $0 < \alpha < 1$ 的 FRC 具有更窄的阻带, 因此也更接近于理想的低通滤波器.

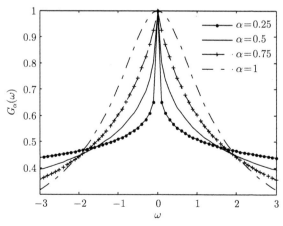

图 6-3-7 分数阶电阻-电容控制器的幅度谱, $d = 1$

设 FRC 的阶数为 α, 输入为 x, 输出为 u 且状态变量为 w, 则它的动力学方程和输入输出方程可以写为

$$
\begin{aligned}
D^\alpha w &= -dw + x, \\
u &= w.
\end{aligned}
\tag{6.3.28}
$$

显然, 此系统在平衡点 $u^* = x/d$ 处的特征值为 $\lambda = -d$, 因此当 $d > 0$ 时它工作稳定, 而当 $d < 0$ 时它工作不稳定. 这里考虑 $d > 0$ 的情况.

6.3.3.2   基于分数阶电阻–电容控制器的分数阶系统的混沌控制

考虑如下的三维的 $p(p \in (0,1])$ 阶分数阶动力系统:

$$
D^p x = f(x), \quad x(0) = c,
\tag{6.3.29}
$$

其中, 系统状态变量为 $x = [x_1(t), x_2(t), x_3(t)]^{\mathrm{T}}$, 初始值为 $c = [c_1, c_2, c_3]^{\mathrm{T}}$. D^p 表示 p 阶 Caputo 分数阶微分. 系统 (6.3.29) 的平衡点 x^* 满足 $f(x^*) = 0$.

这样的一个三维非线性动力系统能出现混沌现象的一个必要条件是: 系统存在鞍–焦点 (即有一个稳定特征值和两个不稳定特征值)[40]. 因此, 对此类分数阶混沌系统的一个控制准则就是消除系统鞍–焦点的不稳定特征值.

1. 基本原理

下面将上一小节中提出的分数阶控制器 FRC 引入系统 (6.3.29) 的控制中, 并基于分数阶动力系统的稳定性理论给出相应的控制条件. 在 FRC 作用下的分数阶受控系统可以用如下的方程描述为

$$
\begin{aligned}
D^p x &= f(x) + g(u), \\
D^p u &= x_1 - du,
\end{aligned}
\tag{6.3.30}
$$

其中 $d > 0$, 系统的状态变量为 $x(u) = [x_1(u), x_2(u), x_3(u)]^{\mathrm{T}}$, 控制变量为 u, FRC 的输入为 x_1. 控制函数 $g(u) = [g_1(u), g_2(u), g_3(u)]^{\mathrm{T}}$ 的每一个分量都是控制变量 u 的函数.

假设 $x^* = (x_1^*, x_2^*, x_3^*)$ 是系统 (6.3.29) 的一个鞍–焦点, 具有一个稳定的特征值 λ_1 和两个不稳定的特征值 λ_2, λ_3, 满足 $|\arg(\lambda_1)| > p\pi/2$, $|\arg(\lambda_{2,3})| < p\pi/2$.

为保持原来的平衡点, 受控系统 (6.3.30) 的新平衡点 $\tilde{x}^* = (x_1^*, x_2^*, x_3^*, u^*)$ 应满足如下的条件:

$$
\begin{cases}
f_i(x_1^*, x_2^*, x_3^*) + g_i(u^*) = 0, & i = 1, 2, 3, \\
x_1^* - du^* = 0,
\end{cases}
\tag{6.3.31}
$$

且 $f_i(x_1^*, x_2^*, x_3^*) = 0, i = 1, 2, 3$. 于是得到 $u^* = x_1^*/d$ 和 $g_i(u^*) = 0, i = 1, 2, 3$.

于是, 系统 (6.3.30) 在平衡点 $\tilde{x}^*$ 处的 Jacobian 矩阵的特征方程为

$$
\begin{aligned}
F(\lambda) = {} & \lambda^4 + (d - f_{11} - f_{22} - f_{33})\lambda^3 + [-\dot{g}_1(u^*) - (f_{11} + f_{33} + f_{22})d + b_2]\lambda^2 \\
& + [(f_{22} + f_{33})\dot{g}_1(u^*) - f_{12}\dot{g}_2(u^*) - f_{13}\dot{g}_3(u^*) + b_2 d + b_1]\lambda \\
& + (f_{32}f_{23} - f_{22}f_{33})\dot{g}_1(u^*) + (f_{12}f_{33} - f_{32}f_{13})\dot{g}_2(u^*) \\
& + (f_{22}f_{13} - f_{12}f_{23})\dot{g}_3(u^*) + b_1 d,
\end{aligned} \tag{6.3.32}
$$

其中, $f_{ij} = (\partial f_i/\partial x_j)|_{x_1=x_1^*, x_2=x_2^*, x_3=x_3^*}$, 且

$$
\begin{aligned}
b_1 &= -f_{31}f_{12}f_{23} + f_{11}f_{23}f_{32} + f_{31}f_{13}f_{22} - f_{11}f_{22}f_{33} - f_{21}f_{32}f_{13} + f_{21}f_{12}f_{33}, \\
b_2 &= f_{22}f_{33} - f_{31}f_{13} + f_{11}f_{22} + f_{11}f_{33} - f_{21}f_{12} - f_{23}f_{32}.
\end{aligned} \tag{6.3.33}
$$

设 $F(\lambda)$ 有 4 个特征值: $\lambda_0, \lambda_1, \tilde{\lambda}_2, \tilde{\lambda}_3$, 其中 λ_1 是一个稳定的特征值. 则由多项式方程的 Vieta 定理有

$$
\begin{cases}
\lambda_0 + \lambda_1 + \tilde{\lambda}_2 + \tilde{\lambda}_3 = -d + f_{11} + f_{22} + f_{33}, \\
\lambda_0(\lambda_1 + \tilde{\lambda}_2 + \tilde{\lambda}_3) + \lambda_1(\tilde{\lambda}_2 + \tilde{\lambda}_3) + \tilde{\lambda}_2\tilde{\lambda}_3 \\
\quad = -\dot{g}_1(u^*) - (f_{11} + f_{33} + f_{22})d + b_2, \\
\lambda_0\lambda_1(\tilde{\lambda}_2 + \tilde{\lambda}_3) + \lambda_0\tilde{\lambda}_2\tilde{\lambda}_3 + \lambda_1\tilde{\lambda}_2\tilde{\lambda}_3 \\
\quad = -(f_{22} + f_{33})\dot{g}_1(u^*) + f_{12}\dot{g}_2(u^*) + f_{13}\dot{g}_3(u^*) - b_2 d - b_1, \\
\lambda_0\lambda_1\tilde{\lambda}_2\tilde{\lambda}_3 = (f_{32}f_{23} - f_{22}f_{33})\dot{g}_1(u^*) + (f_{12}f_{33} - f_{32}f_{13})\dot{g}_2(u^*) \\
\qquad\qquad + (f_{22}f_{13} - f_{12}f_{23})g_3'(u^*) + b_1 d.
\end{cases} \tag{6.3.34}
$$

假设系统的另一个控制参数为 $k = \dot{g}_1(u^*)$, 因此方程组 (6.3.34) 可以看成 $\tilde{\lambda}_2 + \tilde{\lambda}_3, \tilde{\lambda}_2\tilde{\lambda}_3$ 和 $\dot{g}_i(u^*)(i = 2, 3)$ 的线性方程组. 解此方程组可以得到 $\tilde{\lambda}_2 + \tilde{\lambda}_3, \tilde{\lambda}_2\tilde{\lambda}_3$ 和 $\dot{g}_i(u^*)(i = 2, 3)$ 的表达式为

$$
\begin{pmatrix} \tilde{\lambda}_2 + \tilde{\lambda}_3 \\ \tilde{\lambda}_2\tilde{\lambda}_3 \end{pmatrix} = C \begin{pmatrix} d \\ k \end{pmatrix} + B, \tag{6.3.35}
$$

$$
\begin{aligned}
\begin{pmatrix} \dot{g}_2(u^*) \\ \dot{g}_3(u^*) \end{pmatrix} = {} & F \times \left\{ \left(\begin{pmatrix} \lambda_0\lambda_1 & \lambda_0 + \lambda_1 \\ 0 & \lambda_0\lambda_1 \end{pmatrix} C + \begin{pmatrix} b_2 & f_{22} + f_{33} \\ -b_1 & f_{22}f_{33} - f_{32}f_{23} \end{pmatrix} \right) \begin{pmatrix} d \\ k \end{pmatrix} \right. \\
& \left. + \begin{pmatrix} \lambda_0\lambda_1 & \lambda_0 + \lambda_1 \\ 0 & \lambda_0\lambda_1 \end{pmatrix} B + \begin{pmatrix} b_1 \\ 0 \end{pmatrix} \right\}, \tag{6.3.36}
\end{aligned}
$$

其中

$$B = \begin{pmatrix} f_{11}+f_{22}+f_{33} - (\lambda_0 + \lambda_1) \\ b_2 - (f_{11}+f_{22}+f_{33})(\lambda_0 + \lambda_1) + (\lambda_0 + \lambda_1)^2 - \lambda_0\lambda_1 \end{pmatrix},$$

$$C = \begin{pmatrix} -1 & 0 \\ \lambda_0 + \lambda_1 - f_{11} - f_{22} - f_{33} & -1 \end{pmatrix}, \quad (6.3.37)$$

$$F = \begin{pmatrix} f_{12} & f_{13} \\ f_{12}f_{33} - f_{32}f_{13} & f_{22}f_{13} - f_{12}f_{23} \end{pmatrix}^{-1},$$

这里为保证受控系统 (6.3.30) 仍是一个实系数系统, 特征值 λ_0, λ_1 需满足共轭条件: $\lambda_0 = \bar{\lambda}_1$. 因为 $|\arg(\lambda_1)| > p\pi/2$, 于是由 λ_0 和 λ_1 的对称性可知 $|\arg(\lambda_0)| > p\pi/2$. 另外, 从方程 (6.3.35) 可知 $\tilde{\lambda}_2$ 和 $\tilde{\lambda}_3$ 是如下方程 $\lambda^2 + s_1\lambda + s_2 = 0$ 的两个根, 其中

$$\begin{aligned} s_1 &= d - (f_{11}+f_{22}+f_{33}) + (\lambda_0 + \lambda_1), \\ s_2 &= (\lambda_0 + \lambda_1 - f_{11} - f_{22} - f_{33})d - k + b_2 \\ &\quad - (f_{11}+f_{22}+f_{33})(\lambda_0 + \lambda_1) + (\lambda_0 + \lambda_1)^2 - \lambda_0\lambda_1, \end{aligned} \quad (6.3.38)$$

为确定 $\tilde{\lambda}_2$ 和 $\tilde{\lambda}_3$ 的稳定性, 给出下面的引理.

引理 6.3.1　一元二次方程 $y^2 + q_1 y + q_2 = 0$ 的两个根 y_1, y_2 满足条件 $|\arg(y_{1,2})| > p\pi/2$ 的充分必要条件是: $q_1 > 0, q_2 > 0$ 或者 $q_1 < 0,\ q_2 > q_1^2 [1+ tg^2(p\pi/2)]/4$.

证明　方程的判别式为 $\Delta = q_1^2 - 4q_2$.

(1) 如果 $\Delta \geqslant 0$, 即 $q_2 \leqslant q_1^2/4$. 在这种情况下方程有两个实根, 它们都是负数并且满足 $|\arg(y_{1,2})| > p\pi/2$ 的充要条件是 $q_1 > 0, q_2 > 0$.

(2) 如果 $\Delta < 0$, 即 $q_2 > q_1^2/4$. 在这种情况下方程有一对复根: 若 $q_1 > 0$, 则这两个根在复平面的左半平面, 因此满足 $|\arg(y_{1,2})| > p\pi/2$; 若 $q_1 < 0$, 则 $|\arg(y_{1,2})| > p\pi/2$ 当且仅当 $q_2 > q_1^2 [1 + tg^2(p\pi/2)]/4$. □

于是, 由前面的讨论和引理可以得到如下的结论.

定理 6.3.2　假设 $x^* = (x_1^*, x_2^*, x_3^*)$ 是系统 (6.3.30) 的一个鞍-焦点, 它的特征值设为 $\lambda_1, \lambda_2, \lambda_3$, 控制函数 $g(u)$ 满足 $g_i(x_1^*/d) = 0, i = 1, 2, 3$, $\dot{g}_1(x_1^*/d) = k$ 和 (6.3.34). FRC 可以将此系统的系统响应控制到渐近稳定的平衡点 x^* 的充要条件是控制参数 d 和 k 满足下列条件之一:

(1) $d > \max\{f_{11}+f_{22}+f_{33} - (\lambda_0 + \lambda_1), 0\}$,

$$k < (\lambda_0+\lambda_1-f_{11}-f_{22}-f_{33})d + b_2 - (f_{11}+f_{22}+f_{33})(\lambda_0 + \lambda_1) + (\lambda_0 + \lambda_1)^2 - \lambda_0\lambda_1; \quad (6.3.39)$$

(2) $0 < d < (f_{11} + f_{22} + f_{33}) - (\lambda_0 + \lambda_1)$,

$$
\begin{aligned}
k < & - \left[1 + tg^2(p\pi/2)\right] d^2/4 + \left[1 - tg^2(p\pi/2)\right] \left[\lambda_0 + \lambda_1 - (f_{11} + f_{22} + f_{33})\right] d/2 \\
& - \left[1 + tg^2(p\pi/2)\right] (f_{11}+f_{22}+f_{33})^2/4 + \left[3 - tg^2(p\pi/2)\right] (\lambda_0 + \lambda_1)^2/4 \\
& + \left[tg^2(p\pi/2) - 1\right] (f_{11}+f_{22}+f_{33})(\lambda_0 + \lambda_1)/2 - \lambda_0\lambda_1 + b_2,
\end{aligned}
\tag{6.3.40}
$$

其中, $\lambda_0 + \lambda_1 = 2\mathrm{Re}(\lambda_1)$, $\lambda_0\lambda_1 = |\lambda_1|^2$.

将 s_1, s_2 的表达式代入引理 6.3.1 可以完成定理 6.3.2 的证明. 由定理 6.3.2 可以得到, 受控系统在平衡点处的渐近稳定性只和 FRC 的控制参数、控制函数及其一阶导数在平衡点处的取值有关. 因此, 与 FRC 相关的控制函数其实有非常多的形式, 比如线性函数、多项式函数及分式函数形式.

下面将上面提出的控制方法应用到实际的分数阶混沌系统中以验证该方法的有效性.

2. 基于 FRC 的分数阶 Chen 系统的混沌控制

下面将 $p = 0.9$ 的 FRC 应用到分数阶 Chen 系统 (1.3.37), 由定理 6.3.2 可以得到如下条件:

$$
\begin{aligned}
\dot{g}_1(u^*) &= k, \\
\dot{g}_2(u^*) &= 20.978d + 1.767k - 386.575, \\
\dot{g}_3(u^*) &= 40.775d + 0.63k - 751.4,
\end{aligned}
\tag{6.3.41}
$$

并且

$$
d > 26.856, \quad k < -26.856d + 734.214
$$

或者

$$
0 < d < 26.856, \quad k < -10.216d^2 + 521.859d - 6633.925,
\tag{6.3.42}
$$

这里, 控制函数 $g_i(u)$ 被考虑成多项式函数:

$$
g_i(u) = \dot{g}_i(u)(u - x_1^*/d) + h_i(u - x_1^*/d)^2
\tag{6.3.43}
$$

或者分式函数:

$$
g_i(u) = \frac{\dot{g}_i(u)(u - x_1^*/d) + h_i(u - x_1^*/d)^2}{l_{i1}(u - x_1^*/d) + l_{i2}(u - x_1^*/d)^2 + 1},
\tag{6.3.44}
$$

其中, $h_i, l_{ij}(i = 1, 2, 3, j = 1, 2)$ 为可调节参数. 事实上, 从前面的讨论知道控制函数的高阶导数项对控制结果几乎没有影响, 因此最多只需考虑二阶情况.

下面分三种情况进行讨论.

情形 1　当 $g_i(u)(i=1,2,3)$ 为多项式函数时.

首先, 取定 $d=30, k=-271.4, h_i=1, i=1,2,3$ 且 $g_i(u)(i=1,2,3)$ 为多项式函数. 在时间 $t=0.2$ s 时加入控制信号则得到的 FRC 控制的仿真结果如图 6-3-8 所示. 可以看到受控系统的状态变量在时域上被快速地控制到平衡点 $(-3\sqrt{7}, -3\sqrt{7}, 21)$ 处, 且控制变量 u 也快速趋于 $x_1^*/d = -0.2646$. 这显示了本节提出的控制方法的有效性. 另外, d 值越大所需的控制能量越小, 这也显示了该控制方法的低能耗性.

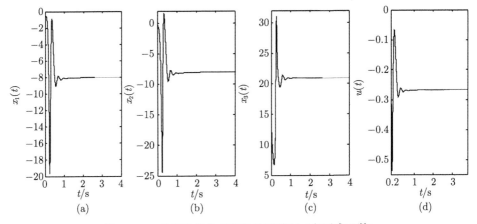

图 6-3-8　受控系统状态变量的时域图 (多项式函数)

接着, 取定 $d=30$, 并在满足条件 (6.3.41) 的情况下调节 k 的值, 图 6-3-9 (a) 给出了对于不同的 k 值 $x_1(t)$ 的时域图, 可以看到随着 k 值的不断减小, $x_1(t)$ 到达平衡点的速度越来越快. 又取定 $k=-3000$ 并调节 d 值. 图 6-3-9 (b) 给出了对于不同的 d 值 $x_1(t)$ 的时域图, 可以看到随着 d 值的不断增大, $x_1(t)$ 到达平衡点的速度越来越快.

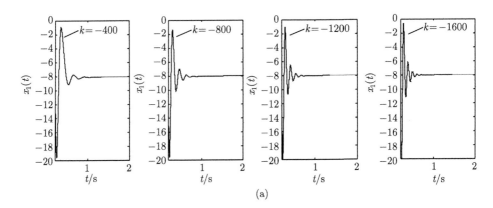

(a)

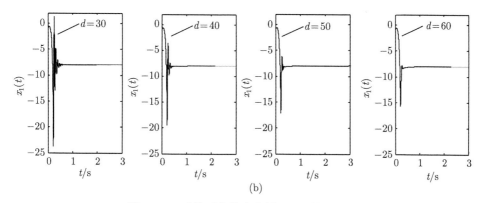

图 6-3-9 受控系统状态变量 $x_1(t)$ 的时域图

(a) $d = 30$, 改变 k 值; (b) $k = -3000$, 改变 d 值

情形 2 当 $g_i(u), i = 1, 2, 3$ 为分式函数时.

首先, 取定 $d = 30, k = -271, h_i = l_{ij} = 1, i = 1, 2, 3, j = 1, 2$, 且 $g_i(u), i = 1, 2, 3$ 为分式函数. 在时间 $t = 0.5$ s 时加入控制信号则得到的 FRC 控制的仿真结果如图 6-3-10 所示. 可以看到受控系统的状态变量在时域上被快速地控制到平衡点.

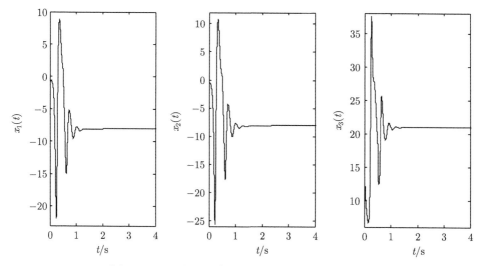

图 6-3-10 受控系统状态变量的时域图 (分式函数)

接着, 固定 $d = 30, k = -400$ 并改变 h_i, l_{ij} 的取值, $x_1(t)$ 的时域图如图 6-3-11 所示. 可以看到 h_i, l_{ij} 取值的改变并没有影响受控系统的稳定性, 这也和前面的理论分析结果是一致的.

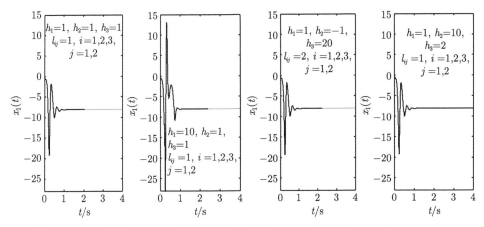

图 6-3-11　对不同的 h_i, l_{ij} 受控系统状态变量 $x_1(t)$ 的时域图, $d = 30, k = -400$

情形 3　当存在量测噪声时.

进一步地, 为分析有量测噪声存在的情况下本节提出的 FRC 控制器的控制性能, 在受控分数阶 Chen 系统的第一个方程的右边加入了强度为 $D = 4$ 的白噪声. 图 6-3-12 (a) 给出了在没有噪声和有噪声的情况下, 受控状态变量 $x_1(t)$ 的时域图. 为加以比较, 也将文献 [41] 中提出的线性反馈 (LF) 控制应用到这个系统以使其状态变量被控制到平衡点 $(0, 0, 0)$ 处, 其中, 加性白噪声的强度也为 $D = 4$, 其仿真结果如图 6-3-12 (b) 所示. 在所有的仿真实验中, 受控信号都在 $t = 2.5$ s 时加入. 可以看到, FRC 控制器的控制误差 (无噪声时的控制结果与有噪声时的控制结果之差) 保持在 -0.2—0.2 内, 远小于 LF 的控制误差. 这是因为 FRC 控制器是一个低通滤波器, 它可以有效地滤除带外噪声, 从而减小噪声对控制结果的影响, 这也显示了本节提出的控制方法的更优异的抗噪声性能.

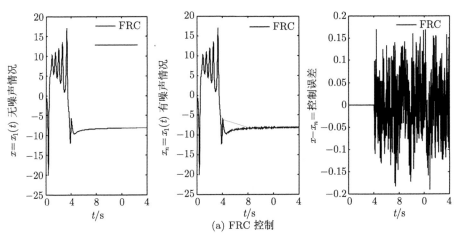

(a) FRC 控制

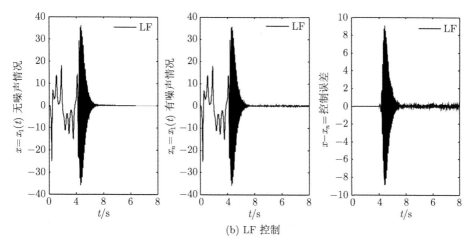

(b) LF 控制

图 6-3-12 在无噪声和有噪声的情况下受控状态变量 $x_1(t)$ 的时域图

3. 基于 FRC 的分数阶 Lü 系统的混沌控制

取定 $d = 40, k = -276$, 并将 FRC 控制器应用到分数阶 Lü 系统 (1.3.40) 的仿真结果如图 6-3-13 所示, 其中控制信号在 $t = 0.5$ s 时加入. 由图 6-3-13 可以得知, FRC 控制器可以将分数阶 Lü 系统有效地控制到其稳定的平衡点.

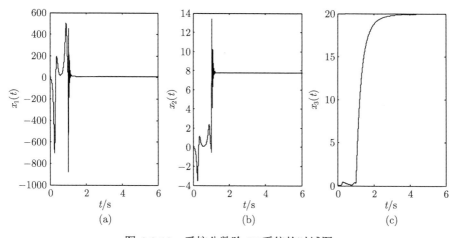

图 6-3-13 受控分数阶 Lü系统的时域图

4. 基于 FRC 的分数阶金融系统的混沌控制

取定 $d = 3, k = -11.8$, 并将 FRC 应用到分数阶金融系统 (1.3.41) 的仿真结果如图 6-3-14 所示, 其中控制信号在 $t = 10$ s 时加入. 由图 6-3-14 可以得知, FRC 可以将分数阶金融系统稳定地控制到平衡点. 也就是说本节提出的理论分析方法对分数阶混沌系统的控制是可行且有效的.

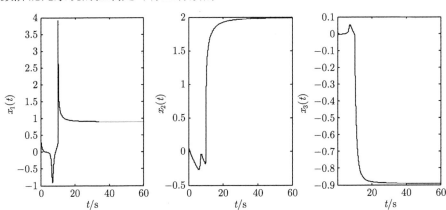

图 6-3-14　受控分数阶金融系统的状态变量的时域图

本节提出了一种仅含有一个可调参数的分数阶电阻–电容控制器, 并将其应用到相同阶数的分数阶混沌系统的控制中, 从而避免了不同阶数的引入所导致的设计复杂性. 理论分析以及和其他传统控制方法的仿真比较表明, 本节提出的混沌控制方法可以使原混沌系统的不稳定的不动点稳定, 并且普适、简单、有效, 具有较高的抗噪声性能. 另外, 该控制方法不影响原系统的参数, 而只需调整控制器的外部参数就可以实现对系统的混沌控制, 因而具有很大的灵活性, 且在物理、技术及数字化上易于实现.

6.4　分数阶混沌系统的同步

自从 1990 年 Pecora 和 Carroll 提出了混沌同步的思想以来, 混沌同步的研究得到了蓬勃发展, 人们提出了多种混沌同步的方法, 如线性和非线性反馈方法、延迟反馈法、自适应方法、Backstepping 方法等. 同时, 有多种同步类型, 如完全同步、相同步、时滞同步、反相同步、广义同步、投影同步、广义投影同步、追踪同步等. 由于分数阶混沌信号比整数阶混沌信号在保密通信中有更好的保密效果, 随着分数阶动力系统理论的发展, 分数阶混沌系统的同步问题是当今研究的热点, 也有很丰富的结果.

著名的 Duffing 方程在非线性动力学系统的研究中占有重要的地位, 迄今人们对其研究方兴未艾. 经典的 Duffing 系统已经有很多推广的形式, 如 Mahmoud 等给出周期强迫力复 Duffing 振子的奇异吸引子和混沌控制 [42], Tang 等给出了一个由 $x|x|$ 产生混沌的 Duffing 类振子 [43], Siewe 等提出了一个 Rayleigh-Duffing 振子并

通过 Melnikov 方法说明该系统存在混沌解 [44]. 本节结合 Rayleigh 振子和 Duffing 类系统, 提出 Rayleigh-Duffing 类系统, 并用 Melnikov 方法来判定系统存在混沌解.

6.4.1 Rayleigh-Duffing 类系统及其 Melnikov 混沌判据

考虑如下的系统

$$\ddot{x} - ax + bx\,|x| = \varepsilon \left[\mu(1 - \dot{x}^2)\dot{x} + F\sin\omega t \right], \tag{6.4.1}$$

其中, $a > 0, b > 0, \mu \geqslant 0, F > 0, \varepsilon > 0$.

记

$$\begin{cases} x_1(t) = x(t), & x(t) \geqslant 0, \\ x_2(t) = x(t), & x(t) < 0. \end{cases} \tag{6.4.2}$$

用 $y = \dot{x}$ 来表示

$$y_1(t) = \dot{x}_1(t) = \lim_{\Delta t \to 0^+} \frac{x_1(t + \Delta t) - x_1(t)}{\Delta t} \tag{6.4.3}$$

或者

$$y_2(t) = \dot{x}_2(t) = \lim_{\Delta t \to 0^+} \frac{x_2(t + \Delta t) - x_2(t)}{\Delta t}. \tag{6.4.4}$$

当 $\varepsilon = 0$ 时, 将系统 (6.4.1) 写成二元的形式:

$$\begin{cases} \dot{x} = y, \\ \dot{y} = ax - bx|x|, \end{cases} \tag{6.4.5}$$

容易得到系统的一个平衡点为 $(0, 0)$, Hamilton 量为

$$H(x, y) = \frac{y^2}{2} - \frac{ax^2}{2} + \frac{bx^2|x|}{3}, \tag{6.4.6}$$

由 $H(x, y) = 0$ 和 $y = 0$ 可得到经过 $(0, 0)$ 的同宿轨与 x 轴的另外两个交点为 $\left(\pm\frac{3a}{2b}, 0 \right)$.

由

$$\begin{cases} \dot{x} = y, \\ H(x, y) = 0 \end{cases} \tag{6.4.7}$$

得到同宿轨道的参数方程为

$$\begin{cases} x_{1,2}(t) = \pm\dfrac{3a}{b} \cdot \dfrac{1}{1 + \cosh(\sqrt{a}t)}, \\ \dot{x}_{1,2}(t) = \mp\dfrac{3a\sqrt{a}}{b} \cdot \dfrac{\sinh(\sqrt{a}t)}{\left(1 + \cosh(\sqrt{a}t)\right)^2}, \end{cases} \tag{6.4.8}$$

沿着同宿轨的 Melnikov 函数为

$$M_1(t_0) = \int_{-\infty}^{+\infty} y_1 \left[\mu(1 - y_1^2)y_1 + F\sin\omega(t - t_0) \right] \mathrm{d}t$$

$$= \int_{-\infty}^{+\infty} \mu y_1^2 \mathrm{d}t - \int_{-\infty}^{+\infty} \mu y_1^4 \mathrm{d}t + \int_{-\infty}^{+\infty} y_1 F\sin\omega(t - t_0)\mathrm{d}t, \quad (6.4.9)$$

由于

$$\int_{-\infty}^{+\infty} \mu y_1^2 \mathrm{d}t = 2\mu \int_0^{+\infty} \frac{9a^3}{b^2} \cdot \frac{\sinh^2(\sqrt{at})}{\left(1 + \cosh\left(\sqrt{at}\right)\right)^4} \mathrm{d}t = \frac{3a^2\sqrt{a}}{b^2}\mu,$$

$$\int_{-\infty}^{+\infty} \mu y_1^4 \mathrm{d}t = \mu \int_0^{+\infty} \frac{81a^6}{b^4} \cdot \frac{\sinh^4(\sqrt{at})}{\left(1 + \cosh\left(\sqrt{at}\right)\right)^8} \mathrm{d}t = \frac{108a^5\sqrt{a}}{385b^4}\mu, \quad (6.4.10)$$

$$\int_{-\infty}^{+\infty} y_1 F\sin(\omega(t - t_0))\mathrm{d}t = -\frac{6F\pi\omega^2}{b} \frac{\cos(\omega t_0/\sqrt{a})}{\sinh(\pi\omega/\sqrt{a})},$$

则

$$M_1(t_0) = \frac{3a^2\sqrt{a}}{b^2}\mu - \frac{108a^5\sqrt{a}}{385b^4}\mu - \frac{6F\pi\omega^2}{b} \cdot \frac{\cos(\omega t_0/\sqrt{a})}{\sinh(\pi\omega/\sqrt{a})}. \quad (6.4.11)$$

显然

$$M_2(t_0) = \frac{3a^2\sqrt{a}}{b^2}\mu - \frac{108a^5\sqrt{a}}{385b^4}\mu + \frac{6F\pi\omega^2}{b} \cdot \frac{\cos(\omega t_0/\sqrt{a})}{\sinh(\pi\omega/\sqrt{a})}, \quad (6.4.12)$$

由 $M_{1,2}(t_0) = 0$ 得

$$\left(\frac{3a^2\sqrt{a}}{b^2} - \frac{108a^5\sqrt{a}}{385b^4} \right)\mu = \pm\frac{6F\pi\omega^2}{b} \cdot \frac{\cos(\omega t_0/\sqrt{a})}{\sinh(\pi\omega/\sqrt{a})}. \quad (6.4.13)$$

再根据 $|\cos(\omega t_0/\sqrt{a})| \leqslant 1$ 得

$$\left| \frac{\left(\dfrac{3a^2\sqrt{a}}{b^2} - \dfrac{108a^5\sqrt{a}}{385b^4} \right)\mu b\sinh(\pi\omega/\sqrt{a})}{6F\pi\omega^2} \right| \leqslant 1, \quad (6.4.14)$$

于是

$$\frac{\mu}{F} \leqslant \frac{6\pi\omega^2}{\sinh(\pi\omega/\sqrt{a})\left| \dfrac{3a^2\sqrt{a}}{b} - \dfrac{108a^5\sqrt{a}}{385b^3} \right|}. \quad (6.4.15)$$

由 $\dfrac{\mathrm{d}M_{1,2}(t_0)}{\mathrm{d}t_0} \neq 0$, 可得 $\dfrac{6F\pi\omega^3}{b\sqrt{a}} \cdot \dfrac{\sin(\omega t_0/\sqrt{a})}{\sinh(\pi\omega/\sqrt{a})} \neq 0$, 因此, $\sin(\omega t_0/\sqrt{a}) \neq 0$, 则 $\cos(\omega t_0/\sqrt{a}) \neq 1$, 可见

$$\frac{\mu}{F} < \frac{6\pi\omega^2}{\sinh(\pi\omega/\sqrt{a})\left| \dfrac{3a^2\sqrt{a}}{b} - \dfrac{108a^5\sqrt{a}}{385b^3} \right|}, \quad (6.4.16)$$

所以, 只要参数 μ, F, ω 满足上式, 系统具有 Smale 马蹄意义下的混沌.

取定系统 (6.4.1) 的系数 $a = 1, b = 1, \omega = 1, \mu = 6, \varepsilon = 0.1$. 图 6-4-1 给出了系统 (6.4.1) 取初值 $(2, 2)$ 及 $F = 0.1, 3.5, 10, 12, 15$ 时的相图. 由图 6-4-1 可见, 当 $F = 10$ 时系统具有初值敏感性, 是混沌的.

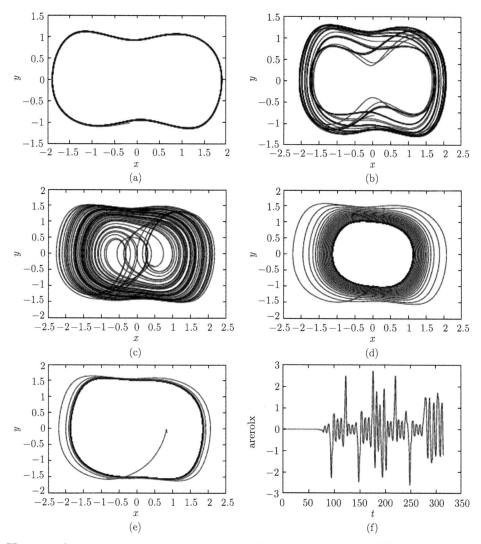

图 6-4-1 当 $a = 1, b = 1, \omega = 1, \mu = 6, \varepsilon = 0.1$ 时 Rayleigh-Duffing 类系统 (6.4.1) 随 F 变化的相图. (a) $F = 0.1$, (b) $F = 3.5$, (c) $F = 10$, (d) $F = 12$, (e) $F = 15$, (f) $F = 10$, 初值为 $(2, 2)$ 和 $(2, 2.001)$ 时, x 的误差

6.4.2　分数阶 Rayleigh-Duffing 类系统

现在讨论分数阶 Rayleigh-Duffing 类系统

$$
\begin{aligned}
&_0D_t^\alpha x_1 = x_2,\\
&_0D_t^\alpha x_2 = x_1 - x_1\,|x_1| + \mu x_2(1 - x_2^2) + F\sin(\omega t),
\end{aligned}
\tag{6.4.17}
$$

即

$$
_0D_t^\alpha x = f(t,x),
\tag{6.4.18}
$$

其中

$$
x = \begin{pmatrix} x_1 \\ x_2 \end{pmatrix}, \quad f(t,x) = \begin{pmatrix} x_2 \\ x_1 - x_1\,|x_1| + \mu x_2(1 - x_2^2) + F\sin(\omega t) \end{pmatrix}.
\tag{6.4.19}
$$

这里的分数阶导数仍然表示 Caputo 意义下的分数阶导数. 本节只讨论阶数一致的情况, 对阶数不一致的分数阶 Rayleigh-Duffing 类系统的讨论类似可得. 下面给出分数阶 Rayleigh-Duffing 类系统解的存在性和稳定性.

先给出一个有关初值问题

$$
_0D_t^\alpha x(t) = f(t,x(t)), \quad x(0) = x_0, \quad 0 < \alpha \leqslant 1
\tag{6.4.20}
$$

的解的存在性命题.

引理 6.4.1[46,47]　设区域 $D = [0,T] \times [x(0) - \delta, x(0) + \delta](T > 0, \delta > 0)$, f 在 D 上有界且关于 x 满足局部 Lipschitz 条件, 即

$$
|f(t,x) - f(t,y)| \leqslant L|x - y|,
$$

其中 L 为一个不依赖于 x, y, t 的常数, 则至多存在唯一的满足初值条件 (6.4.20) 的解 $x : [0, T^*] \to \mathbb{R}$, 其中 $T^* = \min\left\{T, \left(\dfrac{\delta\Gamma(\alpha + 1)}{\|f\|_\infty}\right)^{\frac{1}{\alpha}}\right\}$, 可将该引理中的 x 推广到二维.

命题 6.4.1　对于满足初值条件 $x(0) = x_0$ 的系统 (6.4.17), 其在区间 $[0, M]$ $(M > 0)$ 上存在唯一解.

证明　显然 $f(t,x)$ 在 $[0, M] \times [x(0) - \eta, x(0) + \eta](\eta = (\delta, \delta)^{\mathrm{T}})$ 上连续且有界, 而且

$$
\begin{aligned}
&\|f(t,x) - f(t,y)\|_2 \\
&\leqslant \left\|\begin{bmatrix} 0 & 1 \\ 1 & \mu \end{bmatrix}(x - y)\right\|_2 + \left\|\begin{array}{c} 0 \\ -x_1|x_1| + y_1|y_1| - \mu x_2^3 + \mu y_2^3 \end{array}\right\|_2
\end{aligned}
$$

$$\leqslant \left\| \begin{bmatrix} 0 & 1 \\ 1 & \mu \end{bmatrix} (x-y) \right\|_2 + |x_1||x_1 - y_1| + |y_1||x_1 - y_1| + \mu(x_2^2 + x_2 y_2 + y_2^2)|x_2 - y_2|$$

$$\leqslant \left(\left\| \begin{bmatrix} 0 & 1 \\ 1 & \mu \end{bmatrix} \right\|_2 + |x_1| + |y_1| + \mu \left| x_2^2 + x_2 y_2 + y_2^2 \right| \right) \|x - y\|_2$$

$$\leqslant \left(\left\| \begin{bmatrix} 0 & 1 \\ 1 & \mu \end{bmatrix} \right\|_2 + 2\left(\|x(0)\|_2 + \delta \right) + 3\mu \left(\|x(0)\|_2 + \delta \right)^2 \right) \|x - y\|_2.$$

取 $L = \left\| \begin{bmatrix} 0 & 1 \\ 1 & \mu \end{bmatrix} \right\|_2 + 2\left(\|x(0)\|_2 + \delta \right) + 3\mu(\|x(0)\|_2 + \delta)^2$, 则 f 关于 x 满足局部 Lipschitz 条件. 根据引理 6.4.1, 可知该命题成立. □

如果 $F = 0$, 则系统 (6.4.17) 为

$$\begin{aligned} {}_0D_t^\alpha x_1 &= x_2, \\ {}_0D_t^\alpha x_2 &= x_1 - x_1|x_1| + \mu x_2(1 - x_2^2), \end{aligned} \tag{6.4.21}$$

由

$$\begin{cases} x_2 = 0, \\ x_1 - x_1|x_1| + \mu x_2(1 - x_2^2) = 0 \end{cases} \tag{6.4.22}$$

得到三个平衡点 $(0,0),(1,0),(-1,0)$.

在平衡点 $(0,0)$ 的 Jacobian 矩阵为

$$\begin{pmatrix} 0 & 1 \\ 1 & \mu \end{pmatrix},$$

其特征值为 $\lambda_1 = \dfrac{\mu}{2} + \sqrt{1 + \dfrac{\mu^2}{4}}$ 和 $\lambda_2 = \dfrac{\mu}{2} - \sqrt{1 + \dfrac{\mu^2}{4}}$. 由于 $\mu > 0, \lambda_1 > 0$, 则 $(0,0)$ 是不稳定的.

在平衡点 $(1,0),(-1,0)$ 的 Jacobian 矩阵为

$$\begin{pmatrix} 0 & 1 \\ -1 & \mu \end{pmatrix},$$

其特征值为 $\lambda_1 = \dfrac{\mu}{2} + \sqrt{\dfrac{\mu^2}{4} - 1}$ 和 $\lambda_2 = \dfrac{\mu}{2} - \sqrt{\dfrac{\mu^2}{4} - 1}$. 根据定理 1.2.3, 如果 $|\arg(\lambda_{1,2})| > \alpha\pi/2$, 平衡点 $(1,0),(-1,0)$ 是局部渐近稳定的.

推论 6.4.1[47] 对于阶数为 $\alpha(0 < \alpha < 1)$ 的分数阶动力系统 ${}_0D_t^\alpha x = f(t, x)$ 是局部渐近稳定的, 如果其相应的整数阶系统是稳定的.

采用 1.2.3 节介绍的预估–校正法, 初值为 $x(0) = [x_{10}, x_{20}]^{\mathrm{T}}$ 的分数阶 Rayleigh-Duffing 类系统可被离散化为

$$x_{1h}(t_{n+1}) = x_{10} + \frac{h^\alpha}{\Gamma(\alpha+2)} x_{2h}^p(t_{n+1}) + \frac{h^\alpha}{\Gamma(\alpha+2)} \sum_{j=0}^n a_{j,n+1} x_{2h}(t_j),$$

$$x_{2h}(t_{n+1}) = x_{20} + \frac{h^\alpha}{\Gamma(\alpha+2)}[\mu x_{2h}^p(t_{n+1})(1 - x_{2h}^p(t_{n+1})^2)$$
$$+ x_{1h}^p(t_{n+1}) - x_{1h}^p(t_{n+1})|x_{1h}^p(t_{n+1})|$$
$$+ F\sin(\omega t_{n+1})] + \frac{h^\alpha}{\Gamma(\alpha+2)}\sum_{j=0}^{n} a_{j,n+1}[\mu x_{2h}(t_j)\cdot(1 - x_{2h}(t_j)^2)$$
$$+ x_{1h}(t_j) - x_{1h}(t_j)|x_{1h}(t_j)| + F\sin(\omega t_j)J, \tag{6.4.23}$$

其中

$$x_{1h}(t_{n+1}) = x_{10} + \frac{1}{\Gamma(\alpha)}\sum_{j=0}^{n} b_{j,n+1}x_{2h}(t_j),$$

$$x_{2h}(t_{n+1}) = x_{20} + \frac{1}{\Gamma(\alpha)}\sum_{j=0}^{n} b_{j,n+1}[\mu x_{2h}(t_j)(1 - x_{2h}(t_j)^2)$$

$$+ x_{1h}(t_j) - x_{1h}(t_j)|x_{1h}(t_j)| + F\sin(\omega t_j)]. \tag{6.4.24}$$

仿真实验　取定系统 (6.4.17) 的系数 $a = 1, b = 1, \omega = 1, \mu = 0.05, \alpha = 0.98$. 图 6-4-2(a)—(c) 分别为初值 (4,4) 且 $F = 0.001, 0.4, 0.6$ 的相位图; 图 6-4-2 (d) 为 $F = 0.4$ 时 x_1 变量随时间变化的曲线; 图 6-4-2 (e), (f) 分别为取初值 (4,4) 和 (4, 4.001) 时, x_1, x_2 变量随时间变化的误差曲线. 仿真结果表明: ① 当 $F = 0.001$ 时, 平衡点 $(1,0)$ 是局部渐近稳定的; ② 当 $F = 0.4$ 时, 系统具有初值敏感性和混沌吸引子.

注　如果 $F = 0.001$, 可以忽略系统 (6.4.17) 的项 $F\sin(\omega t)$, 则系统在 $(1,0)$ 的 Jacobian 矩阵的特征值为 $\frac{0.05}{2} \pm \sqrt{\frac{0.05^2}{4} - 1}$, 且

$$\left|\arg\left(\frac{0.05}{2} \pm \sqrt{\frac{0.05^2}{4} - 1}\right)\right| \approx 1.5458 > \frac{0.98\pi}{2} = 1.5394.$$

由前面的讨论知平衡点 $(1,0)$ 是局部渐近稳定的. 可见仿真结果与理论分析一致. 如果令 $\alpha = 0.985$ 而保持其他的系数不变, 则

$$\left|\arg\left(\frac{0.05}{2} \pm \sqrt{\frac{0.05^2}{4} - 1}\right)\right| \approx 1.5458 < \frac{0.985\pi}{2} = 1.5472,$$

所以点 $(1,0)$ 的 Jacobian 矩阵的特征值不在稳定的区域. 仿真结果也表明当 $\alpha = 0.985$ 时 $(1,0)$ 是不稳定的. 所以用预估–校正法对分数阶 Rayleigh-Duffing 类系统进行仿真有很高的精度.

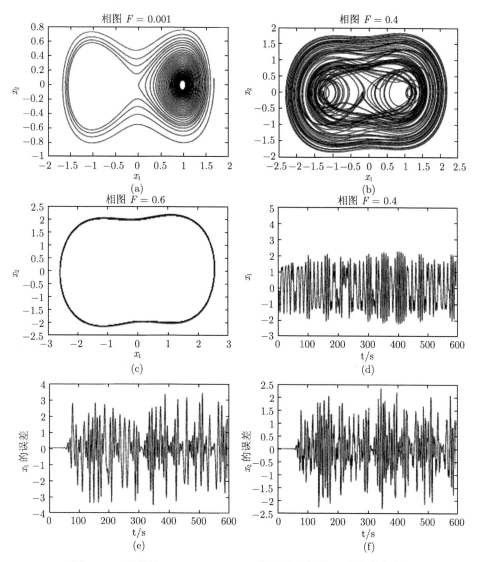

图 6-4-2　分数阶 Rayleigh-Duffing 类混沌系统随 F 变化的相图.

(a) $F = 0.001$ 时的相图; (b) $F = 0.4$ 时的相图; (c) $F = 0.6$ 时的相图; (d) $F = 0.4$ 时的时域图; (e) 初值为 $(4, 4)$ 和 $(4, 4.001)$ 时, x_1 的误差; (f) 初值为 $(4, 4)$ 和 $(4, 4.001)$ 时, x_2 的误差

6.4.3　分数阶 Rayleigh-Duffing 类系统的同步

本节用三个不同的同步方法来同步两个分数阶 Rayleigh-Duffing 类系统: 主动控制技术同步、状态观测器同步、非线性状态反馈同步.

6.4.3.1　基于主动控制技术的同步

设驱动和响应系统分别为

$$
\begin{aligned}
{}_0D_t^\alpha x_1 &= x_2, \\
{}_0D_t^\alpha x_2 &= x_1 - x_1\,|x_1| + \mu x_2(1 - x_2^2) + F\sin(\omega t)
\end{aligned}
\tag{6.4.25}
$$

和

$$
\begin{aligned}
{}_0D_t^\alpha y_1 &= y_2 + u_1(t), \\
{}_0D_t^\alpha y_2 &= y_1 - y_1\,|y_1| + \mu y_2(1 - y_2^2) + F\sin(\omega t) + u_2(t),
\end{aligned}
\tag{6.4.26}
$$

其中, $u_1(t), u_2(t)$ 为待定的控制函数.

定义误差函数 $e_1 = x_1 - y_1, e_2 = x_2 - y_2$, 则由驱动系统和响应系统可得误差系统为

$$
\begin{aligned}
{}_0D_t^\alpha e_1 &= e_2 - u_1(t), \\
{}_0D_t^\alpha e_2 &= e_1 - x_1\,|x_1| + y_1\,|y_1| + \mu e_2 - \mu x_2^3 + \mu y_2^3 - u_2(t).
\end{aligned}
\tag{6.4.27}
$$

定义控制函数为

$$
\begin{aligned}
u_1(t) &= V_1(t) + e_2, \\
u_2(t) &= V_2(t) + e_1 - x_1\,|x_1| + y_1\,|y_1| - \mu x_2^3 + \mu y_2^3,
\end{aligned}
\tag{6.4.28}
$$

其中 $V_i(t)$ 为误差函数 $e_i(i=1,2)$ 的线性函数. 于是误差系统为

$$
\begin{aligned}
{}_0D_t^\alpha e_1 &= -V_1(t), \\
{}_0D_t^\alpha e_2 &= \mu e_2 - V_2(t).
\end{aligned}
\tag{6.4.29}
$$

选择 $V_1(t) = -e_1, V_2(t) = -(\mu+1)e_2$, 则误差系统为

$$
\begin{aligned}
{}_0D_t^\alpha e_1 &= -e_1, \\
{}_0D_t^\alpha e_2 &= -e_2,
\end{aligned}
\tag{6.4.30}
$$

可见误差系统的特征根为 -1(二重), 根据定理 1.2.3 可知误差系统是渐近稳定的. 因此系统 (6.4.25) 和系统 (6.4.26) 渐近同步.

在下面的仿真实验中, Rayleigh-Duffing 类系统的参数选为 $\omega = 1, \mu = 0.05$, $F = 0.4, \alpha = 0.98$.

仿真实验　系统 (6.4.25) 和系统 (6.4.26) 的初值分别为 $(x_1, x_2) = (3, -3)$ 和 $(y_1, y_2) = (-3, 2)$. 图 6-4-3 的仿真结果表明系统 (6.4.25) 和系统 (6.4.26) 在 $t > 8$ 后渐近同步.

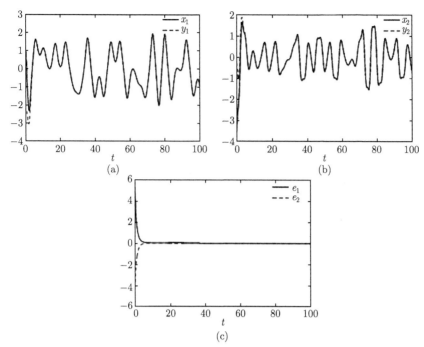

图 6-4-3 当 $\omega=1, \mu=0.05, F=0.4, \alpha=0.98$ 时, 系统 (6.4.25) 和 (6.4.26) 的同步误差.
(a) x_1, y_1; (b) x_2, y_2; (c) e_1, e_2

6.4.3.2 基于状态观测器的同步

设分数阶驱动系统为系统 (6.4.25),

$$
\begin{pmatrix} {}_0D_t^\alpha x_1 \\ {}_0D_t^\alpha x_2 \end{pmatrix} = \begin{pmatrix} 0 & 1 \\ 1 & \mu \end{pmatrix} \begin{pmatrix} x_1 \\ x_2 \end{pmatrix} + \begin{pmatrix} 0 \\ -x_1|x_1|-\mu x_2^3 \end{pmatrix} + \begin{pmatrix} 0 \\ F\sin(\omega t) \end{pmatrix},
$$
(6.4.31)

设系统的输出信号为

$$
s\left(\begin{pmatrix} x_1 \\ x_2 \end{pmatrix}\right) = \begin{pmatrix} k_1 & k_2 \\ k_3 & k_4 \end{pmatrix} \begin{pmatrix} x_1 \\ x_2 \end{pmatrix},
$$
(6.4.32)

其中, $k_i \in \mathbb{R}(i=1,2,3,4)$.

设计非线性分数阶状态观测器为

$$
\begin{pmatrix} {}_0D_t^\alpha y_1 \\ {}_0D_t^\alpha y_2 \end{pmatrix} = \begin{pmatrix} 0 & 1 \\ 1 & \mu \end{pmatrix} \begin{pmatrix} y_1 \\ y_2 \end{pmatrix} + \begin{pmatrix} 0 \\ -x_1|x_1|-\mu x_2^3 \end{pmatrix}
$$
$$
+ \begin{pmatrix} 0 \\ F\sin(\omega t) \end{pmatrix} + s\left(\begin{pmatrix} x_1 \\ x_2 \end{pmatrix}\right) - s\left(\begin{pmatrix} y_1 \\ y_2 \end{pmatrix}\right), \quad (6.4.33)
$$

定义误差函数 $e_1 = x_1 - y_1, e_2 = x_2 - y_2$, 则由驱动系统和响应系统可得误差系统为

$$\begin{pmatrix} {}_0D_t^\alpha e_1 \\ {}_0D_t^\alpha e_2 \end{pmatrix} = \begin{pmatrix} -k_1 & 1-k_2 \\ 1-k_3 & \mu - k_4 \end{pmatrix} \begin{pmatrix} e_1 \\ e_2 \end{pmatrix}. \tag{6.4.34}$$

根据定理 1.2.3, 只要选择合适的 $k_i (i = 1, 2, 3, 4)$, 使得

$$\left| \arg \left(\mathrm{eig} \begin{pmatrix} -k_1 & 1-k_2 \\ 1-k_3 & \mu - k_4 \end{pmatrix} \right) \right| > \alpha \pi / 2, \tag{6.4.35}$$

则误差系统渐近稳定, 系统 (6.4.25) 和 (6.4.33) 渐近同步.

仿真实验　选择 $k_1 = 1, k_2 = 0, k_3 = 1, k_4 = \mu + 1$, 系统 (6.4.25) 和 (6.4.33) 的初值分别为 $(x_1, x_2) = (4, -3)$ 和 $(y_1, y_2) = (-2, 2)$. 图 6-4-4 给出系统 (6.4.25) 和 (6.4.33) 的同步结果, 表明当 $t > 6$ 时, 系统 (6.4.25) 和 (6.4.33) 渐近同步.

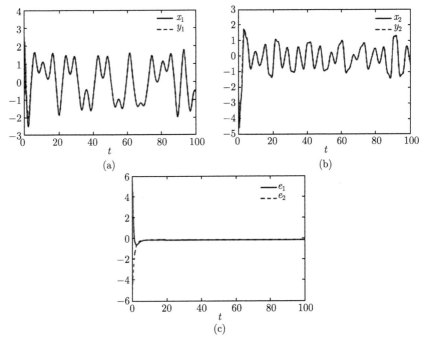

图 6-4-4　当 $\omega = 1, \mu = 0.05, F = 0.4, \alpha = 0.98$ 时, 系统 (6.4.25) 和 (6.4.33) 的同步误差.

(a) x_1, y_1; (b) x_2, y_2; (c) e_1, e_2

6.4.3.3　非线性状态反馈同步

令驱动系统为 (6.4.25), 响应系统为 (6.4.26), 则误差系统为 (6.4.27).

命题 6.4.2　取 $u_1(t) = 2e_1, u_2(t) = -x_1|x_1| + y_1|y_1| + me_2$, 则当 $m - 1 - \mu > 0$ 时系统 (6.4.26) 渐近稳定.

证明 系统 (6.4.27) 的整数阶形式为

$$\dot{e}_1 = e_2 - u_1(t),$$
$$\dot{e}_2 = e_1 - x_1|x_1| + y_1|y_1| + \mu e_2 - \mu x_2^3 + \mu y_2^3 - u_2(t).$$

构造 Lyapunov 函数 $V = \frac{1}{2}(e_1^2 + e_2^2)$, 则

$$\dot{V} = e_1\dot{e}_1 + e_2\dot{e}_2$$
$$= e_1(e_2 - u_1(t)) + e_2[e_1 - x_1|x_1| + y_1|y_1| + \mu e_2 - \mu e_2(x_2^2 + x_2 y_2 + y_2^2) - u_2(t)]$$
$$= -e_1^2 - (e_1 - e_2)^2 - (m - 1 - \mu)e_2^2 - \mu(x_2^2 + x_2 y_2 + y_2^2)e_2^2$$

可见, 当 $m - 1 - \mu > 0$, $\dot{V} \leqslant 0$. 根据推论 6.4.1, 系统 (6.4.26) 渐近稳定.

如果选择命题 6.4.2 的控制规则, 则系统 (6.4.25) 和系统 (6.4.26) 会实现渐近同步.

仿真实验 系统 (6.4.25) 和系统 (6.4.26) 的初值分别为 $(x_1, x_2) = (4, -3)$ 和 $(y_1, y_2) = (-4, 4)$, 选择 $m = \mu + 2$, 图 6-4-5 给出了系统 (6.4.25) 和系统 (6.4.26) 的同步结果, 表明当 $t > 6$ 时, 系统 (6.4.25) 和系统 (6.4.26) 渐近同步.

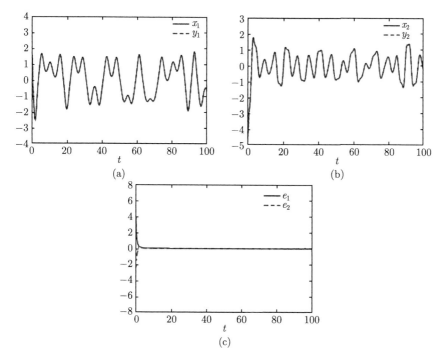

图 6-4-5 当 $\omega = 1, \mu = 0.05, F = 0.4, \alpha = 0.98$ 时, 系统 (6.4.25) 和系统 (6.4.26) 的同步误差. (a) x_1, y_1; (b) x_2, y_2; (c) e_2, e_2

参 考 文 献

[1]　Koeller R C. Polynomial operators, Stieltjes convolution and fractional calculus in hereditary mechanics [J]. Acta Mechanica, 1984, 58: 251-264.

[2]　Mark S R, Hall M. Differintegral interpolation from a bandlimited signal's samples [J]. IEEE Transactions on Acoustics, Speech, and Signal Processing, 1981, 29: 872-877.

[3]　Podlubny I. Fractional Differential Equations [M]. San Diego: Academic Press, 1999.

[4]　Koeller R C. Applications of fractional calculus to the theory of viscoelasticity [J]. Journal of Applied Mechanics, 1984, 51: 299-307.

[5]　Skaar S, Michel A, Miller R K. Stability of viscoelastic control systems [J]. IEEE Transactions on Automatic Control, 1988, 3: 348-357.

[6]　Mandelbrot B. Some noises with $1/f$ spectrum, a bridge between direct current and white noise [J]. IEEE Transactions on Information Theory, 1967, 13: 289-298.

[7]　Sun H H, Onaral B, Tsao Y Y. Application of the positive reality principle to metal electrode linear polarization phenomena [J]. IEEE Transactions on Biomedical Engineering, 1984, 31: 664-674.

[8]　Benson D A, Wheatcraft S W, Meerschaert M M. Application of a fractional advection-dispersion equation [J]. Water Resources Research, 2000, 36: 1403-1412.

[9]　Deng J, Ma L. Existence and uniqueness of solutions of initial value problems for nonlinear fractional differential equations [J]. Applied Mathematics Letters, 2010, 23: 676-680.

[10]　Agarwal R P, Benchohra M, Hamani S. A survey on existence results for boundary value problems of nonlinear fractional differential equations and inclusions [J]. Acta Applicandae Mathematicae , 2010, 109: 973-1033.

[11]　Zhao Y, Sun S, Han Z, et al. The existence of multiple positive solutions for boundary value problems of nonlinear fractional differential equations [J]. Communications in Nonlinear Science and Numerical Simulation, 2011, 16: 2086.

[12]　Balachandran K, Kiruthika S, Trujillo J J. Existence results for fractional impulsive integrodifferential equations in Banach spaces [J]. Communications in Nonlinear Science and Numerical Simulation, 2011, 16: 1970.

[13]　Ahmad B, Nieto J J. Solvability of nonlinear Langevin equation involving two fractional orders with dirichlet boundary conditions [J]. International Journal of Differential Equations, 2010, 2010: 1649486.

[14]　Ahmad B, Nieto J J, Alsaedi A, et al. A study of nonlinear Langevin equation involving two fractional orders in different intervals [J]. Nonlinear Analysis: Real World Applications, 2012, 13: 599.

[15] Podlubny I. Fractional Differential Equations: An Introduction to Fractional Deriva-tives, Fractional Differential Equations, to Methods of their Solution and Some of Their Applications [M]. San Diegop: Academic Press. 1998.

[16] Lakshmikantham V, Leela S, Vasundhara Devi J. Theory of Fractional Dynamic Sys-tems[M]. Cambridge: Cambridge Academic, 2009.

[17] Zeidler E. Nonlinear Functional Analysis and Its Applications [M]. New York: Springer Verlag, 1990.

[18] 邵仕泉, 高心, 刘兴文. 两个耦合的分数阶 Chen 系统的混沌投影同步控制 [J]. 物理学报, 2007, 56: 6815-6819.

[19] Xi H L, Yu S M, Zhang R X, Xu L. Adaptive impulsive synchronization for a class of fractional-order chaotic and hyperchaotic systems [J]. Optik - International Journal for Light & Electron Optics, 2014, 125: 2036-2040.

[20] Zhong Q S, Bao J F, Yu Y B, Liao X F. Impulsive control for fractional-order chaotic systems [J]. Chinese Physics Letters, 2008, 25: 2812-2815.

[21] Srivastava M, Agrawal S K, Vishal K, Das S. Chaos control of fractional order Rabinovich-Fabrikant system and synchronization between chaotic and chaos controlled fractional order Rabinovich–Fabrikant system [J]. Applied Mathematical Modelling, 2014, 38: 3361-3372.

[22] Faieghi M, Kuntanapreeda S, Delavari H, Dumitru B. Robust stabilization of fractional-order chaotic systems with linear controllers: LMI-based sufficient conditions [J]. Journal of Vibration and Control, 2014, 20: 1042-1051.

[23] Li C L, Tong Y N. Adaptive control and synchronization of a fractional-order chaotic system [J]. Pramana, 2013, 80: 583-592.

[24] Wang D F, Zhang J Y, Wang X Y. Synchronization of uncertain fractional-order chaotic systems with disturbance based on a fractional terminal sliding mode controller [J]. Chinese Physics B, 2013, 22: 1-7.

[25] Razminia A, Baleanu D. Complete synchronization of commensurate fractional order chaotic systems using sliding mode control [J]. Mechatronics, 2013, 23: 873-879.

[26] Hegazi A S, Matouk A E. Dynamical behaviors and synchronization in the fractional order hyperchaotic Chen system [J]. Applied Mathematics Letters, 2011, 24: 1938-1944.

[27] Chen L P, Chai Y, Wu R C. Lag projective synchronization in fractional-order chaotic (hyperchaotic) systems[J]. Physics Letters A, 2011, 375: 2099-2110.

[28] Peng G J, Jiang Y L, Chen F. Generalized projective synchronization of fractional order chaotic systems[J]. Physica A, 2008, 387: 3738-3746.

[29] Cafagna D, Grassi G. Observer-based projective synchronization of fractional systems

via a scalar signal: Application to hyperchaotic Rössler systems [J]. Nonlinear Dynamics, 2012, 68: 117-128.

[30]　Hosseinnia S H, Ghaderi R, Ranjbar A N, Momanic S. Sliding mode synchronization of an uncertain fractional order chaotic system [J]. Computers Mathematics with Applications, 2010, 59: 1637-1643.

[31]　汪纪锋. 分数阶系统控制性能分析 [M]. 北京: 电子工业出版社, 2010.

[32]　Lune B J. Three-Parameter Tunable Tilted-Integral Derivative(TID) Controller. US Patent US5371670, 1994.

[33]　Oustaloup A, Mathieu B, Lanusse P. The cRONE control of resonant plants: Application to a flexible transmission [J]. European Journal of Control, 1995, 1: 275-283.

[34]　王在华, 胡海岩. 含分数阶导数阻尼的线性振动系统的稳定性 [J]. 中国科学 G 辑, 2009,39: 1495-1502.

[35]　Podlubny I. Fractional-order systems and PI Du-controllers [J]. IEEE Trans. Automatic Control, 1999, 44: 208-214.

[36]　Petras I. The fractional-order controllers: Methods for their synthesis and application [J]. Journal of electrical engineering, 2000, 50: 284-288.

[37]　朱呈祥, 邹云. 分数阶控制研究综述 [J]. 控制与决策, 2009, 24: 161-169.

[38]　Wang X Y, Song J M. Synchronization of the fractional order hyperchaos Lorenz systems with activation feedback control [J]. Communications in Nonlinear Science and Numerical Simulation, 2009, 14: 3351-3357.

[39]　孙光辉. 分数阶混沌系统的控制及同步研究 [D]. 哈尔滨: 哈尔滨工业大学, 2010.

[40]　Petras I. Fractional-order Nonlinear System: Modeling, Analysis and Simulation [M]. Beijing: Higher Education Press, 2010.

[41]　Li C, Chen G. Chaos in the fractional order Chen system and its control [J]. Chao S, Solitons and Fractals, 2004, 22: 549-554.

[42]　Mahmoud G M, Mohamed A A, Aly S A, Strange attractors and chaos control in periodically forced complex Duffing's oscillators [J]. Physica A, 2001, 292: 193-206.

[43]　Tang K S, Man K F, Zhong G Q, Chen G R. Generating chaos via $x|x|$ [J]. IEEE Transactions on Circuits and Systems-I, Fundamental Theory and Applications, 2001, 48: 636–641.

[44]　Siewe M S, Tchawoua C, Woafo P. Melnikov chaos in a periodically driven Rayleigh-Duffing oscillator [J]. Mechanics Research Communications, 2010, 37: 363-368.

[45]　Diethelm K, Ford N J. Analysis of fractional differential equations [J]. Journal of Mathematical Analysis and Applications, 2002, 265: 229-248.

[46]　Podlubny I. Fractional differential equations, An Introduction to Fractional Derivatives, Fractional Differential Equations, to Methods of Their Solution and some of Their

Applications, Mathematics in Science and Engineering [M]. San Diego: Academic Press, 1999.

[47] Song L, Yang J Y, Xu S Y. Chaos synchronization for a class of nonlinear oscillators with fractional order [J]. Nonlinear Analysis, 2010, 72: 2326-2336.

第7章 混沌及随机共振在微弱信号检测中的应用

7.1 引　言

噪声在现实世界中无处不在, 常常被认为对系统的正常工作起着干扰和有害作用. 在信号处理中, 总是想方设法去除或者减弱背景噪声以保留有用信号. 弱信号检测从某种意义上说是一种与噪声对抗的技术, 由于微弱信号检测能将噪声淹没的信号提取出来, 因此在物理、化学、生物以及工程技术领域都得到了广泛应用, 但同时, 噪声背景下的微弱信号检测也是长期困扰人们的难题.

为了有效地检测噪声淹没的微弱信号, 人们做了大量的工作, 并对噪声产生的机理及其统计特性做了深入的研究. 目前在微弱信号检测技术中, 无论是电路设计还是信号处理领域, 国内外都已形成了相当完整的学科体系 [1], 但其共同目标都是集中在抑制噪声上. 因此, 当噪声与信号频谱很接近, 在抑制噪声的同时, 就不可避免地滤除有用信号.

从 20 世纪 90 年代起, 混沌理论作为一种新的微弱信号检测方法, 成为工程应用领域的主要研究方向之一 [2-5], 并展示出极其广阔的应用前景. 基于混沌理论的信号检测是与现有的各种测量方法完全不同的崭新的信号处理方法, 它主要利用混沌系统的非平衡相变对系统参数摄动的敏感性以及对噪声的免疫能力, 在较少的测量数据和任意色噪声背景下实现极低的检测信噪比. 当待测周期信号加入处于临界状态的混沌系统后可导致系统的动力学行为发生根本改变, 根据这种变化, 通过适当信号处理, 便可实现对微弱信号的检测及其参数的测定.

20 世纪 80 年代, Benzi[6] 等提出了随机共振的概念并用来解释第四纪全球气象冰川问题. 此后, 关于随机共振的理论和实验研究引起人们的广泛兴趣和关注. 然而, 传统意义下的随机共振被普遍认为只能出现在有周期信号和噪声驱动的非线性系统中. 近年来, 一些学者和研究人员开始关注周期信号和调制噪声驱动系统中的随机共振现象 [7-9], 这种随机共振通常被称为广义随机共振 [8], 即系统响应的某些函数 (如矩、信噪比等) 随系统的某些特征参数 (并不局限于噪声强度) 呈非单调变化的现象. Erkki Soika 等学者认为, 在适当的系统参数和噪声强度下, 随机共振能引起周期信号幅值的放大, 从而对系统的输出信噪比有积极的改善作用 [7,10,11].

随机共振理论指出, 在噪声作用下系统发生随机共振时, 部分噪声能量会转化为有用信号的能量, 从而使系统输出信噪比大大提高, 即给特定系统加入一定强度的噪声, 不但不会阻碍反而会提高信号检测的性能. 这种 "反常效应" 在微弱信号检测中具有很大的潜力. 随机共振理论为人们在研究强噪声背景下的微弱信号检测开创了新的思路.

本章 7.2 节介绍了一种基于推广的 Duffing 振子的弱信号测频方法, 最后在 7.3 节介绍了分数阶双稳系统和耦合分数阶双稳系统的随机共振现象, 并利用分数阶双稳系统和耦合分数阶双稳系统检测弱周期信号及其频率.

7.2 基于混沌系统的微弱信号检测技术

非线性动力系统关于分岔、混沌的研究于 20 世纪 60 年代逐渐近入蓬勃发展时期. 近年来, 基于混沌理论进行信号处理已成为非线性动力学特别是混沌应用研究的新热点, 主要包含三个方面: 一是以混沌为工具, 即利用混沌系统对初值的敏感性以及对噪声的免疫性实现对微弱信号的检测, 其优良特性可归纳为: 只要满足一定条件, 可以在极低信噪比情况下不经对噪声的预处理便直接检测出特定周期信号的存在性. 二是以混沌为目标, 混沌信号的内在确定性 (由确定系统所产生) 及外在随机性 (所呈现的高度不确定从而高度不可预测的类随机现象) 被广泛地应用于保密通信、雷达波形设计等领域. 三是以混沌为干扰, 近来研究发现海杂波具有很强的混沌特性, 混沌噪声处理为克服海杂波难题提供了一条崭新的思路.

混沌理论应用于信号处理的研究中, 以混沌为工具进行微弱信号检测最早是基于倍周期分岔点处能对频率靠近半基频的信号放大, 其放大作用随着系统与分岔点的接近而增大, 利用这个特性, 人们对各种倍周期分岔系统进行了研究 [12-14]. 混沌的敏感性表现为对混沌轨道施加极微小扰动, 将使该轨道随时间以指数发散形式对原轨道产生急剧偏离. 将待测信号作为混沌系统的初值, 通过系统轨迹确定其变化是对混沌系统敏感性的最直接应用 [15-19], 其目的是通过混沌的敏感特性实现对微小变化的分辨. 随着混沌控制理论的发展, 出现了例如使用微小扰动将轨道驱动到混沌系统的不稳定周期解上的微扰控制法、时滞反馈控制、滑模变结构控制等一系列混沌控制方法 [20-29], 表明了混沌并非完全不可控制, 并且在一些混沌系统的控制中体现了显著的噪声免疫特性, 即噪声对系统状态的影响很微弱, 即基本不使系统状态发生改变, 混沌系统往往只对某些特定频率的信号敏感. 正是混沌系统的敏感性与免疫性, 使得强噪声背景下微弱信号的混沌检测具有了可能. 文献 [30] 和 [31] 最早提出了微弱信号的混沌检测方法. 其后, 提出了利用 Duffing 混沌系统的分岔点实现特定频率微弱信号的检测 [32], 在此基础上, 采用多个混沌振子, 利用产生的间歇混沌信号完成了一定频率范围的周期信号检测 [33,34]. 随后通过提高非线性项次数的方法提高了微弱周期信号检测的灵敏度 [35,36]. 并根据不同类型的背景噪声发展了噪声背景下微弱信号检测的理论和方法 [37-44]. 而后, 又有学者研究了通过混沌系统得到微弱信号相位与幅值的方法 [2,45-48]; 结合智能计算等方法, 发展了新的混沌检测技术 [49-58]; 对非线性项选取 [59-68]、系统输出判别 [69-77] 以及与经典方法结合应用等方面也进行了相应的研究 [78-80], 但往往集中于特定系统对特定微弱周期信号的检测.

本节介绍一种基于推广的 Duffing 振子的弱信号测频方法. 从 1.3.5 小节对 Duffing 振子随周期策动力幅值 r 变化其运动形式随之变化的规律分析, 可以利用相轨迹的显著变化 (可以是由周期振荡到混沌运动的, 亦可以是由混沌运动到周期振荡的) 来检测信号. 当待测信号频率与 Duffing 系统本振频率一致时, 将待测信号并入系统, 此时 Duffing 方程可改写为

$$\ddot{x}(t) + k\dot{x}(t) - x(t) + x^3(t) = r\cos\omega t + f_d\cos(\omega t + \phi) + n(t), \tag{7.2.1}$$

其中, f_d 为待测信号的幅度, ϕ 为其与本振信号的相位差, $n(t)$ 为均值为零的 Gauss 白噪声. 事先调节周期策动力幅值 r 为临界阈值 r_d, 当待测信号加入系统中时, 虽待测信号的幅值 f_d 很低, 但 $r_d + f_d > r_d$, 故此时系统马上由混沌临界状态进入大尺度周期状态, 从而证明待测弱信号的存在性, 并进一步得到其幅值 f_d 的值.

将弱信号从强噪声背景中检测出来, Duffing 方程是被研究最为广泛的混沌模型之一, 重写 (7.2.1) 所表示的 Holmes 型的 Duffing 振子如下:

$$\ddot{x}(t) + k\dot{x}(t) - x(t) + x^3(t) = \gamma r(t), \tag{7.2.2}$$

其中, k 为阻尼比, γ 为周期策动力幅值, $r(t)$ 为周期策动力, $\ddot{x}(t)+k\dot{x}(t)-x(t)+x^3(t)$ 为非线性部分, $\gamma r(t)$ 为线性部分, 因此 Duffing 振子运动可看成是两个运动系统的合成.

7.2.1　检测弱信号的存在性

由于要检测的弱信号是被强的背景噪声所淹没, 故在测量弱信号的频率幅度等参数信息前, 需要检验弱信号的存在性. 用 $r(t)$ 表示待测信号, 若此待测信号只含有噪声, 则有 $r(t) = n(t)$, 否则 $r(t) = s(t) + n(t)$, 其中 $s(t)$ 表示有用的微弱周期信号. 下面分情况讨论.

1. 当待测信号只含有噪声时

此时 (7.2.2) 式右端的策动力一项为噪声, 即

$$\ddot{x}(t) + k\dot{x}(t) - x(t) + x^3(t) = \gamma n(t). \tag{7.2.3}$$

在图 7-2-1 和图 7-2-2 中看到了当右端的策动力一项为零时, 系统的最终运动状态将分别停留在两个焦点上.

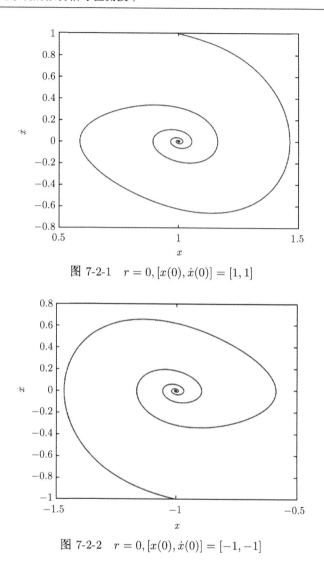

图 7-2-1　$r = 0, [x(0), \dot{x}(0)] = [1, 1]$

图 7-2-2　$r = 0, [x(0), \dot{x}(0)] = [-1, -1]$

　　当 Duffing 方程为 (7.2.3) 式时, 下面给出此时的系统相图和时域图如图 7-2-3 和图 7-2-4.

　　从图 7-2-3 和图 7-2-4 中可以看出: 当待测信号只含有噪声而无有用信息时, 无论怎么调节策动力幅值 γ 的值, 系统都只处于初始状态, 最终停留在两个焦点中的一个, 与图 7-2-1 和图 7-2-2 进行比较可以发现系统的轨迹没有发生大的变化, 只是噪声的存在使得系统的运动轨迹变得粗糙些, 且在时域图上可以清晰地看出, 此时输出的时域信号的振幅在若干次迭代后达到某个稳定的值. 因此可以通过观察系统的相图是否最终停留在焦点处, 或输出的时域信号的振幅小于某个事先设定的值, 如 10^{-3} 等, 由此来判定待测信号是否只为噪声.

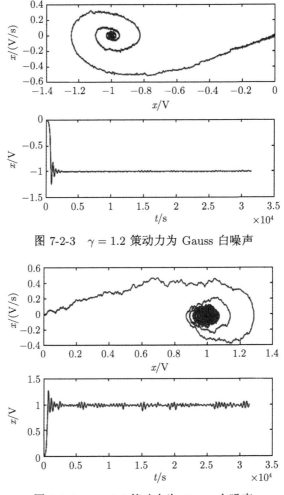

图 7-2-3　$\gamma = 1.2$ 策动力为 Gauss 白噪声

图 7-2-4　$\gamma = 2.4$ 策动力为 Gauss 白噪声

2. 当待测信号为 $r(t) = s(t) + n(t)$ 时

　　这里假设待测信号 $s(t)$ 为已知结构类型的周期信号 (可以为一般性的周期信号, 也可以为特殊的周期信号如正弦信号), 且其幅度已知, 不妨设为 1. 本文采用周期正弦信号 (其待测频率设为 ω_x) 作为例子来说明如何利用混沌系统测强噪声背景中弱信号的频率, 当 $s(t)$ 为其他结构类型的周期信号时, 下面所述的方法同样适用.

　　由 (7.2.2) 式可得

$$\ddot{x}(t) + k\dot{x}(t) - x(t) + x^3(t) = \gamma\cos(\omega_x t) + \gamma n(t). \tag{7.2.4}$$

由于等式右端的周期信号的存在, 由 1.3.5 节所介绍的章节可以知道, 此时调

节策动力的幅值 γ 可使系统由混沌状态转向大周期状态, 并进一步得到其所对应的混沌临界阈值 γ_0. 假设待测信号的角频率 $\omega_x = 1\mathrm{rad/s}$, 分别加入 $-20\mathrm{dB}$ 的 Gauss 白噪声和色噪声, 这里仿真用的色噪声是将均值为 0 的 Gauss 白噪声通过一个四阶带通滤波器得到的, 该滤波器的传递函数为

$$H(z) = \frac{0.0201(1 - 2z^{-2} + z^{-4})}{1 - 1.637z^{-1} + 2.237z^{-2} - 1.307z^{-3} + 0.641z^{-4}}. \tag{7.2.5}$$

滤波器的上限截止频率为 0.2, 下限截止频率为 0.15(均为归一化频率). 系统相图和时域图的仿真结果如图 7-2-5—图 7-2-10 所示.

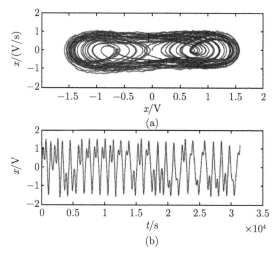

图 7-2-5　$\omega_x = 1\mathrm{rad/s}, \gamma = 0.65$ 时混沌临界状态 (白噪声)

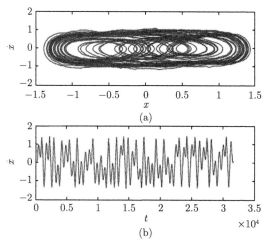

图 7-2-6　$\omega_x = 1\mathrm{rad/s}, \gamma = 0.65$ 时混沌状态 (色噪声)

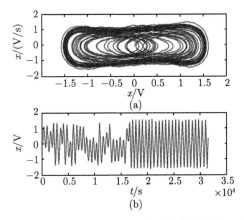

图 7-2-7 $\omega_x = 1\text{rad/s}, \gamma = 0.79$ 时混沌临界状态 (白噪声)

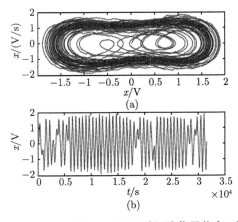

图 7-2-8 $\omega_x = 1\text{rad/s}, \gamma = 0.79$ 时混沌临界状态 (色噪声)

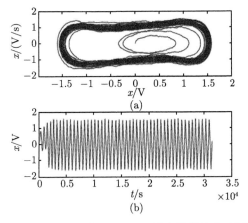

图 7-2-9 $\omega_x = 1\text{rad/s}, \gamma = 0.80$ 时大周期状态 (白噪声)

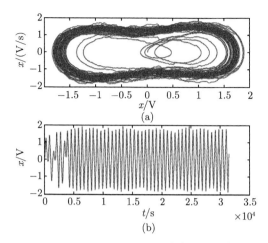

图 7-2-10 $\omega_x = 1\text{rad/s}, \gamma = 0.83$ 时大周期状态 (色噪声)

在文献 [24], [52] 中有关于混沌系统对背景噪声不敏感的详细理论推导, 得出的结论: 在统计意义下, 任何零均值的白噪声或色噪声都不会改变系统原有的运动轨迹, 仅仅会使轨迹变得粗糙些, 在理想轨迹附近摆动, 本节的仿真结果验证了此结论的正确性.

7.2.2 理论依据

由上一小节假设待测信号的形式为 $r(t) = s(t) + n(t) = \cos(\omega_x t) + n(t)$, 取外加周期强迫项为 $s_\omega(t) = \cos(\omega t)$, 建立如下 Duffing 振子模型:

$$
\begin{aligned}
\ddot{x}(t) + k\dot{x}(t) - x(t) + x^3(t) &= \gamma_0 \left[\alpha s_\omega(t) + (1-\alpha)r(t) \right] \\
&= \gamma_0 \left[\alpha s_\omega(t) + (1-\alpha)(s(t) + n(t)) \right] \\
&= \gamma_0 \left[\alpha s_\omega(t) + (1-\alpha)s(t) \right] + \gamma_0(1-\alpha)n(t), \quad (7.2.6)
\end{aligned}
$$

其中 $0 < \alpha < 1$ 为调节因子, γ_0 为当周期策动力为 $r(t) = \cos(\omega_x t) + n(t)$ 时系统状态改变的阈值.

(7.2.6) 式可以看作是一个推广的 Duffing 方程, 在这个推广的 Duffing 系统中, 本振频率 ω_x 与外加周期强迫项频率 ω 的相互作用, 使得该方程蕴含着更为丰富的频率成分. 下面来证明 (7.2.6) 式所代表的系统仍然构成一个混沌系统. 暂不考虑噪声项, 此时 (7.2.6) 式可以改写为如下形式:

$$
\begin{aligned}
\ddot{x}(t) + k\dot{x}(t) - x(t) + x^3(t) &= \gamma_0 \left[\alpha s_\omega(t) + (1-\alpha)s(t) \right] \\
&= \gamma_0 \left[\alpha \cos(\omega t) + (1-\alpha)\cos(\omega_x t) \right]. \quad (7.2.7)
\end{aligned}
$$

与 (7.2.7) 式的等价系统为

$$\begin{cases} \dot{x} = y, \\ \dot{y} = x - x^3 - ky + \gamma_0\left[\alpha\cos(\omega t) + (1-\alpha)\cos(\omega_x t)\right], \end{cases} \tag{7.2.8}$$

其 Hamilton 量 [81] 为

$$H(x,y) = \frac{1}{2}y^2 - \frac{1}{2}x^2 + \frac{1}{4}x^3 = h. \tag{7.2.9}$$

同宿轨线满足

$$\dot{x} = y = \pm\sqrt{x^2 - \frac{1}{2}x^4} \tag{7.2.10}$$

对上式分离变量积分可得

$$\ln\left(\frac{\sqrt{2} - \sqrt{2-x^2}}{x}\right) = \pm t. \tag{7.2.11}$$

利用上式求解出 x 后代入 (7.2.10) 中就可以得到 y.

当 $h = 0$ 时, 存在两条连接双曲鞍点的同宿轨道, 其表达式为

$$\begin{cases} x_0(t) = \pm\sqrt{2}\,\mathrm{sech}t, \\ y_0(t) = \pm\sqrt{2}\,\mathrm{sech}t \cdot \mathrm{th}t. \end{cases} \tag{7.2.12}$$

由 (7.2.8) 式可得

$$f(x) = \begin{bmatrix} y \\ x - x^3 \end{bmatrix}, \quad g(x) = \begin{bmatrix} 0 \\ -ky + \gamma_0\left[\alpha\cos(\omega t) + (1-\alpha)\cos(\omega_x t)\right] \end{bmatrix}, \tag{7.2.13}$$

则 Melnikov 函数为

$$\begin{aligned} M(\tau) &= \int_{-\infty}^{+\infty} f(q^0(t)) \wedge g(q^0(t), t+\tau)\mathrm{d}\tau \\ &= \int_{-\infty}^{+\infty} \left\{y(t)\left(-ky(t) + \gamma_0\left[\alpha\cos(\omega(t+\tau)) + (1-\alpha)\cos(\omega_x(t+\tau))\right]\right)\right\}\mathrm{d}t \\ &= -\frac{4}{3}k \pm \sqrt{2}\gamma_0\alpha\frac{\pi\omega\sin(\omega\tau)}{\cosh\left(\dfrac{\pi}{2}\omega\right)} \pm \sqrt{2}\gamma_0(1-\alpha)\frac{\pi\omega_x\sin(\omega_x\tau)}{\cosh\left(\dfrac{\pi}{2}\omega_x\right)}. \end{aligned} \tag{7.2.14}$$

令 $M(\tau)=0$, 得到

$$\gamma_0/k = \frac{2\sqrt{2}}{3} \left/ \left(\alpha\frac{\pi\omega\sin(\omega\tau)}{\cosh\left(\dfrac{\pi}{2}\omega\right)} + (1-\alpha)\frac{\pi\omega_x\sin(\omega_x\tau)}{\cosh\left(\dfrac{\pi}{2}\omega_x\right)}\right)\right. . \tag{7.2.15}$$

令 $A_1 = \alpha \dfrac{\pi\omega}{\cosh\left(\dfrac{\pi}{2}\omega\right)}$, $A_2 = (1-\alpha)\,\dfrac{\pi\omega_x}{\cosh\left(\dfrac{\pi}{2}\omega_x\right)}$, 则 (7.2.15) 式可改写为

$$\gamma_0/k = \frac{2\sqrt{2}}{3} \Big/ \left(A_1 \sin(\omega\tau) + A_2 \sin(\omega_x\tau)\right), \tag{7.2.16}$$

而 $|\sin(\omega\tau)| \leqslant 1$, $|\sin(\omega_x\tau)| \leqslant 1$, 因此当参数 γ_0, k 满足

$$\gamma_0/k \geqslant \frac{2\sqrt{2}}{3} \Big/ \left(|A_1| + |A_2| \right) = R(\omega) \tag{7.2.17}$$

时, $M(\tau)$ 有简单零点, 根据 Melnikov 定理 [53] 可知, (7.2.6) 式所代表的推广的 Duffing 方程具有 Smale 马蹄变换意义下的混沌性态. 而当输入信号含有噪声时, 在前面的章节中已经说明了在统计意义下任何零均值的噪声都不会改变系统原有运行轨迹, 仅仅会使系统的运行轨迹在理想轨迹附近受到一些扰动而已. 因此, 对于本小节所提出 (7.2.7) 式所代表的推广的 Duffing 方程总是可以利用相轨迹的变化来检测弱信号的频率的.

7.2.3　基于推广的 Duffing 振子的弱信号测频方法

工程中有用信号的频率大都在一个固定的有界范围内, 因此可以假设待测信号的频率范围为 $[\omega_M, \omega_N]$. 设 γ', γ'' 分别为当周期策动力为 $\gamma' = \cos(\omega_M t) + n(t)$ 和 $\gamma'' = \cos(\omega_N t) + n(t)$ 时, 系统相变所对应的阈值. 选择调节因子 α 的值, 使得 $\gamma_0 \cdot \alpha < \gamma'$, 由于 $\omega_M < \omega_N$, 当阻尼系数 k 取定时, 混沌临界阈值随策动力频率增大而增大, 故此时必有 $\gamma_0 \cdot \alpha < \gamma'$. 而由 $\gamma_0 \cdot (1-\alpha) < \gamma_0$, 故此时在 (7.2.7) 式中若 $\omega \neq \omega_x$, 此时内置驱动与外加周期强迫项的振幅都未达到临界阈值, 故此时系统处于混沌状态. 而当 $\omega = \omega_x$ 时, 系统模型变为

$$\ddot{x}(t) + k\dot{x}(t) - x(t) + x^3(t) = \gamma_0 s(t) + \gamma_0(1-\alpha)n(t), \tag{7.2.18}$$

γ_0 为当周期策动力为 $r(t) = \cos\omega_x t + n(t)$ 时系统相变的阈值, 且 $\gamma_0(1-\alpha) < \gamma_0$, 故噪声项的幅度减小了, 则 (7.2.18) 式所表示的系统此时为大周期状态, 这时认为待测信号的频率估计值 $\hat{\omega}_x = \omega$.

在上面所介绍的测频方法中是通过观察系统的相图是否进入大周期状态为依据来估计待测信号的频率, 那么就涉及这种依据相图来做判定是否可靠的问题, 下面将分析这一方法的可靠性. 由于目前无对混沌统一定义, 因而也就缺乏精确的判别方法. 目前常用的方法, 如 Lyapunov 特征指数、Kolmogorov 熵、分维数等统计描述法、时域及相轨迹直接观察法、Poincaré 截面法、频谱法、自相关函数分析法等数值方法, 还有 Melnikov、Shiikov 等解析方法, 等等. 在这些方法中显然最为简便可行的是直接观察相轨迹法, 虽然有时候这种方法的确会有误判; 这是因为在大周

期状态和混沌状态之间, 所得到的都只是个有限的观测区间, 这个有限的观测区间显然都是有一个过渡区间的. 在这个过渡区间内, 大周期状态与混沌状态这两个形态是逐渐向对方演变的, 而非截然分明的. 其他的判决方法如 Poincaré 截面、频谱法、自相关函数分析法等也只能在实际中做到有限采样、有限计算, 这种有限性是很难将区间划分为这两种截然分明的状态的. 所以在这种情况下, 无论是混沌系统的几种典型定义还是广泛使用的混沌判据方法都是有其局限性的. 例如, Lyapunov 指数判别法是用相空间中初始条件不同的两条相轨迹随时间按指数率吸引或分离的程度来判定一个系统是否是混沌的. 它从统计特性上反映了系统的动力学特性, 并且该方法可以应用计算机进行快速求解. 但在实际应用中发现 Lyapunov 指数判别法即使限于工程技术实际, 也远未达到 "足够准确和方便" 的程度.

Melnikov 方法的核心思想是把所讨论的系统归结为一个二维映射系统, 然后推导该二维映射系统存在横截同宿点的数学条件, 从而证实该映射具有 Smale 马蹄变换意义下的混沌行为. 该方法的优点是可以直接进行解析计算, 并可求出系统内置参数的混沌阈值; 缺点在于: 一方面必须知道系统的动力学方程; 另一方面利用该方法所求出的阈值为混沌解的下界, 即从倍周期到混沌的参数临界值, 此时的周期很大, 常常很难与混沌分开. 而在弱信号检测中, 只有寻找到了混沌解的上界, 即从混沌到大尺度周期的参数临界值, 此时的界限分明, 才能有效识别周期与混沌. 由于过渡区间的客观存在, 所以从本质上说, 只要是有限观测 (有限采样、有限计算), 则误判是无法从根本上消除的. 但在使用相轨迹观察法时, 可以通过调节系统参数相对缩短过渡区间的方式或双态触发混沌的方法尽可能降低误判的概率, 这个是后续工作. 在下一小节中将用仿真结果来验证相图作为判据的准确性.

7.2.4　仿真结果

根据上面所介绍的测频原理, 可以得到此算法的流程如下:

Step 1　将待测信号 $r(t)$ 作为内置周期驱动力加入 (7.2.6) 式所表示的 Duffing 方程中.

Step 2　调节内置周期驱动力幅值 γ 的值, 若输出的时域信号振幅在若干步达到停振状态, 则说明待测信号中没有微弱周期信号的存在. 若系统在某个 γ 下进入了大周期状态, 则证明微弱周期信号的存在性, 并得到此时的混沌临界阈值 γ_0.

Step 3　根据估计的待测信号频率 ω_x 的范围 $[\omega_M, \omega_N]$, 计算调节因子 α 的值.

Step 4　将外加周期强迫项 $s_\omega(t)$ 加入 (7.2.6) 式所表示的推广的 Duffing 方程中, 将其频率 ω 按步长 $\Delta\omega$ 在 $[\omega_M, \omega_N]$ 内取值, 当系统进入大周期状态时, 此时 ω 所对应的值即为所求待测信号的频率估计值 $\hat{\omega}_x$.

下面给出仿真结果, 假设被噪声淹没的待测弱信号的频率为 $\omega_x = 1\text{rad/s}$, 分别

加入 −20dB 的 Gauss 白噪声和色噪声, 仿真结果如图 7-2-11, 图 7-2-12 所示.

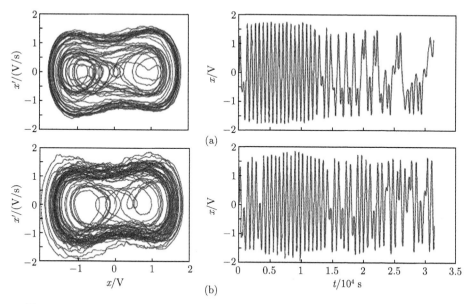

图 7-2-11　$\omega_x = 1\text{rad/s}, \omega = 0.99\text{rad/s}$ 时系统状态 (a) Gauss 白噪声, (b) 色噪声

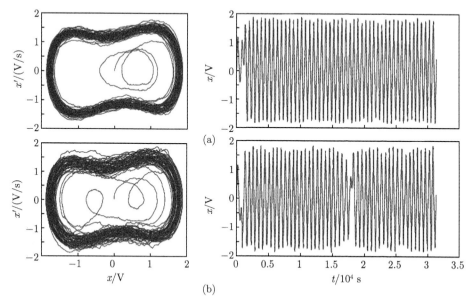

图 7-2-12　$\omega_x = 1\text{rad/s}, \omega = 1\text{rad/s}$ 时系统状态 (a) Gauss 白噪声, (b) 色噪声

图 7-2-11—图 7-2-13 为当待测微弱周期信号的频率为 $\omega_x = 1\text{rad/s}$, 外加周期强迫项的频率 ω 分别取值为 0.99, 1, 1.01 rad/s 时系统状态图. 从图中可以看

出, 当外加周期强迫项的频率 ω 取值为 0.99rad/s 时, 本节所定义的推广的 Duffing 振子是处于混沌状态, 输出的时域信号是随机的、非周期的. 当把 ω 调到 1rad/s 时系统立刻进入大尺度周期状态, 输出的时域信号也是周期信号的波形图. 而当 把外加周期强迫项的频率 ω 稍微偏离待测信号频率时, 取 1.01rad/s 时系统又立 刻进入混沌状态, 没有出现文献 [86] 中所产生的阵发混沌现象. 由此可以看出当 $|\omega_x - \omega| \geqslant 0.01$rad/s 时, 本节所定义的推广的 Duffing 振子处于混沌状态. 而当 $|\omega_x - \omega| < 0.01$rad/s 时, 系统处于大周期状态, 此时可认为待测信号频率的估计值 即为此时所调节的外加周期强迫项的频率值. 从仿真实验中可以看出, 本节方法的 测量精度在本实验中达到了 98.43%.

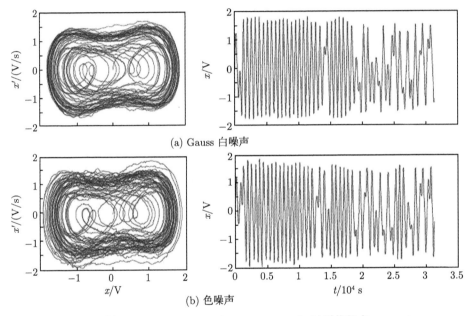

(a) Gauss 白噪声

(b) 色噪声

图 7-2-13　$\omega_x = 1$rad/s, $\omega = 1.01$rad/s 时系统状态

　　传统的弱信号时域检测方法要受到输入信噪比门限的限制, 基于混沌理论的检 测方法弥补了传统方法的不足, 检测性能可以达到很低的信噪比. 但目前将混沌理 论运用到弱信号检测领域的方法大都需要事先知道信号的频率, 这大大降低了其 实际应用功效. 而现有的测频方法有的需要知道信号的先验知识去构建经验方程, 有的需要经过足够多的实验来得到最佳匹配参数. 这些因素限制了其方法的应用, 或使得系统变得复杂而难以在实际中应用. 与这些方法相比, 本节所建立的推广的 Duffing 方程应用到微弱周期信号频率估计上的优势在于, 不需要事先知道信号的 先验知识, 只需知道其频率的大致范围, 甚至这一条件都可以用工程实际中有用信 号的频率范围来代替. 如此所建立的系统在工程应用中更容易实施, 仿真实验结果

也验证了方法的有效性.

7.3 基于随机共振原理的弱信号检测

随机共振方法, 是近年来随着非线性动力学和统计物理理论的突飞猛进, 而出现的一种用于微弱信号检测的新方法. 随机共振方法与当前其他方法最大的不同之处在于微弱信号检测机制不同. 当前的微弱信号检测方法, 不管是用硬件实现还是用软件实现, 都立足于抑制噪声, 采用各种办法尽量抑制噪声, 然后把信号提取出来. 随机共振方法则不同, 它通过利用将噪声的部分能量转化为信号能量的机制来检测微弱信号. 随机共振的实现方式有多种: 可以通过添加噪声、调节系统参数等方式实现. 所以, 随机共振的实现方法具有很强的灵活性及可操作性. 并且随机共振模型算法可以便捷地实现硬件化嵌入 [83-100].

目前, 在信号与信息处理领域, 对随机共振的应用研究比较有代表性的工作是: Mcdonnel 和 Stochks 提出的超阈值随机共振, Zozor 进行的非线性双稳态自回归模型在信号检测中的应用, Kay 提出的 Neyman-Pearson 准则下随机共振检测性能分析等. 这些研究工作说明, 在非线性条件下, 噪声的确对信息的传输起增强的作用, 噪声能够增强信号能量提高系统输出信噪比, 而且在非 Gauss 噪声下的随机共振研究更具价值. 这也产生了随机共振信号检测的重要课题: 噪声提高信号的能量的机制; 在随机共振状态时, 系统、信号与噪声相互之间的关系 [7,101-110].

自从成功证明非线性系统通过增加噪声可以诱导新的, 且 "更有序的" 动力行为时, 近三十年来, 随机共振吸引了人们的大量关注 [6,91,92]. 由于随机共振在生物、信息处理、化学等其他学科的潜在应用, 随机共振在理论和实验上都得到了广泛的研究. 特别地, 人们越来越有兴趣挖掘在复杂系统 (例如混沌系统、神经网络、延迟双稳系统) 中的随机共振 [93-97,100,103,104]. 由于弱信号检测在现代通信中的需求, 弱信号检测经常在科学和工程中都是广泛研究的对象. 更为重要的是, 随机共振可以通过增加适当的噪声来实现. 并且研究表明随机共振可以通过增加适当的噪声可以增强检测性能. 因此, 随机共振在弱信号检测领域广泛研究 [105-109].

最近, 随着物理和技术的深入研究, 分数阶非线性系统越来越被重视 [7,112], 并且存在某些工作研究基于分数阶非线性系统的随机共振. 基于前面的想法, 这节将研究分数阶双稳系统和耦合分数阶双稳系统的随机共振现象. 进一步, 利用分数阶双稳系统和耦合分数阶双稳系统检测弱信号, 并且在 Gauss 白噪声下检测混合信号的频率.

文献 [113], [114] 通过分数阶 Fokker-Planck 方程研究了反常扩散. 众所周知, Brown 运动可以由双稳系统很好地刻画. 因此, 研究分数阶双稳系统的动力行为是很有趣的. 在这一节中, 考虑分数阶 $0 < q < 1$ 的情形, 表示粒子的次扩散. 本节的

主要目的是研究分数阶系统的随机共振并得到比整数阶更丰富和更好的结果 (与整数阶系统相比较, 分数阶系统可以更好地加强随机共振或者弱信号的能量). 本节分别考虑分数阶过阻尼双稳振子和耦合分数阶过阻尼双稳振子:

$$D^q x = ax - bx^3 + s(t) + \xi(t), \tag{7.3.1}$$

$$\begin{cases} D^q x = ax - bx^3 + k(y - x) + \xi(t), \\ D^q y = ay - by^3 + k(x - y) + \xi(t), \end{cases} \tag{7.3.2}$$

其中, k 是耦合系数, $s(t)$ 是弱信号且 $\xi(t)$ 表示零均值的 Gauss 白噪声其相关函数为 $\langle \xi(t), \xi(0) \rangle = 2d\delta(t)$, d 为噪声强度.

对分数阶微分方程的预估-校正法可以参考文献 [115], [116] 以及 1.2.3 节. 由于分数阶方程的 "短时记忆" 原理 [117], 预估-校正法的收敛速度是可以满足需求的. 现在给出预估-校正法与 ODE45 的比较仿真实验. 为了方便起见, (7.3.1) 式和相应的整数阶方程的初值为 0, 计算步长 h 为 0.02 和截至时间 T 为 200. 图 7-3-1 给出了两种不同算法在不同噪声强度 d 下的计算所需时间. 在噪声比较小的情况下, 预估-校正法比 ODE45 要慢, 但是在噪声比较大的情况下 $(d > 1.2)$ 解-校正法比 ODE45 要快.

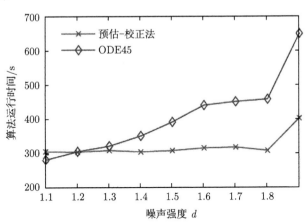

图 7-3-1　两种算法在不同噪声强度 d 下的计算时间

信噪比 (SNR)、功率谱放大 (SPA)[118] 以及其他指标被提出并用于量化随机共振的有效性. 基于最近的相关研究, 本节应用 SPA 作为随机共振的指标. SPA 近似等于输出与输入信号的功率比, 并且定义为

$$\eta \equiv \frac{\int_{\Omega-\delta}^{\Omega+\delta} S_{\text{out}}(\omega)\mathrm{d}\omega}{\int_{\Omega-\delta}^{\Omega+\delta} S_{\text{in}}(\omega)\mathrm{d}\omega}, \tag{7.3.3}$$

其中, Ω, $S_{\text{in}}(\omega)$ 和 $S_{\text{out}}(\omega)$ 分别记为输入信号的频率、输入信号的功率谱和输出信号的功率谱. 分母为输入信号的功率, 分子为相应输出信号的功率. 在本节的仿真实验中 (7.4.3) 式近似为

$$\eta \simeq \frac{S_{\text{out}}(\Omega)}{S_{\text{in}}(\Omega)}. \tag{7.3.4}$$

许多信号可以写成

$$s(t) = \sum_i r_i \cos(\omega_i t + \theta), \tag{7.3.5}$$

所以本节先研究分数阶双稳系统和耦合分数阶双稳系统在单一正弦信号下的随机共振机制. 假设弱信号的形式为 $s(t) = r\cos(\omega t)$.

假设待检信号为 $s(t) = 0.2\cos(0.02t)$. 首先本节研究 SPAη 与噪声强度 d 的关系. 从图 7-3-2 可知, SPAη 是噪声强度 d 的非单调函数. 曲线 SPAη 存在最大值, 即系统 (7.3.1) 和 (7.3.2) 发生了随机共振现象. 事实上, 系统对于 $0.6 < d < 3$ 发生随机共振 ($\eta > 1$). 系统很容易通过增加噪声的强度 d 达到随机共振.

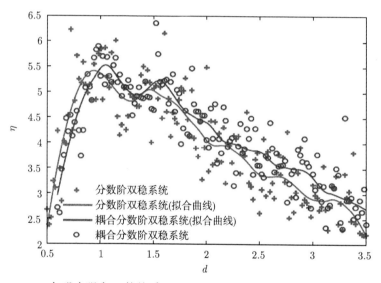

图 7-3-2 SPAη 与噪声强度 d 的关系: $a = b = k = 1, q = 0.75, r = 0.2\text{V}, \omega = 0.02\text{rad/s}$

为了检测未知信号 (噪声强度固定), 系统可通过调制系统的参数实现随机共振. 假设 (7.3.1) 式, (7.3.2) 式的参数 $a = b = k = d = 1$ 固定且 $\xi(t) = \text{randn}(\text{size}(t))$. 通过调节分数阶 q 研究信号检测. 图 7-3-3 给出了 SPAη 与分数阶 q 的关系. 在图 7-3-3 说明了 SPAη 是分数阶 q 的非单调函数并且存在最大值. 当 $0.6 < q < 0.9$ 时, SPA$\eta > 1$. 所以容易通过调节分数阶双稳系统和耦合分数阶双稳系统的分数阶 q 来实现随机共振.

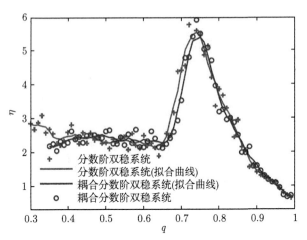

图 7-3-3　SPAη 与分数阶 q 的关系: $a = b = k = d = 1, q = 0.75, r = 0.2\text{V}, \omega = 0.02\text{rad/s}$

不失一般性, 取分数阶 q 为 0.75, 图 7-3-4 展示了系统 (7.3.1), (7.3.2) 的传统的随机共振现象. 图 7-3-4 (a), (c) 给出了原始信号 $s(t)$ 与 (7.3.1), (7.3.2) 式的 $x(t)$ 输出信号, 且图 7-3-4 (b), (d) 给出了 (7.3.1), (7.3.2) 式的输出信号的功率谱. 因此, 检测出待检信号的频率.

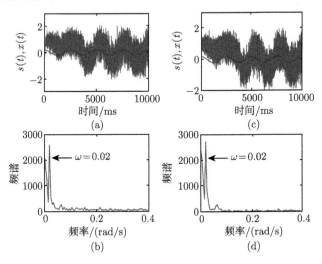

图 7-3-4　$a = b = k = d = 1, q = 0.75, r = 0.2\text{V}, \omega = 0.02\text{rad/s}$. (a) 原始信号 $s(t)$ 与 (7.3.1) 式的输出信号 $x(t)$, (b) (7.3.1) 式的功率谱; (c) 原始信号 $s(t)$ 与 (7.3.2) 式的输出信号 $x(t)$, (d) (7.3.2) 式的功率谱

类似地, 如果参数 $b = k = 1, q = 0.75$ 固定且 $\xi(t) = \text{randn}(\text{size}(t))$, 则通过调整参数 a 随机共振现象可以发生并且可以检测出频率. 图 7-3-5 给出了 SPAη

与参数 a 的关系, 说明了 SPAη 是参数 a 的非单调的函数并且存在最大值, 且当 $0.2 < a < 1.5$ 时, SPA$\eta > 1$. 通过调节参数 a 很容易实现随机共振.

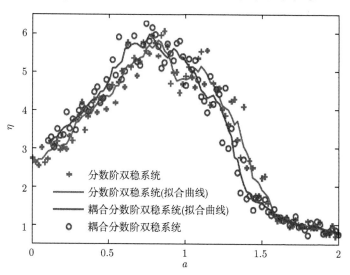

图 7-3-5　SPAη 与参数 a 的关系: $b = k = d = 1, q = 0.75, r = 0.2\mathrm{V}, \omega = 0.02\mathrm{rad/s}$

　　图 7-3-6 给出了当 $a = 0.8$ 时的系统 (7.3.1), (7.3.2) 的随机共振现象. 图 7-3-6 (a), (c) 给出了原始信号 $s(t)$ 与 (7.3.1), (7.3.2) 式的 $x(t)$ 输出信号, 且图 7-3-6 (b), (d) 给出了 (7.3.1), (7.3.2) 式的输出信号的功率谱. 因此, 检测出待检信号的频率.

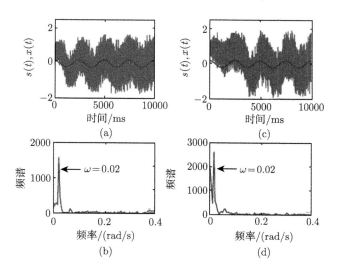

图 7-3-6　$a = 0.8, b = k = d = 1, q = 0.75, r = 0.2\mathrm{V}, \omega = 0.02\mathrm{rad/s}$ (a) 原始信号 $s(t)$ 与 (7.3.1) 式的输出信号 $x(t)$; (b) (7.3.1) 式的功率谱; (c) 原始信号 $s(t)$ 与 (7.3.2) 式的输出信号 $x(t)$; (d) (7.3.2) 式的功率谱

如果参数 $a = k = 1, q = 0.75$ 固定且 $\xi(t) = \text{randn}(\text{size}(t))$, 则通过调整参数 b 随机共振现象可以发生并且可以检测出频率.

图 7-3-7 给出了 SPAη 与参数 b 的关系, 说明了 SPAη 是参数 b 的非单调的函数并且存在最大值. 当 $0.6 < b < 2.5$ 时, SPA$\eta > 1$. 通过调节参数 b 很容易地实现随机共振. 图 7-3-8 给出了当 $b = 1.12$ 时的系统 (7.3.1), (7.3.2) 的随机共振现象. 图 7-3-8 (a), (c) 给出了原始信号 $s(t)$ 与式 (7.3.1), (7.3.2) 的 $x(t)$ 输出信号, 且图 7-3-8 (b), (d) 给出了式 (7.3.1), (7.3.2) 的输出信号的功率谱.

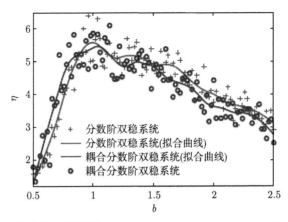

图 7-3-7　SPAη 与参数 b 的关系: $a = k = d = 1, q = 0.75, r = 0.2\text{V}, \omega = 0.02\text{rad/s}$

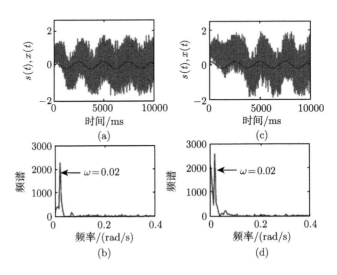

图 7-3-8　$a = k = d = 1, b = 1.12, q = 0.75, r = 0.2\text{V}, \omega = 0.02\text{rad/s}$. (a) 原始信号 $s(t)$ 与 (7.3.1) 式的输出信号 $x(t)$; (b) (7.3.1) 式的功率谱; (c) 原始信号 $s(t)$ 与 (7.3.2) 式的输出信号 $x(t)$; (d) (7.3.2) 式的功率谱

在这一节的后半部分, 将研究系统 (7.3.1), (7.3.2) 在混合信号的激励下的随机共振现象. 假设混合信号的形式为 $s(t) = r\cos(\omega t) + R\cos(\Omega t)$. 不失一般性, 分别取参数为 $r = 0.3\mathrm{V}$, $\omega = 0.05\mathrm{rad/s}$, $R = 0.1$ 且 $\Omega = 0.1\mathrm{rad/s}$. 图 7-3-9 给出了 SPA η 与噪声强度 d 的关系. 正如图 7-3-9 所示的, 随着噪声的增强, SPA 增加到最大值然后逐渐下降. 也就是说, 系统 (7.3.1), (7.3.2) 发生了随机共振现象. 事实上, 当 $0.6 < d < 3$ 时, SPA$\eta > 1$. 所以, 通过增加噪声强度 d 容易实现随机共振.

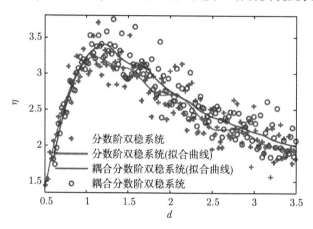

图 7-3-9 SPAη 与噪声强度 d 的关系: $a = b = k = 1, q = 0.75, r = 0.3\mathrm{V}$, $\omega = 0.05\mathrm{rad/s}$, $R = 0.1$, $\Omega = 0.1\mathrm{rad/s}$

如果系统的 (7.3.1), (7.3.2) 参数 $a = b = k = 1$ 固定且 $\xi(t) = \mathrm{randn}(\mathrm{size}(t))$, 则由图 7-3-10 与图 7-3-11 展示了通过调节分数阶 q 可以实现随机共振并检测出信号

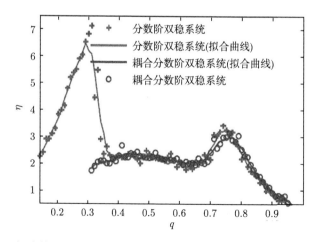

图 7-3-10 SPAη 与分数阶 q 的关系: $a = b = k = d = 1, r = 0.3\mathrm{V}$, $\omega = 0.05\mathrm{rad/s}$, $R = 0.1$, $\Omega = 0.1\mathrm{rad/s}$

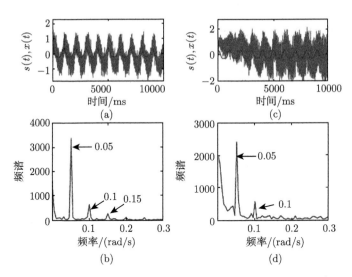

图 7-3-11　$a = b = k = d = 1, b = 1.12, q = 0.78, r = 0.3\text{V}, \omega = 0.05\text{rad/s}, R = 0.1\ \Omega =$
0.1rad/s: (a) 原始信号 $s(t)$ 与 (7.3.1) 式的输出信号 $x(t)$; (b) (7.3.1) 式的功率谱; (c) 原始
信号 $s(t)$ 与 (7.3.2) 式的输出信号 $x(t)$; (d) (7.3.2) 式的功率谱

的频率. 事实上, 当分数阶双稳系统的分数阶 $0.2 < q < 0.4$ 或 $0.65 < q < 0.85$ 时,
SPA$\eta > 1$. 当耦合分数阶双稳系统的分数阶 $0.65 < q < 0.85$ 时, SPA$\eta > 1$. 所以通
过调节分数阶 q 可以实现随机共振.

　　类似地, 如果参数 $b = k = 1$, $q = 0.75$ 固定且 $\xi(t) = \text{randn(size)}(t)$, 则由
图 7-3-12 与图 7-3-13 展示了可通过调节参数 a 实现随机共振并检测出信号的频
率. 事实上, 当 $0.2 < a < 1.5$ 时 SPA$\eta > 1$. 很容易通过调节参数 a 实现随机共振.

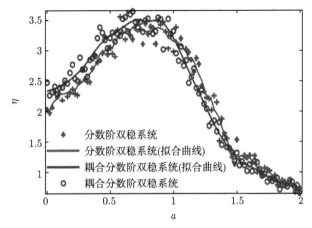

图 7-3-12　SPAη 与参数 a 的关系: $b = k = d = 1, q = 0.75, r = 0.3\text{V}, \omega = 0.05\text{rad/s}$,
$R = 0.1, \Omega = 0.1\text{rad/s}$

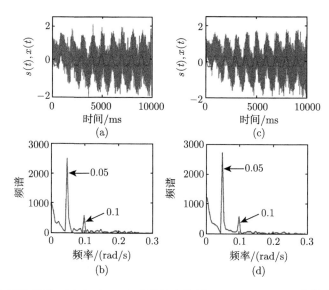

图 7-3-13 (a) 原始信号 $s(t)$ 与 (7.3.1) 式的输出信号 $x(t)$; (b) (7.3.1) 式的功率谱; (c) 原始
信号 $s(t)$ 与 (7.3.2) 式的输出信号 $x(t)$; (d) (7.3.2) 式的功率谱.

$b = k = d = 1, b = 1.12, a = 0.82, q = 0.75, r = 0.3\mathrm{V}, \omega = 0.05\mathrm{rad/s}, R = 0.1, \Omega = 0.1\mathrm{rad/s}$

如果参数 $a = k = 1$, $q = 0.75$ 固定且 $\xi(t) = \mathrm{randn}(\mathrm{size}(t))$, 则由图 7-3-14 与
图 7-3-15 展示了可以通过调节参数 b 实现随机共振并检测出信号的频率. 事实上,
当 $0.5 < b < 3$ 时, SPA$\eta > 1$. 所以随机共振容易通过调节参数 b 实现.

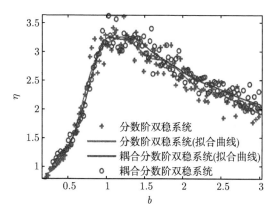

图 7-3-14 SPAη 与参数 b 的关系: $a = k = d = 1, q = 0.75, r = 0.3\mathrm{V}, \omega = 0.05\ \mathrm{rad/s}$,
$R = 0.1$, $\Omega = 0.1\mathrm{rad/s}$

在图 7-3-11, 图 7-3-13 和图 7-3-15 中功率谱呈指数下降, 且图 7-3-11 (b) 中
(7.3.1) 式的功率谱在 $0.15\mathrm{rad/s}$ 处存在峰值, 造成虚假信号. 然而, 耦合分数阶双稳

系统可以准确检测出混合信号的频率. 图 7-3-3 或图 7-3-10 展示出, 与整数阶双稳系统相比较, 分数阶双稳系统可以通过调整分数阶 q 增大 SPAη, 所以, 分数阶系统可以更好地加强随机共振或者信号的能量.

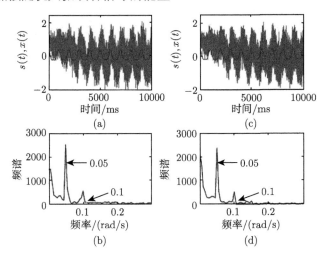

图 7-3-15 　(a) 原始信号 $s(t)$ 与 (7.3.1) 式的输出信号 $x(t)$; (b) (7.3.1) 式的功率谱; (c) 原始信号 $s(t)$ 与 (7.3.2) 式的输出信号 $x(t)$; (d) (7.3.2) 式的功率谱

$a = k = d = 1, b = 1.12, q = 0.75, r = 0.3\mathrm{V}, \omega = 0.05\mathrm{rad/s}, R = 0.1, \Omega = 0.1\mathrm{rad/s}$

本节应用 SPA 来量化和研究分数阶双稳系统和耦合分数阶双稳系统的随机共振. 通过功率谱检测出弱信号的频率 (特别地, 混合信号的频率). 通过调节噪声的强度 d 分数阶双稳系统和耦合分数阶双稳系统可以发生随机共振现象. 与整数阶系统相比较, 分数阶系统实现随机共振的方式更多. 事实上, 可以通过调节分数阶双稳系统和耦合分数阶双稳系统的参数 a、参数 b 和分数阶 q 实现随机共振. 由于物理背景和工程技术, 当其他参数很难合适调整到适当的情况时, 可以通过调节分数阶 q 实现随机共振. 与整数阶双稳系统的随机共振相比较, 分数阶双稳系统的随机共振很重要的特征是通过调节分数阶 q 能更好地加强随机共振. 本节的结果不仅可以为分数阶系统的随机共振提供丰富的材料, 而且为分数阶系统的随机共振在信号检测中潜在的应用提供理论模型.

参 考 文 献

[1] 戴逸松. 微弱信号检测方法及仪器[M]. 北京: 国防工业出版社, 1994: 268-275.

[2] Wang G Y, Zheng W, He S. Estimation of amplitude and phase of a weak signal by using the property of sensitive dependence on initial conditions of a nonlinear oscillator[J]. Signal Processing, 2002, 82: 103-115.

[3] 李月, 路鹏, 杨宝俊, 等. 用一类特定的双耦合 Duffing 振子系统检测强色噪声背景中的周期信号[J]. 物理学报, 2006, 55: 1672-1677.

[4] 李月, 徐凯, 杨宝俊, 等. 混沌振子系统周期解几何特征量分析与微弱周期信号的定量检测[J]. 物理学报, 2008, 57: 3353-3358.

[5] Li Y, Yang B J, Du L Z, et al. The bifurcation threshold value of the chaos detection system for a weak signal [J]. Chinese Physics, 2003, 12: 714-717.

[6] Benzi R, Sutera A, Vulpiani A. The mechanism of stochastic resonance[J]. Journal of Physics A: Mathematical and General, 1981, 14: 1453-1457.

[7] Soika E, Mankin R, Ainsaar A. Resonant behavior of a fractional oscillator with fluctuating frequency[J]. Physical Review E, 2010, 81: 011141.

[8] 靳艳飞, 徐伟, 李伟, 等. 具有周期信号调制噪声的线性模型的随机共振[J]. 物理学报, 2005, 54: 2562-2567.

[9] 宁丽娟, 徐伟. 信号调制下分段噪声驱动的线性系统的随机共振[J]. 物理学报, 2009, 58: 2889-2894.

[10] Zhou C S, Lai C H. Amplification of weak signals and stochastic resonance via on-off intermittency with symmetry breaking[J]. Physical Review E, 1999, 60: 3928-3935.

[11] Du L C, Mei D C. Amplification of weak signals via the non-adiabatic regime of stochastic resonance in a bistable dynamical system with time delay[J]. Physica Scripta, 2011, 84: 015003.

[12] Wiesenfeld K, McNamara B. Period-doubling systems as small-signal amplifiers[J]. Physical Review Letters, 1985, 55: 13-16.

[13] Derighetti B, Ravani M, Stoop R, et al. Period-doubling Lasers as small-signal detectors[J]. Physical Review Letters, 1985, 55: 1746-1748.

[14] 黄力群, 简伟, 王智, 等. 布拉格型声光双稳系统对弱信号的放大作用研究[J]. 光学学报, 1999, 19: 651-654.

[15] Zhou C S, Lai C H. Simple driven maps as sensitive devices[J]. Physical Review E, 1999, 59: 4007-4012.

[16] 金文光, 童勤业. 单驱动源混沌测量方法[J]. 计量学报, 2003, 24: 56-59.

[17] 王金铭, 沈东方, 方建晓. 一种提高混沌测量精度的新方法[J]. 计量学报, 2008, 29: 164-167.

[18] Jin W G, Zeng Y C. Estimation of chaotic signals based on symbolic distance and its application[J]. International Journal of Modern Physics B, 2003, 17: 4227-4231.

[19] 凌齐文, 陈裕泉. 基于混沌的微弱信号直接数字化测量研究[J]. 传感技术学报, 2006, 19: 443-446, 476.

[20] Lima R, Pettini M. Suppression of chaos by resonant parametric perturbations[J]. Physical Review A, 1990, 41: 726-733.

[21] Braiman Y. Goldhirsch, Taming chaotic dynamics with weak periodic perturbations[J]. Physical Review Letters, 1991, 66: 2545-2548.

[22]　Chacon R, Bejarano D J. Routes to suppressing chaos by weak periodic perturbations[J]. Physical Review Letters, 1993, 49: 3103-3106.

[23]　Luo Q, Liao X X, Zeng Z G. Sufficient and necessary conditions for Lyapunov stability of Lorenz system and their application[J]. Science China Information Sciences, 2010, 53(8): 1574-1583.

[24]　Shen J H, Chen S H. An open-plus-closed-loop control for chaotic Mathieu-Duffing oscillator[J]. Applied Mathematics and Mechanics, 2009, 30: 19-27.

[25]　Wu C L, Ma S J, Sun Z K, Fang T. Stochastic chaos in stochastic Duffing systems and its control by delayed feedback [J]. Acta Physica Sinica, 2006, 12: 501-511.

[26]　Liao X X, Fu Y L, Xie S L. On the new results of global attractive set and positive invariant set of the Lorenz chaotic system and the applications to chaos control and synchronization[J]. Science in China (Series F: Information Sciences), 2005, 3: 238-244.

[27]　Ren H P, Liu D. Intelligent control over chaos in the rolling process and its comparison with tracking[J]. Journal of Systems Engineering and Electronics, 2004, 2: 268-279.

[28]　Qi D L, Yao L B. Hybrid internal model control and proportional control of chaotic dynamical systems[J]. Journal of Zhejiang University Science, 2004, 1: 167-179.

[29]　Wang S L. Impact chaos control and stress release—A key for development of ultra fine vibration milling[J]. Progress in Natural Science, 2002, 5: 55-62.

[30]　Brown R, Chua L, Popp B. Is sensitive dependence on initial conditions nature's sensory device?[J]. International Journal of Bifurcation and Chaos, 1992, 2: 193-199.

[31]　Birx D L, PIpenberg S J. Chaotic oscillators and complex mapping feed forward networks (CMFFNs) for signal detection in noisy environments[J]. International Joint Conference on Neural Networks, 1992, 2: 881-888.

[32]　王冠宇, 陶国良, 陈行, 等. 混沌振子在强噪声背景信号检测中的应用[J]. 仪器仪表学报, 1997, 18: 209-212.

[33]　Wang G Y, Chen D G, Lin J Y. The application of chaotic oscillators to weak signal detection[J]. IEEE Transactions on Industrial Electronics, 1999, 46: 440-444.

[34]　张淑清, 姜万录, 李志全, 等. 小信号检测中间歇混沌运动的机理[J]. 传感技术学报, 1998, 11(4): 37-41.

[35]　李月, 杨宝俊, 林红波, 等. 基于特定混沌系统微弱谐波信号频率检测的理论分析与仿真[J]. 物理学报, 2005, 54: 1994-1999.

[36]　李月, 杨宝俊. 混沌振子检测引论[M]. 北京: 电子工业出版社, 2004.

[37]　Pan J Y, Han J, Yang S E. A neural network based method for detection of weak underwater signals[J]. Journal of Marine Science and Application, 2010, 3: 256-261.

[38]　Hu N Q, Wen X S. The application of Duffing oscillator in characteristic signal detection of early fault[J]. Journal of Sound and Vibration, 2003, 268: 917-931.

[39] Baptista M S, Pereira T, Kurths J. Upper bounds in phase synchronous weak coherent chaotic attractors[J]. Physica D: Nonlinear Phenomena, 2006, 216: 260-268.

[40] Zhang W, Xiang B R. A duffing oscillator algorithm to detect the weak chromatographic signal[J]. Analytica Chimica Acta, 2007, 585: 55-59.

[41] Li C S, Qu L S. Applications of chaotic oscillator in machinery fault diagnosis[J]. Mechanical Systems and Signal Processing, 2007, 21: 257-269.

[42] Wang W, Li Q, Zhao G J. Novel approach based on chaotic oscillator for machinery fault diagnosis[J]. Measurement, 2008, 41: 904-911.

[43] Li Y, Yang B J, Shi Y W. Chaos-based weak sinusoidal signal detection approach under colored noise background[J]. Acta Physica Sinica, 2003, 52: 526-530.

[44] Yi W S, Shi Y W, Nie C Y. The Chaotic Oscillator Estimate Method for sin Wave Parameter in Non-gaussian Color noise Environment[J]. The Sixth Internation Conference on Electronic Measurement and Instrument, 2003, 1: 151-155.

[45] 尚秋峰, 乔宏志, 尹成群, 等. 基于 Duffing 振子和 ML 的微弱信号幅值估计新方法[J]. 仪器仪表学报, 2005, 26: 1271-1285.

[46] 路鹏, 李月. 微弱正弦信号幅值混沌检测的一种改进方案[J]. 电子学报, 2005, 33: 527-529.

[47] Ge X H, Huang J. Parameter estimation of multifrequency signal by using Duffing oscillator[J]. Journal of Zhejiang University (Engineering Science), 2008, 6: 96-110.

[48] Chen Z, Zeng Y H, Fu Z J. A novel parameter estimation method of signal in chaotic background[J]. Acta Physica Sinica, 2008, 1: 537-549.

[49] Li Y, Yang B J. The chaotic detection of periodic short-impulse signals under strong noise background[J]. Journal of Electronics, 2002(4): 413-433.

[50] Lei L H, Shi H L, Ma G Y. CAPS satellite spread spectrum communication blind multi-user detecting system based on chaotic sequences[J]. Science in China (Series G), 2009, 3: 339-345.

[51] Li Y, Yang B J, Yuan Y, Zhao X P, Lin H B. Ability to detect weak effective seismic signals by utilizing chaotic vibrator system[J]. Chinese Science Bulletin, 2006, 51(24): 3010-3017.

[52] Li Y, Lu P, Yang B J. Applying a special kind of two coupled duffing oscillator system to detect periodic signals under the background of strong colored noise[J]. Acta Physica Sinica, 2006, 55: 1672-1683.

[53] Yang H Y, Ye H, Wang G Z. Dynamic reconstruction-based fuzzy neural network method for fault detection in chaotic system [J]. Tsinghua Science & Technology, 2008, 13: 65-70.

[54] Djurović I, Rubežić V. Chaos detection in chaotic systems with large number of components in spectral domain [J]. Signal Processing, 2008, 88: 2357-2362.

[55] Davidchack R L, Lai Y C, Klebanoff A, et al. Towards complete detection of unstable periodic orbits in chaotic systems [J]. Physics Letters A, 2001, 287: 99-104.

[56] Tykierko M. Using invariants to change detection in dynamical system with chaos[J]. Physica D: Nonlinear Phenomena, 2008, 237: 6-13.

[57] Li H G, Meng G. Detection of harmonic signals from chaotic interference by empirical mode decomposition[J]. Chaos, Solitons & Fractals, 2006, 30: 930-935.

[58] 朱丽莉, 张永顺, 李兴成. 基于 RBF 神经网络的混沌背景下瞬态弱信号检测[J]. 空军工程大学学报 (自然科学版) , 2006, 7(2): 61-63.

[59] Abarbanel H D I, Frison T W, Tsimring L S. Obtaining order in a world of chaos[J]. IEEE Signal Processing Magazine, 1998, 5: 49-65.

[60] Hill D L. On the control of chaotic dynamical systems using nonlinear approximations[J]. International Journal of Bifurcation and Chaos, 2001, 11: 207-213.

[61] Abarbanel H D I, Sushchik M M. Local or dynamical dimensions of nonlinear systems inferred from observations[J]. International Journal of Bifurcation and Chaos, 1993, 3: 543-550.

[62] Diestelhorst M, Kapsch R P, Beige H. Nonlinear amplification effects in a period-doubling series resonance circuit[J]. International Journal of Bifurcation and Chaos, 1999, 9: 243-250.

[63] Chen X W. Chaos in the second-order autonomous Birkhoff system with a heteroclinic circle[J]. Chinese Physics, 2002, 11: 441-444.

[64] Afraimovich V, Chazottes J R, Cordonet A. Nonsmooth functions in generalized synchronization of chaos[J]. Physics Letters A, 2001, 283: 109-112.

[65] Akritas P, Antoniou I, Ivanov V V. Identification and prediction of discrete chaotic maps applying a Chebyshev neural network[J]. Chaos. Solitons & Fractals, 2000, 11: 337-344.

[66] Zhao X P, Li Y, Yang B J. The discussion to the resilience items in the Duffing type system used for detecting [J]. Progress in Geophysics, 2006, 21: 61-69.

[67] Wu R C, Guo Y X. Linear control and anti-control of chaotic systems with only one nonlinear term[J]. Acta Physica Sinica, 2010(8): 1223-1229.

[68] Guo X Y, Zhang W, Yao M H. Nonlinear dynamics of angle-ply composite laminated thin plate with third-order shear deformation[J]. Science China (Technological Sciences), 2010, 53(3): 612-622.

[69] 李士林, 尹成群, 尚秋峰, 等. 基于图像识别理论的混沌特性判别方法[J]. 中国电机工程学报, 2003, 23: 47-50.

[70] 刘丁, 任海鹏, 李虎明. 基于 Lyapunov 指数的弱周期信号检测[J]. 仪器仪表学报, 2005, 26: 1215-1218, 1243.

[71] 姚宝恒, 郑连宏, 杨霞菊, 等. Duffing 振子相变检测中一种新的量化测度[J]. 振动与冲击, 2006, 25: 51-53, 57.

[72] Ji C C, Zhu H, Jiang W. A novel method to identify the scaling region for chaotic time series correlation dimension calculation[J]. Chinese Science Bulletin, 2010, 9: 925-932.

[73] Xie Z G, Wang K J, Zhang L. Improved algorithm for calculating Lyapunov exponent and distinguishing chaos from noise [J]. Journal of Harbin Institute of Technology, 2010, 1: 20-26.

[74] Santoboni G, Pogromsky A Y, Nijmeijer H. An observer for phase synchronization of chaos[J]. Physics Letters A, 2001, 291: 265-273.

[75] Shuai J W, Kashimori Y, Kambara T. Truncated chaotic trajectories in periodically driven systems with largely converging dynamics[J]. Physics Letters A, 2000, 267: 335-341.

[76] Du B X, Dong D S, Zheng X L. Chaos existence in surface discharge of tracking test[J]. Transactions of Tianjin University, 2009, 3: 168-172.

[77] Dmitriev A S, Kletsov A V, Kuz'min L V. Generation of ultrawideband phase chaos in the decimeter band[J]. Journal of Communications Technology and Electronics, 2009, 54: 675-684.

[78] 李月, 杨宝俊, 谭力, 等. 微弱周期脉冲信号的取样积分–混沌系统联合检测方法[J]. 电子与信息学报, 2003, 25: 1653-1657.

[79] 聂春燕, 石要武, 衣文索. 测量任意周期信号的混沌解判定[J]. 电子测量与仪器学报, 2005, 19: 12-14.

[80] 史建锋, 王可人. 基于混沌振子的低信噪比条件下信号检测研究[J]. 探测与控制学报, 2006, 28: 39-42.

[81] Yang H Y, Ye H, Wang G Z. Dynamic reconstruction-based fuzzy neural network method for fault detection in chaotic system [J]. Tsinghua Science & Technology, 2008, 13: 65-70.

[82] Lou T L. Frequency Estimation for Weak Signals Based on Chaos Theory[C]. International Seminar on Future BioMedical Information Engineering, 2008.

[83] 龚光鲁. 随机微分方程引论[M]. 2 版. 北京: 北京大学出版社, 1995.

[84] 黄建华, 黎育红, 郑言. 随机动力系统引论[M]. 北京: 科学出版社, 2012.

[85] Keratzas I, Shreve S E. Brownian Motion and Stochastic Calculus [M]. New York: Spring-Verlag, 1998.

[86] Hanggi P. Stochastic resonance in biology how noise can enhance detection of weak signals and help improve biological information processing[J]. Chemical Physics, 2002, 285-290.

[87] Jung P, Hanggi P. Stochastic nonlinear dynamics modulated by external periodic forces[J]. Europhysics Letters, 1989, 8: 505-510.

[88] Jung P, Hanggi P. Amplification of small signals via stochastic resonance[J]. Physical Review A, 1991, 44: 8032.

[89]　McNamara L, Wiesenfeld K. Theory of stochastic resonance[J]. Physical Review A, 1989, 39: 4854-4869.

[90]　McNamara B, Wiesenfeld K, Roy R. Observation of stochastic resonance in a ring Laser[J]. Physical Review Letters, 1988, 60: 2626.

[91]　Thomas W, Vyacheslav S, Andreas B. Stochastic resonance[J]. Reports on progress in Physics, 2004, 67: 45.

[92]　Gammaitoni L, Marchesoni F, Menichella-Saetta E. Stochastic resonance in bistable systems[J]. Physical Review Letters, 1989, 62: 349-352.

[93]　Lin M, Fang L M, Zheng Y J. Control of stochastic resonance in bistable systems by using periodic signals[J]. Chinese Physics B, 2009, 18: 1725-1730.

[94]　Li J L, Zeng L Z, Zhang H Q. A demonstration of equivalence between parameter induced and noise-induced stochastic resonances with multiplicative and additive noises[J]. Chinese Physics Letters, 2010, 27: 100502.

[95]　Guo F, Zhou Y R, Zhang Y. Stochastic resonance in a time-delayed bistable system driven by square-wave signal[J]. Chinese Physics Letters, 2010, 27: 090506.

[96]　Jin Y F, Xu W, Xu M. Stochastic resonance in an asymmetric bistable system subject to frequency mixing periodic force and noise[J]. Chinese Physics Letters, 2005, 22: 1061-1064.

[97]　Calisto H, Clerc M G. A new perspective on stochastic resonance in monostable systems[J]. New Journal of Physics, 2010, 12: 113027.

[98]　Benzi R. Stochastic resonance in complex systems[J]. Journal of statistical Mechanics-theory and Experiment, 2009, 1: 579-597.

[99]　Kitajo K, Yamanaka K, Ward L M, et al. Stochastic resonance in attention control[J]. Europhysics Letters, 2006, 76: 1029-1035.

[100]　Jia Z L. Time-delayed feedback control of stochastic resonance induced by a multiplicative signal in a bistable system driven by cross-correlated noises[J]. Physica Scripta, 2010, 81: 015002.

[101]　Gammaitoni L, Hanggi P, Marchesoni F, et al. Stochastic resonance[J]. Reviews of Modern Physics, 1998, 70: 45-105.

[102]　Kenichi A, Shin M, Kazuyuki Y. Deterministic stochastic resonance in a Rössler oscillator[J]. Physical Review E, 2004, 69: 026203.

[103]　Kenfack A, Singh K P. Stochastic resonance in coupled underdamped bistable systems[J]. Physical Review E, 2010, 82: 046224.

[104]　Zhang L, Song A G, He J. Effect of colored noise on logical stochastic resonance in bistable dynamics[J]. Physical Review E, 2010, 82: 051106.

[105]　Duan F, Abbott D. Signal detection for frequency-shift keying via short-time stochastic resonance[J]. Physics Letters A, 2005, 344: 401-410.

[106] Jakob T. Signal detection theory, detectability and stochastic resonance effects[J]. Biological Cybernetics, 2002, 87: 79-90.

[107] Leng Y G, Wang T Y, Guo Y, Xu Y G, Fan S B. Engineering signal processing based on bistable stochastic resonance[J]. Mechanical Systems and Signal Processing, 2007, 21: 138-150.

[108] Zhang W, Xiang B R. A new single-well potential stochastic resonance algorithm to detect the weak signal[J]. Talanta, 2006, 70: 267-271.

[109] Duan F, Abbott D. Binary modulated signal detection in a bistable receiver with stochastic resonance[J]. Physica A, 2007, 376: 173-190.

[110] Li Y J, Kang Y M. A study on stochastic resonance in biased subdiffusive smoluchowski systems within linear response range[J]. Communications in Theoretical Physics, 2010, 54: 292-296.

[111] Arail K, Mizutani S, Yoshimura K. Deterministic stochastic resonance in a R?ssler oscillator[J]. Physical Review E, 2004, 69: 026203.

[112] Kilbas A A, Srivastava H M, Trujillo J J. Theory and Applications of Fractional Differential Equations [M]. Amsterdam: Elsevier, 2006.

[113] Kalmykov Y P, Coffey W T, Titov S V. Inertial effects in the fractional translational diffusion of a Brownian particle in a double-well potential[J]. Physical Review E, 75: 031101.

[114] Metzler R, Barkai E, Klafter J. Anomalous diffusion and relaxation close to thermal equilibrium: A fractional Fokker-Planck equation approach[J]. Physical Review Letters, 1999, 82: 3563- 3567.

[115] Diethelm K, Ford N J. Multi-order fractional differential equations and their numerical solution[J]. Applied Mathematics and Computation, 2004, 154: 621-640.

[116] Diethelm K, Ford N J, Freed A D, Luchko Y. Algorithms for the fractional calculus: A selection of numerical methods[J]. Computer Methods in Applied Mechanics and Engineering, 2005, 194: 743-773.

[117] Podlubny I. Fractional Differential Equations [M]. New York: Academic Press, 1999.

[118] Kawai R, Torigoe S, Yoshida K, Awazu A, Nishimori H. Effective stochastic resonance under noise of heterogeneous amplitude[J]. Physical Review E, 2010, 82: 051122.

索　引